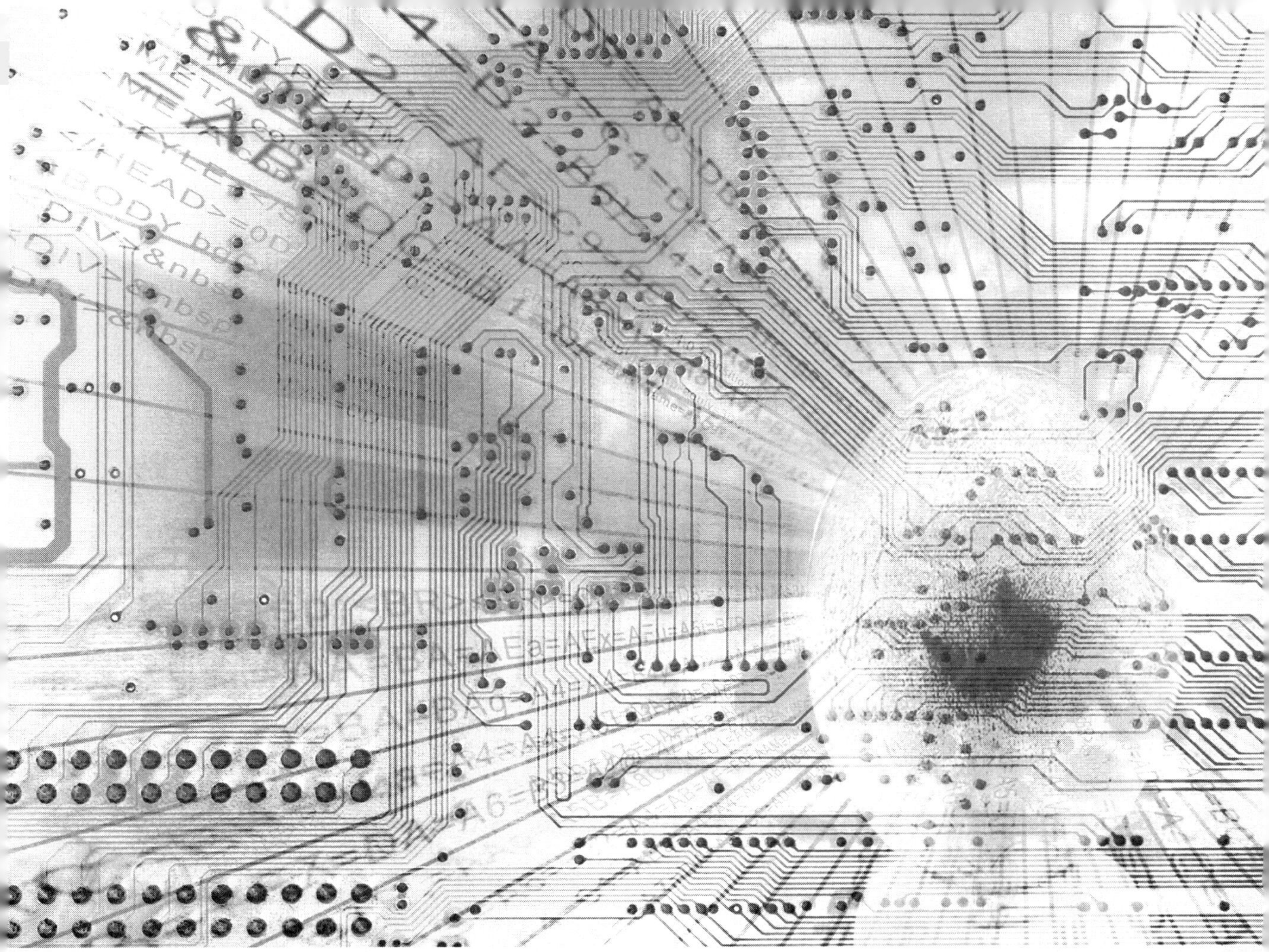

Fundamentals of Engineering Electromagnetics

전자기학

서강수/조종덕/송윤원 공저

D.B.Info

Preface

전기, 자기에 관한 이론은 옛날부터 알려져 있었으나, 19세기 이후 수차에 걸친 대전을 겪는 동안 급속도로 발전하여 최근에는 우리의 생활과도 밀접한 것이 되었다.

초기에는 전기, 자기에 관한 여러 가지 현상이 물리학의 중요한 과제가 되었었기 때문에 많은 학자와 기술자에 의해서 연구되어, 지금은 전자기학으로서의 체계를 갖춘 기본적이고도 중요한 학문의 하나가 되었으며, 현대산업의 근간을 이루고 있는 전기, 전자, 정보통신, 제어계측 및 전파공학 등 전기전자계열학과에서 기본이 되는 필수과목이 되었다.

따라서, 이 부분의 저서들이 많이 출판되었으나, 그 대부분의 것이 너무 이론에 치우치거나 지나치게 수학적으로 다루어 놓았기 때문에 명확한 개념을 이해하는데 무리가 없지 않았다.

이 책에서는 복잡한 수식보다 기초적인 전기, 자기현상이 갖는 물리적인 개념과 안테나의 해석을 알기 쉽게 풀이하고자 노력하였다.

즉, 제1장에서는 물리량들에 관한 전자기 문제를 푸는데 필요한 수학으로 직교좌표계와 벡터해석에 대하여 기술하였으며, 제2장에서는 서로 떨어진 전하간에 작용하는 전기력을 Coulomb의 법칙을 이용하여 정전계에 대하여 해석하였다. 제3장에서는 도체계와 도체에 전하가 축적될 수 있는 능력인 정전용량에 대하여 각 형태에 따라 설명하였고, 제4장에서는 Coulomb의 법칙을 이용하여 정자계에 대하여 해석하였으며, 제5장에서는 직전류가 흐르면 공간상에 분포하는 정자계에 대하여 각 형태에 따라 설명하였다.

그리고 제6장에서는 자계분포가 공간상에 저장되는 자계에너지와 인덕턴스에 대하여 설명하였고, 제7장에서는 안테나 해석에 기본이 되는 Maxwell 방정식과 전자기파에 대하여 설명하였으며, 제8장에서는 안테나에 신호를 공급해 주는 전송선로에 대하여 분포정수 개념을 이용한 전송선로의 기초이론에 대하여 설명하였다.

마지막으로 제9장에서는 전송선로의 일종인 급전선 이론에 대하여 설명하였으며, 제10장에서는 안테나를 해석하는데 기본이 되는 안테나 이론과 전자파의 전파에 대한 기본 개념과 전파전파시 발생되는 제 현상에 대하여 정리하였다. 특히, 대학에서 전기, 전자 및 통신공학을 공부하는 학생들로 하여금 스스로 공부할 수 있도록 예제와 문제의 선택에도 특별한 배려를 하였으며, 매 장마다 뒤에 있는 연습문제는 본문에 버금가는 것만을 골라 실었기 때문에 꼭 풀고 넘어가기 바란다. 부디 이 한 권의 책이 학생들의 대성의 길잡이가 되기를 간절히 바란다.

본문 가운데에는 무리한 풀이가 없지 않을 것이나, 동학 선배 및 동료 여러분의 많은 지적과 편달을 바라며, 끝으로 짧은 기간임에도 불구하고 이 책의 출판을 위하여 정성을 다해 주신 복두출판사의 송광헌 사장님과 편집자 여러분께 감사의 뜻을 표현하는 바이다.

2006년 2월

著者 씀

Contents

제 5 장 전류의 자기현상 / 181

제 6 장 인덕턴스 / 221

제 7 장 Maxwell 방정식과 전자기파 / 261

제 8 장 전송선로의 기초 / 299

제 9 장 급전선 / 323

제 10 장 안테나 이론 및 전파전파 현상 / 357

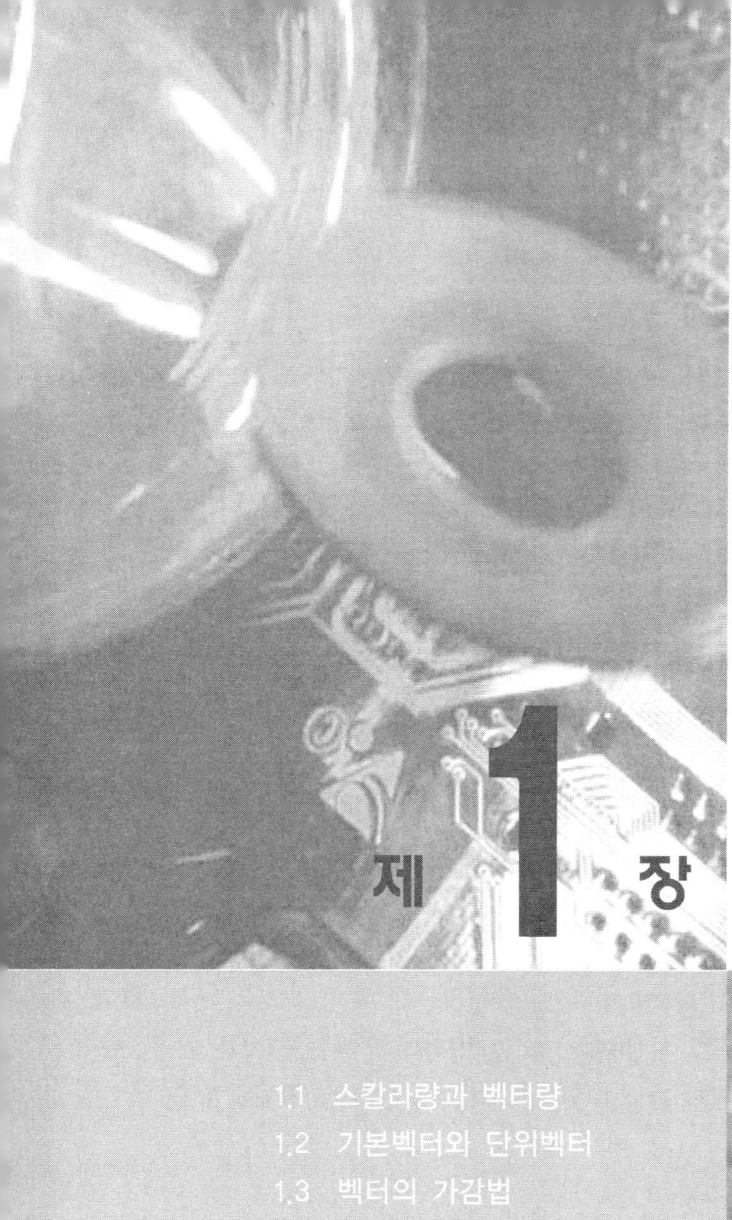

제 1 장 벡터해석

1.1 스칼라량과 벡터량

물리적인 양은 스칼라량(scalar quantity)과 벡터량(vector quantity)을 사용하여 표현하지만, 전기 자기 현상과 같이 물리적 현상을 설명하기 위해서는 방향성분을 표시하는 벡터표기법을 이용하는 것이 편리하다.

일반적으로 길이, 속력, 질량, 에너지, 온도, 전압, 전력, 저항 등과 같이 크기만을 나타낼 수 있는 양(量)을 **스칼라량** 또는 **스칼라**라고 하며, 힘, 속도, 가속도, 전계, 자계 등과 같이 크기와 방향을 갖는 양을 **벡터량** 또는 **벡터**라고 한다.

스칼라와 벡터의 표기에 있어서 스칼라는 A, B, C와 같이 이탤릭체 문자로 표기하며, 벡터는 **A**, **B**, **C**와 같이 진한 고딕체 문자로 표기한다. 벡터량 표기에는 편의에 따라서 $\overrightarrow{\mathbf{A}}$, $\overline{\mathbf{A}}$, $\dot{\mathbf{A}}$ 등과 같이 여러 가지 형태로 표현하고 있다.

1.2 기본벡터와 단위벡터

벡터량을 도시적으로 표현하는데 시점(始點)과 종점(終點)을 갖는 크기와 기준방향에 대하여 임의의 방향 성분을 갖고, 기준방향과 이루는 각도(θ)로 표현한다. 그림 1.1과 같이 벡터 **A**는 점 0을 벡터 **A**의 시점, 점 P를 벡터 **A**의 종점이라 하고, 기준방향에 대하여 각도(θ)를 갖고, 크기가 A인 벡터이다. 공간의 임의의 한 점을 표시하고, 벡터를 수식적으로 표현하기 위해 그림 1.2와 같은 직교좌표계(rectangular coordinate system)를 사용하는 것이 편리하다.

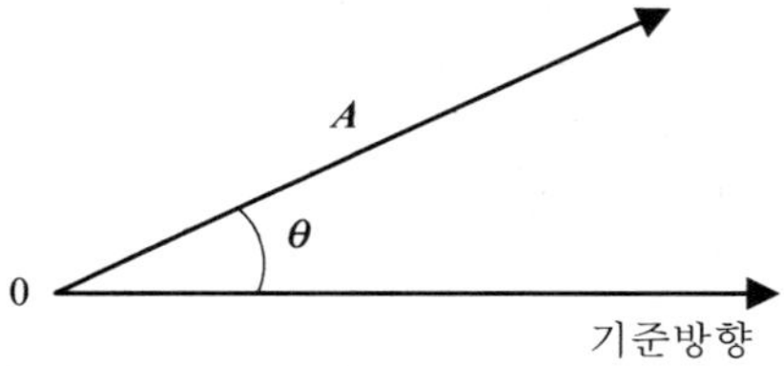

그림 1.1 벡터의 표현

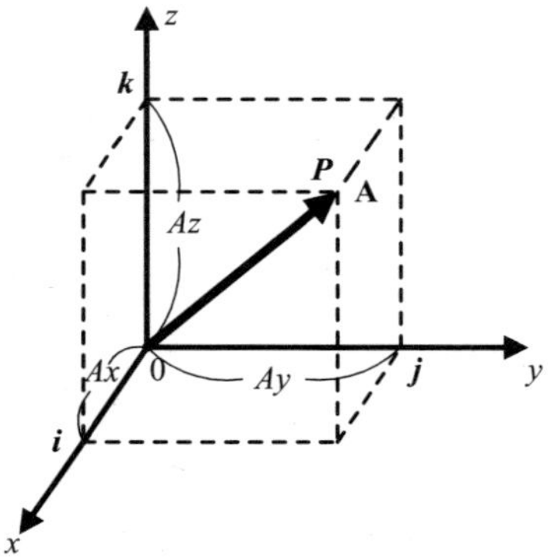

그림 1.2 직교 좌표계

벡터량은 크기와 방향을 갖는 양이므로, 크기에는 영향을 미치지 않으면서 방향만을 나타낼 수 있는 벡터를 이용하여 나타낼 수 있으며, 이를 **단위벡터**라 한다. 즉, 크기가 1이고 방향만을 나타낼 수 있다.

이는 어떤 크기에 단위 벡터를 곱하여 벡터화 시킬 수 있어서 편리하다. 따라서 벡터 **A**를 스칼라량인 A와 단위벡터로 나타내면

$$\mathbf{A} = A\boldsymbol{a}_0 \qquad \cdots\cdots (1.1)$$

로 나타낼 수 있으며, $\boldsymbol{a}_0$는 단위벡터이다. 따라서

$$\boldsymbol{a}_o = \frac{\mathbf{A}}{A}$$

로 나타낼 수 있다.

좌표계 상에서 좌표의 증가하는 방향의 단위벡터 즉, x, y, z축의 크기가 1인 $\boldsymbol{i}$, $\boldsymbol{j}$, $\boldsymbol{k}$(혹은 $\boldsymbol{a}_x$, $\boldsymbol{a}_y$, $\boldsymbol{a}_z$)를 x, y, z축의 **기본 벡터**라 하고, **A**벡터의 x, y, z축의 방향 성분을 A_x, A_y, A_z라 하면, 벡터 **A**는

$$\mathbf{A} = A_x\boldsymbol{i} + A_y\boldsymbol{j} + A_z\boldsymbol{k} \qquad \cdots\cdots (1.2)$$

로 표현할 수 있다.

벡터 **A**의 크기 A는 3차원에 대한 **피타고라스 정리**(Pythagorean theorem)에 의해서

$$A = |\mathbf{A}| = \sqrt{A_x^{\ 2} + A_y^{\ 2} + A_z^{\ 2}} \qquad \cdots\cdots (1.3)$$

과 같이 된다. 한편 벡터 **A**가 각 축(x, y, z)을 갖는 각을 α, β, γ라면 벡터의 각 축방향 성분 A_x, A_y, A_z는 식(1.4)와 같다.

$$\begin{cases} A_x = A\cos\alpha \\ A_y = A\cos\beta \\ A_z = A\cos\gamma \end{cases} \qquad \cdots\cdots (1.4)$$

여기서 $\cos\alpha$, $\cos\beta$, $\cos\gamma$를 벡터 **A**의 **방향여현**(directional cosine)이라 하며, 벡터의 각 축(x, y, z)의 방향성분을 나타낼 수 있으며, 이들은 각각 l, m,

n으로 표기하기도 한다. 즉,

$$\begin{cases} l = \cos\alpha = \dfrac{A_x}{A} \\ m = \cos\beta = \dfrac{A_y}{A} \\ n = \cos\gamma = \dfrac{A_z}{A} \end{cases} \quad \cdots\cdots (1.5)$$

로 된다. 따라서 벡터 **A**의 단위벡터 $\boldsymbol{a}_0$는

$$\boldsymbol{a}_o = \frac{\mathbf{A}}{A} = \frac{A_x}{A}\boldsymbol{i} + \frac{A_y}{A}\boldsymbol{j} + \frac{A_z}{A}\boldsymbol{k} \quad \cdots\cdots (1.6)$$

로 된다. 여기서 단위 벡터 $\boldsymbol{a}_0$의 각 축성분은 벡터 **A**의 방향 여현을 나타냄을 알 수 있다. 즉,

$$\boldsymbol{a}_o = \cos\alpha\boldsymbol{i} + \cos\beta\boldsymbol{j} + \cos\gamma\boldsymbol{k} \quad \cdots\cdots (1.7)$$

로 표현할 수 있고, $\cos^2\alpha + \cos^2\beta + \cos^2\gamma = 1$이다.

예제 1.1

원점으로부터 점 A(2, 2, −1)[m]로 향하는 벡터 A의 단위 벡터를 구하시오.

☞ 점 A의 위치 벡터의 크기는

$$\mathbf{A} = 2\boldsymbol{i} + 2\boldsymbol{j} - \boldsymbol{k}$$

$$\begin{aligned} A &= |\mathbf{A}| \\ &= \sqrt{2^2 + 2^2 + (-1)^2} = \sqrt{9} \\ &= 3\,[\mathrm{m}] \end{aligned}$$

이므로 단위 벡터 $\boldsymbol{a}_0 = \frac{2}{3}\boldsymbol{i} + \frac{2}{3}\boldsymbol{j} - \frac{1}{3}\boldsymbol{k}$가 되며, 벡터 **A**가 각 축과 이루는 각은

$$\alpha = \cos^{-1}\left(\frac{2}{3}\right) \fallingdotseq 48.19°$$

$$\beta = \cos^{-1}\left(\frac{2}{3}\right) = 48.19°$$

$$\gamma = \cos^{-1}\left(-\frac{1}{3}\right) = 109.47^{\circ}$$

1.3 벡터의 가감법

그림 1.3과 같이 벡터 **A**, **B**를 두 변으로 하는 평행 4변형을 그릴 때 **A**, **B**에 공통인 시점을 지나는 대각선으로 표시되는 벡터를 **A**, **B**의 **합벡터**라고 하며, **A**+**B**로 표시한다. 이와 같은 도시적인 방법을 **평행 4변형법**이라고 한다. 벡터 **A**+**B**의 크기는 대각선의 길이로 나타내며, 그 방향은 벡터 **A**, **B**에 공통인 시점에서 다른 쪽으로 향하는 것으로 한 것이다.

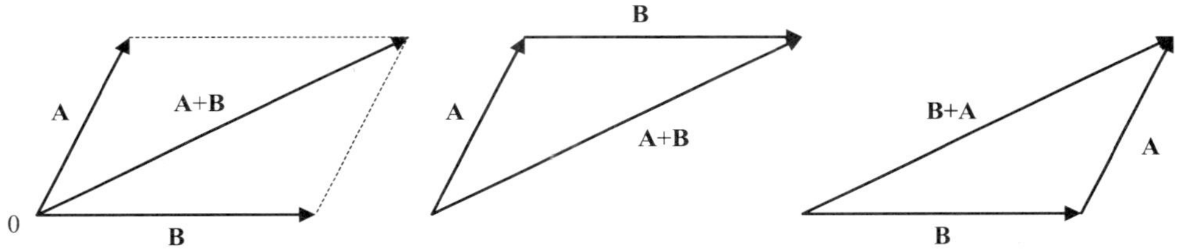

그림 1.3 두 벡터의 합성

또한 벡터 **A**의 종점에서 벡터 **B**를 그리고, 벡터 **A**의 시점과 벡터 **B**의 종점을 연결해도 벡터 **A**+**B**가 구해지며, 반대로 벡터 **B**의 종점에서 벡터 **A**를 그리고, 벡터 **B**의 시점과 벡터 **A**의 종점을 연결해도 같은 결과가 된다(그림 1.3 참조).

$$\mathbf{A} + \mathbf{B} = \mathbf{B} + \mathbf{A} \qquad \cdots\cdots (1.8)$$

이것을 **교환법칙**이라 한다. 그림 1.4에 의하면

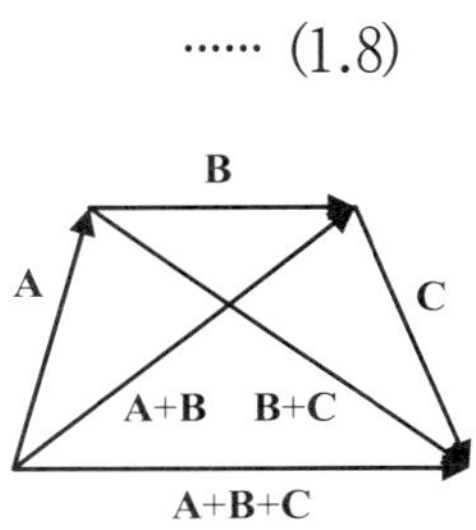

그림 1.4 벡터의 결합법칙

$$(\mathbf{A} + \mathbf{B}) + \mathbf{C} = \mathbf{A} + (\mathbf{B} + \mathbf{C}) \qquad \cdots\cdots (1.9)$$

가 성립함을 알 수 있다. 이것을 **결합법칙**이라고 한다. 또한 여기서 x의 스칼라량을 곱할 때 다음과 같은 분배**법칙**이 성립함을 쉽게 알 수 있다.

$$x(\mathbf{A}+\mathbf{B}) = x\mathbf{A} + x\mathbf{B} \quad \cdots\cdots (1.10)$$

또한 두 벡터 **A**, **B**의 차는

$$\mathbf{A}-\mathbf{B} = \mathbf{A} + (-\mathbf{B})$$

와 같은 식으로 정의되며, 그림 1.5와 같이 벡터 **B**의 방향을 반대로 한 것과 벡터 **A**와의 합으로 주어진다.

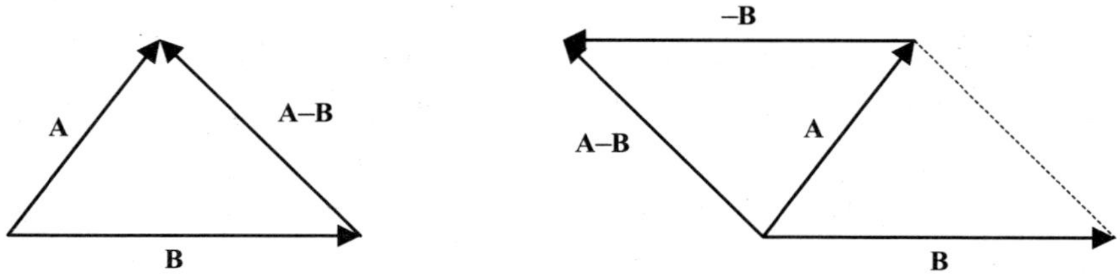

그림 1.5 두 벡터의 차

이와 같이 두 벡터의 그림 해석에 의한 가감법에서 두 벡터의 직교좌표계 성분으로 합과 차를 나타내면

$$\begin{cases} \mathbf{A} = A_x\boldsymbol{i} + A_y\boldsymbol{j} + A_z\boldsymbol{k} \\ \mathbf{B} = B_x\boldsymbol{i} + B_y\boldsymbol{j} + B_z\boldsymbol{k} \end{cases} \quad \cdots\cdots (1.11)$$

$$\mathbf{A} \pm \mathbf{B} = (A_x \pm B_x)\boldsymbol{i} + (A_y \pm B_y)\boldsymbol{j} + (A_z \pm B_z)\boldsymbol{k} \quad \cdots\cdots (1.12)$$

로 표현할 수 있다.

예제 1.2

원점으로부터 2개의 점 $a(2,\ 4,\ 6)$, $b(1,\ 2,\ 3)$를 향하는 벡터를 각각 A, B라고 할 때 A+B를 구하시오.

☞ A 벡터는 $\mathbf{A} = 2\boldsymbol{i} + 4\boldsymbol{j} + 6\boldsymbol{k}$, B 벡터는 $\mathbf{B} = \boldsymbol{i} + 2\boldsymbol{j} + 3\boldsymbol{k}$이다. 따라서

$$\begin{aligned} \mathbf{A}+\mathbf{B} &= (2\boldsymbol{i} + 4\boldsymbol{j} + 6\boldsymbol{k}) + (\boldsymbol{i} + 2\boldsymbol{j} + 3\boldsymbol{k}) \\ &= 3\boldsymbol{i} + 6\boldsymbol{j} + 9\boldsymbol{k} \end{aligned}$$

1.4 벡터의 곱셈

1.4.1 스칼라와 벡터의 곱

임의의 스칼라량 a와 벡터량 **B**를 곱하면

$$\mathbf{C} = a\mathbf{B} \quad \cdots\cdots (1.13)$$

이다. 벡터 **B**에 a배만큼 큰 벡터 **C**가 된다.

예제 1.3

어느 트럭이 300[kg]의 짐을 싣고 $\boldsymbol{a}=\boldsymbol{i}+2\boldsymbol{j}+3\boldsymbol{k}$[m/sec^2]의 가속으로 언덕을 오를 때 이 트럭의 힘을 구하시오.

☞ $\mathbf{F}=m\boldsymbol{a}$에서

$$\mathbf{F} = 300\times(\boldsymbol{i}+2\boldsymbol{j}+3\boldsymbol{k})$$

$$= 300\boldsymbol{i}+600\boldsymbol{j}+900\boldsymbol{k}\,[\mathrm{N}]$$

1.4.2 내적 또는 스칼라곱

벡터 **A**, **B**의 스칼라 곱은 두 벡터 **A**·**B**로 표기하며, **A**, **B** 사이에 "·"를 사용하여 표기하기 때문에 도트 적(dot product)이라고도 한다.

그림 1.6에서 두 벡터 **A**, **B**의 사이각을 θ라고 할 때, 벡터 **A**의 벡터 **B**방향 성분 $A\cos\theta$와 벡터 **B**의 방향성분 B와의 곱이나 또는 벡터 **B**의 벡터 **A**방향 성분 $B\cos\theta$와 벡터 **A**의 방향성분 A와의 곱으로 표현된다.

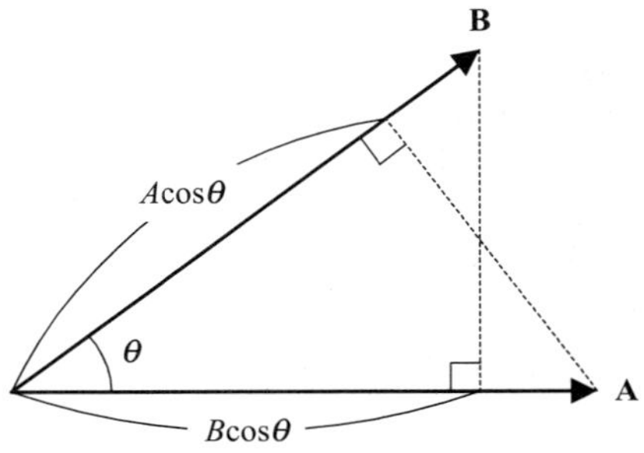

그림 1.6 벡터의 내적

$$\mathbf{A}\cdot\mathbf{B}=\mathbf{B}\cdot\mathbf{A}=(\mathbf{A}\,\mathbf{B})=AB\cos\theta \qquad \cdots\cdots (1.14)$$

여기서 두 벡터의 스칼라 곱에 대한 θ의 변화를 보면

$$\begin{cases}\theta=0^\circ \text{ 일 때 };\ \mathbf{A}\cdot\mathbf{B}=AB\cos 0^\circ=AB\\ \theta=90^\circ \text{ 일 때 };\ \mathbf{A}\cdot\mathbf{B}=AB\cos 90^\circ=0\end{cases} \qquad \cdots\cdots (1.15)$$

와 같다. 이 관계식을 기본벡터에 적용하면

$$\begin{cases}\boldsymbol{i}\cdot\boldsymbol{i}=\boldsymbol{j}\cdot\boldsymbol{j}=\boldsymbol{k}\cdot\boldsymbol{k}=1\\ \boldsymbol{i}\cdot\boldsymbol{j}=\boldsymbol{j}\cdot\boldsymbol{k}=\boldsymbol{k}\cdot\boldsymbol{i}=0\end{cases} \qquad \cdots\cdots (1.16)$$

가 된다. 두 벡터 **A**, **B**의 스칼라곱은

$$\begin{aligned}\mathbf{A}\cdot\mathbf{B}&=(A_x\boldsymbol{i}+A_y\boldsymbol{j}+A_z\boldsymbol{k})\cdot(B_x\boldsymbol{i}+B_y\boldsymbol{j}+B_z\boldsymbol{k})\\ &=A_xB_x+A_yB_y+A_zB_z\end{aligned} \qquad \cdots\cdots (1.17)$$

가 된다.

예제 1.4

힘 $\mathbf{F}=5\boldsymbol{i}+6\boldsymbol{j}+7\boldsymbol{k}$[N]의 힘으로 물체를 점 $A(1,\ 2,\ 3)$[m]에서 점 B(5, 3, 4)[m]로 이동시킬 때 힘이 행한 일을 구하시오.

☞ 점 A, B의 위치 벡터는 각각

$$\mathbf{A}=\boldsymbol{i}+2\boldsymbol{j}+3\boldsymbol{k}[\mathrm{m}],\quad \mathbf{B}=5\boldsymbol{i}+3\boldsymbol{j}+4\boldsymbol{k}[\mathrm{m}]$$

로 표시되며 이동거리를 나타내는 변위벡터는

$$\boldsymbol{l} = \mathbf{B} - \mathbf{A} = 4\boldsymbol{i} + \boldsymbol{j} + \boldsymbol{k}$$

따라서 힘이 행한 일은 식(1.17)에서

$$\begin{aligned} W = \mathbf{F} \cdot \boldsymbol{l} &= (5\boldsymbol{i} + 6\boldsymbol{j} + 7\boldsymbol{k}) \cdot (4\boldsymbol{i} + \boldsymbol{j} + \boldsymbol{k}) \\ &= 20 + 6 + 7 \\ &= 33\,[\mathrm{J}] \end{aligned}$$

이 된다.

1.4.3 외적 또는 벡터곱

두 벡터 **A**, **B**의 벡터곱은 **A**×**B**로 표기하며 **A**, **B** 사이에 "×"를 사용하여 표현하기 때문에 **크로스 적**(cross product)이라고도 한다. 그림 1.7에서와 같이 벡터 **A**, **B**가 이루는 각을 θ라고 하면, 그 크기는 **A**와 **B**를 변으로 하는 평행사변형의 면적, $AB\sin\theta$가 되며, 방향은 **A**, **B**로 만들어지는 평면에 직교하고 **A**를 **B**까지(회전각 θ가 180°가 되도록)돌릴 때, 같은 회전 방향의 오른 나사가 진행하는 방향이 된다.

즉, 두 벡터 **A**, **B**가 그림 1.7과 같이 놓여 있을 때 $AB\sin\theta$를 크기로 하고, 벡터 **A**에서 벡터 **B**로 회전할 때 오른 나사의 진행방향을 정방향으로 삼는 벡터 **C**를 두 벡터 **A**, **B**의 **외적** 또는 **벡터 곱**이라 하며, 다음과 같이 표현한다.

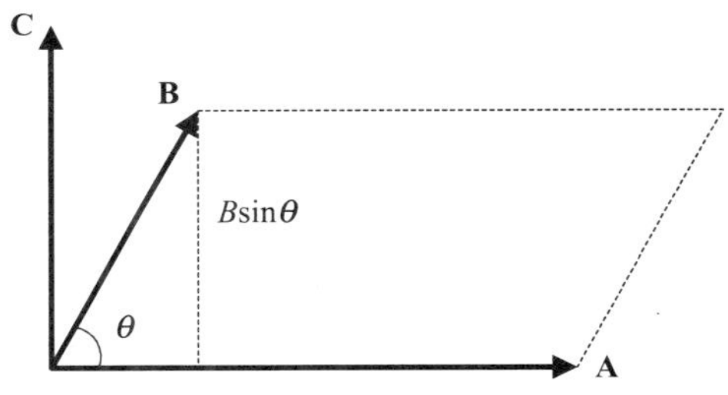

그림 1.7 벡터의 외적

$$\begin{cases} \mathbf{C} = \mathbf{A} \times \mathbf{B} = [\mathbf{A}\,\mathbf{B}] \\ C = |\mathbf{A} \times \mathbf{B}| = AB\sin\theta \end{cases} \quad \cdots\cdots (1.18)$$

그리고 **A**×**B**=−**B**×**A**가 되어 교환법칙이 성립하지 않음을 알 수 있다.

여기서 두 벡터의 벡터 곱에 대한 θ의 변화를 보면

$$\begin{cases} \theta = 0^\circ \text{ 일 때 } ; \ |\mathbf{A} \times \mathbf{B}| = AB\sin 0^\circ = 0 \\ \theta = 90^\circ \text{ 일 때 } ; \ |\mathbf{A} \times \mathbf{B}| = AB\sin 90^\circ = AB \end{cases} \cdots\cdots (1.19)$$

와 같다. 이 관계식을 기본벡터에 적용하면

$$\begin{cases} \boldsymbol{i}\times \boldsymbol{i} = \boldsymbol{j}\times \boldsymbol{j} = \boldsymbol{k}\times \boldsymbol{k} = 0, & \boldsymbol{i}\times \boldsymbol{j} = -\boldsymbol{j}\times \boldsymbol{i} = \boldsymbol{k} \\ \boldsymbol{j}\times \boldsymbol{k} = -\boldsymbol{k}\times \boldsymbol{j} = \boldsymbol{i}, & \boldsymbol{k}\times \boldsymbol{i} = -\boldsymbol{i}\times \boldsymbol{k} = \boldsymbol{j} \end{cases} \cdots\cdots (1.20)$$

가 된다. 따라서 두 벡터의 벡터 곱은

$$\begin{aligned} \mathbf{A}\times \mathbf{B} &= (A_x\boldsymbol{i} + A_y\boldsymbol{j} + A_z\boldsymbol{k})\times(B_x\boldsymbol{i} + B_y\boldsymbol{j} + B_z\boldsymbol{k}) \\ &= \boldsymbol{i}(A_yB_z - A_zB_y) + \boldsymbol{j}(A_zB_x - A_xB_z) + \boldsymbol{k}(A_xB_y - A_yB_x) \\ &= \boldsymbol{i}\begin{vmatrix} A_y & A_z \\ B_y & B_z \end{vmatrix} + \boldsymbol{j}\begin{vmatrix} A_z & A_x \\ B_z & B_x \end{vmatrix} + \boldsymbol{k}\begin{vmatrix} A_x & A_y \\ B_x & B_y \end{vmatrix} \\ &= \begin{vmatrix} \boldsymbol{i} & \boldsymbol{j} & \boldsymbol{k} \\ A_x & A_y & A_z \\ B_x & B_y & B_z \end{vmatrix} \qquad \cdots\cdots (1.21) \end{aligned}$$

와 같이 행렬식을 사용하여 간단히 표현할 수 있다.

예제 1.5

점 O(0, 0, 0), A(3, 4, 1), B(−2, 4, 3)[m]를 3정점으로 하는 3각형의 면적을 구하시오.

☞ 원점에 대한 A, B점의 위치 벡터는

$$\mathbf{A} = 3\boldsymbol{i} + 4\boldsymbol{j} + \boldsymbol{k}$$
$$\mathbf{B} = -2\boldsymbol{i} + 4\boldsymbol{j} + 3\boldsymbol{k} \ [\text{m}]$$

이며 3각형의 면적은 $S = \frac{1}{2}|\mathbf{A}\times \mathbf{B}| \ [\text{m}^2]$으로 주어지는데

$$\begin{cases} \mathbf{A}\times \mathbf{B} = 8\boldsymbol{i} - 11\boldsymbol{j} + 20\boldsymbol{k} \\ |\mathbf{A}\times \mathbf{B}| = 24.2 \ [\text{m}^2] \end{cases}$$

이므로 삼각형 면적은 12.1[m^2]이 된다.

1.4.4 3 벡터의 스칼라 3중적

① **A** · (**B** · **C**)는 (**B** · **C**)의 곱에 **A**배한 것으로서 (**B** · **C**)의 결과는 스칼라량이고, 여기에 **A**배한 것이므로 그 결과는 벡터량이다.

② **A** · (**B**×**C**)는 (**B**×**C**)의 결과가 벡터량이므로 여기에 **A**벡터와 스칼라 곱을 하면 그 결과는 스칼라량이 된다.

$$\mathbf{B}\times\mathbf{C} = \boldsymbol{i}(B_yC_z - B_zC_y) + \boldsymbol{j}(B_zC_x - B_xC_z) + \boldsymbol{k}(B_xC_y - B_yC_x)$$

이므로

$$\begin{aligned}\mathbf{A}\cdot(\mathbf{B}\times\mathbf{C}) &= (A_x\boldsymbol{i} + A_y\boldsymbol{j} + A_z\boldsymbol{k})\cdot\{\boldsymbol{i}(B_yC_z - B_zC_y) \\ &\quad + \boldsymbol{j}(B_zC_x - B_xC_z) + \boldsymbol{k}(B_xC_y - B_yC_x)\} \\ &= A_x(B_yC_z - B_zC_y) + A_y(B_zC_x - B_xC_z) \\ &\quad + A_z(B_xC_y - B_yC_x) \\ &= A_x\begin{vmatrix} B_y & B_z \\ C_y & C_z \end{vmatrix} + A_y\begin{vmatrix} B_z & B_x \\ C_z & C_x \end{vmatrix} + A_z\begin{vmatrix} B_x & B_y \\ C_x & C_y \end{vmatrix}\end{aligned} \quad \cdots\cdots (1.22)$$

가 된다. 이를 행렬식으로 표현하면

$$\mathbf{A}\cdot(\mathbf{B}\times\mathbf{C}) = \begin{vmatrix} A_x & A_y & A_z \\ B_x & B_y & B_z \\ C_x & C_y & C_z \end{vmatrix} \quad \cdots\cdots (1.23)$$

로 간단히 표현할 수 있다. 또한 행렬식에서는 행을 순환적으로 교환해도 그 값은 변하지 않으므로, 다음과 같은 관계식이 얻어진다.

$$\mathbf{A}\cdot(\mathbf{B}\times\mathbf{C}) = \mathbf{B}\cdot(\mathbf{C}\times\mathbf{A}) = \mathbf{C}\cdot(\mathbf{A}\times\mathbf{B}) \quad \cdots\cdots (1.24)$$

A, **B**, **C**의 3벡터를 그림 1.8과 같이 취하였을 때, **B**×**C**의 크기는 사변형 *OCDB*의 면적이 되며, **A** · (**B**×**C**)는 **B**×**C**의 면적에 높이를 곱한 것이 되므로, 세 벡터로 구성되는 평행육면체의 체적이 된다.

그런데 **A**, **B**, **C** 3벡터가 동일 평면상에 있다면 체적은 0이 되므로

$$\mathbf{A} \cdot (\mathbf{B} \times \mathbf{C}) = 0 \qquad \cdots\cdots (1.25)$$

식(1.25)의 관계식은 점 **A, B, C**가 동일 평면상에 있다는 것을 나타내는 평면 방정식이라 할 수 있다.

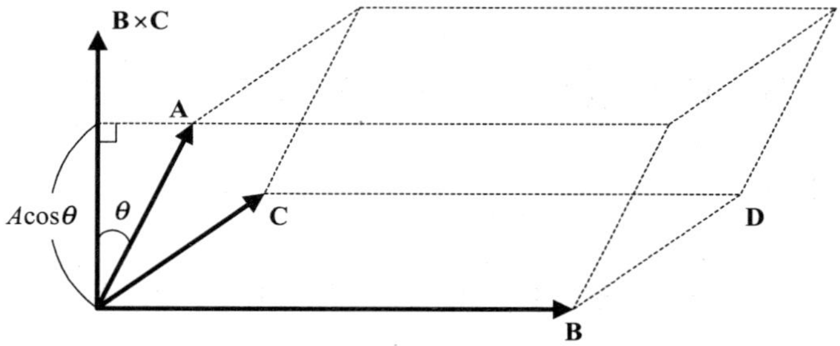

그림 1.8 3벡터의 스칼라 3중적

예제 1.6

A=$\boldsymbol{i}+2\boldsymbol{j}+3\boldsymbol{k}$, B=$2\boldsymbol{i}-\boldsymbol{j}-\boldsymbol{k}$, C=$3\boldsymbol{i}+\boldsymbol{j}-2\boldsymbol{k}$를 세 변으로 하는 평행육면체의 체적을 구하시오.

☞ 벡터의 스칼라 3중적은 평행육면체의 체적을 나타낸다. 즉,

$$(\mathbf{ABC}) = \begin{vmatrix} 1 & 2 & 3 \\ 2 & -1 & -1 \\ 3 & 1 & -2 \end{vmatrix}$$

$$= (2-6+6+9+8+1) = 20\,[\mathrm{m}^3]$$

1.5 벡터의 미분연산

벡터의 미분계산에는 x, y, z방향으로의 변화율과 방향으로 표시되는

$$\nabla \equiv \frac{\partial}{\partial x}\,\boldsymbol{i} + \frac{\partial}{\partial y}\,\boldsymbol{j} + \frac{\partial}{\partial z}\,\boldsymbol{k} \qquad \cdots\cdots (1.26)$$

를 이용하여 표현하며, 이를 벡터의 미분연산자(del 또는 nabla)라고 한다.

1.5.1 기울기(gradient)

V가 x, y, z의 함수로 된 스칼라량(전압, 온도, 위치 에너지, 체적 등)이라 할 때

$$\nabla V = \frac{\partial V}{\partial x}\boldsymbol{i} + \frac{\partial V}{\partial y}\boldsymbol{j} + \frac{\partial V}{\partial z}\boldsymbol{k} \qquad \cdots\cdots (1.27)$$

로 표현되며, 식(1.27)은 V의 x, y, z 각 방향의 길이에 대한 변화율 즉, 기울기의 벡터 표시가 가능해진다. 그 물리적 의의를

$$\nabla V = \text{grad}\, V \qquad \cdots\cdots (1.28)$$

로 표현하며, 이것은 벡터량이다. 이 관계식은 임의의 공간에 대한 자연현상의 변화나 전기적인 변화를 수식화하는데 이용된다.

예제 1.7

$\boldsymbol{r}=x\boldsymbol{i}+y\boldsymbol{j}+z\boldsymbol{k}$일 때, grad($r$)과 grad$\left(\frac{1}{r}\right)$을 구하시오.

☞ 벡터 $\boldsymbol{r}$의 크기는 $r=\sqrt{x^2+y^2+z^2}$이므로

(1) $\text{grad}\, r=\left(\frac{\partial}{\partial x}\boldsymbol{i}+\frac{\partial}{\partial y}\boldsymbol{j}+\frac{\partial}{\partial z}\boldsymbol{k}\right)(x^2+y^2+z^2)^{1/2}$에서 제1항의 미분을 먼저 계산하면

$$\begin{aligned}\frac{\partial}{\partial x}(x^2+y^2+z^2)^{1/2} &= \frac{1}{2}(x^2+y^2+z^2)^{-\frac{1}{2}}\times 2x \\ &= \frac{x}{\sqrt{x^2+y^2+z^2}} = \frac{x}{r}\end{aligned}$$

같은 방법으로

$$\frac{\partial}{\partial y}(x^2+y^2+z^2)^{1/2} = \frac{y}{r}, \quad \frac{\partial}{\partial z}(x^2+y^2+z^2)^{1/2} = \frac{z}{r}$$

따라서 $\text{grad}\, r = \frac{x}{r}\boldsymbol{i}+\frac{y}{r}\boldsymbol{j}+\frac{z}{r}\boldsymbol{k} = \frac{\boldsymbol{r}}{r} = \boldsymbol{r}_o$가 되어 벡터 $\boldsymbol{r}$의 단위벡터가 된다.

(2) $\frac{1}{r} = (x^2+y^2+z^2)^{-\frac{1}{2}}$이므로

$$\text{grad}\left(\frac{1}{r}\right) = \left(\frac{\partial}{\partial x}\boldsymbol{i} + \frac{\partial}{\partial y}\boldsymbol{j} + \frac{\partial}{\partial z}\boldsymbol{k}\right)(x^2+y^2+z^2)^{-\frac{1}{2}}$$

에서

$$\frac{\partial}{\partial x}(x^2+y^2+z^2)^{-\frac{1}{2}} = -\frac{1}{2}(x^2+y^2+z^2)^{-\frac{3}{2}}\times 2x = -\frac{x}{r^3}$$

가 되며 마찬가지로

$$\frac{\partial}{\partial y}\left(\frac{1}{r}\right) = -\frac{y}{r^3}, \quad \frac{\partial}{\partial z}\left(\frac{1}{r}\right) = -\frac{z}{r^3}$$

가 된다. 따라서

$$\text{grad}\left(\frac{1}{r}\right) = -\frac{x\boldsymbol{i}+y\boldsymbol{j}+z\boldsymbol{k}}{r^3} = -\frac{\boldsymbol{r}}{r^3} = -\frac{1}{r^2}\boldsymbol{r}_o$$

가 된다.

1.5.2 벡터의 발산

임의의 벡터 $\mathbf{A}=A_x\boldsymbol{i}+A_y\boldsymbol{j}+A_z\boldsymbol{k}$와 ∇와의 스칼라적으로 나타내면, 물리적으로는 벡터 $\mathbf{A}$방향으로 그려지는 단위 체적당 발산(divergence)을 의미하며, 식(1.17)을 이용하여

$$\begin{aligned}\nabla\cdot\mathbf{A} &= \left(\frac{\partial}{\partial x}\boldsymbol{i} + \frac{\partial}{\partial y}\boldsymbol{j} + \frac{\partial}{\partial z}\boldsymbol{k}\right)\cdot(A_x\boldsymbol{i}+A_y\boldsymbol{j}+A_z\boldsymbol{k}) \\ &= \frac{\partial A_x}{\partial x} + \frac{\partial A_y}{\partial y} + \frac{\partial A_z}{\partial z} \qquad \cdots\cdots (1.29)\end{aligned}$$

가 되며, 이 관계식은 단위체적에서 발산(divergence)하는 양을 표시하는 물리적 의미를 가지므로

$$\nabla\cdot\mathbf{A} = \text{div}\,\mathbf{A} \qquad \cdots\cdots (1.30)$$

와 같이 표현한다. 벡터 $\mathbf{A}$는 벡터량이지만, $\nabla\cdot\mathbf{A}$는 스칼라량이 된다. 식(1.30)을 벡터 $\mathbf{A}$의 발산이라 부른다. 식(1.30)을 다시 쓰면

$$\operatorname{div}\mathbf{A} = \lim_{\Delta v \to 0} \frac{\iint_s \mathbf{A} \cdot \boldsymbol{n} ds}{\Delta v} \qquad \cdots\cdots (1.31)$$

로 된다. 여기서 $\boldsymbol{n}$은 폐곡면상의 외향법선벡터이다. 이는 공간적으로 분포하고 있는 장소의 한 점에서 단위체적당 발산하는 스칼라량이 된다. 식(1.31)을 양변 적분하면

$$\iint_s \mathbf{A} \cdot \boldsymbol{n} ds = \iiint_v \operatorname{div} \mathbf{A}\, dV \qquad \cdots\cdots (1.32)$$

이다. 즉, 임의의 폐곡면에서 단위체적당 발산하는 양의 체적에 대한 총합(적분)은 폐곡면상을 통하여 유출하는 양과 같다. 이와 같은 관계를 **발산정리(divergence theorem)**라 한다. 이 정리는 정전계에서 공간전하분포상의 발산되는 전기력선의 수를 분석하는 데 이용한다.

예제 1.8

원점으로부터 점 $p(1, 2, 3)$에 이르는 거리에서 벡터 $\mathbf{A}=x^2\boldsymbol{i}+y^2\boldsymbol{j}+z^2\boldsymbol{k}$의 발산을 구하시오.

☞ 발산하는 양은 벡터의 발산이므로

$$\begin{aligned}\nabla \cdot \mathbf{A} = \operatorname{div}\mathbf{A} &= \left(\frac{\partial}{\partial x}\boldsymbol{i} + \frac{\partial}{\partial y}\boldsymbol{j} + \frac{\partial}{\partial z}\boldsymbol{k}\right) \cdot (x^2\boldsymbol{i} + y^2\boldsymbol{j} + z^2\boldsymbol{k}) \\ &= \frac{\partial x^2}{\partial x} + \frac{\partial y^2}{\partial y} + \frac{\partial z^2}{\partial z} = 2x + 2y + 2z \\ &= 2 + 4 + 6 = 12\end{aligned}$$

1.5.3 벡터의 회전

임의의 벡터 $\mathbf{A}=A_x\boldsymbol{i}+A_y\boldsymbol{j}+A_z\boldsymbol{k}$와 ∇와의 벡터적을 나타내면, 물리적으로 벡터 $\mathbf{A}$방향으로 그려지는 가상적인 선이 회전(rotation, curl)하고 있음을 의미한다. 벡터의 회전은 식(1.21)을 이용하여

$$\nabla \times \mathbf{A} = \left(\frac{\partial}{\partial x}\boldsymbol{i} + \frac{\partial}{\partial y}\boldsymbol{j} + \frac{\partial}{\partial z}\boldsymbol{k}\right) \times (A_x\boldsymbol{i} + A_y\boldsymbol{j} + A_z\boldsymbol{k})$$
$$= \boldsymbol{i}\left(\frac{\partial A_z}{\partial y} - \frac{\partial A_y}{\partial z}\right) + \boldsymbol{j}\left(\frac{\partial A_x}{\partial z} - \frac{\partial A_z}{\partial x}\right)$$
$$+ \boldsymbol{k}\left(\frac{\partial A_y}{\partial x} - \frac{\partial A_x}{\partial y}\right) = \begin{vmatrix} \boldsymbol{i} & \boldsymbol{j} & \boldsymbol{k} \\ \frac{\partial}{\partial x} & \frac{\partial}{\partial y} & \frac{\partial}{\partial z} \\ A_x & A_y & A_z \end{vmatrix} \quad \cdots\cdots (1.33)$$

와 같이 계산되며, 이 관계식은 다음과 같이 표시된다.

$$\nabla \times \mathbf{A} = \mathrm{rot}\,\mathbf{A} = \mathrm{curl}\,\mathbf{A} \quad \cdots\cdots (1.34)$$

이는 벡터의 회전을 의미하며, 벡터량이다. 식(1.34)를 다시 쓰면

$$\mathrm{rot}\,\mathbf{A} = \lim_{\Delta S \to 0} \frac{\oint_l \mathbf{A} \cdot d\boldsymbol{l}}{\Delta S} \quad \cdots\cdots (1.35)$$

가 된다. 이는 벡터 **A**의 주변 미소면적 ΔS가 법선 방향으로 주어질 때, 미소면적 ΔS 주위를 오른 나사 진행 방향으로 회전하면서 진행하는 벡터량의 변화량이다. 식(1.35)를 양변 적분하면

$$\oint_c \mathbf{A} \cdot d\boldsymbol{l} = \iint_s \mathrm{rot}\,\mathbf{A} \cdot \boldsymbol{n}\,dS \quad \cdots\cdots (1.36)$$

이다. 즉, 임의의 벡터 **A** 주변의 면적을 취할 때, 면적 주위를 선적분한 성분은 벡터 **A**의 회전성분과 직교하는 성분만을 면적분한 성분과 같다. 이는 벡터 **A**가 미분가능하면 성립하며, 이와 같은 관계를 **스토크 정리**(Stoke's theorem)라 한다. 이 정리는 정자계에서 전류에 의한 자기력선이 전류를 중심으로 회전하는 양을 수식화하는데 이용된다.

예제 1.9

벡터 $\mathrm{H} = xy\boldsymbol{i} + yz\boldsymbol{j} + zx\boldsymbol{k}$일 때 점(1, 2, 3)에서의 rotH를 구하시오.

☞
$$\mathrm{rot}\,\mathbf{H} = \nabla \times \mathbf{H} = \begin{vmatrix} \boldsymbol{i} & \boldsymbol{j} & \boldsymbol{k} \\ \frac{\partial}{\partial x} & \frac{\partial}{\partial y} & \frac{\partial}{\partial z} \\ H_x & H_y & H_z \end{vmatrix} = \begin{vmatrix} \boldsymbol{i} & \boldsymbol{j} & \boldsymbol{k} \\ \frac{\partial}{\partial x} & \frac{\partial}{\partial y} & \frac{\partial}{\partial z} \\ xy & yz & zx \end{vmatrix}$$
$$= -y\boldsymbol{i} - z\boldsymbol{j} - x\boldsymbol{k}$$
$$= -2\boldsymbol{i} - 3\boldsymbol{j} - \boldsymbol{k}$$

1.5.4 Laplacian ∇^2

스칼라 함수 V를 2중 미분하는 $\nabla \cdot \nabla$의 연산을 하면

$$\nabla \cdot \nabla V = \nabla^2 V$$
$$= \left(\frac{\partial}{\partial x}\boldsymbol{i} + \frac{\partial}{\partial y}\boldsymbol{j} + \frac{\partial}{\partial z}\boldsymbol{k}\right) \cdot \left(\frac{\partial V}{\partial x}\boldsymbol{i} + \frac{\partial V}{\partial y}\boldsymbol{j} + \frac{\partial V}{\partial z}\boldsymbol{k}\right)$$
$$= \frac{\partial^2 V}{\partial x^2} + \frac{\partial^2 V}{\partial y^2} + \frac{\partial^2 V}{\partial z^2} \qquad \cdots\cdots (1.37)$$

가 되는데, ∇^2을 **라프라시안(Laplacian)**이라 하며, 이는 공간 전하 분포에 의한 전위를 계산하는 데 이용된다.

1.6 곡선 직교 좌표계

전기 자기현상을 해석함에 있어 직선직교 좌표계(cartesian coordinate system)보다는 원통좌표계(cylindrical coordinate system) 및 구좌표계(spherical coordinate system)를 이용하는 것이 편리한 경우가 많으므로, 이들 좌표계에 대한 정의와 상호간의 좌표변환에 대해 알아본다.

1.6.1 원통좌표계

xyz를 좌표축으로 하는 점 $P(x, y, z)$를 그림 1.9에서와 같이 $r = \sqrt{x^2 + y^2}$을 반지름으로 하는 원통상의 점 $P(r, \phi, z)$로 표시하는 것을 **원통좌표계**라 한다.

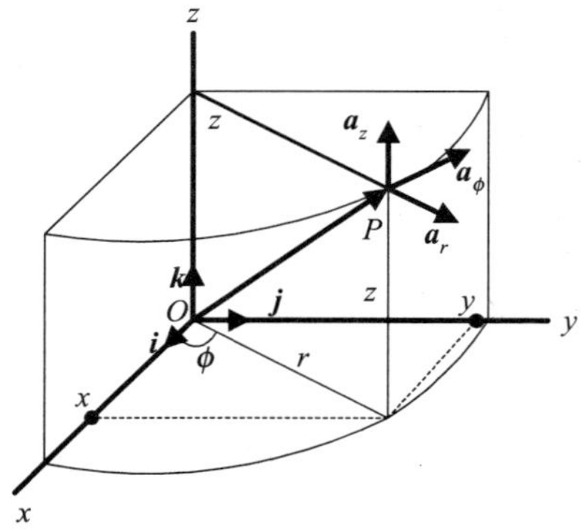

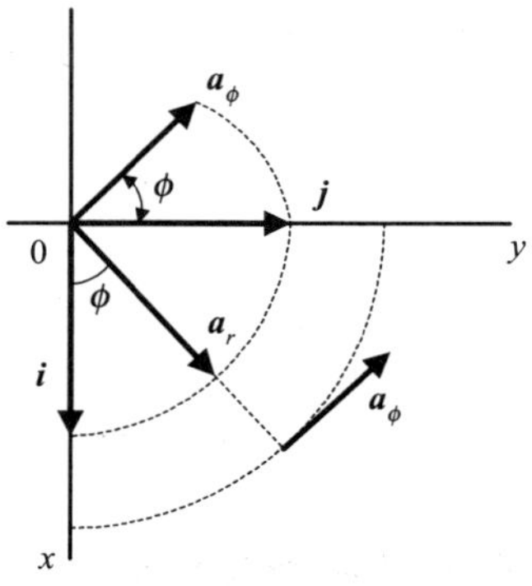

그림 1.9 원통좌표

이 경우 각 방향의 단위벡터는 그림에서와 같이 $\boldsymbol{a}_r$, $\boldsymbol{a}_\phi$, $\boldsymbol{a}_z$로 주어지며, 서로 직교하므로

$$\boldsymbol{a}_r \times \boldsymbol{a}_\phi = \boldsymbol{a}_z, \quad \boldsymbol{a}_z \times \boldsymbol{a}_r = \boldsymbol{a}_\phi, \quad \boldsymbol{a}_\phi \times \boldsymbol{a}_z = \boldsymbol{a}_r$$

의 관계가 얻어진다. 따라서, 직각좌표계에서 벡터 $\mathbf{A}=A_x\boldsymbol{i}+A_y\boldsymbol{j}+A_z\boldsymbol{k}$가 단위벡터와 그 방향의 성분으로 표시되는 것과 같이, 원통좌표계에서도 하나의 벡터는 단위벡터와 그 방향의 성분의 조합으로 나타낼 수 있다. 즉,

$$\mathbf{A} = A_\gamma a_\gamma + A_\phi a_\phi + A_z a_z \qquad \cdots\cdots (1.38)$$

여기서, $\mathbf{A}$라는 벡터가 그림 1.9(a)에서 직선 OP로 표시될 때, 이 벡터는 직각좌표계로도 표시할 수 있고, 또한 원통좌표계로도 표현할 수 있어야 할 것이다. 즉, 벡터 $\mathbf{A}$가 $\mathbf{A}=A_x\boldsymbol{i}+A_y\boldsymbol{j}+A_z\boldsymbol{k}$와 같이 직각좌표계로 표현되어 있을 때, 이것을 원통좌표계로 표현된 벡터로 변환하는 방법을 알아보기로 한다.

먼저, 원통좌표계로 표현된 식(1.38)에서 A_γ은 벡터 $\mathbf{A}$의 방향의 γ성분이므로, 벡터와 어떤 방향의 스칼라곱은 그 방향의 성분이 된다는 것을 이용하면 구할 수 있으며, 나머지 다른 성분도 같은 방법으로 구하면 된다. 즉,

$$\begin{aligned} A_\gamma &= \mathbf{A} \cdot a_\gamma = (A_x a_x + A_y a_y + A_z a_z) \cdot a_\gamma \\ &= A_x(a_x \cdot a_\gamma) + A_y(a_y \cdot a_\gamma) + A_z(a_z \cdot a_\gamma) \end{aligned}$$

$$A_\phi = \mathbf{A} \cdot a_\phi = (A_x a_x + A_y a_y + A_z a_z) \cdot a_\phi$$
$$= A_x(a_x \cdot a_\phi) + A_y(a_y \cdot a_\phi) + A_z(a_z \cdot a_\phi)$$
$$A_z = \mathbf{A} \cdot a_z = (A_x a_x + A_y a_y + A_z a_z) \cdot a_z$$
$$= A_x(a_x \cdot a_z) + A_y(a_y \cdot a_z) + A_z(a_z \cdot a_z)$$

이므로, 그림 1.9(b)로부터,

$\boldsymbol{i}$와 a_r 사이의 각은 ϕ 이므로 $\boldsymbol{i} \cdot a_\gamma = \cos\phi$
$\boldsymbol{j}$와 a_γ 사이의 각은 $(90° - \phi)$ 이므로 $\boldsymbol{j} \cdot a_\gamma = \sin\phi$
$\boldsymbol{k}$와 a_γ 사이의 각은 $90°$ 이므로 $\boldsymbol{k} \cdot a_\gamma = 0$
$\boldsymbol{i}$와 a_ϕ 사이의 각은 $(90° - \phi)$ 이므로 $\boldsymbol{i} \cdot a_\phi = -\sin\phi$
$\boldsymbol{j}$와 a_ϕ 사이의 각은 ϕ 이므로 $\boldsymbol{j} \cdot a_\phi = \cos\phi$
$\boldsymbol{k}$와 a_ϕ 사이의 각은 $90°$ 이므로 $\boldsymbol{k} \cdot a_\phi = 0$
$\boldsymbol{i}$와 a_z 사이의 각은 $90°$ 이므로 $\boldsymbol{i} \cdot a_z = 0$
$\boldsymbol{j}$와 a_z 사이의 각은 $90°$ 이므로 $\boldsymbol{j} \cdot a_z = 0$
$\boldsymbol{k}$와 a_z 사이의 각은 $0°$ 이므로 $\boldsymbol{k} \cdot a_z = 1$

이다. 따라서 각 성분은

$$A_\gamma = A_x \cos\phi + A_y \sin\phi$$
$$A_\phi = -A_x \sin\phi + A_y \cos\phi$$
$$A_z = A_z \quad \cdots\cdots (1.39)$$

의 관계가 성립한다. 그리고 양 좌표계 사이에는

$$\begin{cases} x = r\cos\phi, & y = r\sin\phi, & z = z \\ r = \sqrt{x^2 + y^2}, & \phi = \tan^{-1}\dfrac{y}{x}, & z = z \end{cases} \quad \cdots\cdots (1.40)$$

의 변환(transformation) 관계가 성립한다.

직선직교 좌표계와 원통좌표계에서의 미소 체적소는 그림 1.10과 같이 주어지므로, 각 경우의 미소변위 dl과 미소면적 ds 및 미소체적 dv는 직선직교 좌표계에서는 다음과 같다.

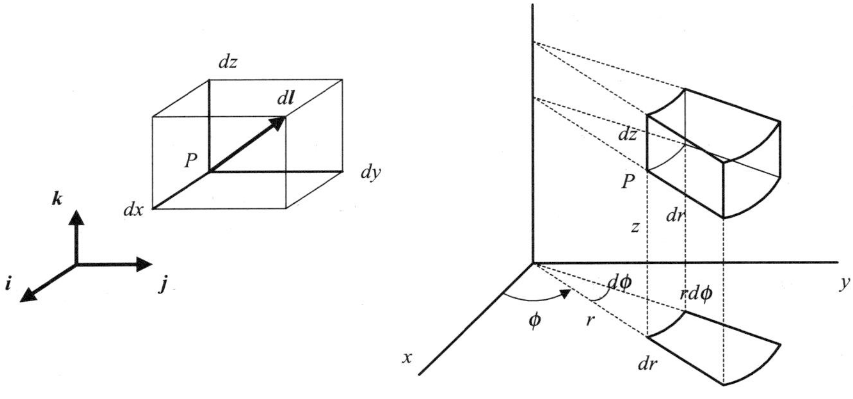

그림 1.10 미소 체적소(원통좌표)

$$\begin{cases} d\boldsymbol{l} = dx\boldsymbol{i} + dy\boldsymbol{j} + dz\boldsymbol{k} \\ dl^2 = dx^2 + dy^2 + dz^2 \\ dS = dxdy, \ \ dydz, \ \ dzdx \\ dv = dxdydz \end{cases} \quad \cdots\cdots \ (1.41 \text{ a})$$

원통좌표계에서는 다음과 같이

$$\begin{cases} d\boldsymbol{l} = dr\boldsymbol{a}_r + rd\phi\boldsymbol{a}_\phi + dz\boldsymbol{a}_z \\ dl^2 = dr^2 + (rd\phi)^2 + dz^2 \\ dS = rd\phi dz, \ \ drdz, \ \ rd\phi dr \\ dv = rd\phi drdz \end{cases} \quad \cdots\cdots \ (1.41 \text{ b})$$

로 주어진다.

1.6.2 구좌표계

점 $P(xyz)$를 그림 1.11에서와 같이 $r=(x^2+y^2+z^2)^{1/2}$을 반지름으로 하는 구면상의 점 $P(r, \ \theta, \ \phi)$로 표시하는 것을 **구좌표계**라 한다.

이 경우 r, θ, ϕ 각 방향의 단위벡터는 그림에서와 같이 $\boldsymbol{a}_r$, $\boldsymbol{a}_\theta$, $\boldsymbol{a}_\phi$로 주어지며, 서로 직교하므로

$$\boldsymbol{a}_r \times \boldsymbol{a}_\theta = \boldsymbol{a}_\phi, \quad \boldsymbol{a}_\theta \times \boldsymbol{a}_\phi = \boldsymbol{a}_r, \quad \boldsymbol{a}_\phi \times \boldsymbol{a}_r = \boldsymbol{a}_\theta$$

의 관계가 있다.

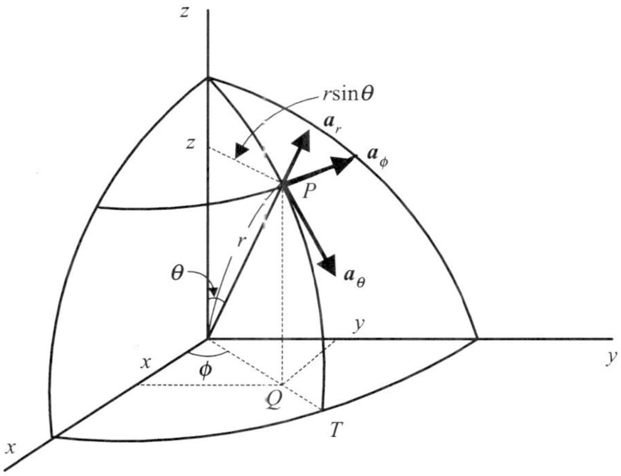

그림 1.11 구좌표

그리고, 구좌표계에서의 벡터의 표시도 원통좌표계에서와 같이, 단위벡터와 단위벡터방향의 성분 A_r, A_θ 및 A_ϕ에 의해서

$$\mathbf{A} = \mathrm{A_r a_r} + \mathrm{A}_\theta \mathrm{a}_\theta + \mathrm{A}_\phi \mathrm{a}_\phi$$

와 같이 표시되므로, 구좌표계에서의 벡터를 직각좌표계로 표시한 벡터로 변환하거나, 그 반대의 변환도 원통좌표계어서와 같은 방법으로 할 수가 있다. 다만 벡터의 변환을 하기 위해서는 원통좌표계에서 한 바와 같이 각 단위벡터 사이의 스칼라곱을 구해야 한다. 즉,

$$\overline{OQ} = |a_r| \cos\left(\frac{\pi}{2} - \theta\right) = \sin\theta$$

$$\begin{cases} a_r \cdot \boldsymbol{i} = |a_r| \cos\left(\frac{\pi}{2} - \theta\right) \cos\phi = \sin\theta\cos\phi \\ a_r \cdot \boldsymbol{j} = |a_r| \cos\left(\frac{\pi}{2} - \theta\right) \cos\left(\frac{\pi}{2} - \phi\right) = \sin\theta\sin\phi \\ a_r \cdot \boldsymbol{k} = |a_r| \cos\theta = \cos\theta \end{cases} \quad \cdots\cdots (1.42)$$

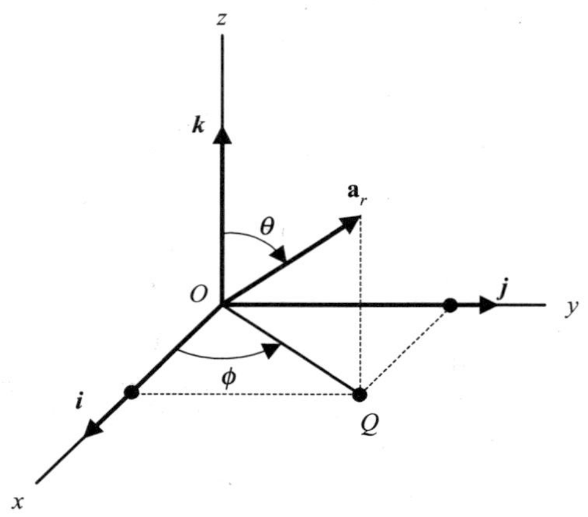

그림 1.12

$$\overline{OS} = |a_\theta| \cos\theta = \cos\theta$$

$$\begin{cases} a_\theta \cdot \boldsymbol{i} = |a_\theta| \cos\theta \cos\phi = \cos\theta\cos\phi \\ a_\theta \cdot \boldsymbol{j} = |a_\theta| \cos\theta \cos\left(\dfrac{\pi}{2} - \phi\right) = \cos\theta\sin\phi \\ a_\theta \cdot \boldsymbol{k} = |a_\theta| \cos\left(\dfrac{\pi}{2} + \theta\right) = -\sin\theta \end{cases} \quad \cdots\cdots (1.43)$$

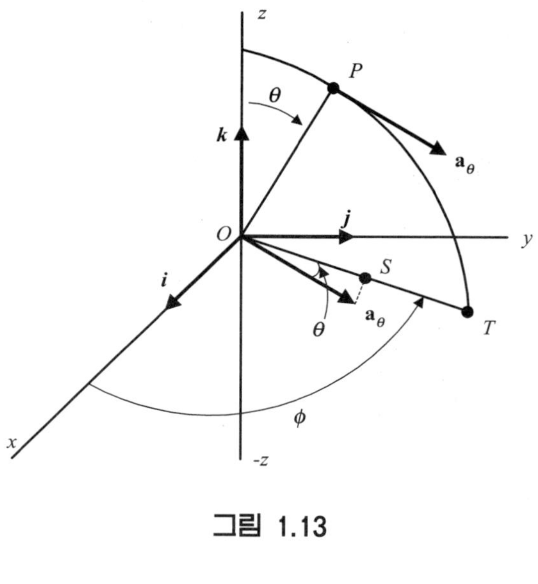

그림 1.13

$$\begin{cases} a_\phi \cdot \boldsymbol{i} = |a_\phi| \cos\left(\dfrac{\pi}{2} + \phi\right) = -\sin\phi \\ a_\phi \cdot \boldsymbol{j} = |a_\phi| \cos\phi = \cos\phi \\ a_\phi \cdot \boldsymbol{k} = |a_\phi| \cos\dfrac{\pi}{2} = 0 \end{cases} \quad \cdots\cdots (1.44)$$

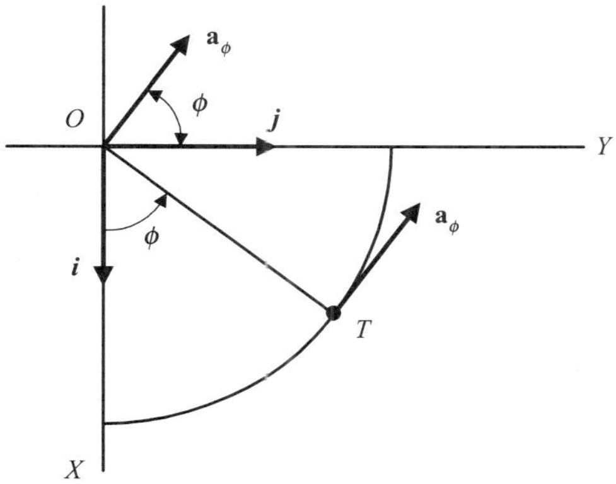

그림 1.14

가 얻어진다. 그리고 양 좌표계 사이의 변환은

$$\begin{cases} x = r\sin\theta\cos\phi, \quad y = r\sin\theta\sin\phi, \quad z = r\cos\theta \\ r = \sqrt{x^2 + y^2 + z^2}, \quad \theta = \cos^{-1}\dfrac{z}{r}, \quad \phi = \tan^{-1}\dfrac{y}{x} \end{cases} \quad \cdots\cdots (1.45)$$

와 같이 된다. 구좌표계에서의 미소체적소는 그림 1.15와 같으므로, 미소변위와 면적소 및 체적소는

$$\begin{cases} d\boldsymbol{l} = dr\boldsymbol{a}_r + rd\theta\boldsymbol{a}_\theta + r\sin\theta d\phi\boldsymbol{a}_\phi \\ dl^2 = dr^2 + (rd\theta)^2 + (r\sin\theta d\phi)^2 \\ dS = r^2\sin\theta d\theta d\phi, \quad rd\theta dr, \quad r\sin\theta d\phi dr \\ dv = r^2\sin\theta dr d\theta d\phi \end{cases} \quad \cdots\cdots (1.46)$$

로 주어진다.

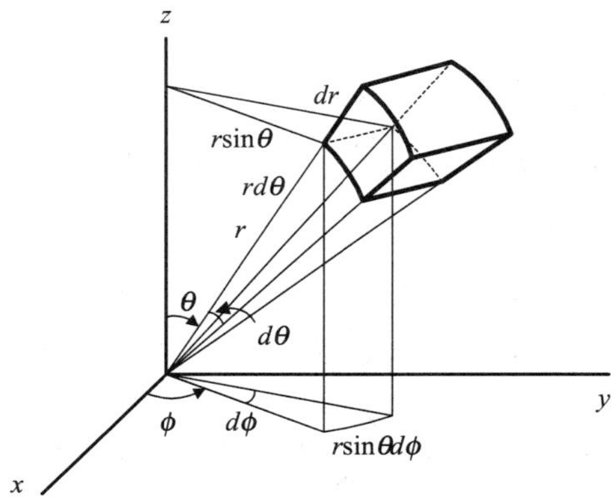

그림 1.15 미소체적소(구좌표)

예제 1.10

점 $P(3,\ 4,\ -5)$[m]에 대한 원통 및 구좌표를 구하시오.

☞ 식(1.39) 및 식(1.42)를 이용한다.

원통좌표 : $r=\sqrt{3^2+4^2}=5\,[\mathrm{m}]$, $\phi=\tan^{-1}\frac{4}{3}=53.1^\circ$, $z=-5\,[\mathrm{m}]$

구좌표 : $\begin{cases} r=\sqrt{3^2+4^2+(-5)^2}=7.07\,[\mathrm{m}],\ \theta=\cos^{-1}\frac{-5}{7.07}=135^\circ \\ \phi=\tan^{-1}\frac{4}{3}=53.1^\circ \end{cases}$

예제 1.11

구좌표계를 이용하여 지구의 표면적과 체적을 구하시오.

☞ 지구의 반지름은 $R\fallingdotseq\frac{4\times10^4}{2\pi}=6366\,[\mathrm{km}]$로 계산된다. 식(1.43)을 사용하면

표면적 : $S=R^2\int_0^\pi \sin\theta d\theta\int_0^{2\pi}d\phi=4\pi R^2=5.1\times10^8\,[\mathrm{km}^2]$

체 적 : $V=\int_0^R r^2dr\int_0^\pi \sin\theta d\theta\int_0^{2\pi}d\phi=\frac{4}{3}\pi R^3=6.9\times10^{12}\,[\mathrm{km}^3]$

연습문제

1.1 $\mathbf{A} = 3\boldsymbol{i}+4\boldsymbol{j}+5\boldsymbol{k}$, $\mathbf{B} = 2\boldsymbol{i}-4\boldsymbol{j}+3\boldsymbol{k}$일 때 다음을 구하시오.

(1) $|\mathbf{A}|$ (2) $|\mathbf{B}|$ (3) $|\mathbf{A}+3\mathbf{B}|$

1.2 점 $A(-2, 4, 3)$에서 점 $B(1, 4, 1)$에 이르는 변위 벡터 및 이의 단위 벡터를 구하시오.

1.3 $P(x, y, z)$점에 3개의 힘 $\mathbf{F}_1 = -2\boldsymbol{i}+5\boldsymbol{j}-3\boldsymbol{k}$, $\mathbf{F}_2 = 7\boldsymbol{i}+3\boldsymbol{j}-\boldsymbol{k}$, $\mathbf{F}_3$가 작용하여 0이 되었다. 이 때 $|\mathbf{F}_3|$를 구하시오.

1.4 $\mathbf{A} = -7\boldsymbol{i}-\boldsymbol{j}$, $\mathbf{B} = -3\boldsymbol{i}-4\boldsymbol{j}$에서 A와 B가 이루는 각을 구하시오.

1.5 $\mathbf{A} = a\boldsymbol{i}+2\boldsymbol{j}+5\boldsymbol{k}$, $\mathbf{B} = 2\boldsymbol{i}-4\boldsymbol{j}+4\boldsymbol{k}$일 때 A와 B가 직교하는 a의 값을 구하시오.

1.6 힘 $\mathbf{F} = 5\boldsymbol{i}+10\boldsymbol{j}+5\boldsymbol{k}$[N]에 의하여 점 $A(1, 2, 3)$[m]에서 점 $B(3, -1, -4)$[m]로 이동할 때 힘이 행한 일을 구하시오.

1.7 $\mathbf{A} = \boldsymbol{i}+\boldsymbol{j}$, $\mathbf{B} = \boldsymbol{j}+\boldsymbol{k}$, $\mathbf{C} = -\boldsymbol{i}+2\boldsymbol{k}$일 때 $\mathbf{A}\cdot(\mathbf{B}\times\mathbf{C})$의 값을 구하시오.

1.8 $f = xyz$, $\mathbf{A} = x\boldsymbol{i}+y\boldsymbol{j}+z\boldsymbol{k}$일 때 점(1, 1, 1)에서의 $\mathrm{div}(f\mathbf{A})$를 구하시오.

1.9 $\mathbf{D} = 2xyz\boldsymbol{i}+x^2z^2\boldsymbol{j}+3x^2yz^3\boldsymbol{k}$일 때 (3, 2, 1)에서의 $\mathrm{div}\,\mathbf{D}$와 $\mathrm{rot}\,\mathbf{D}$를 구하시오.

1.10 $\boldsymbol{r} = x\boldsymbol{i}+y\boldsymbol{j}+z\boldsymbol{k}$일 때 다음을 구하시오.

(1) $\nabla\cdot\boldsymbol{r}$ (2) $\nabla\times\boldsymbol{r}$

1.11 $\nabla\cdot(\nabla\times\mathbf{A}) = 0$임을 증명하시오.

1.12 점 $P(3, 4, -5)$에 대한 원통 및 구좌표를 구하시오.

1.13 다음 각 점에 대한 (x, y, z)를 구하시오.

(1) $(5, 30°, 2)$ (2) $(5, 120°, -2)$ (3) $(5, 30°, 60°)$

1.14 다음 두 점 사이의 거리를 구하시오.

(1) $(3, 30°, 4)$와 $(6, 120°, 5)$ (2) $(3, 30°, 0°)$와 $(6, 120°, 120°)$

1.15 $\mathbf{A}(\sqrt{3}, 2, 1)$, $\mathbf{B}(2\sqrt{2}, 45°, 30°)$에 대한 다음 값을 구하시오.

(1) $\mathbf{A}+\mathbf{B}$ (2) $\mathbf{A}\cdot\mathbf{B}$ (3) $\mathbf{A}\times\mathbf{B}$

제 2 장 정전계

2.1 전하와 정전유도

물체를 마찰하게 되면, 그 물체가 전기를 띠게 된다. 이 전기를 **마찰전기**(triboelectricity)라고 한다. 이 전기에는 정(+ : positive)과 부(− : negative)의 2종류가 있으며, 어떤 것으로 마찰해야 어떤 종류의 전기를 띠게 되는가 하는 것은 다음의 마찰전기 계열(triboelectric series)에 의하여 결정할 수가 있다.

+ 모피, 유리, 운모, 비단, 무명, 나무, 호박, 금속, 유황 등 … -

이들 가운데 임의의 2개를 서로 마찰하면 왼쪽에 있는 것이 정, 오른쪽에 있는 것이 부로 대전하게 된다. 그런데 이 계열의 순서는 온도나 습도에 따라 영향을 받게 된다.

이들 대전된 전기를 그대로 갖고 있게 하기 위해서는 전기의 이동을 허락하지 않는 물질 즉, **부도체**(non−conductor)로 막아 줄 필요가 있다. 이와 같은 조작을 **절연한다**(insulate)고 한다. 전기가 자유로이 이동할 수 있는 물질을 **도체**(conductor)라고 하며, 도체, 부도체는 물질의 종류에 따라서 결정되는데, 은, 구리 등은 일반적으로 도체이며, 고무, 베이클라이트(bakelite) 등은 부도체이다.

또한 Si나 Ge같은 물질의 경우 낮은 온도에서는 자유전자가 거의 존재하지 않으나, 외부의 영향(열, 빛, 전계 등)에 의해서 자유전자가 발생하여 전도가 쉽게 된다. 이와 같은 물질을 **반도체**(semiconductor)라고 한다.

그런데 일정한 대전상태에 있는 물질은 일정한 전기량을 싣고 있는 것으로 생각해도 되며, 이러한 뜻에서 전기량이라고 하는 것을 **전하**라고 한다.

전하의 최소 기준 단위는 전자 1개가 가지고 있는 전하이다. 전하의 단위로서는 MKS(Meter Kilogram Second)단위계의 쿨롱(coulomb)[C]를 쓴다. 즉, 전자 1개의 전하는 $e=1.602\times10^{-19}$[C]이다. 바꾸어 말하면 1[C]의 전하는 6.25×10^{18}개의 전자가 갖는 전하량이다.

금속과 같은 도체는 그 내부에 많은 전도전자를 갖고 있으므로 그림 2.1과 같이 처음부터 전기적으로 중성인 도체 A 옆에 정(+)으로 대전된 물체 B를 가까이 하면, 금속 내의 전도전자는 대전체 B의 양전하에 끌려서 B에 가까운 부분에 모이게 되므로, 상대적으로 A에는 B에 가까운 쪽에 부(−)전하가 B에서 먼

쪽에는 정(+)전하가 나타나게 된다. 만약, B의 전하가 부(−)일 때는 반대현상이 일어난다. 이와 같이 대전체의 접근으로 인한 물질 내의 전하분포가 변화하는 현상을 **정전유도**(electrostatic induction)라 한다. 정전유도의 현상은 도체뿐만 아니라, 모든 물체에서 일어난다. 절연물의 경우에는 전자에 대한 원자핵의 구속력이 강하여 대전체를 가까이 하는 경우, 전하는 분리되지 않고, 전자와 원자핵의 위치가 변하여 정전유도현상이 일어난다.

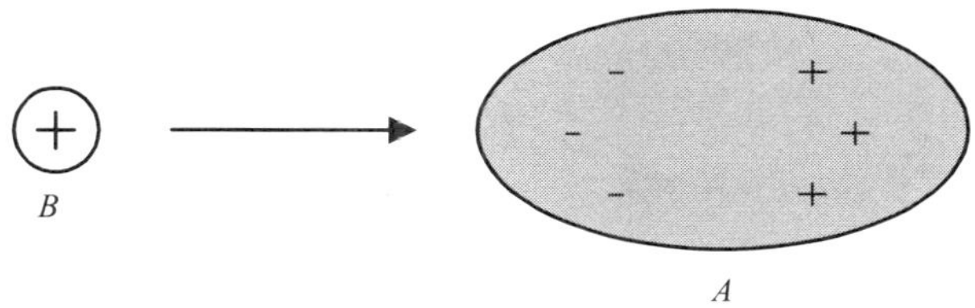

그림 2.1 정전유도

2.2 쿨롱의 법칙

하나의 대전체 근처에 다른 대전체를 놓으면 두 전하 사이에 힘이 작용한다. 이것은 대전체의 근방이 대전체의 전기적 영향을 받아, 다른 대전체가 오면 이에 힘이 미치는게 된다. 이와 같이 전기적 영향이 미치는 영역을 **전계**(electric field)라고 한다. 특히 전하가 정지하고 있는 경우의 전계를 **정전계**(electrostatic field)라 한다.

거리 r만큼 떨어져서 정지되어 있는 두 점전하 Q_1, Q_2 사이에 작용하는 힘 F는 다음 식으로 표현된다.

$$F = k\frac{Q_1 Q_2}{r^2} \quad \cdots\cdots (2.1)$$

즉, 두 점전하 사이에 작용하는 힘은 Q_1과 Q_2의 곱에 비례하며, 거리의 제곱에 반비례하고, 방향은 Q_1과 Q_2를 잇는 직선 위에 있으며, Q_1과 Q_2가 같은 부호이면 반발력, 다른 부호이면 인력이 작용한다. k는 비례상수이다. 식(2.1)로 주어지는 관계를 **Coulomb의 법칙**이라 한다.

힘은 그림 2.2에서 다같이 두 점전하를 연결하는 직선상에서 크기와 방향을 갖고 있는 벡터량이다. 힘은 r의 방향으로 작용하므로 힘의 벡터 표시는 다음 식과 같이 쓸 수 있다.

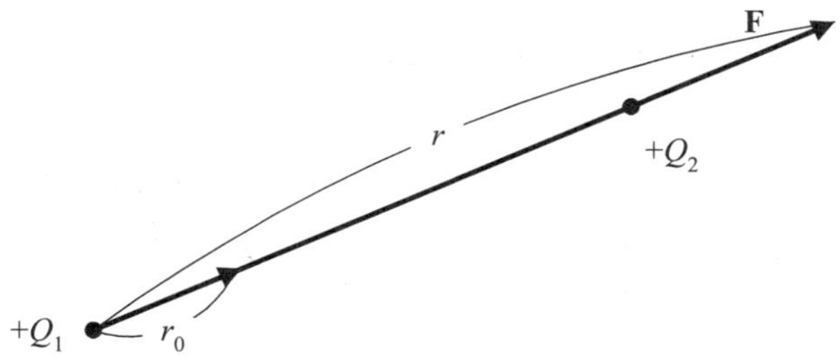

그림 2.2 Coulomb의 법칙

$$\mathbf{F} = k\frac{Q_1 Q_2}{r^2}\,\boldsymbol{r}_o \qquad \cdots\cdots (2.2)$$

여기서 $\boldsymbol{r}_0$는 단위벡터이다. 쿨롱의 법칙은 자주 사용되는 법칙으로, 이것은 쿨롱이 정밀한 실험을 통하여 확인한 것이다. 후에 맥스웰(Maxwell)이 이를 증명하였다.

식(2.1)에서 k의 값은 사용하는 단위계에 따라 달라지게 된다. 여러 가지의 단위계가 사용되고 있으나, 이 책에서는 MKS 단위계를 사용하기로 한다. 이 단위계에서 길이는 meter[m], 질량은 kilogram[kg], 시간은 second[s]를 사용한다. 그리고 힘의 단위는 newton[N]을 쓰는데, 이것은 [kg·m/s^2]과 같다.

이 단위계에서는 식(2.1)에서 k를 $1/4\pi\varepsilon_0$로 했을 경우 전하 Q_1, Q_2의 단위가 쿨롱[C]이므로, 힘 $\mathbf{F}$는 [N]으로 표시된다.

$$\mathbf{F} = \frac{1}{4\pi\varepsilon_o}\frac{Q_1 Q_2}{r^2}\,\boldsymbol{r}_o \ [\mathrm{N}] \qquad \cdots\cdots (2.3)$$

$$k = \frac{1}{4\pi\varepsilon_o} = \frac{c_o^{\,2}}{10^7} \fallingdotseq 9\times 10^9\,[\mathrm{N}\cdot\mathrm{m}^2/\mathrm{C}^2] \qquad \cdots\cdots (2.4)$$

이고, 이 관계를 식(2.2)에 대입하면 쿨롱의 힘 $\mathbf{F}$는 다음 식과 같다.

$$\mathbf{F} = \frac{Q_1 Q_2}{4\pi\varepsilon_o r^2}\boldsymbol{r}_o \doteqdot 9\times 10^9 \frac{Q_1 Q_2}{r^2}\boldsymbol{r}_o[\mathrm{N}] \qquad \cdots\cdots (2.5)$$

여기서 $\boldsymbol{r}_0$는 힘의 방향의 단위벡터이다.

예제 2.1

±1[C]의 두 점전하가 1[m] 거리에 놓였을 때 작용하는 힘을 구하시오.

☞ 공기의 유전율은 진공의 경우와 같다고 놓을 수 있으므로 힘의 크기는

$$F = \frac{1}{4\pi\varepsilon_o}\frac{Q_1 Q_2}{r^2} = -9\times 10^9[\mathrm{N}]$$

의 인력이 작용하므로 정전 상태의 1[C]이 얼마나 큰 힘을 발휘하는지 알 수 있다.
$F>0$인 경우 Q_1, Q_2가 같은 부호로서 반발력을 갖고, $F<0$인 경우 Q_1, Q_2가 다른 부호를 갖는 경우로 인력이 작용한다.

예제 2.2

점 $A(1,\ 2,\ 3)$의 점전하 200[μ C]이 점 $B(3,\ 6,\ -1)$[m]의 점전하 500[μ C]에 미치는 쿨롱의 힘을 구하시오.

☞ 점 A에 대한 점 B의 위치벡터와 단위벡터는

$$\boldsymbol{r} = (3-1)\boldsymbol{i} + (6-2)\boldsymbol{j} + (-1-3)\boldsymbol{k} = 2\boldsymbol{i} + 4\boldsymbol{j} - 4\boldsymbol{k}[\mathrm{m}]$$

$$r = \sqrt{2^2+4^2+(-4)^2} = 6[\mathrm{m}], \quad \boldsymbol{r}_o = \frac{\boldsymbol{r}}{r} = \frac{1}{3}(\boldsymbol{i}+2\boldsymbol{j}-2\boldsymbol{k})$$

이므로 점 B에 작용하는 힘은 식(2.6)에서

$$\mathbf{F} = 9\times 10^9 \times \frac{Q_1 Q_2}{r^2}\boldsymbol{r}_o = 9\times 10^9 \frac{200\times 10^{-6}\times 500\times 10^{-6}}{6^2}\boldsymbol{r}_o$$

$$= 25\boldsymbol{r}_o[\mathrm{N}] = 25\times\frac{1}{3}(\boldsymbol{i}+2\boldsymbol{j}-2\boldsymbol{k})[\mathrm{N}]$$

힘의 크기는 F=25[N]이고, 방향은 $\boldsymbol{r}_o = \frac{1}{3}(\boldsymbol{i}+2\boldsymbol{j}-2\boldsymbol{k})$가 된다.

2.3 전계와 전기력선

전하를 갖는 대전체 주위에는 다른 전하에 전기적인 힘을 가할 수 있는 능력을 갖고 있음을 쿨롱 법칙에서 확인할 수 있다. 이러한 전기력이 작용하는 공간을 **전장** 또는 **전계**라 하며, 특히 정지상태의 전하분포에 의한 전계를 **정전계**(electrostatic field)라 한다. 그리고 전계 내의 한 점에 단위 정전하 (+1[C])를 놓았을 때, 이에 작용하는 힘을 그 점에 대한 **전계의 세기**(intensitiy of electric field)라 한다.

그러나, 전계 내의 한 점에 단위정전하를 놓았을 때 단위 정전하에 의하여 본래의 전계에 영향을 주면 전계의 결정이 무의미하므로, 전계에 영향을 주지 않는 극히 미량의 전하를 놓았을 때, 이에 작용하는 힘을 단위전하당으로 환산할 필요가 있다. 따라서 전계의 세기 **E**를 엄밀히 말하면, 전계 내의 한 점에 그 점의 전계를 변화시키지 않는 미량의 점전하 Δq[C]을 놓았을 때, 그 전하에 작용하는 힘을 $\Delta\mathbf{F}$[N]이라 하면 그 점의 전계의 세기 **E**는

$$\mathbf{E} = \lim_{\Delta q \to 0} \frac{\Delta \mathbf{F}}{\Delta q} \ [\mathrm{N/C}] \qquad \cdots\cdots (2.6)$$

로 정의할 수 있으며, 전기력은 벡터이므로 전계의 세기도 벡터로 취급하여야 한다.

MKS 단위계에서는 $\Delta q = 1$[C]에 작용하는 힘이 1[N]이 되는 전계의 세기 **E**를 단위로 하여

$$[\mathrm{E}] = [\mathrm{N/C}] = \left[\frac{\mathrm{N \cdot m}}{\mathrm{C \cdot m}}\right] = \left[\frac{\mathrm{J}}{\mathrm{C}} \cdot \frac{1}{\mathrm{m}}\right] = [\mathrm{V/m}]$$

가 된다.

따라서 그림 2.3과 같이 점전하 Q[C]으로부터 $\boldsymbol{r}$[m]가 되는 점 P에 작용하는 전계의 세기 **E**[V/m]는

$$\begin{cases} \mathbf{E} = \dfrac{\mathbf{F}}{Q} = \dfrac{Q}{4\pi\varepsilon_o r^2}\,\boldsymbol{r}_o\,[\mathrm{V/m}] \\ E = \dfrac{1}{4\pi\varepsilon_o}\dfrac{Q}{r^2}\,[\mathrm{V/m}] \end{cases} \qquad \cdots\cdots (2.7)$$

로 주어진다. 이 경우 전계 $\mathbf{E}$의 방향은 $Q>0$이면 외향(나가는 방향)으로 $Q<0$ 이면 내향(들어 오는 방향)으로 되며, 전계의 크기 E는 거리 r^2에 반비례하고 전하 Q에 비례한다. 한편, 전계 $\mathbf{E}$는 위치에 따라 크기와 방향이 변하는 벡터량이므로, 전계 내에 직교좌표계를 설정하여 점 $P(x, y, z)$에서의 전계의 세기 $\mathbf{E}$의 각 축 방향 성분을 E_x, E_y, E_z[V/m]라면

$$\mathbf{E} = E_x \boldsymbol{i} + E_y \boldsymbol{j} + E_z \boldsymbol{k} \qquad \cdots\cdots (2.8)$$

와 같이 벡터로 표현할 수 있다.

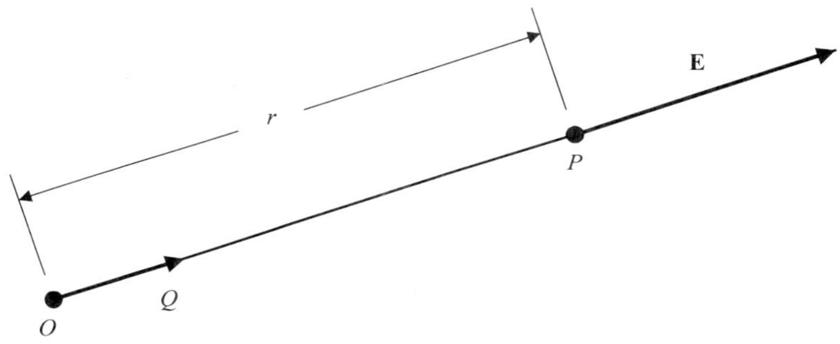

그림 2.3 점전하와 전계

예제 2.3

공기 중에서 원점에 점전하 49[nC]를 놓았을 경우 점 $P(2, 3, 6)$[m]의 전계를 구하시오.

☞ 점 P의 위치벡터

$$\boldsymbol{r} = 2\boldsymbol{i} + 3\boldsymbol{j} + 6\boldsymbol{k}, \quad r = \sqrt{2^2 + 3^2 + 6^2} = 7\,[\text{m}], \quad \boldsymbol{r}_o = \frac{1}{7}(2\boldsymbol{i} + 3\boldsymbol{j} + 6\boldsymbol{k})$$

가 되므로 P점의 전계는

$$\mathbf{E} = 9\times10^9 \times \frac{49\times10^{-9}}{7^2}\,\boldsymbol{r}_o = 9\times\frac{1}{7}(2\boldsymbol{i} + 3\boldsymbol{j} + 6\boldsymbol{k})\,[\text{V/m}]$$

가 되며, 전계의 크기 및 각 축성분은

$$E = 9\,[\text{V/m}], \quad E_x = \frac{18}{7}\,[\text{V/m}], \quad E_y = \frac{27}{7}\,[\text{V/m}], \quad E_z = \frac{54}{7}\,[\text{V/m}]$$

가 되며, **E**가 각 축과 이루는 각은

$$\alpha = \cos^{-1}\frac{2}{7} = 93.4^\circ\ ,\quad \beta = \cos^{-1}\frac{3}{7} = 64.6^\circ\ ,\quad \gamma = \cos^{-1}\frac{6}{7} = 31^\circ$$

가 된다.

전계의 상태를 눈으로 보는 것은 불가능하다. 그러나, 관측용의 미소전하를 전계 내에 넣으면, 전계로부터 힘을 받아 이동하면서 하나의 곡선을 그린다. 이 조작을 반복하면 전계 전체를 채우는 곡선군이 얻어진다. M.Fraday(1791~1867, 영국)는 이 곡선군을 **전기력선** 혹은 **전력선**(line of electric force)이라고 하였다. 이와 같이 하여 그려진 전계 내의 분포도는 전계의 상태를 잘 표현하여 이해하기 쉽게 하였다. 그림 2.4에 전기력선의 분포상태를 나타낸다.

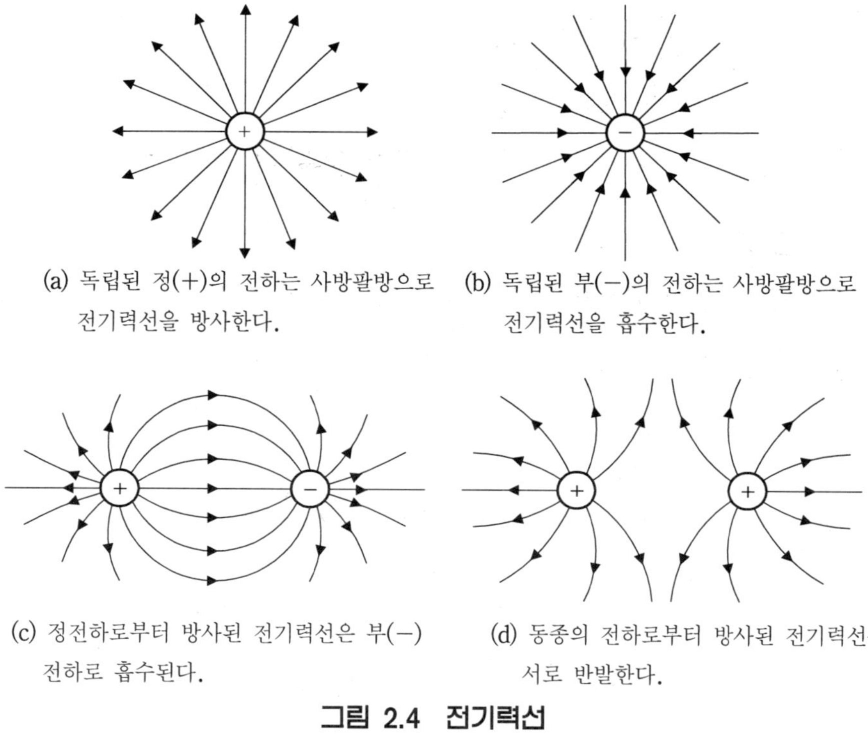

(a) 독립된 정(+)의 전하는 사방팔방으로 전기력선을 방사한다.

(b) 독립된 부(−)의 전하는 사방팔방으로 전기력선을 흡수한다.

(c) 정전하로부터 방사된 전기력선은 부(−) 전하로 흡수된다.

(d) 동종의 전하로부터 방사된 전기력선은 서로 반발한다.

그림 2.4 전기력선

진공중에 간격을 두고 두 개의 전하를 놓았을 때, 이 사이에는 전기력이 작용하는데, Faraday는 전하에 작용하는 전기력은 전기력선에 따라서 작용한다고 생각하였다. 즉, 한 쪽의 전하가 전기력선에 작용한다고 하면, 그 영향은 전기력선에 따라서 전파하고, 다른 쪽의 전하에 작용하여 힘으로 되어 나타나게 된다는 것을 알 수 있다. 따라서, 전기력선은 전계 내에서 단위 정전하가 아무 저항없이 전기력에 따라 이동할 때 그려지는 선, 또는 전계 내의 임의의 선상의 접선방향이 그 점에 대한 전계방향과 일치하는 선으로 정의한다.

이 전기력선은 다음과 같은 성질이 있다.

(1) 전기력선은 정전하로부터 방사되어서 부전하로 흡수된다.
(2) 전기력선상의 임의의 점에서의 접선방향은 그 점의 전계의 방향을 나타낸다.
(3) 전기력선은 서로 반발한다.

그리고, 전하에 가까운 위치의 전계의 세기는 강하고, 먼 위치의 전계의 세기는 약하다는 것은 점전하에 의한 전계의 식(2.7)로부터 알 수 있을 것이다. 이것과 그림 2.4의 (a) 또는 (b)와를 비교하면, 전계의 세기가 강한 영역은 전기력선이 밀(密)하게 되고, 약한 영역에서는 전기력선이 조(粗)하게 됨을 알 수 있다.

그리고, 전기력선의 수에 대하여는 전기력선에 수직이 되는 단위면적 (1[m^2])을 지나는 전기력선수가 그 점에서의 전계의 세기 E[V/m=N/C]과 같도록 정의하여 전기력선수를 유한하게 제한하고 있다.

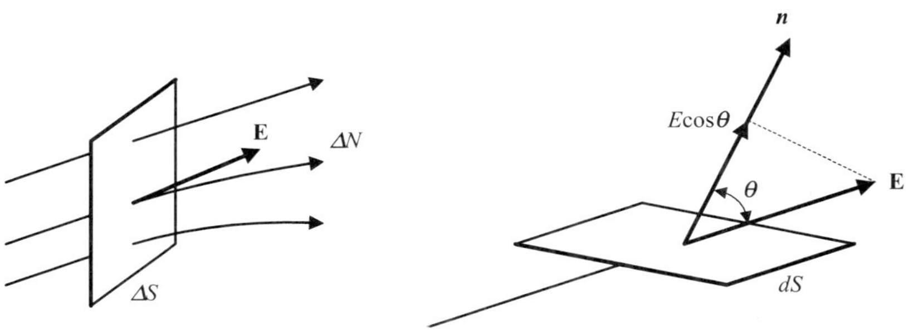

(a) (b)

그림 2.5 전기력선

그림 2.5(a)에서 전기력선에 수직되는 미소면적 ΔS[m^2]를 지나는 전기력선 수를 ΔN[lines]라 할 때

$$\lim_{\Delta S \to 0} \frac{\Delta N}{\Delta S} = \frac{dN}{dS} = E[\text{lines/ m}^2] \qquad \cdots\cdots (2.9)$$

가 되도록 정의한다. 따라서 전계 **E**[V/m]인 점에서 **E**에 수직이 되는 면적 dS [m^2]를 지나는 전기력선은

$$dN = EdS[\text{lines}]$$

이 되며, 그림 2.5(b)와 같이 dS가 **E**에 대하여 각 θ만큼 기울어졌을 경우에는 dS를 통과하는 전기력선 밀도의 유효성분은 $E\cos\theta$[lines/m^2]가 되므로

$$dN = E\cos\theta \cdot dS = \mathbf{E} \cdot \boldsymbol{n} dS[\text{lines}] \qquad \cdots\cdots (2.10)$$

가 된다. 여기서 $\boldsymbol{n}$은 dS에 대한 법선벡터 또는 수직단위벡터이다.

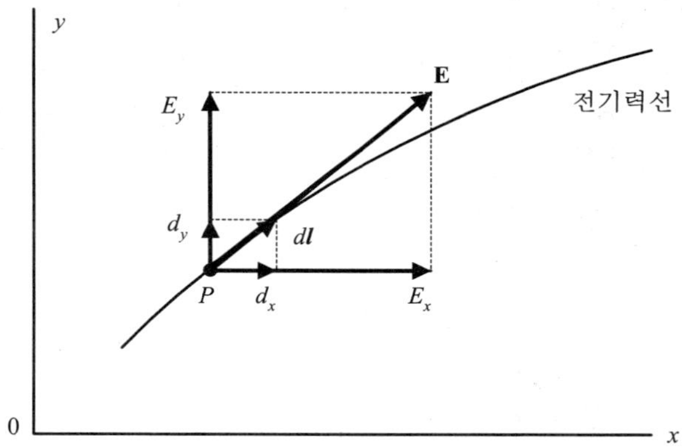

그림 2.6 전기력선 방정식

전기력선을 작도하기 위한 전기력선 방정식은 전기력선의 기하학적 정의에 따라 다음과 같이 구한다. 전기력선은 3차원공간에 분포되지만 그림 2.6에서와 같이 xy평면에 대하여 구한다. 즉, 전기력선상 임의 점 P에서의 전계 **E**와 미소접선성분 벡터 $d\boldsymbol{l}$은

$$\mathbf{E} = \boldsymbol{i}E_x + \boldsymbol{j}E_y[\text{V/m}], \qquad d\boldsymbol{l} = \boldsymbol{i}dx + \boldsymbol{j}dy[\text{m}]$$

가 되는데 전기력선 정의에 의하여

$$\mathbf{E} // d\boldsymbol{l}$$

이므로

$$E_x : E_y = dx : dy, \qquad \frac{dx}{E_x} = \frac{dy}{E_y} \qquad \cdots\cdots (2.11)$$

와 같이 전기력선 방정식을 얻을 수 있다.

예제 2.4

점전하 Q[C]에 의한 전기력선 방정식을 구하시오.

☞ 원점의 점전하에 의한 임의 점 $P(x,\ y)$에 대한 전계의 x, y성분은

$$E_x = \frac{1}{4\pi\varepsilon_o}\frac{Q}{r^2}\frac{x}{r}, \quad E_y = \frac{1}{4\pi\varepsilon_o}\frac{Q}{r^2}\frac{y}{r}\,[\mathrm{V/m}], \quad r^2 = x^2 + y^2$$

이 되므로 식(2.13)에서

$$\frac{dx}{x} = \frac{dy}{y}, \qquad \ln x = \ln y + C', \qquad x = Cy$$

가 되어 전기력선은 원점을 통과하는 직선이 된다. 상수 C의 값 (0, 1, −1, ∞)에 따라 그림 2.7의 전력선들이 얻어진다.

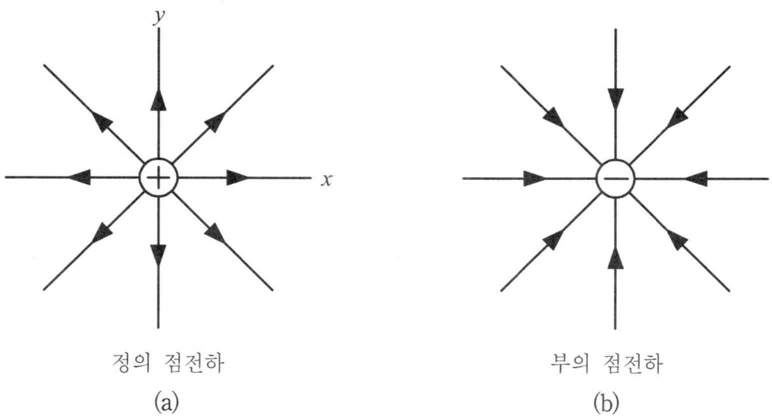

그림 2.7 점전하와 전기력선

예제 2.5

다음 전계에서 점(2, 4)[m]를 통과하는 전기력선 방정식을 구하시오.

(1) $\mathbf{E} = \frac{2}{x}\boldsymbol{i} + \frac{2}{y}\boldsymbol{j}$[V/m] (2) $\mathbf{E} = \frac{2}{x}\boldsymbol{i} - \frac{4}{y}\boldsymbol{j}$[V/m]

☞ (1) 식(2.13)에서

$$\frac{xdx}{2} = \frac{ydy}{2}, \quad x^2 - y^2 = C$$

점 (2, 4)에서 C=12이므로 $y^2 - x^2 = 12$의 쌍곡선이 얻어진다.

(2) $\frac{1}{2}xdx = -\frac{1}{4}ydy, \quad 2x^2 + y^2 = C|_{(2,4)} = 24$

$\therefore \quad 2x^2 + y^2 = 24$

의 전기력선이 얻어진다. 전기력선의 작도는 각자에 위임한다.

2.4 전속과 전속밀도

전기력선의 묶음을 **전속**(elecctric flux) 혹은, **유전속**(dielectric flux)이라고 한다. 이는 전기력선이 전계상태를 나타내기 위한 가상적인 선이듯이 전속도 역시 전계 중에서 가상적인 선이다. 뒤에 Gauss 법칙에서 설명하겠지만, 전기력선은 진공중에 놓여진 단위정전하 (+1 [C])의 점전하에서 $1/\varepsilon_0 = 36\pi \times 10^9$[lines]의 전기력선이 나오게 된다.

만약 진공 이외의 매질 중에 단위 정전하를 놓았을 경우, 매질의 유전율을 ε $(\geq \varepsilon_0)$이라 하면, 그 매질 중에 방사되는 전기력선 수는 $1/\varepsilon$로 되어 진공 중의 경우보다 적게 된다. 이와 같이 유전율이 다른 경계면에서는 전기력선의 수가 불연속적으로 변화한다. 전기력선의 이와 같은 성질은 경계를 갖는 문제를 고찰하기 위해서는 불편하므로, 이를 해소하기 위해 전기력선과 유사한 성질을 갖고, 또 매질의 종류나 경계에서, 그 수가 변하지 않는 전속 혹은 유전속이라는 것을 도입한다. 즉, 전속은 매질에 관계없이 1[C]의 전하에서 1개의 선이 나오는 것으로 정한다.

이와 같이 동일한 전하에 대하여 전기력선과 전속은 그 수가 다르지만 두 선의 모양은 서로 같다. 그러므로 진공중의 Q[C]의 점전하에서 전속수 ϕ는 Q[C]으로 표시하며, 전속의 단위는 [C]으로 전하의 단위와 같이 사용한다. 따라서 전속의 밀도 **D**는

$$\mathbf{D} = \frac{\phi}{S} = \frac{Q}{4\pi r^2}\,\boldsymbol{r}_0\,[\mathrm{C/m^2}] \qquad \cdots\cdots (2.12)$$

로 되고, 전속밀도의 단위는 표면 전하밀도 ρ_s[C/m^2]와 같이 사용되며, 면적 S는 전하를 둘러싼 구의 표면적이다. 또한 이 때 전하로부터 r[m] 떨어진 구면상의 전계는

$$\boldsymbol{E} = \frac{Q}{4\pi\varepsilon_o r^2}\,\mathbf{r}_0\,[\mathrm{V/m}] \qquad \cdots\cdots (2.13)$$

와 같이 되어, 식(2.12)와 식(2.13)으로부터

$$\mathbf{D} = \varepsilon_o \mathbf{E}\,[\mathrm{C/m^2}] \qquad \cdots\cdots (2.14)$$

와 같은 관계식을 얻을 수 있다. 즉, 이것은 전속밀도와 전계의 세기를 관계짓는 중요한 식이다. 이는 어떤 점의 전계의 세기가 주어졌다면, 그 점의 전속밀도는 전계의 세기를 ε_o배한 것과 같다는 것을 의미한다. 전계 **E**와 전속밀도 **D**는 모두 벡터량이며, 진공 중에서 두 벡터의 방향은 일치한다. 진공중에서는 **D**와 **E**는 비례하여 같은 것으로 생각하나, 원래 **E**는 단위 전하에 작용하는 힘의 영역을 의미하고, **D**는 전하에서 나오는 전속의 밀도를 정의한 것이므로 본질적인 차이가 있는 것이다.

예제 2.6

진공중에 2[μC]의 점전하로부터 반지름이 r=3[m]인 구면을 통하여 나오는 전속과 그 때의 전속밀도를 구하시오.

☞ 진공중에 점전하 2[μC]에서 나오는 전속은 전하와 같으므로 $\phi = 2\times10^{-6}$[C]이다.

전속밀도 $\mathbf{D} = \dfrac{\phi}{S} = \dfrac{Q}{4\pi r^2} = 1.77\times10^{-8}\,[\mathrm{C/m^2}]$이다.

2.5 전위

중력 F[N]가 작용하는 중력장에서 Δl[m]만큼 상승시켰을 때, 필요한 일은 어떤 위치 변화에 따라 위치에너지 ΔW[J]만큼 변하므로

$$\Delta W = -\mathbf{F} \cdot \Delta l \,[\mathrm{J}] \qquad \cdots\cdots (2.15)$$

의 관계가 얻어진다. "−"의 부호는 중력에 대한 반대방향의 에너지 변환을 의미한다.

이에 전계 **E**[V/m]내에서 단위전하 1[C]을 전계의 방향으로 dl만큼 운반시킬 때의 전기적인 위치에너지는 dV만큼 변화하여

$$dV = -\mathbf{E} \cdot d\boldsymbol{l} \,[\mathrm{V}] \qquad \cdots\cdots (2.16)$$

와 같은 관계식을 얻을 수 있다. 여기서 부(−)의 부호는 전계 방향에 대해 외부로부터 에너지 공급을 받아 전위가 높아짐을 의미한다.

이와 같이 전계 내에서 단위전하가 가지는 전기적 위치에너지를 **전위**(electric potential)라 하며 [V](volt)=[J/C]의 단위로 표시한다. 따라서, 전계 **E**[V/m] 내에서 단위 전하를 r[m]만큼 운반할 때 소요되는 전기적인 위치에너지는

$$V = -\int_{\infty}^{r} \mathbf{E} \cdot d\boldsymbol{l} \,[\mathrm{V}] \qquad \cdots\cdots (2.17)$$

가 된다. 임의의 점전하 Q[C]가 진공중에 r[m] 떨어진 점의 전계는

$$\mathbf{E} = \frac{1}{4\pi\varepsilon_o}\frac{Q}{r^2}\,\boldsymbol{r}_o \,[\mathrm{V/m}] \qquad \cdots\cdots (2.18)$$

이므로, 전계 **E**에 대한 r[m] 떨어진 점의 전위는 $d\boldsymbol{l} = \boldsymbol{r}_o dr$일 때 식(2.17)에서

$$V = -\int_{\infty}^{r} \frac{1}{4\pi\varepsilon_o}\frac{Q}{r^2}\,\boldsymbol{r}_o \cdot d\boldsymbol{l} = -\frac{Q}{4\pi\varepsilon_o}\int_{\infty}^{r}\frac{1}{r^2}\,dr$$

$$= -\frac{Q}{4\pi\varepsilon_o}\left[-\frac{1}{r}\right]_{\infty}^{r} = \frac{Q}{4\pi\varepsilon_o r}\,[\mathrm{V}] \qquad \cdots\cdots (2.19)$$

와 같이 임의의 한 점의 전위를 나타낸다. 점전하에 의한 점 A와 점 B간의 전위차는 점전하 Q로부터 거리를 r_A, r_B라 하면 식(2.17)로부터

$$V_A - V_B = -\int_{r_B}^{r_A} \mathbf{E} \cdot d\boldsymbol{l} = \frac{Q}{4\pi\varepsilon_o}\int_{r_A}^{r_B}\frac{1}{r^2}\,dr$$
$$= \frac{Q}{4\pi\varepsilon_o}\left(\frac{1}{r_A} - \frac{1}{r_B}\right)[\mathrm{V}] \qquad \cdots\cdots (2.20)$$

가 된다. 이 결과 식(2.20)은 두 점 A, B 사이의 전위차(electric potential difference)라 한다. 그림 2.8에서 V_A는 V_B보다 높은 전위에 있음을 나타낸다.

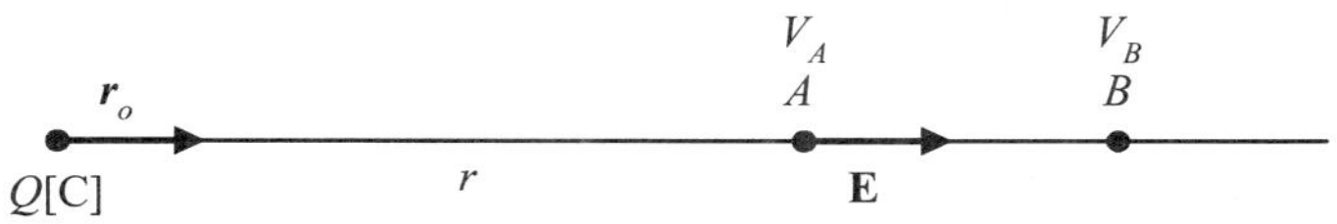

그림 2.8 전계 내에서 점전하와 전위

또한, 전계 내에서 단위 정전하를 운반하는데 소요되는 일은 출발점과 종점의 위치에 의해 결정되고, 도중의 경로에는 관계가 없다.

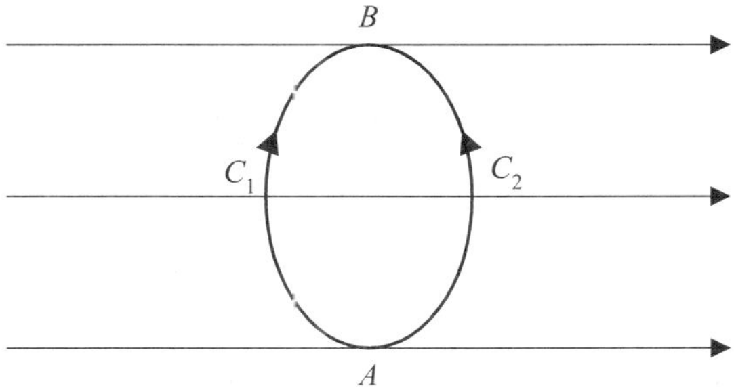

그림 2.9 전계의 보존성

이와 같은 경우의 전계를 보존적(conservative)이라 하며, 보존적인 전계를 정전계(static electric field)라 한다. 그림 2.9에서와 같이 보존적인 전계에 있어서는

$$\int_{AC_1B} \mathbf{E} \cdot d\boldsymbol{l} = \int_{AC_2B} \mathbf{E} \cdot d\boldsymbol{l}$$
$$= -\int_{BC_2A} \mathbf{E} \cdot d\boldsymbol{l}$$

이므로

$$\int_{AC_1B} \mathbf{E} \cdot d\boldsymbol{l} + \int_{BC_2A} \mathbf{E} \cdot d\boldsymbol{l} = 0$$

이 되어 AC_1BC_2A를 일주한 전계가 한 일은 0이 된다. 즉,

$$\oint \mathbf{E} \cdot d\boldsymbol{l} = 0 \qquad \cdots\cdots (2.21)$$

와 같이 표현되고, $\oint$의 기호는 폐곡선을 따라 일주 적분하는 것을 의미하며, 이를 **주회적분**이라 한다.

이러한 성질은 위치함수로 주어지는 정전계 또는 중력장에 대하여 성립하는 것으로, 만일 전계가 시간적으로 변화할 경우에는 자계가 발생하여 식(2.21)의 보존성은 성립하지 않는다.

전위의 기준은 이론적 계산에서 전계가 "0"이 되는 무한원점으로 취하고, 그 값을 "0"으로 한다. 따라서 무한원점을 기준으로 한 전계 내 임의 점 P의 전위는

$$V_P = -\int_{\infty}^{P} \mathbf{E} \cdot d\boldsymbol{l} = \int_{P}^{\infty} \mathbf{E} \cdot d\boldsymbol{l} [\mathrm{V}] \qquad \cdots\cdots (2.22)$$

와 같이 적분구간을 바꾸어 계산해도 무방하다. 따라서 전계 내 한 점 P의 전위는 "**단위 정전하를 전계가 0인 무한원점에서 점 P까지 운반할 때 소요되는 일, 또는 점 P에서 무한원점까지 단위정전하를 운반할 때 전계가 행한 일**"로 정의된다.

예제 2.7

공기 중에서 원점에 점전하 1.5[nC]이 있다. 다음 각 경우에 대한 점 $A(r=1[\mathrm{m}])$의 전위를 구하시오.

(1) $r = \infty$: $V = 0$ (2) $r = 2[\mathrm{m}]$: 15[V] (3) $r = 0.75[\mathrm{m}]$: $V = 0$

☞ 식(2.19) 및 식(2.24)에서

(1) $V_A = -\int_{\infty}^{A} \mathbf{E} \cdot d\boldsymbol{l} = \frac{1}{4\pi\varepsilon_o} \frac{Q}{r_a} = 9\times10^9\times1.5\times10^{-9} = 13.5\,[\text{V}]$

(2) $V_{AB} = \frac{Q}{4\pi\varepsilon_o}\left(\frac{1}{r_a} - \frac{1}{r_b}\right) = 9\times1.5\left(1 - \frac{1}{2}\right) = 6.75\,[\text{V}]$

$\therefore\ V_A = V_B + V_{AB} = 15 + 6.75 = 21.75\,[\text{V}]$

(3) $V_{AC} = \frac{Q}{4\pi\varepsilon_o}\left(\frac{1}{r_a} - \frac{1}{r_c}\right) = 9\times1.5\left(1 - \frac{1}{0.75}\right) = -4.5\,[\text{V}]$

$\therefore\ V_A = V_C + V_{AC} = 0 - 4.5 = -4.5\,[\text{V}]$

2.6 전하분포와 전위

전위는 위치에 따라 정해지는 스칼라량이며, 자유공간의 점전하 Q[C]에 의한 전계 내의 한 점 P의 전위는 식(2.19)에서

$$V = \frac{1}{4\pi\varepsilon_o} \frac{Q}{r}\,[\text{V}]$$

가 된다. 여기서 r[m]는 점전하에서 점 P까지의 거리이다. 따라서 Q_1, Q_2, Q_3 [C] 등의 점전하분포에 의한 전계 내 한 점 P의 전위는 각 점전하에 의한 전위의 대수합이 될 것이므로

$$V_P = \frac{1}{4\pi\varepsilon_o}\frac{Q_1}{r_1} + \frac{1}{4\pi\varepsilon_o}\frac{Q_2}{r_2} + \frac{1}{4\pi\varepsilon_o}\frac{Q_3}{r_3} = \frac{1}{4\pi\varepsilon_o}\sum_{i=1}^{3}\frac{Q_i}{r_i}\,[\text{V}] \qquad \cdots\cdots (2.23)$$

가 될 것이다. 여기서 r_1, r_2, r_3[m]는 각 점전하에서 점 P까지의 거리이다.

지금 그림 2.10에서와 같이 선전하밀도 ρ_L[C/m], 면전하밀도 ρ_S[C/m^2], 체적전하밀도 ρ_v[C/m^3]의 전하가 분포되어 있을 때, 각각의 미소부 dl[m], dS [m^2], dv[m^3]의 전하 $\rho_L dl$, $\rho_S dS$, $\rho_v dv$[C]을 점전하로 볼 수 있도록 취하면, 식(2.23)을 적용하여 이들 전하분포에 의한 전위를 다음과 같이 구할 수 있다.

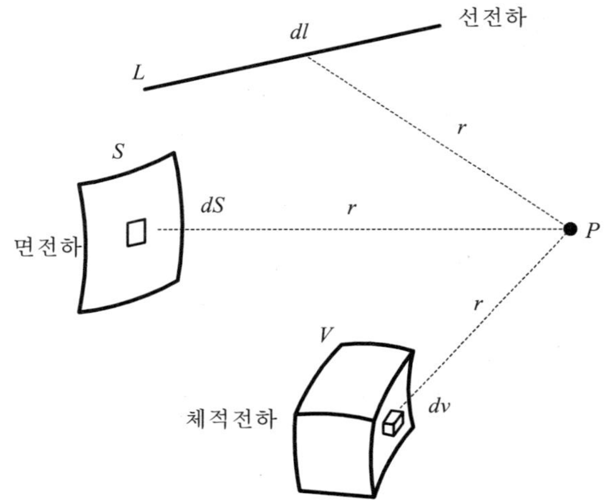

그림 2.10 전하분포에 의한 전위

$$V = \frac{1}{4\pi\varepsilon_o r}\left(\int_l \rho_L dl + \iint_s \rho_S dS + \iiint_v \rho_v dv\right)[\mathrm{V}] \cdots\cdots (2.24)$$

여기서 r[m]는 각 전하로부터 고찰점 P까지의 거리이다.

2.7 등전위면과 전위경도

전계 중에서 전위가 같은 점끼리 이어서 만들어진 하나의 면을 **등전위면**이라 한다. 그림 2.11(a)와 같이 점전하 Q[C]으로부터 r[m] 떨어진 점의 전위는 $V = \frac{Q}{4\pi\varepsilon_o r}$[V]이므로, 등전위면은 반지름 r[m]의 동심구면(同心球面)이다. 그러므로 등전위면은 무수히 많고 상호 교차하지 않는다.

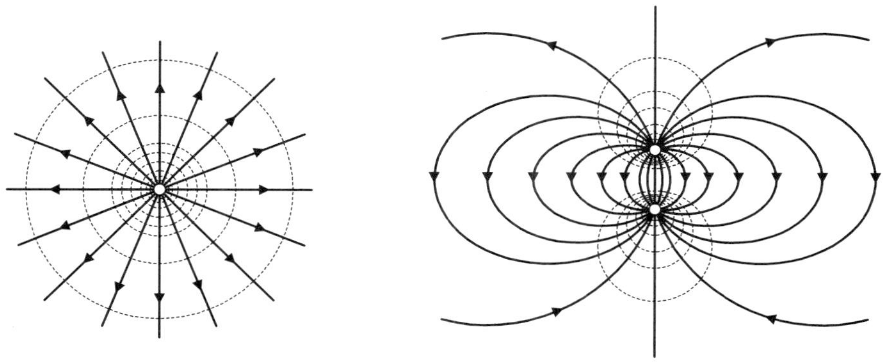

(a) (b)

그림 2.11 전기력선과 등전위면

등전위면을 따라 전하를 운반할 때, 그 면상에서는 전위가 같으므로 이 때의 일은 "0"이다. 즉, 식(2.17)에서

$$dV = -\mathbf{E} \cdot d\boldsymbol{l} = -E\cos\theta\, dl = 0\ [\mathrm{V}] \qquad \cdots\cdots (2.25)$$

이므로, 전기력선과 등전위면은 수직으로 교차한다는 것을 알 수 있다.

E와 dl방향의 전계 성분은 $E_l = E\cos\theta$ 이므로

$$E_l = -\frac{dV}{dl}\ [\mathrm{V/m}] \qquad \cdots\cdots (2.26)$$

이 된다. 이는 거리에 대한 전위의 변화율을 나타낸다.

일반적으로 전계의 세기 **E**의 x, y, z의 성분을 E_x, E_y, E_z라 하면

$$E_x = -\frac{\partial V}{\partial x},\ E_y = -\frac{\partial V}{\partial y},\ E_z = -\frac{\partial V}{\partial z}\ [\mathrm{V/m}] \cdots\cdots (2.27)$$

이다. 따라서 식(2.8)으로부터

$$\mathbf{E} = E_x\boldsymbol{i} + E_y\boldsymbol{j} + E_z\boldsymbol{k} = -\left(\frac{\partial V}{\partial x}\boldsymbol{i} + \frac{\partial V}{\partial y}\boldsymbol{j} + \frac{\partial V}{\partial z}\boldsymbol{k}\right) \qquad \cdots\cdots (2.28)$$

이고, 여기서 우변항에 $\frac{\partial V}{\partial x}\boldsymbol{i} + \frac{\partial V}{\partial y}\boldsymbol{j} + \frac{\partial V}{\partial z}\boldsymbol{k}$를 전위경도라 한다.

식(2.28)에 벡터연산자 ∇(del)를 사용하면

$$\mathbf{E} = -\operatorname{grad} V = -\nabla V\,[\mathrm{V/m}] \qquad \cdots\cdots (2.29)$$

와 같이 간단히 표현할 수 있다. 여기서, 부의 기호는 전계가 전위의 낮아지는 방향으로 향하고, 전계의 세기는 전위경도의 크기와 같으며, 방향은 반대임을 알 수 있다.

예제 2.8

전위함수 $V=x^2+y^2$[V]일 때 점 (3, 4)[m]에 대한 다음 양을 구하시오.

(1) 전위 경도 (2) 전계 (3) 등전위면 (4) 전기력선 방정식

☞ (1) $\operatorname{grad} V = \dfrac{\partial V}{\partial x}\boldsymbol{i} + \dfrac{\partial V}{\partial y}\boldsymbol{j} = 2x\boldsymbol{i} + 2y\boldsymbol{j}|_{(3,\,4)} = 6\boldsymbol{i} + 8\boldsymbol{j}\,[\mathrm{V/m}]$

(2) $\mathbf{E} = -\operatorname{grad} V = -2(x\boldsymbol{i} + y\boldsymbol{j})|_{(3,\,4)} = -(6\boldsymbol{i} + 8\boldsymbol{j})$

$= -10(0.6\boldsymbol{i} + 0.8\boldsymbol{j})\,[\mathrm{V/m}]$

$E = 10\,[\mathrm{V/m}]$, $\quad \boldsymbol{a}_o = -(0.6\boldsymbol{i} + 0.8\boldsymbol{j})$

(3) 등전위면은 $x^2+y^2=5^2$에서 반지름 5[m]의 원이 된다.

(4) 전기력선 방정식은 (2)항과 식(2.13)에서

$$x = \frac{3}{4}y$$

가 되어 등전위선과 직교한다.

2.8 전기쌍극자

정부의 두 점전하 $\pm Q$[C]이 미소거리 δ[m] 떨어져 있는 한 쌍의 전하계를 전기쌍극자(electric dipole)라 하며 $Q\delta$[C·m]를 쌍극자 능률(electric dipole moment), $-Q$에서 $+Q$로 향하는 선을 쌍극자의 축이라 한다. 전기쌍극자에 의한 전계의 개념은 고체 절연재료 또는 반도체 내의 전계를 풀이할 때 중요하게 이용된다.

그림 2.12와 같이, 전기쌍극자의 양극에서 각각 r_1, r_2[m] 거리인 점 P의 전위는 식(2.20)으로부터

$$V = \frac{Q}{4\pi\varepsilon_o}\left(\frac{1}{r_1} - \frac{1}{r_2}\right)[\mathrm{V}]$$

가 된다. 지금 전기쌍극자의 중심에서 점 P까지의 거리를 r[m], r이 축과 이루는 각을 θ라 하면 $r \gg \delta$이므로 근사적으로

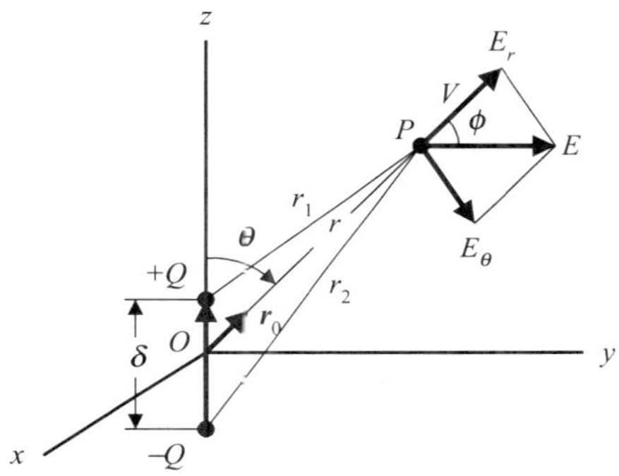

그림 2.12 전기쌍극자

$$r_1 \fallingdotseq r - \frac{\delta}{2}\cos\theta\ , \quad r_2 \fallingdotseq r + \frac{\delta}{2}\cos\theta$$

로 놓을 수 있다. 따라서 전위 V는

$$V = \frac{1}{4\pi\varepsilon_o}\frac{Q\delta\cos\theta}{r^2}\ [\mathrm{V}] \qquad \cdots\cdots (2.30)$$

로 표현할 수 있다. 여기서 전기쌍극자 능률을 M의 기호로 표시하면

$$M = Q\delta\ [\mathrm{C\cdot m}]$$

가 되며, $-Q$에 대한 $+Q$의 위치벡터를 $\boldsymbol{\delta}$[m]로 나타내면

$$\mathbf{M} = Q\boldsymbol{\delta}\ [\mathrm{C\cdot m}]$$

로 쌍극자 능률을 벡터량으로 취급할 수 있다. 따라서 점 P의 전위는

$$\begin{cases} V = \dfrac{1}{4\pi\varepsilon_o}\dfrac{M\cos\theta}{r^2}\,[\mathrm{V}] \\ V = \dfrac{1}{4\pi\varepsilon_o}\dfrac{\mathbf{M}\cdot\boldsymbol{r}_o}{r^2}\,[\mathrm{V}] \end{cases} \qquad \cdots\cdots (2.31)$$

가 되며 $\boldsymbol{r}_o$는 OP방향의 단위벡터이다.

식(2.31)에서 전위 V는 $(r,\ \theta)$의 구함수이므로, 식(2.29)를 적용하면, 점 P의 전계 $\mathbf{E}$는

$$\mathbf{E} = -\operatorname{grad} V = -\left(\frac{\partial V}{\partial r}\boldsymbol{a}_r + \frac{\partial V}{r\partial\theta}\boldsymbol{a}_\theta\right) = E_r\boldsymbol{a}_r + E_\theta\boldsymbol{a}_\theta\,[\mathrm{V/m}]$$

로 놓을 수 있다. 여기서 $\boldsymbol{a}_r$, $\boldsymbol{a}_\theta$는 r와 θ방향의 단위벡터이다. 따라서

$$\begin{cases} E_r = -\dfrac{\partial V}{\partial r} = \dfrac{1}{4\pi\varepsilon_o}\dfrac{2M\cos\theta}{r^3}\,[\mathrm{V/m}] \\ E_\theta = -\dfrac{1}{r}\dfrac{\partial V}{\partial\theta} = \dfrac{1}{4\pi\varepsilon_o}\dfrac{M\sin\theta}{r^3}\,[\mathrm{V/m}] \end{cases} \qquad \cdots\cdots (2.32)$$

가 되므로, 전계 $\mathbf{E}$는

$$\mathbf{E} = \frac{M}{4\pi\varepsilon_o r^3}(2\cos\theta\,\boldsymbol{a}_r + \sin\theta\,\boldsymbol{a}_\theta)\,[\mathrm{V/m}] \qquad \cdots\cdots (2.33)$$

가 되며, 전계의 세기 E는

$$E = \sqrt{E_r{}^2 + E_\theta{}^2} = \frac{1}{4\pi\varepsilon_o}\frac{M}{r^3}\sqrt{1+3\cos^2\theta}\,[\mathrm{V/m}] \cdots\cdots (2.34)$$

이며, r방향에 대한 $\mathbf{E}$방향의 각을 ϕ라 하면

$$\tan\phi = \frac{E_\theta}{E_r} = \frac{1}{2}\tan\theta$$

가 된다.

예제 2.9

전기쌍극자 모멘트 $400\pi\varepsilon_o$[C · m]에 의한 다음 각 점의 전계를 구하시오.

(1) $r = 10\,[\mathrm{m}]$, $\theta = 0°$ (2) $r = 10\,[\mathrm{m}]$, $\theta = 60°$

(3) $r = 10\,[\mathrm{m}]$, $\theta = 90°$

☞ 식(2.32)에서

$$E_r = \frac{1}{4\pi\varepsilon_o}\frac{2\times 400\pi\varepsilon_o}{10^3}\cos\theta = 0.2\cos\theta\ [\mathrm{V/m}]$$

$$E_\theta = \frac{1}{4\pi\varepsilon_o}\frac{400\pi\varepsilon_o}{10^3}\sin\theta = 0.1\sin\theta\ [\mathrm{V/m}]$$

가 얻어지므로

(1) $\mathbf{E} = 0.2\,\boldsymbol{a}_r\,[\mathrm{V/m}]$

(2) $E_r = 0.2\times\frac{1}{3} = 0.1\,[\mathrm{V/m}]$, $E_\theta = 0.1\times\frac{\sqrt{3}}{2} = 0.087\,[\mathrm{V/m}]$

$\therefore\ \mathbf{E} = 0.1\,\boldsymbol{a}_r + 0.087\,\boldsymbol{a}_\theta\,[\mathrm{V/m}]$

(3) $\mathbf{E} = 0.1\,\boldsymbol{a}_\theta\,[\mathrm{V/m}]$

2.9 가우스의 법칙

점전하를 기초로 한 쿨롱의 법칙을 일반화하여 일반전하분포에 의한 전계를 간단히 풀이하기 위하여 제시된 것이 **가우스의 법칙**(Gauss's law, K.F.Gauss ; 1777~1855 독일)이다. 즉, 가우스는 전하로부터 방사되는 전속의 수와, 그 전하를 둘러싼 폐곡면을 관통하는 전속의 수와의 관계를 밝혔으며, 그 관계를 "**임의의 폐곡면을 외향법선 방향으로 통과하는 전전속은 그 폐곡면 내의 전전하와 같다.**"라고 하였다. 따라서 이 법칙을 유도하기 위해서는 입체각의 개념을 확립시킬 필요가 있다.

입체각에 대하여 살펴보기에 앞서 평면각의 라디안을 살펴보면, 두 직선의 교각 θ는 교점을 중심으로 하고, 임의의 길이 r을 반지름으로 하는 원을 그렸을 때 r에 반비례하며, 호의 길이 l에 비례하므로

$$\theta = k\frac{l}{r}$$

이 된다. 이 때 $r=l$이 되는 각을 단위로 하여 1[rad](radian)으로 정하는 단위계를 취하면 $k=1$이 되어

$$\theta = \frac{l}{r}\,[\text{rad}]$$

이 되며 이러한 방법을 **호도법**(radian method)이라 한다. 그리고

$$l = 2\pi r\ (\text{전원주}) : \ \theta = 2\pi\,[\text{rad}] = 360^{\circ}$$
$$l = \pi r\,(\text{반원각}) \quad : \ \pi\,[\text{rad}] = 180^{\circ}$$

의 관계가 있다.

이에 대해 한 직선이 임의 점을 정점으로 회전하였을 때 형성되는 원추각을 **입체각**(solid angle)이라 하며, 이의 크기는 다음과 같이 정의한다.

즉, 정점을 중심으로 임의의 길이 r를 반지름으로 하는 구면을 그렸을 때, 원추면과 구면이 만나는 면적을 S라 하면 입체각 ω는 S에 비례하고, r^2에 반비례할 것이므로

$$\omega = k\frac{S}{r^2}$$

로 놓을 수 있다. 지금 $S=r^2$인 경우의 ω를 단위로 하여 1입체 라디안[sr](steradian)으로 정하는 단위계를 취하면 $k=1$이 되어

$$\omega = \frac{S}{r^2}\,[\text{sr}]$$

가 되며, 이 입체각은 입체적 공간의 각을 측정하는데 이용된다. 만일 S가 전구면이 될 경우 $S=4\pi r^2$이 되므로 전공간 및 반공간이 한 점에 대하여 이루는 입체각은 각각

$$\omega = \frac{4\pi r^2}{r^2} = 4\pi\,[\mathrm{sr}]$$
$$\omega_o = 2\pi\,[\mathrm{sr}]$$

로 주어진다. 그림 2.12에서와 같이 미소면적 dS가 점 O에 대하여 이루는 입체각 $d\omega$는 점 O를 중심으로 임의 길이 r을 반지름으로 하는 구면 위에 dS를 투영시킨 면적을 dS'라 하면

$$d\omega = \frac{dS'}{r^2}\,[\mathrm{sr}]$$

가 된다. 그런데 dS에 세운 법선 단위벡터 $\boldsymbol{n}$과 r방향이 이루는 각을 θ라 하면 $dS' = dS\cos\theta$이므로

$$d\omega = \frac{dS\cos\,\theta}{r^2} = \frac{\boldsymbol{n}\cdot\boldsymbol{r}_o}{r^2}\,dS\,[\mathrm{sr}] \qquad \cdots\cdots (2.35)$$

가 된다. 여기서 $\boldsymbol{r}_o$는 r방향의 단위벡터이다.

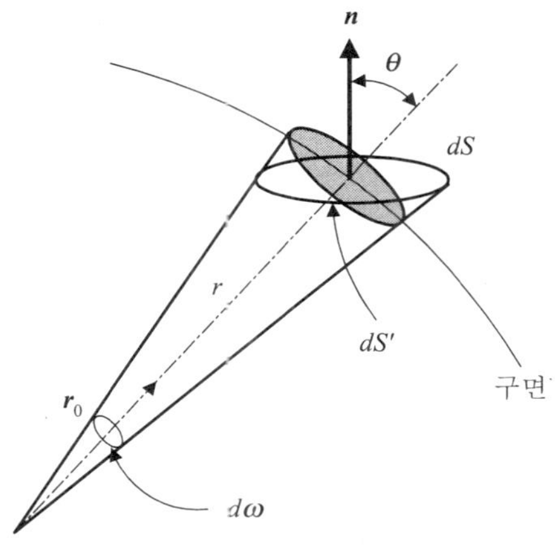

그림 2.13 입체각

예제 2.10

반지름 a[m]의 원판(혹은 원)이 중심축 위 한 점 P에 대하여 이루는 입체각을 구하시오.

☞ 그림 2.14에서와 같이 점 P와 원둘레 위의 한 점 C를 연결하는 선분 $PC=r$[m]를 반지름으로 하는 구면 위에서 검은 환의 면적을 구하면

$$dS = 2\pi(r\sin\alpha)\cdot rd\alpha \ [\mathrm{m}^2]$$

이 되므로 구면 위에 원판을 투영한 전체면적은

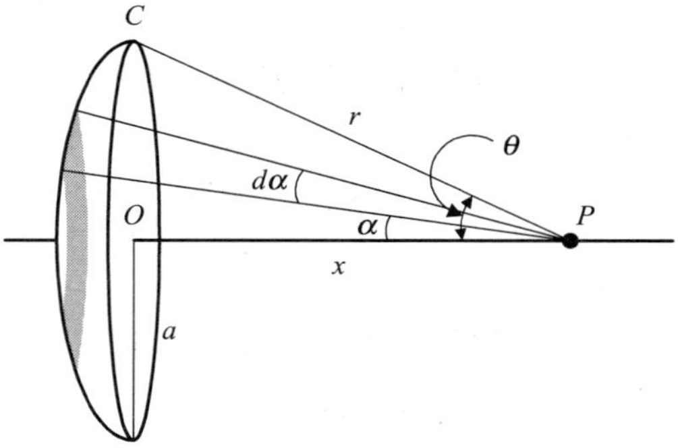

그림 2.14 원판의 입체각

$$S = \int_{\alpha=0}^{\theta} 2\pi(r\sin\alpha)rd\alpha = 2\pi r^2(1-\cos\theta)\,[\mathrm{m}^2]$$

가 되어 구하는 입체각은

$$\omega = \frac{S}{r^2} = 2\pi(1-\cos\theta) = 2\pi\left(1-\frac{x}{\sqrt{x^2+a^2}}\right)[\mathrm{sr}]$$

가 된다. 여기서 $\theta=90°$이면 반구, $\theta=180°$이면 전공간의 입체각이 된다.

그림 2.15에서와 같이 임의의 폐곡면 내에 m개의 점전하가 존재할 때, 그 폐곡면의 각 요소를 수직으로 통과하는 전속밀도를 D_n이라 하면 Gauss 법칙은

$$\iint_S D_n dS = \sum_{i=1}^{m} Q_i[\mathrm{C}]$$

으로 표현할 수 있다. 여기서 간단히 하기 위하여 1개의 점전하가 폐곡면 내에 존재하는 경우에 관하여 생각하여 보자.

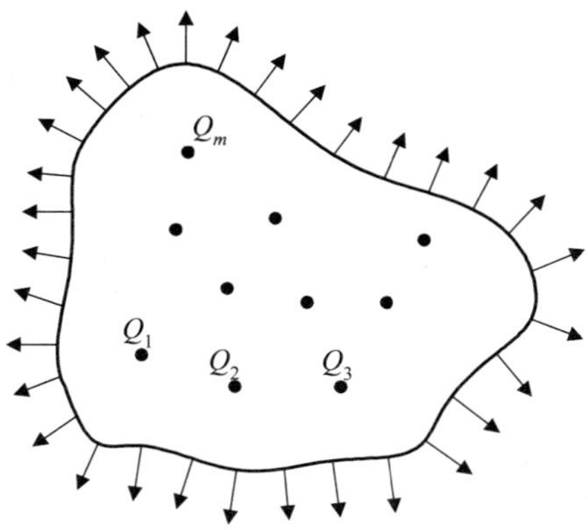

그림 2.15 폐곡선을 외향으로 나가는 전속

그림 2.16과 같이 폐곡면 A 상의 임의의 한 점 P에서 미소면적 dS를 취하고, dS에서 수직으로 법선 벡터 $\boldsymbol{n}$이 점 P의 전계 $\mathbf{E}$와 각 θ를 이룰 때, 법선방향의 전계 E_η는

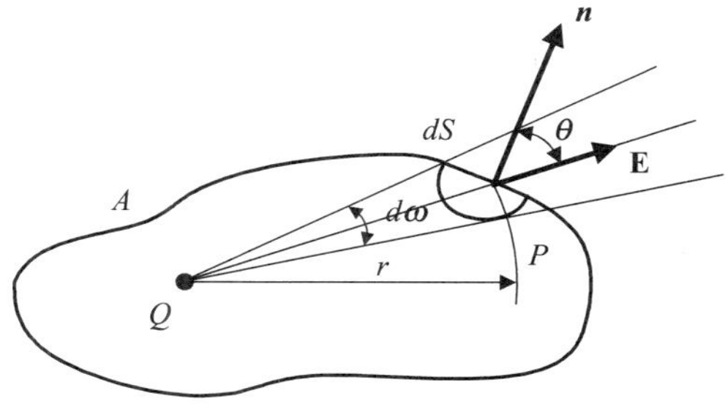

그림 2.16 Gauss 법칙

$$E_n = E\cos\theta$$

이다. 따라서 가우스의 법칙으로부터 전계를 전하에서 발산하는 전기력선밀도로 취급하여 전하와 전계의 관계를 수식화 하면, 전기력선은 식(2.10), (2.35)으로부터

$$\mathbf{E}\cdot\ \boldsymbol{n}dS = \frac{Q}{4\pi\varepsilon_o}\frac{\boldsymbol{r}_o\cdot\ \boldsymbol{n}}{r^2}dS = \frac{Q}{4\pi\varepsilon_o}d\omega\ [\text{ lines}]$$

가 된다. 여기서 $\boldsymbol{n}$은 dS에 대한 외향법선단위 벡터이며, $d\omega$는 dS가 점 O에 대하여 이루는 입체각이다. 따라서 점전하 Q[C]에서 발산하여 폐곡면 S를 통하여 나가는 전기력선의 총수는

$$N = \iint_S\ \mathbf{E}\cdot\ \boldsymbol{n}dS = \frac{Q}{4\pi\varepsilon_o}\iint\frac{\cos\theta}{r^2}dS = \frac{Q}{4\pi\varepsilon_o}\oint \boldsymbol{d\omega}[\text{ lines}]$$

가 되는데

$$\oint_{\text{전공간}} d\omega = 4\pi\ [\text{sr}]$$

이므로

$$N = \iint_S\ \mathbf{E}\cdot\ \boldsymbol{n}dS = \frac{Q}{\varepsilon_o}[\text{ lines}] \quad \cdots\cdots (2.36)$$

이다.

즉, "진공 중의 전계 내에서 임의의 폐곡면을 통하여 나가는 전기력선 총수는 폐곡면 내에 존재하는 전하의 $1/\varepsilon_o$바와 같다."라는 의미를 알 수 있다.

지금 폐곡면 내의 전하분포가 점전하게 Q_n[C], 선전하밀도 ρ_L[C/m], 면전하

밀도 ρ_S[C/m^2], 체적전하밀도 ρ_v[C/m^3] 등의 분포일 경우 식(2.44)의 전하 Q[C]는

$$\begin{cases} Q=\Sigma Q_n\,[\mathrm{C}], & Q=\int_L \rho_L dl\,[\mathrm{C}] \\ Q=\iint_S \rho_S dS\,[\mathrm{C}], & Q=\iiint_v \rho dv\,[\mathrm{C}] \end{cases} \quad \cdots\cdots (2.37)$$

로 주어진다. 만일 폐곡면 내에 전하분포가 없다면

$$\iint_S D_n dS=0$$

가 되어 폐곡면 S를 통하여 유출하는 전속이 없다는 것을 의미하는데, 이는 전기력선이 있다면 유출하는 만큼의 전기력선이 유입함을 의미하므로, 식(2.36)은 전계가 폐곡면 S에 대하여 연속적임을 표시하는 연속벡터 적분방정식이다.

예제 2.11

지름 8[cm], 높이 20[cm]의 깡통 속에 -1[nC/m]로 대전된 길이 14[cm]의 볼펜과 20[nC]를 갖는 토큰이 있을 때 깡통에서 발산하는 전기력선의 총수를 구하시오.

☞ 깡통 속의 총전하는

$$Q=20\times10^{-9}-10^{-9}\times0.14=19.86\times10^{-9}\,[\mathrm{C}]$$

이므로 식(2.39)에서 구하는 전기력선의 총수는

$$N=\iint_{S\,(\text{깡통})}\mathbf{E}\cdot\boldsymbol{n}dS=\frac{Q}{\varepsilon_o}=36\pi\times10^9\times19.86\times10^{-9}=2246[\text{ lines}]$$

가 된다.

예제 2.12

면전하밀도 $\rho_S=1$[μC/m^2]를 갖는 반지름 20[cm]의 원판전하에서 발산되는 전기력선 수를 구하시오.

☞ $dS = r d\phi\, dr$[m²]이므로 식(2.35)에서 원판의 전체전하는

$$Q = \iint \rho_S dS = 10^{-6} \int_0^{2\pi} d\phi \int_o^{0.2} r dr = 1.26\,[\mu\text{C}]$$

가 되므로 이 전하에서 발산되는 전기력선수는

$$\iint_S \mathbf{E} \cdot \boldsymbol{n} dS = \frac{Q}{\varepsilon_o} = \frac{1.260 \times 10^{-6}}{8.854 \times 10^{-12}} \fallingdotseq 0.142 \times 10^6\,[\text{lines}]$$

이 된다. 여기서 가우스표면 S는 원판을 포위하는 임의의 폐곡면을 생각한다.

2.10 가우스 법칙의 계산 예

전하분포에 의한 전계를 구하기 위하여는 가우스의 법칙의 적분계산을 행하여야 하는데 계산이 가능한 것은 전하분포가 대칭성인 경우로, 대표적 예를 들면 다음과 같다.

2.10.1 점대칭 전하분포(구대전체)

(1) 구외의 전계

그림 2.17에서와 같이 반지름 a[m]의 구에 Q[C]의 전하가 주어졌을 경우 대칭성에 의하여 전기력선은 그림과 같이 방사상으로 발산할 것이다. 지금 반지름 r ($>a$)[m]의 동심구면 S를 가우스 표면으로 취하면 구면 위의 전계 $\mathbf{E}$는 구면에 수직이며, 크기가 일정할 것이므로

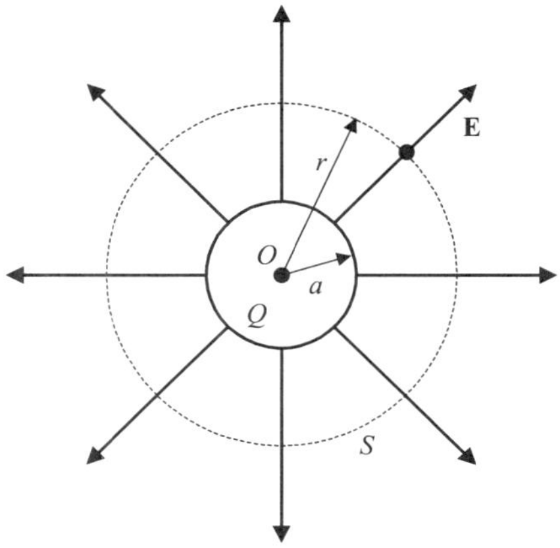

그림 2.17 구와 전계

$$\iint_S \mathbf{E} \cdot \boldsymbol{n} dS = \iint_S E \cdot dS = E \cdot 4\pi r^2$$

이 되며, 이것은 Gauss의 법칙에 의하여 S구 내의 전체전하 Q[C]의 $1/\varepsilon_o$배가

되므로

$$E \cdot 4\pi r^2 = \frac{Q}{\varepsilon_o}$$

로 표현할 수 있다. 따라서

$$\begin{cases} E = \dfrac{1}{4\pi\varepsilon_o}\dfrac{Q}{r^2}\,[\mathrm{V/m}] \\ \mathbf{E} = \dfrac{1}{4\pi\varepsilon_o}\dfrac{Q}{r^2}\,\boldsymbol{a}_r\,[\mathrm{V/m}] \end{cases} \qquad \cdots\cdots (2.38)$$

가 되며, 여기서 $\boldsymbol{a}_r$는 방사방향 단위벡터이다. 이 결과를 중심에 점전하 Q[C]이 있는 경우의 전계(식 2.7)과 같으므로 중심대칭으로 분포된 전하에 의한 전계는 전체전하가 중심에 집중된 점전하인 경우와 등가이다.

(2) 구 내의 전계

구 내의 전하분포가 중심대칭이면 구 내의 전기력선도 방사상 분포를 가질 것이다. 지금 구 내에 반지름 $r(<a)$[m]의 구면을 가우스표면으로 취하고, r구 내의 전하를 Q'[C]이라 하면, r구면 위의 전계 E_i은 식(2.38)에 의하여 Q'가 중심에 집중된 점전하인 경우와 등가일 것이므로

$$E_i = \frac{1}{4\pi\varepsilon_o}\frac{Q'}{r^2}\,[\mathrm{V/m}]$$

가 얻어진다. 이 경우 반경 $r(<a)$의 구면 내에 포함되어진 전하 Q'[C]은 전하의 체적전하밀도에 비례한다. 따라서 구의 체적이 $4\pi a^3/3$이므로

$$Q' = \rho_v \cdot \frac{4}{3}\pi r^3 = \frac{Q}{\frac{4}{3}\pi a^3} \times \frac{4}{3}\pi r^3 = \frac{Q}{a^3} r^3\,[\mathrm{C}]$$

이 되므로

$$\begin{cases} E_i = \dfrac{1}{4\pi\varepsilon_o}\dfrac{Qr}{a^3}\,[\mathrm{V/m}] \\ E_i = \dfrac{1}{4\pi\varepsilon_o}\dfrac{Qr}{a^3}\,\boldsymbol{a}_r\,[\mathrm{V/m}] \end{cases} \qquad \cdots\cdots (2.39)$$

가 된다. 여기서 $\boldsymbol{a}_r$는 중심에서 고찰점으로 향하는 방사방향단위 벡터이다.

따라서 식(2.38)에 의하여, 내부의 전계의 세기는 구의 중심 $r=0$에서 $E_i=0$으로 되고, r에 정비례하여 크게 되며, 구의 표면에서는 $E_i=\dfrac{Q}{4\pi\varepsilon_o a^2}$로 되어서 반경 r에 대한 내외부의 전계의 변화는 그림 2.18과 같다.

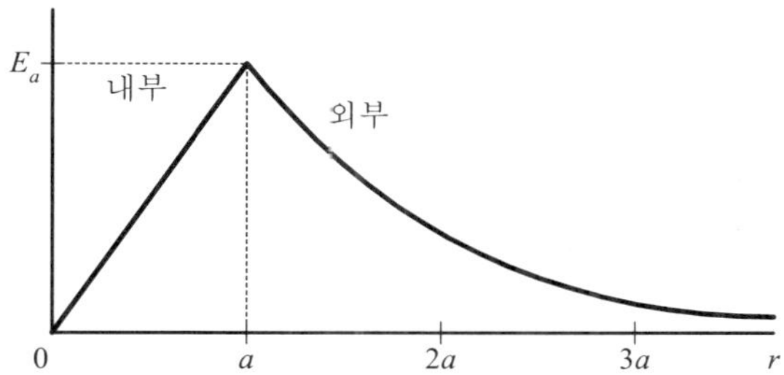

그림 2.18 내부까지 균일하게 대전된 구의 내외부의 전계의 세기

(3) 각 점의 전위

① 구외 전위

식(2.17)로부터

$$V=-\int_{\infty}^{r}\mathbf{E}\cdot d\boldsymbol{l}=\frac{1}{4\pi\varepsilon_o}\frac{Q}{r}\,[\mathrm{V}]\quad(a<r<\infty)\quad\cdots\cdots(2.40)$$

② 구전위

$$V=-\int_{\infty}^{a}\mathbf{E}\cdot d\boldsymbol{l}=\frac{1}{4\pi\varepsilon_o}\frac{Q}{a}\,[\mathrm{V}]\qquad(a=r)\quad\cdots\cdots(2.41)$$

③ 구내 전위

$$\begin{aligned}V_i&=-\int_{\infty}^{a}\mathbf{E}\cdot d\boldsymbol{l}-\int_{a}^{r}\mathrm{Ei}\cdot d\boldsymbol{l}\\&=\frac{1}{4\pi\varepsilon_o}\frac{Q}{a}-\frac{Q}{4\pi\varepsilon_o a^3}\int_{a}^{r}r\,dr\\&=\frac{1}{4\pi\varepsilon_o}\frac{Q}{a}\left(\frac{3}{2}-\frac{r^2}{2a^2}\right)[\mathrm{V}]\quad(0<r<a)\quad\cdots\cdots(2.42)\end{aligned}$$

따라서 중심대칭 대전구 중심의 전위는 구전위의 1.5배가 된다.

④ 동심구도체 사이의 전위차

반지름 a, $b(>a)$[m]인 동심구 내구에 Q[C]의 전하를 주었을 때 내외 도체구 사이의 전위차는

$$V_{ab} = -\int_b^a \mathbf{E} \cdot d\boldsymbol{l} = \frac{Q}{4\pi\varepsilon_o}\left(\frac{1}{a} - \frac{1}{b}\right)[\mathrm{V}] \qquad \cdots\cdots (2.43)$$

가 된다.

2.10.2 축대칭 전하분포

(1) 무한장 직선전하와 전계

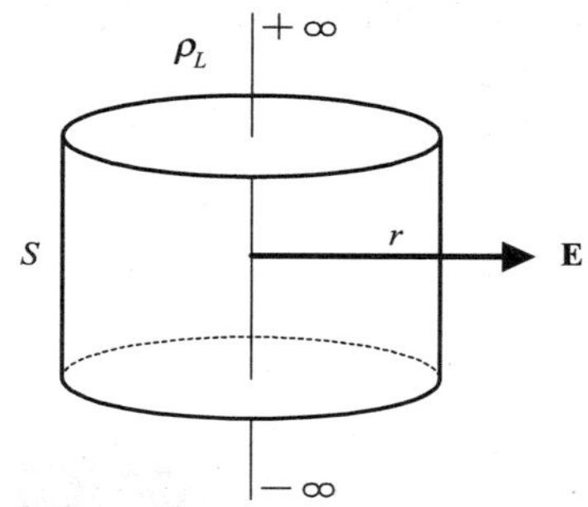

그림 2.19 무한장 직선전하와 전계

선전하밀도 ρ_L[C/m]이 분포되어 있는 무한장 직선전하에 의한 전계는 직선을 축으로 하는 방사상분포를 가질 것이므로, 길이 l[m], 반지름 r[m]의 원통 S를 가우스표면으로 취하면 원통의 상하면을 관통하는 전기력선은 없을 것이다. 따라서 직선전하에서 r[m]점의 전계 $\mathbf{E}$[V/m]는 식(2.36)에서

$$\iint_s \boldsymbol{E} \cdot \boldsymbol{n} dS = E \times s = E \times 2\pi r \times l$$

이 되며

$$\iint_s \boldsymbol{E} \cdot \boldsymbol{n} dS = \frac{Q}{\varepsilon_0} = \frac{\rho_L \cdot l}{\varepsilon_0}$$

두 식으로부터 전계의 세기 E는

$$\begin{cases} E = \dfrac{\rho_L}{2\pi\varepsilon_o r}\,[\mathrm{V/m}] \\ \mathbf{E} = \dfrac{\rho_L}{2\pi\varepsilon_o r}\,\boldsymbol{a}_r\,[\mathrm{V/m}] \end{cases} \qquad \cdots\cdots (2.44)$$

가 된다. 여기서 $\boldsymbol{a}_r$은 방사방향 단위벡터이다.

(2) 원주형 전하분포와 전계

반지름 a[m]의 무한장 원주형 도체의 표면에 단위 길이당 ρ_L[C/m]의 전하를 균일하게 분포시키면, 원주표면에 다하여 수직으로 전속이 균일하게 방사된다. 중심축이 동일한 반경 r[m]($>a$)인 원통을 통과하는 전속은 어디서나 모두 동일한 분포를 가질 것이다.

① 외부전계

그림 2.20에 나타낸 바와 같이 반경 r[m], 길이 1[m]의 원통을 취하면, 그 원통 내에 분포되어 있는 전하는 $Q=1\times\rho_L=\rho_L$이다.

반경 r[m]인 원주의 길이는 $2\pi r$이므로

$$\iint_s \boldsymbol{E}\cdot\boldsymbol{n}dS = E\cdot S = 2\pi r\times l$$

$$\iint_s \boldsymbol{E}\cdot\boldsymbol{n}dS = \frac{\rho_L}{\varepsilon_0}\times l$$

로 된다. 따라서, 이것을 전계 E_n에 관하여 풀면

$$\begin{cases} E_n = \dfrac{\rho_L}{2\pi\varepsilon_o r} \\ \boldsymbol{E}_n = \dfrac{\rho_L}{2\pi\varepsilon_o r}\,\boldsymbol{a}_r\ [\mathrm{V/m}] \end{cases} \qquad \cdots\cdots (2.45)$$

를 얻을 수 있다. 즉, 무한장 전선이 단위 길이당 ρ_L의 전하를 주었을 때의 전계의 세기는 식(2.44)와 같은 형태를 하고 있다. 따라서, 식(2.45)는 관측점을 원통 밖에 놓았을 뿐, 도체표면에 분포하고 있는 전하는 중심축에 분포하고 있는 것이다. 이와 같이 직류전류는 도선의 단면에 대하여 균일하게 흐르고, 교류전류는 도선의 표면부근에 흐르고, 중심부분에는 흐르지 않는다는 성질이 있지만, 어느 경우도 관측점이 외측에 있지만, 전류는 중심축에 집중하여 흐르고 있음을 알 수 있다.

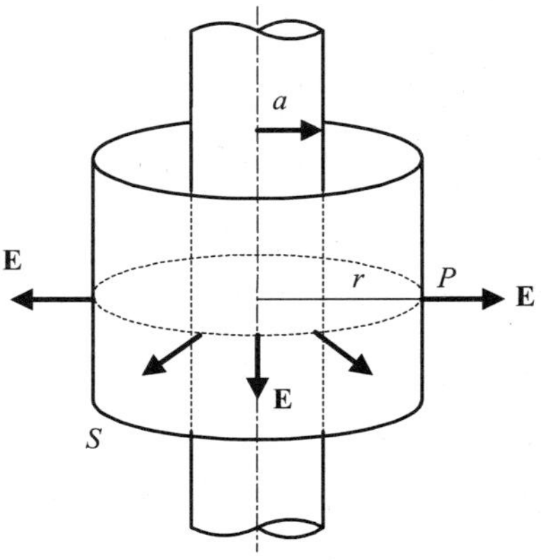

그림 2.20 원주형 전하와 전계

② 동축원통 사이의 전위차

반지름 a, $b(>a)$[m]의 동축 내외원통에 $\pm\rho_L$[C/m]의 전하를 주었을 때, 내외원통 사이의 전위차는

$$V_{ab} = \frac{\rho_L}{2\pi\varepsilon_o}\ln\frac{b}{a}\,[\mathrm{V}] \qquad \cdots\cdots (2.46)$$

가 된다.

③ 원주대전체 내부전계

대전체 내에 $r(<a)$[m], 길이 l[m]의 동축원통 S를 가우스표면으로 취하였을 때 이 면적 S내의 선전하밀도는

$$\rho_L' = \frac{r^2}{a^2}\rho_L\,[\mathrm{C/m}]$$

가 되므로 가우스의 법칙을 면적 S에 적용하면

$$\begin{cases} E_i = \dfrac{1}{2\pi\varepsilon}\dfrac{\rho_L'}{r} = \dfrac{1}{2\pi\varepsilon_o}\dfrac{\rho_L}{a^2}r\,[\mathrm{V/m}] \\ E_i = \dfrac{1}{2\pi\varepsilon_o}\dfrac{\rho_L}{a^2}r\boldsymbol{a}_r\,[\mathrm{V/m}] \end{cases} \qquad \cdots\cdots (2.47)$$

가 얻어진다. 만일 원추형 대전체 내부에 전하분포가 없다면 E_i=0이 되는데, 완전도체가 이에 해당한다.

2.10.3 평판 전하분포와 전계

그림 2.21에서와 같이 무한히 넓은 평판에 균일하게 단위면적당 ρ_S의 전하를 주면, 전속은 모두 무한평판에 수직으로 방사된다. 가우스법칙을 적용하기 위하여 그림 2.21에 나타낸 바와 같이 단면의 면적에 ΔS의 원통을 무한평판에 수직으로 취하면, 원통의 측면을 통과하는 전속은 없고, 면 ΔS를 수직으로 통과하는 전속만 고려하면 된다.

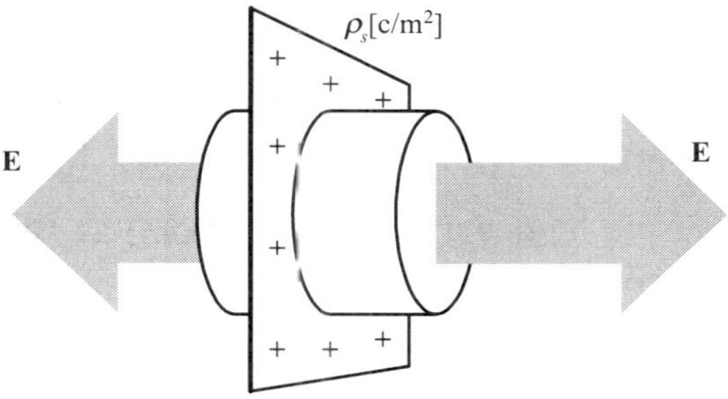

그림 2.21 평판전하

따라서, 면 ΔS의 원통 내에 분포되어 있는 전하는 $Q=\rho_s \Delta S$이므로,

$$\iint_s D_n dS = \rho_s \Delta S$$

로 된다. 따라서 전속이 통과하는 부분은 원통의 양단면이므로

$$\iint_s D_n dS = \varepsilon_o E_n \times 2\Delta S = \rho_s \Delta S$$

가 성립한다. 여기서, ΔS는 원통의 단면적이다. 따라서, 무한평판에서의 전계의 세기는

$$E_n = \frac{\rho_s}{2\varepsilon_o} \text{ [V/m]} \qquad \cdots\cdots (2.48)$$

로 된다.

다음 그림 2.22와 같이 평행하게 두 장의 평판을 배치하였을 때

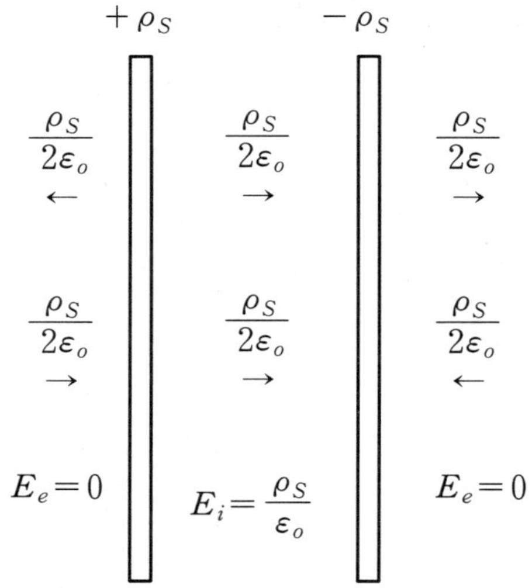

그림 2.22 평행하게 놓여진 두 장의 무한평판

정, 부전하에 의한 전계의 크기는 같다. 따라서, 전계의 방향은 무한평면의 양 외측에서 서로 역방향이기 때문에 상쇄되어서, 그 영역의 전계의 세기 E_e는 0으로 되고, 무한평판 사이의 영역에서의 전계의 방향이 같기 때문에 그 부분의 전계의 세기 E_i는

$$E_i = \frac{\rho_S}{2\varepsilon_o} + \frac{\rho_S}{2\varepsilon_o} = \frac{\rho_S}{\varepsilon_o}[\text{V/m}] \qquad \cdots\cdots (2.49)$$

로 되어 정(+), 부(−)로 대전된 평행판 전계는 식(2.49)와 같다.

2.10.4 도체면상의 전계

전하분포가 표면에 분포되어 있는 도체 표면은 한 개의 등전위면이다. 따라서 도체에 매우 접근한 외측에서의 전계는 표면에 수직이며, 도체 내부의 전계는 0이다.

지금 도체의 임의점에 대한 표면전하밀도를 $\rho_S[\text{C/m}^2]$, 표면에 무한히 접근한 점의 전계의 세기를 E라 하고, 그림 2.23과 같이 표면에 수직된 원통을 가우스의 폐곡면으로 취하면 원통측면을 지나는 전기력선은 없고, 도체 내부의 전계는 0이 되므로 가우스의 법칙에 의하여

$$E = \frac{\rho_s}{\varepsilon_o}\ [\mathrm{V/m}] \qquad \cdots\cdots (2.50)$$

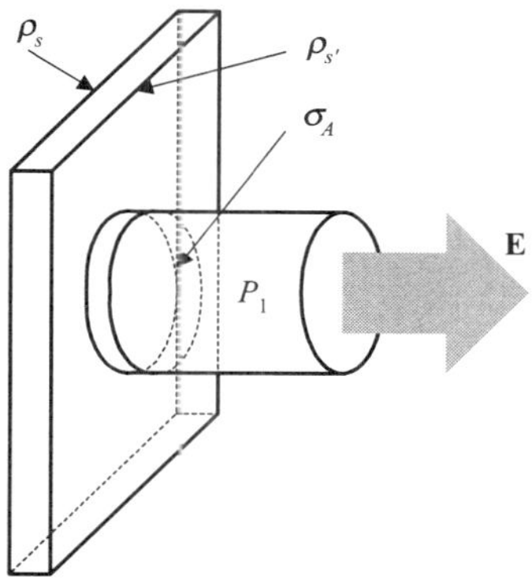

그림 2.23 도체표면 전계

2.11 전기력선의 발산

그림 2.24와 같이 체적 전하밀도 ρ_v[C/m^3]의 전하가 분포하고 있는 곳에 미소 체적 Δv[m^2]를 가진 폐곡면 S를 취하면, 폐곡면 S내의 전하는 $\rho_v \Delta v$[C]이므로

$$\iint_S \mathbf{E} \cdot \boldsymbol{n} dS = \iint_S E_n dS = \frac{\rho_v \Delta v}{\varepsilon_o} \qquad \cdots\cdots (2.51)$$

으로 표현할 수 있다.

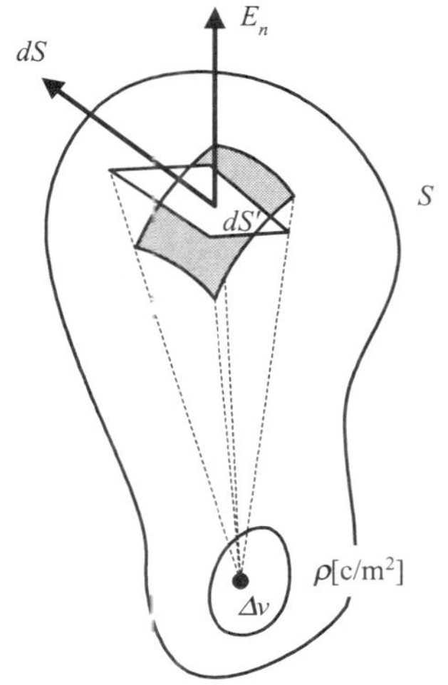

그림 2.24 폐곡면에서 나오는 전기력선

여기서 Δv를 점이라고 볼 수 있을 정도로 극히 작게 취할 경우, 폐곡면 S를 뚫고 나오는 전기력선 수는

$$\frac{1}{\Delta v}\iint_S \mathbf{E}\cdot \boldsymbol{n}dS=\frac{\rho_v}{\varepsilon_o} \qquad \cdots\cdots (2.52)$$

으로 되고, 식(2.52)의 좌변을 전계 $\mathbf{E}$의 **발산**(divergence)이라 한다. 즉,

$$\mathrm{div}\,\mathbf{E}=\nabla\cdot\mathbf{E}=\frac{\rho_v}{\varepsilon_o} \qquad \cdots\cdots (2.53)$$

이다. 식(2.53)을 특히 **가우스정리의 미분형**이라고 부르고, 전하가 존재하고 있지 않은 곳에서는 식(2.53)에서 $\rho_v=0$이므로

$$\mathrm{div}\,\mathbf{E}=\nabla\cdot\mathbf{E}=0$$

이 된다. 이것은 전계 $\mathbf{E}$가 0이라는 것이 아니라 $\rho_v=0$인 곳에서는 전기력선이 새로이 발생하지 않음을 의미한다. 식(2.53)를 식(2.51)에 대입하면

$$\iint_S \mathbf{E}\cdot \boldsymbol{n}dS=\mathrm{div}\,\mathbf{E}\,\Delta v \qquad \cdots\cdots (2.54)$$

가 된다. 여기서 폐곡면 안에 전하가 분포되어 있는 공간 내에 임의의 폐곡면으로 둘러싸인 체적을 취하고, 이것을 여러 미소체적으로 분할하면, 그 각각에 대하여 식(2.56)의 관계가 성립할 것이다. 양변을 전체적에 대하여 합하면 우변은

$$\sum\lim_{\Delta v\to 0}\mathrm{div}\,\mathbf{E}\cdot\Delta \mathrm{v}=\iiint_v \mathrm{div}\,\mathbf{E}\,dv \qquad \cdots\cdots (2.55)$$

가 되며, 좌편은 각 미소체적당 표면에서 외부로 발산하는 전기력선의 각 체적에 대한 합이 된다. 그런데 두 미소체적이 서로 접하고 있는 경계면에서는 양면에서 발산하는 전기력선의 방향이 서로 반대가 되므로, 그 대수합은 0이 되고 만다. 따라서 폐곡면 내부에 있는 각 미소체적 표면에 대한 전기력선 상호간의 합은 모두 0이 되고 외측 폐곡면상의 표면적 S에서 발산하는 전기력선만 남게 된다. 즉,

$$\sum\iint_S \mathbf{E}\cdot \boldsymbol{n}dS=\iint_S \mathbf{E}\cdot \boldsymbol{n}dS \qquad \cdots\cdots (2.56)$$

이고, 따라서 전체적에 대해서는

$$\iint_S \mathbf{E} \cdot \boldsymbol{n} dS = \iiint_v \operatorname{div} \mathbf{E}\, dv \qquad \cdots\cdots (2.57)$$

가 성립된다. 여기서 $\boldsymbol{n}$은 폐곡면상의 외향법선 벡터이다. 즉, 임의의 폐곡면 내의 단위 체적에서 발산하는 전기력선의 체적에 대한 총합은 체적표면의 폐곡면을 통하여 유출하는 양과 같다. 이와 같은 관계를 전계의 **발산정리(divergence theorem)**라 한다.

예제 2.12

전계 $\mathbf{E}=x^3\boldsymbol{i}-2y\boldsymbol{j}+f(x, y)z\boldsymbol{k}$[V/m]가 전하가 없는 곳의 전계의 세기를 나타내려면 $f(x, y)$는 어떤 함수가 되는가?

☞ 전하가 없는 자유공간에 div**E**=0이므로

$$\operatorname{div} \mathbf{E} = \frac{\partial E_x}{\partial x} + \frac{\partial E_y}{\partial y} + \frac{\partial E_z}{\partial z} = 3x^2 - 2 + f(x, y) = 0$$

$$\therefore \quad f(x, y) = 2 - 3x^2$$

2.12 Poisson의 방정식과 Laplace의 방정식

앞 절에서 전계 **E**의 발산을 표시한 바와 같이

$$\operatorname{div} \mathbf{E} = \frac{\rho}{\varepsilon_0}$$

이며, 전계와 전위에 대해서는

$$\mathbf{E} = -\operatorname{grad} V$$

의 관계가 있으므로, 두 식에서

$$\text{div}\,\text{grad}\,V = -\frac{\rho}{\varepsilon_o} \qquad \cdots\cdots (2.58)$$

이 식을 벡터의 연산기호를 써서 표시하면

$$\text{div}\,\text{grad}\,V = \nabla^2 V = -\frac{\rho}{\varepsilon_o} \qquad \cdots\cdots (2.59)$$

여기서 ∇^2는 Laplacian이라 하며

$$\nabla^2 \equiv \frac{\partial^2}{\partial x^2} + \frac{\partial^2}{\partial y^2} + \frac{\partial^2}{\partial z^2} \qquad \cdots\cdots (2.60)$$

이다. 이 때의 식(2.59)를 Poisson의 **방정식**이라 한다. 또 특히 전하가 존재하지 않는 곳 즉, $\rho=0$이라면 식(2.59)는

$$\nabla^2 V = 0 \qquad \cdots\cdots (2.61)$$

이것을 Laplace의 **방정식**이라 한다. 한편 라플라스 및 프와송의 방정식은 직각좌표에서는 다음과 같이 표시한다.

$$\frac{\partial^2 V}{\partial x^2} + \frac{\partial^2 V}{\partial y^2} + \frac{\partial^2 V}{\partial z^2} = -\frac{\rho}{\varepsilon_o} \qquad \cdots\cdots (2.62)$$

$$\frac{\partial^2 V}{\partial x^2} + \frac{\partial^2 V}{\partial y^2} + \frac{\partial^2 V}{\partial z^2} = 0 \qquad \cdots\cdots (2.63)$$

이들 방정식의 물리적 의의는, 다음의 두 가지 내용으로 압축할 수 있다. 즉,

(1) 전계는 전위를 갖는다. 즉, 정전계는 보존적이다.

(2) $\nabla^2 V$ 즉, 전위경도의 발산은 $-\frac{\rho}{\varepsilon_o}$와 같다. 다시 말하면 전기력선의 발산은 $\frac{\rho}{\varepsilon_o}$와 같고, $\rho=0$일 경우 발산은 0이다.

따라서, 정전계이기 위해서는 이 두 가지의 성질을 만족해야만 한다.

예제 2.13

전위함수가 $V=x^2+y^2$[V]인 자유공간 내의 전하밀도[C/m^3]를 구하시오.

☞ Poisson의 방정식

$$\nabla^2 V = \frac{\partial^2 V}{\partial x^2} + \frac{\partial^2 V}{\partial y^2} + \frac{\partial^2 V}{\partial z^2} = -\frac{\rho}{\varepsilon_o}$$

$$= \frac{\partial^2}{\partial x^2}(x^2+y^2) + \frac{\partial^2}{\partial y^2}(x^2+y^2) + \frac{\partial^2}{\partial z^2}(x^2+y^2)$$

$$= 2 + 2 = -\frac{\rho}{\varepsilon_o}$$

$$\therefore \quad \rho = -4\varepsilon_o = -4\times 8.854\times 10^{-12} = -35.4\times 10^{-12}\,[C/m^3]$$

2.13 유전체와 분극

전기장치의 구성요소의 하나인 절연체 내에서의 정전계 이론에 대하여 설명하고자 한다. 자유전자를 갖는 물체는 전기력이 가해지면 자유전자가 이동하여 도체가 된다. 그러나 이에 반하여 절연체에는 전하의 이동원이 되는 자유전자가 없다고 보지만, 이 물질을 구성하는 원자 내의 전자 및 양자가 외부전계를 받았을 때, 이들 원자구조에 약간의 변위를 일으켜 **분극**(polarization)이 발생되어 전기쌍극자를 형성하므로 새로운 전계가 발생하게 된다. 이와 같이 절연체 중에서도 전기작용이 발생하므로 절연체를 **유전체**(dielectric material)라 한다.

유전체에 속하는 물질에는 이를 구성하는 분자 중에 전기적 극성이 없는 **무극성 분자**(nonpolar molecules CO_2, polyethylene 등)와 처음부터 전기쌍극자모멘트를 갖고 있는 **유극성분자**(polar molecules H_2O, CO, HCl 등)가 있다. 무극성 물질에 전계를 가하면 이를 구성하는 정부 이온들이 변위를 일으키므로, 인접한 정부 이온이 전기쌍극자가 되어 물질 전체에 분극이 발생하게 되는데, 이를 **이온분극**(ionic polarization, NaCl, TiO_2, 유리, 애자 등)이라 한다. 이에 대하여 원자 내의 전자들이 전계에 의하여 분극되는 경우를 **전자분극**(electron polarization)이라 한다.

한편 유극성 물질에 전계를 가하면 이를 구성하는 쌍극자들이 전계방향으로 회전하여 전체에 분극이 발생하게 되는데 이를 **배향분극**(orientational polarization)이라 한다.

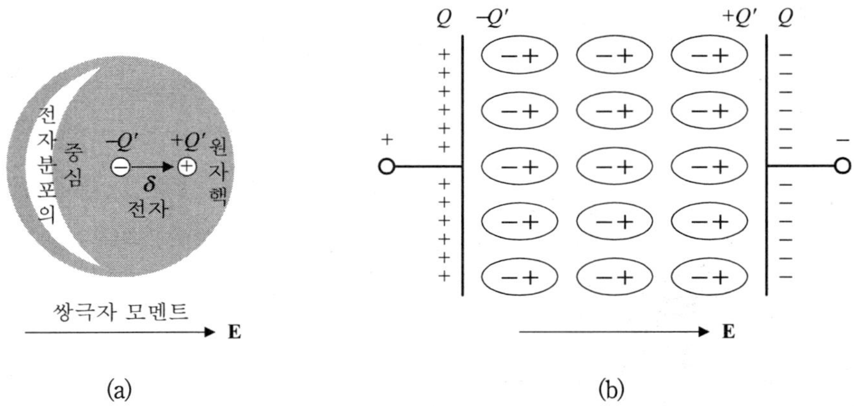

그림 2.25 전계에 의한 분극 현상

따라서 유전체에 전계를 가하면 이들의 종합된 분극현상이 그림 2.25에서와 같이 유전체 내부 및 표면에 발생하게 되는데, 이를 양적으로 취급하기 위하여 유전체 내 한 점에 있어서 분극방향에 수직되는 단위면적을 지나는 분극전하량을 그 점에 대한 분극도(intensity of polarization) 또는 분극의 세기로 정의한다.

지금 미소면적 $\Delta S[\mathrm{m}^2]$를 수직으로 지나는 분극전하량을 $\Sigma Q'[\mathrm{C}]$(Q'는 분자 한 개의 분극전하)라 하면 분극도 P는

$$P = \frac{\Sigma Q'}{\Delta S}\ [\mathrm{C/m^2}] \qquad \cdots\cdots (2.64(a))$$

로 주어지며, 표면에서는

$$P = \rho_S'\ [\mathrm{C/m^2}] \qquad \cdots\cdots (2.64(b))$$

가 된다. 여기서 ρ_S'는 표면에 나타나는 분극전하밀도이다.

한편 분극된 정부전하간 거리를 $\delta[\mathrm{m}]$라 하면, 이들의 전기쌍극자모멘트는

$$M = Q' \cdot \delta\ [\mathrm{C \cdot m}], \qquad \mathbf{M} = Q' \cdot \boldsymbol{\delta}\ [\mathrm{C \cdot m}]$$

이므로, 분극도 P는

$$\begin{cases} P = \dfrac{M}{\Delta v} \, [\mathrm{C/m^2}] \\ \mathbf{P} = \dfrac{\mathbf{M}}{\Delta v} \, [\mathrm{C/m^2}] \end{cases} \quad \cdots\cdots (2.65)$$

로 표현할 수 있다. 여기서 $\Delta v = \Delta S \cdot \delta [\mathrm{m^3}]$는 미소체적이다. 따라서, 분극도는 단위체적에 대한 전기쌍극자모멘트로도 정의할 수 있다. 그리고 분극도는 벡터계로 취급할 수 있으며, 벡터 $\mathbf{P}$방향으로 그려진 선을 **분극선**이라 하고, 전기력선은 자유공간 중에서 정(+)전하로부터 출발하여 부(−)전하에 도달하도록 가상하였으나, 분극선은 유전체 내의 분극 부(−)전하에서 출발하여 분극 정(+)전하에 도달하는 선으로 그려지므로, 분극선 밀도 [선/m²]를 분극도 $P[\mathrm{C/m^2}]$와 같도록 취하고 있다.

또한 전기력선은 진공중의 +1[C]에서 $1/\varepsilon_0$[선]이 발산하는데 분극선은 −1[C]의 분극 전하에서 1[선]이 발산한다.

2.14 분극도와 전계

분극도와 전계의 관계를 그림 2.26과 같은 간단한 모형에서 유도한다.

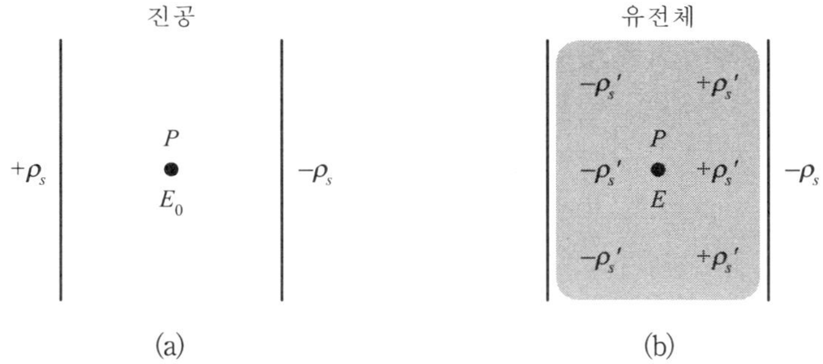

그림 2.26 분극도와 전계

면전하밀도 $\pm\rho_s[\mathrm{C/m^2}]$로 충전된 전극판 사이의 공간이 진공일 경우 점 P의 전계는

$$E_o = \frac{\rho_s}{\varepsilon_o}\,[\mathrm{V/m}]$$

가 되며, 그림 2.26 (b)와 같이 전극간에 유전체를 넣고, 전극에 전하밀도 $\pm\rho_S$ [C/m^2]를 주면, 이 전하에 의한 전계 때문에 유전체는 분극하여, 정전극에 접해 있는 유전체 면에 분극전하 $-\rho_s'$[C/m^2]가, 부전극에 접해 있는 유전체면에는 $+\rho_s'$[C/m^2]가 유도된다. 따라서 전극과 유전체가 접해 있는 면에서는 서로 부호가 다른 진전하(free charge or true charge) $\pm\rho_s$[C/m^2]와 분극전하 $\mp\rho_s'$[C/m^2]가 접해 있으므로, 겉보기상 전극에 분포하고 있는 진전하가 감소하게 되고, 전극과 유전체와의 접촉영역의 겉보기 전하밀도(density of apparent charge)는

$$\rho = \rho_s - \rho_s'\,[\mathrm{C/m^2}]$$

로 되므로,

$$E = \frac{\rho}{\varepsilon_o} = \frac{\rho_s - \rho_s'}{\varepsilon_o} = \frac{\rho_s - P}{\varepsilon_o} = E_o - \frac{P}{\varepsilon_o}\,[\mathrm{C/m^2}] \qquad \cdots\cdots (2.66)$$

가 된다. 그런데 분극전하 ρ_s'는 유전체에 의하여 결정되는 것이므로

$$\rho_s - \rho_s' = \frac{\rho_s}{\varepsilon_s}\,(\varepsilon_s \geq 1)$$

로 놓을 수 있다. 여기서, ε_s는 유전체의 종류에 따라 정해지는 양으로 **비유전율**(relative permitivity)이라 하며, 표 2.1에서와 같이 항상 1보다 크다. 따라서 유전체 내의 전계는

$$E = \frac{E_o}{\varepsilon_s} = \frac{\rho_s}{\varepsilon_o \varepsilon_S}\,[\mathrm{V/m}] \qquad \cdots\cdots (2.67)$$

가 되므로, 면전하 ρ_s[C/m^2]에 의한 유전체 내의 전계의 세기는 진공인 경우의 $1/\varepsilon_s$배로 감소한다. 그리고 유전체 내의 전계는 외부에서 주어진 전하 즉, 극판 전하밀도 ρ_s와 분극에 의해 발생된 분극전하 ρ_s'에 의해 결정된다. 여기서 분극전하는 분자 혹은 원자 내의 현상이므로 분리해 낼 수 없다.

표 2.1 유전체의 비유전율

물 질	비유전율	물 질	비유전율
진 공	1.000000	종 이	2.0 ~ 2.6
공 기	1.000586	베이클라이트	4.5 ~ 5.5
변압기유	2.2 ~ 2.4	운 모	5.5 ~ 6.6
물	80	금 강 석	16.5
파 라 핀	2.1 ~ 2.5	자 기 류	6 ~ 7
고 무	2.5 ~ 3.5	산화티탄 (TiO_2)자기	100
황	3.6 ~ 4.2	티탄산염($BaTiO_3$)자기	1000 ~ 5000
건조한 나무	1.5 ~ 4	합 성 수 지	2 ~ 3

한편 식(2.66)과 식(2.67)에서 전계와 분극도 사이에는

$$\begin{cases} P = \varepsilon_o(\varepsilon_s - 1)E\,[\mathrm{C/m^2}] \\ \mathbf{P} = \varepsilon_o(\varepsilon_s - 1)\,\mathbf{E}\,[\mathrm{C/m^2}] \end{cases} \quad \cdots\cdots (2.68)$$

의 관계식이 얻어진다. 한편, 식(2.68)에서 **P**와 **E**가 선형관계를 갖는 등방성 유전체에서 전계가 그리 크지 않은 경우에 성립하는 것으로, 이방성 결정체에서는 **P**와 **E**의 방향이 다를 수 있으며, 특히 **P**와 **E**가 비선형인 강유전체(ferro electric material, $BaTio_3$, 로셀염 등)에서는 이력효과가 있어 식(2.68)을 그대로 적용할 수 없다.

여기서

$$x = \varepsilon - \varepsilon_o\,[\mathrm{F/m}] \quad \cdots\cdots (2.69)$$

를 분극률 또는 전화율(electric susceptibility)이라고 하며, 전화율 $x = \varepsilon_o x_s$의 관계가 있으므로

$$P = xE = \varepsilon_o x_s E$$

의 관계를 얻을 수 있다. 즉, 분극의 세기는 유전체 내의 전계의 세기에 비례한다.

그리고 유전체 내의 전속밀도는 진공중에서 $D_o = \varepsilon_o E_o$가 성립하는 것과 같이 유전체 내에 있어서도 $D = \varepsilon E$가 성립한다. 여기서 D_o는 진공중의 전속밀도이다. 이것과 식(2.67)로부터

$$D = \varepsilon \cdot \frac{1}{\varepsilon_s} E_o = \frac{\varepsilon_o \varepsilon_s}{\varepsilon_s} E_o = \varepsilon_o E_o = D_o [\mathrm{C/m^2}] \quad \cdots\cdots (2.70)$$

을 얻을 수 있다. 즉, 전극이 진공이든지 유전체로 채워져 있든지 전속밀도는 같다. 그래서 D_o는 전극에 분포하여 있는 진전하 밀도와 같으므로 전속밀도는 진전하에만 존재하고, 분극전하에는 무관하다는 것을 알 수 있다.

이 책에서는 선형관계가 성립하는 경우에 대하여 생각하기로 한다.

예제 2.14

두께 2[cm]의 평판애자(비유전율 ε_s=6.2)) 양변에 10[kV]를 가했을 경우

(1) 애자의 분극도

(2) 애자내부에 존재하는 기포 내의 전계를 구하시오.

☞ 애자 내의 전계는

$$E = \frac{V}{d} = \frac{10^4}{2\times 10^{-2}} = 5\times 10^5 [\mathrm{V/m}]$$

(1) 식(2.68)에서

$$P = \rho_S' = \varepsilon_o(\varepsilon_s - 1)E = 8.854\times 10^{-12}\times (6.2-1)\times 5\times 10^5 \fallingdotseq 23 [\mu\mathrm{C/m^2}]$$

(2) 기포중의 전계는 식(2.67)에서

$$E_o = \varepsilon_s E = 6.2\times 5\times 10^5 = 3.1\times 10^6 [\mathrm{V/m}]$$

가 된다. 그런데 공기의 절연내력은

$$E_{air} = 3\times 10^6 [\mathrm{V/m}]$$

이므로 기포 내 공기의 절연이 파괴되어 불꽃방전이 일어나 애자를 파손하게 된다. 즉, 절연체 내에 잔존하는 기포는 절연에 극히 나쁜 영향을 주는데 그 정도는 유전체의 비유전율이 클수록 심하다. 따라서 고전압 전기기기에서는 절연물 중에 기포가 생기지 않도록 특수한 바니시 처리를 행하여 절연성능을 높이도록 한다.

예제 2.15

분자밀도 2×10^{20}[개/m^3]이며 E=10^5[V/m]일 때, 각 분자가 2×10^{-27}[C·m]의 쌍극자모멘트를 갖는 물질의 비유전율을 구하시오.

☞ 분극도는

$$P = 2\times10^{20}\times2\times10^{-27} = 4\times10^{-7}\ [\mathrm{C/m^2}]$$

이므로 비유전율은 식(2.68)에서

$$\varepsilon_s = \frac{P}{\varepsilon_o E} + 1 = \frac{4\times10^{-7}}{8.854\times10^{-12}\times10^5} + 1 = 1.45$$

가 얻어진다.

2.15 유전체 내의 전속밀도

유전체 내의 전계를 풀이하기 위하여 Michael Faraday(영국과학원장, 1837년)는 동심 금속구 내구에 $+Q$[C]을 주고 구 사이에 유전체(유황)를 채웠을 때 외구에 $-Q$[C]이 유도됨을 관찰하여, 전하의 전달은 유전체의 변위(displacement) 또는 전속(electric flux)에 의한 것으로 생각하였다.

그리고 이 전속 ϕ는 내구의 전하 Q[C]에 비례함을 확인하고 Q=1[C]일 때 ϕ=1이 되는 단위계를 채택하여 전속의 단위를 [C]이라 하였다. 즉,

$$\phi = Q[\mathrm{C}]$$

의 관계를 얻었다. 그리고 내구표면에서 발산하는 전속의 표면밀도를 **전속밀도**(electric flux density)라 하고, 방향성을 갖는 벡터량 **D**[C/m^2]로 표시하였다.

따라서 그림 3.3의 구면상의 전속밀도는

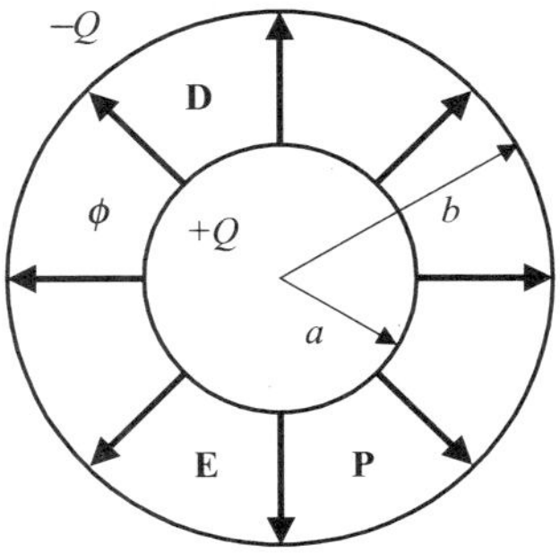

그림 2.27 전하와 전속

$$\mathbf{D} = \frac{Q}{4\pi a^2}\,\boldsymbol{a}_r\,[\mathrm{C/m^2}] \quad \cdots (2.71)$$

가 된다. 한편, 전계 중의 유전체 내에는 내부전계 **E**[V/m]와 분극으로 인한 분극도 **P**[C/m^2]의 두 벡터계가 공존하므로, 이를 종합한 것이 전속밀도의 벡터계가 될 것이다. 따라서 이들 사이에는

$$\mathbf{D} = \varepsilon_o \mathbf{E} + \mathbf{P}\,[\mathrm{C/m^2}] \qquad \cdots\cdots (2.72)$$

의 관계가 있으며, 식(2.72)에 식(2.68)를 대입하면

$$\mathbf{D} = \varepsilon_o \mathbf{E} + \varepsilon_o(\varepsilon_s - 1)\,\mathbf{E} = \varepsilon_o\,\varepsilon_s\,\mathbf{E}[\mathrm{C/m^2}]$$

가 되며, 여기서

$$\varepsilon_o \varepsilon_s = \varepsilon\,[\mathrm{F/m}]\,, \quad \varepsilon_s = \frac{\varepsilon}{\varepsilon_o}$$

로 놓으면

$$\mathbf{D} = \varepsilon\,\mathbf{E}[\mathrm{C/m^2}] \qquad \cdots\cdots (2.73)$$

가 얻어지는데, 여기서 ε를 **유전체의 유전율**(dielectric constant or permitivity)이라 하며, 단위는 [F/m]이다.

유전체가 등방성이며, 전계가 크지 않을 경우 전속밀도 **D**[C/m^2]는 전계 **E**[V/m]와 같은 방향을 갖는데, **D**의 벡터계 방향으로 그려지는 선을 전속선이라 하며, 전기력선에서와 같이 전속선밀도[선/m^2]를 전속밀도[C/m^2]와 같도록 정의한다. 그리고 전계 **E**[V/m=N/C]는 힘을 표시하는 벡터량이지만 전속밀도 **D**[C/m^2]는 힘이 아닌 전속의 방향을 표시하는 벡터량이다. 만일 주위 공간이 진공일 경우에는 **P**=0이므로

$$\mathbf{D} = \varepsilon_o\,\mathbf{E}[\mathrm{C/m^2}]$$

가 되어 **D**와 **E**는 항상 같은 방향으로 향하며 1[선]의 전속선은 $36\pi \times 10^9$[선]의 전기력선에 대응한다.

예제 2.16

유전율 $\varepsilon = \varepsilon_o \varepsilon_s$[F/m]의 유전체 속에 놓여진 반지름 a[m]의 도체구에 Q[C]의 전하를 주었을 때 구면상의 전속밀도를 구하시오.

☞ 구면상의 전계는

$$\mathbf{E} = \frac{1}{4\pi\varepsilon_o\varepsilon_s}\frac{Q}{a^2}\boldsymbol{a}_r = \frac{\rho_S}{\varepsilon}\boldsymbol{a}_r[\mathrm{V/m}]$$

가 되며, 전속밀도는 식(3.8)에서

$$\mathbf{D} = \frac{Q}{4\pi a^2}\boldsymbol{a}_r = \rho_S\boldsymbol{a}_r[\mathrm{C/m^2}]$$

가 되어 식(2.73)을 만족한다. 여기서 ρ_S[C/m^2]는 구면상의 진전하밀도로 전속밀도는 유전체에 관계없이 진전하만에 의하여 정해짐을 알 수 있다.

이 경우 a=5[cm], $Q=2\pi\times10^{-8}$[C]의 구가 ε_s=2.2의 절연유 중에 놓였다면

$$D = 2\times10^{-6}[\mathrm{C/m^2}], \quad E \fallingdotseq 10.28\times10^4[\mathrm{V/m}]$$

가 되며 진공 중에 있을 때

$$D = 2\times10^{-6}[\mathrm{C/m^2}], \quad E \fallingdotseq 22.6\times10^4[\mathrm{V/m}]$$

가 되어 전속밀도는 유전체와 진공의 경우와 같고 전계는 비유전율에 반비례함을 알 수 있다.

예제 2.17

유전체 내에서의 전계에 관한 여러 법칙을 유도하시오.

☞ 유전체의 유전율 $\varepsilon = \varepsilon_o\varepsilon_s$[F/m]일 때

i) 쿨롱의 법칙 : $\mathbf{F} = \frac{1}{4\pi\varepsilon}\frac{Q_1 Q_2}{r^2}\boldsymbol{a}_r[\mathrm{N}]$

이 경우, 쿨롱의 힘은 그 크기가 주위 매질에 따라 달라지는데, 이것은 전기력이 주위 매질을 통하여 전달됨을 의미한다.

ii) 가우스의 법칙 : 유전체 중에서는 전하 Q[C]에서 발산되는 전기력선이 진공인 경우의 $\frac{1}{\varepsilon_s}$ 배가 될 것이므로, 전기력선의 총수는

$$N = \iint_S \mathbf{E} \cdot \boldsymbol{n} dS = \frac{Q}{\varepsilon_o \varepsilon_s} = \frac{Q}{\varepsilon} \text{ [lines]}$$

가 되며, 전속선의 총수는

$$\phi = \iint_S \mathbf{D} \cdot \boldsymbol{n} dS = Q[\text{C}]$$

가 된다. 위의 가우스의 법칙의 적분형에 발산정리를 적용하면 공간전하분포 $\rho[\text{C/m}^3]$에 의한 가우스의 법칙의 미분형은

$$\iint_S \mathbf{D} \cdot \boldsymbol{n} dS = \iiint_v \text{div}\,\mathbf{D} \cdot dv$$
$$Q = \iiint_v \rho dv[\text{C}]$$

에서

$$\begin{cases} \text{div}\,\mathbf{D} = \nabla \cdot \mathbf{D} = \rho[\text{C/m}^3] \\ \text{div}\,\mathbf{E} = \nabla \cdot \mathbf{E} = \dfrac{\rho}{\varepsilon}[\text{ lines/m}^3] \end{cases}$$

와 같이 된다. 이와 같은 식을 정전계에 대한 맥스웰의 제1방정식이라고도 한다.

예제 2.18

$\mathbf{D} = x^2\boldsymbol{i} + y^2\boldsymbol{j} + z^2\boldsymbol{k}[\mu\text{C/m}^2]$의 전속밀도에 있어서 점 $P(2,\ 2,\ 3)$[m]을 중심으로 하는 4[cm³] 내의 전하량 Q를 구하시오.

☞ 점 P의 전하밀도는

$$\rho = \text{div}\,\mathbf{D} = 2x + 2y + 2z|_{(2,\,2,\,3)} = 14\,[\mu\text{C/m}^3]$$

가 되므로 4[cm³]안의 전하량 Q는

$$Q = \rho \varDelta v = 14 \times 10^{-6} \times 4 \times 10^{-6} = 56\,[\text{pC}]$$

2.16 경계조건

유전체내의 정전계는 진공의 유전율 ε_0 대신에 유전체의 유전율 ε을 이용하면, 진공 중에서 성립하는 식들은 모두 성립하지만, 유전율이 다른 유전체가 경계를 접하는 경우에는 문제가 생긴다. 즉, 진공 중에 유전체를 놓았을 경우, 그 경계면에 있어서의 경계조건을 고려하지 않으면 안된다. 따라서, 전기장치는 각종 절연체를 복합적으로 사용하므로, 여기에 전계를 가했을 때 경계면에서의 전계현상을 검토할 필요가 있다.

지금 유전율이 각각 ε_1, ε_2[F/m]인 두 유전체가 그림 2.28과 같이 접해져 있을 때, 전계가 매질 I 에서 매질 II로 향하고 있고, 매질 I, II 내의 전계의 세기를 각각 E_1, E_2라고 하자.

경계면에 있어서의 전계를 구하기 위해 그림 2.28(a)와 같이 단위 정전하를 경계면에 접하도록 하여 일주시켜 그 때의 일을 구하면 된다. 즉, 단위 정전하가 경로 2−3 및 4−1을 통과할 때의 일은 그 경로가 극히 짧기 때문에 0으로 되고, E_1, E_2의 접선 성분(E_1, E_2의 경계에 평행한 성분)은 각각 $E_1\sin\theta_1$, $E_2\sin\theta_2$이다.

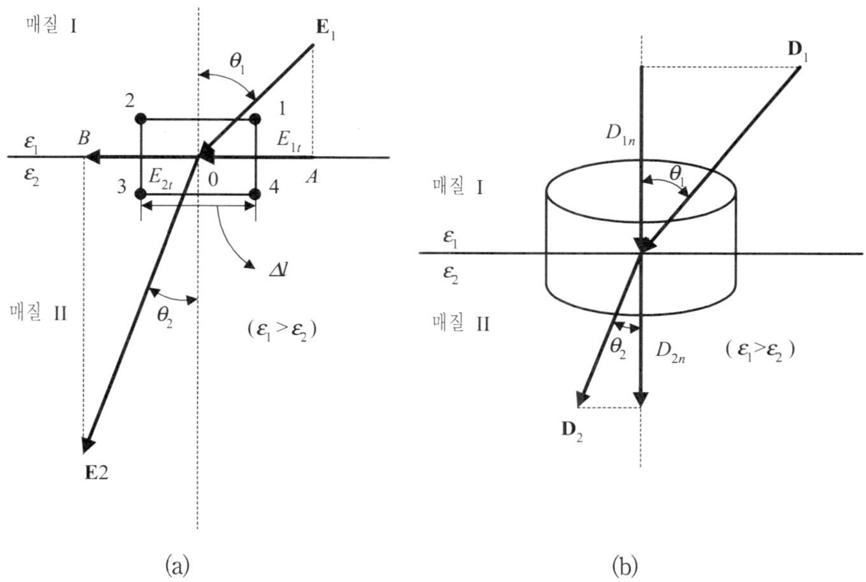

그림 2.28 전계와 전속밀도의 굴절

단위 정전하가 경로 1−2를 이동할 때의 일은 $E_1 \sin\theta_1 \cdot \Delta l$로 되며, 경로 3−4를 이동할 때 이동방향이 E_2의 접선성분의 방향과 반대이므로, 일은 $-E_2 \sin\theta_2 \cdot \Delta l$로 된다. 따라서, 단위 정전하를 일주시킬 때의 일은

$$\Delta W = (E_1 \sin\theta_1 - E_2 \sin\theta_2)\Delta l [\mathrm{J}] \quad \cdots\cdots (2.74)$$

이고, 단위 정전하가 정전계를 일주시킬 때의 일은 0이므로, $\Delta W=0$이어야 하므로

$$\begin{cases} E_{1t} = E_{2t} \\ E_1 \sin\theta_1 = E_2 \sin\theta_2 \ [\mathrm{V/m}] \end{cases} \quad \cdots\cdots (2.75)$$

이 된다. 즉, 이것은 유전체의 경계면에 있어서 전계의 접선성분은 같고, 연속임을 알 수 있다.

그리고, 경계면에 있어서의 전속밀도는 그림 2.28(b)에 나타낸 바와 같이 전속이 매질 I 에서 매질 II 로 입사할 때, 입사각과 굴절각을 각각 θ_1, θ_2라 하고, 경계면에는 진전하가 존재하지 않는다고 하자.

전속의 상태를 보기 위하여 경계면에 극히 얇은 원통을 가정하여 이 원통을 출입하는 전속을 구하면 된다. 즉, 원통을 극히 얇게 하면, 그의 측면을 출입하는 전속은 없게 되므로, 원통의 상하면을 통과하는 전속만을 고려하면 된다. 상면 ΔS를 수직으로 들어가는 전속은 $D_1 \cos\theta_1 \cdot \Delta S$이며, 한편 ΔS를 수직으로 나가는 전속은 $-D_2 \cos\theta_2 \cdot \Delta S$이고, 경계면에는 전하가 존재하지 않으므로, 이 원통면에 Gauss법칙을 적용하면

$$\iint_S D dS = (D_1 \cos\theta_1 - D_2 \cos\theta_2)\Delta S = 0 \quad \cdots\cdots (2.76)$$

이므로,

$$\begin{cases} D_{1n} = D_{2n} \\ D_1 \cos\theta_1 = D_2 \cos\theta_2 \ [\mathrm{C/m^2}] \end{cases} \quad \cdots\cdots (2.77)$$

로 되고, $D = \varepsilon E$의 관계를 이용하여

$$\varepsilon_1 E_1 \cos\theta_1 = \varepsilon_2 E_2 \cos\theta_2 \ [\mathrm{C/m^2}] \quad \cdots\cdots (2.78)$$

로 된다. 즉, 이것은 경계면에 있어서의 전속밀도의 법선성분은 크기가 같고, 연

속임을 알 수 있다.

식(2.78)에서 $\theta_1=0$라 놓으면, $\theta_2=0$로 되므로

$$\varepsilon_1 E_1 = \varepsilon_2 E_2 \ \ [\mathrm{C/m^2}] \qquad \cdots\cdots (2.79)$$

으로 된다. $\varepsilon_1 \neq \varepsilon_2$일 경우, 전계의 세기는 경계면을 경계로 불연속적으로 변화함을 알 수 있으며, $\varepsilon_2 \to \infty$일 경우, $\theta_1=0$가 되므로, 전계는 경계면에 수직으로 출입한다. 즉, 이 성질은 ε_2의 유전체가 도체인 경우와 동일하기 때문에, 정전계에서는 도체표면에서 전계의 경계조건을 풀이할 경우, 도체를 무한대되는 유전체로 생각하기도 한다.

식(2.75)와 식(2.78)로부터

$$\frac{\tan\theta_1}{\tan\theta_2} = \frac{\varepsilon_1}{\varepsilon_2} \qquad \cdots\cdots (2.80)$$

을 얻을 수 있다. 이것에 의하여 전속의 굴절상태를 알아 보면, $\varepsilon_2 > \varepsilon_1$일 경우, $\varepsilon_2/\varepsilon_1 > 1$이므로 $\theta_2 > \theta_1$로 된다. 이 때 전속은 매질II의 내부에서 법선으로부터 멀리 굴절한다.

그리고, $\varepsilon_2 < \varepsilon_1$일 경우, $\varepsilon_2/\varepsilon_1 < 1$이므로 $\theta_2 < \theta_1$로 된다. 이 때 전속은 매질II의 내부에서 법선으로부터 가깝게 굴절하다. 이 상태를 그림 2.29에 나타낸다.

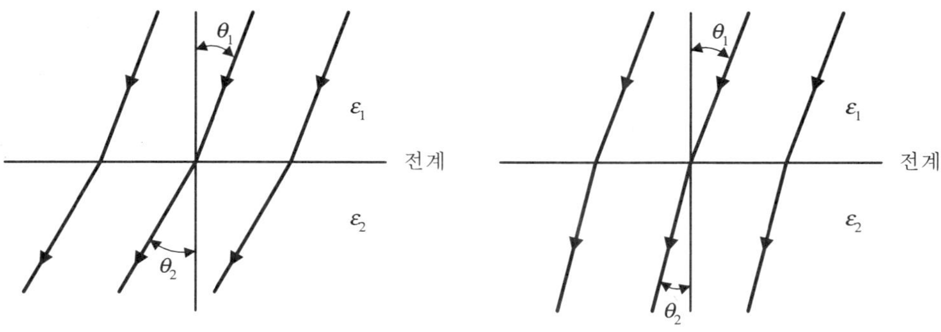

(a) $\varepsilon_2 > \varepsilon_1$일 경우 (b) $\varepsilon_2 < \varepsilon_1$일 경우

그림 2.29 전속의 굴절

예제 2.19

전계 2.5[kV/m]가 폴리에틸렌(ϵ_s=2.6)에서 공기로 입사각 20°로 입사할 때 다음을 구하시오.

(1) 굴절각 (2) 전계 (3) 전속밀도

☞ (1) 식(2.80)에서

$$\tan\theta_2 = \frac{1}{2.6}\tan 20^\circ, \quad \theta_2 = 8^\circ$$

(2) 식(2.75)와 식(2.77)에서

$$E_2 = E_1\frac{\sin\theta_1}{\sin\theta_2} = 2500\times\frac{\sin 20^\circ}{\sin 8^\circ} = 6.15\,[\mathrm{kV/m}]$$

(3) 식(2.73)에서

$$D_1 = \varepsilon_1 E_1 = 8.854\times10^{-12}\times2.6\times2500 = 57.5\,[\mathrm{nC/m^2}]$$

$$D_2 = \varepsilon_2 E_2 = 8.854\times10^{-12}\times6150 = 54.3\,[\mathrm{nC/m^2}]$$

이들의 관계는 그림 2.30과 같다.

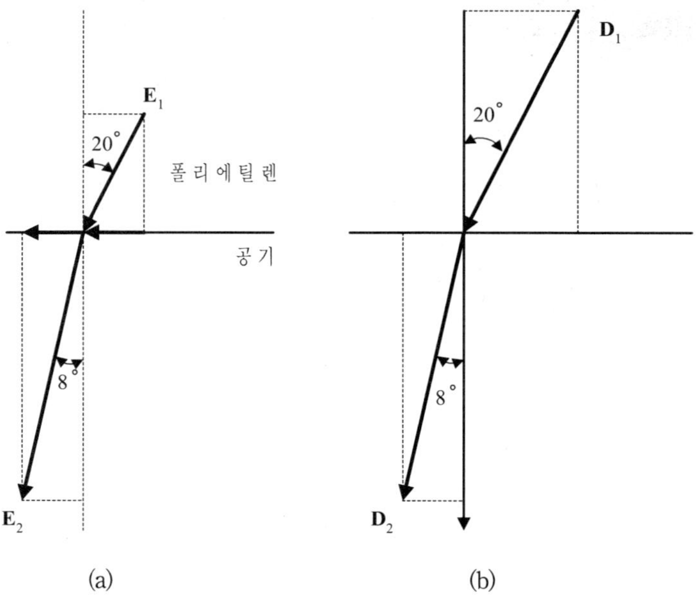

그림 2.30 경계면 양측의 전계 및 전속밀도

2.17 정전에너지

점전하가 분포되어 있는 전계 내 각 점의 전하는 전하들을 무한원에서 각 점까지 운반하기 위한 일이 요구되며, 이 일 즉, 각 점전하가 갖는 전기적 위치에너지가 정전에너지(electrostatic energy)이다. Faraday는 이 정전에너지가 전하분포에 의해 전계 내에 저장된다고 하였다.

그림 2.31과 같은 점 분포에서 전하가 전혀 없을 경우 전계가 없으므로 점전하 Q_1[C]을 운반하는데 일이 필요 없으나, 다음에 전하 Q_2[C]을 운반할 때는 Q_1에 의한 점 2의 전위 V_{21}[V=J/C]에 Q_2[C]을 곱한 $Q_2 V_{21}$[J]의 일이 필요하다. 마찬가지로 Q_3[C]의 점전하를 운반할 경우 $Q_3(V_{31}+V_{32})$[J]의 일이 필요하게 된다. 여기서 전위를 V_{ij}로 표시할 때 i는 전위를 생각하는 점의 위치를, j는 전계의 원천을 표시한다. 즉, V_{21}은 Q_1에 의한 Q_2가 있는 점의 전위이다. 따라서 이 점전하계의 전체 정전에너지는

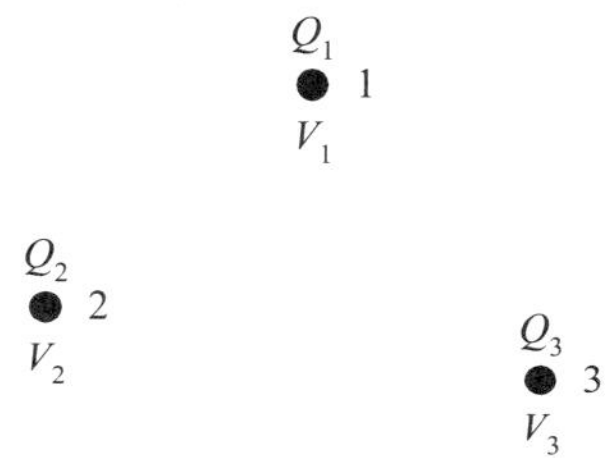

그림 2.31
정전하계의 정전에너지

$$W_A = Q_2 V_{21} + Q_3(V_{31} + V_{32})\,[\mathrm{J}]$$

가 된다. 다음 점전하를 운반해 오는 과정을 2, 1, 3의 순으로 바꾸면

$$W_B = Q_1 V_{12} + Q_3(V_{31} + V_{32})\,[\mathrm{J}]$$

가 되며, 동일한 조건하에서는 $W_A = W_B = W$가 된다. 그런데

$$Q_3 \cdot V_{31} = Q_3 \cdot \frac{Q_1}{4\pi\varepsilon r_{31}} = Q_1 \cdot \frac{Q_3}{4\pi\varepsilon r_{13}} = Q_1 V_{13}$$

등의 관계가 성립하므로, 정전에너지는

$$W = \frac{1}{2}(W_A + W_B) = \frac{1}{2}\{Q_1(V_{12} + V_{13}) + Q_2(V_{21} + V_{23})$$

$$+ Q_3(V_{31} + V_{32})\} = \frac{1}{2}(Q_1 V_1 + Q_2 V_2 + Q_3 V_3)$$

$$= \frac{1}{2} \sum_{i=1}^{3} Q_i V_i [\mathrm{J}] \qquad \cdots\cdots (2.81)$$

이 된다. 여기서 V_1, V_2, V_3[V]는 각 점에 Q_1, Q_2, Q_3[C]의 점전하를 주었을 때 각 점의 전위이다. 이 결과는 대전도체계에 대하여도 구해진다.

연속적인 공간전하분포인 경우 전하밀도 ρ_v[C/m^3]에 의한 전계 내 한 점의 전위를 V[V]라 하면, 그 점의 미소체적 dv[m^3]의 전하 $\rho_v dv$[C]가 갖는 정전에너지는 식(2.81)로부터

$$dW = \frac{1}{2} V\rho_v dv [\mathrm{J}]$$

이 된다. 따라서 공간전하 전체가 갖는 정전에너지는

$$W = \frac{1}{2} \iiint_v V\rho_v dv [\mathrm{J}] \qquad \cdots\cdots (2.82)$$

로 주어진다. 식(2.81)과 식(2.82)의 전하가 갖는 정전에너지를 전하에 의한 전계 내의 에너지로 환산함에 있어서, 전계 내의 전속밀도를 **D**[C/m^2]라 하면, 맥스웰의 제1방정식에서 $\rho_v = \nabla \cdot \mathbf{D}$[C/m^3]가 얻어지므로, 식(2.82)는

$$W = \frac{1}{2} \iiint_v V(\nabla \cdot \mathbf{D}) dv [\mathrm{J}]$$

과 같이 전하 대신 전위와 전속밀도로 변형된다. 한편 벡터공식에서

$$\nabla \cdot (V\mathbf{D}) = V(\nabla \cdot \mathbf{D}) + \mathbf{D} \cdot (\nabla V)$$

의 관계가 있으므로

$$W = \frac{1}{2}\left[\iiint_v \nabla \cdot (V\mathbf{D}) dv - \iiint_v \mathbf{D} \cdot (\nabla V) dv\right] [\mathrm{J}]$$

가 얻어지는데, 우변 제1항에 발산정리를 적용하면

$$\iiint_v \nabla \cdot (V\mathbf{D})\, dv = \iint_S (V\mathbf{D}) \cdot \boldsymbol{n}\, dS$$

가 되며, 여기서 S는 전계가 존재하는 전공간 v의 표면적으로 무한원까지 나가야 한다. 그런데 유한전하분포인 경우

$$V \propto \frac{1}{r}, \quad D \propto \frac{1}{r^2}, \quad S \propto r^2$$

의 관계가 있으므로, S를 무한원까지 취하면, 이 항은 소멸하여 "0"이 된다. 따라서 정전에너지는

$$W = \frac{1}{2}\iiint_v \mathbf{D} \cdot (-\nabla V)\, dv = \frac{1}{2}\iiint_v \mathbf{D} \cdot \mathbf{E}\, dv\,[\mathrm{J}]$$

가 되어, 전하계가 갖는 에너지를 전계 내에 저장되는 정전계 에너지로 생각할 수 있다. 전계가 존재하는 공간(유전율 ε[F/m]의 유전체)에 저장되는 전계에너지 밀도를 구하면

$$w = \frac{1}{2}\mathbf{D} \cdot \mathbf{E} = \frac{1}{2}\varepsilon \mathbf{E}^2 = \frac{1}{2}\frac{\mathbf{D}^2}{\varepsilon}\,[\mathrm{J/m^3}] \qquad \cdots\cdots (2.83)$$

가 된다. 이러한 에너지는 전계에 의하여 유전체가 분극될 때 받는 일이 유전체 내에 저장되는 것으로 생각할 수 있다.

예제 2.20

진공 중에서 x=1, 2, 3, 4[m]인 각 점에 1, 2, 3, 4[nC]의 점전하가 있을 때, 이들에 의한 전계 내에 저장되는 정전에너지를 구하시오.

☞ 각 점의 전위를 구하면

$$V_1 = \frac{1}{4\pi\varepsilon_o}\left(\frac{2}{1} + \frac{3}{2} + \frac{4}{3}\right) \times 10^{-9} = 43.5\,[\mathrm{V}]$$

$$V_2 = \frac{1}{4\pi\varepsilon_o}\left(\frac{1}{1} + \frac{3}{1} + \frac{4}{2}\right) \times 10^{-9} = 54\,[\mathrm{V}]$$

$$V_3 = \frac{1}{4\pi\varepsilon_o}\left(\frac{1}{2} + \frac{2}{1} + \frac{4}{1}\right)\times 10^{-9} = 58.5\,[\mathrm{V}]$$

$$V_4 = \frac{1}{4\pi\varepsilon_o}\left(\frac{1}{3} + \frac{2}{2} + \frac{3}{1}\right)\times 10^{-9} = 39\,[\mathrm{V}]$$

가 되므로 총 정전에너지는 식(2.81)으로부터

$$W = \frac{1}{2}(1\times 43.5 + 2\times 54 + 3\times 58.5 + 4\times 39)\times 10^{-9} = 241.5\,[\mathrm{nJ}]$$

가 된다.

2.18 Maxwell의 응력

전계 내에 존재하는 유전체 경계면에는 분극전하의 차이에 의하여 상호간에 힘이 작용하는데 이를 Maxwell의 응력이라 한다.

2.18.1 전계가 경계면에 수직인 경우

그림 2.32에서와 같이 ε_1, ε_2[F/m]인 유전체의 경계면에 수직으로 전계가 작용할 때, 경계면에서 Δx[m]만큼 오른쪽으로 변위했다고 하면, 사선부분의 에너지 밀도는 처음의 w_2[J/m^3]에서 w_1[J/m^3]로 바뀐다. 따라서 경계면의 단위면적 1[m^2]당 전 에너지 변화량은 $(w_1-w_2)\cdot(w_1-w_2)\cdot\Delta x\cdot 1$[J]이 되므로, 경계면 단위면적당에 작용하는 수직력 f_n은 힘과 일의 관계식으로부터

$$\begin{aligned} f_n &= -\frac{(w_1 - w_2)\Delta x}{\Delta x} \\ &= w_2 - w_1 \\ &= \frac{1}{2}E_2D_2 - \frac{1}{2}E_1D_1\,[\mathrm{N/m^2}] \end{aligned} \quad \cdots\cdots (2.84)$$

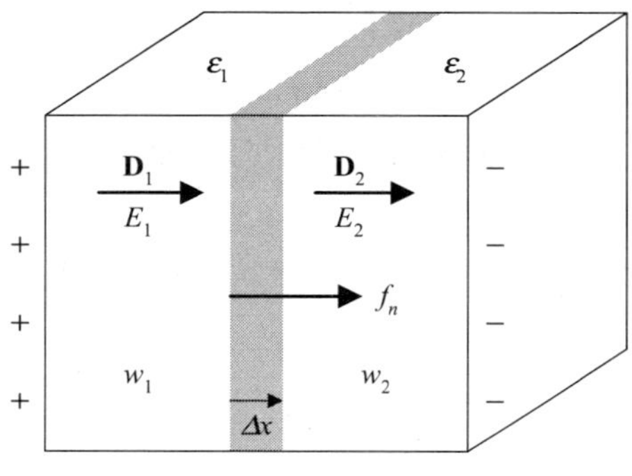

그림 2.32 전계가 경계면에 수직인 경우

가 된다. 그런데 $D_1=D_2$이므로, 이것을 D라 하면

$$f_n = \frac{1}{2}(E_2 - E_1)D$$
$$= \frac{1}{2}\left(\frac{1}{\varepsilon_2} - \frac{1}{\varepsilon_1}\right)D^2\,[\mathrm{N/m^2}] \qquad \cdots\cdots (2.85)$$

이다. 따라서 $\varepsilon_2 < \varepsilon_1$이면 $f_n > 0$가 되므로, 유전율이 큰 유전체가 유전율이 적은 유전체 쪽으로 끌리는 힘을 받는다.

2.18.2 전계가 경계면에 평행인 경우

그림 2.33과 같이 간격 d[m]의 극판 사이에 ε_1, ε_2[F/m]의 두 유전체를 채우고 V[V]의 전압을 가했을 때, 극판 사이의 전계는

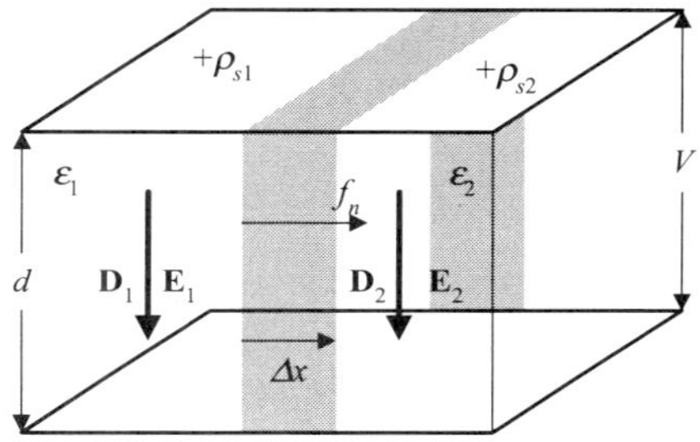

그림 2.33 전계가 경계면에 평행인 경우

$$E_1 = E_2 = \frac{V}{d} = E\,[\mathrm{V/m}]$$

가 되며, 전속밀도는 $D_1 = \varepsilon_1 E_1$, $D_2 = \varepsilon_2 E_2$[C/m^2]가 된다. 지금 지면에 수직된 단위길이(1[m])의 경계면을 $\varDelta x$[m]만큼 변위하였다면

$$\varDelta W = (w_1 - w_2)\cdot d\cdot \varDelta x \cdot 1\,[\mathrm{J}]$$

만큼의 에너지가 변한다. 그런데 경계면의 변위 때 전속밀도 및 극판전하밀도가 $D_2 = \rho_{S2}$[C/m^2]에서 $D_1 = \rho_{S1}$[C/m^2]로 변하므로, 이에 따른 전계 에너지 변화가

$$\varDelta W' = V\cdot \varDelta Q = V\cdot(\rho_{S1} - \rho_{S2})\varDelta x \cdot 1$$
$$= V\cdot(D_1 - D_2)\varDelta x = E(D_1 - D_2)\cdot d\varDelta x\,[\mathrm{J}]$$

만큼 발생하게 된다. 따라서 변위에 따른 위치에너지의 변화는

$$\varDelta W = \varDelta W - \varDelta W' = \{(w_1 - w_2) - E(D_1 - D_2)\}d\cdot \varDelta x\,[\mathrm{J}]$$

가 되며, 경계면의 단위면적에 작용하는 힘은 힘과 일의 관계식으로부터

$$f_n = -\frac{\Delta W}{\Delta x} \cdot \frac{1}{d \cdot 1} = E(D_1 - D_2) - (w_1 - w_2)$$
$$= \frac{1}{2}(E_1 D_1 - E_2 D_2) = \frac{1}{2}(\varepsilon_1 - \varepsilon_2)E^2\,[\mathrm{N/m^2}] \cdots\cdots \ (2.86)$$

가 된다. 이 경우 $\varepsilon_1 > \varepsilon_2$이면 $f_n > 0$가 되어 유전율이 큰 유전체가 작은 유전체로 끌리는 힘을 받는다. 식(2.85)와 식(2.86)의 힘을 그림 2.33에서와 같이 분해하면 그림 2.33(a)의 경우 유전체는 전계방향으로의 인장응력(tensile stress)을, 그림 2.33(b)의 경우는 유전체가 전계에 수직방향으로 압축응력(compressive stress)을 받고 있다고 볼 수 있다.

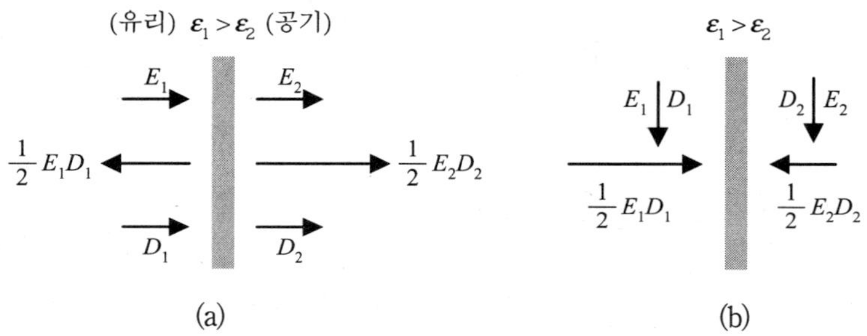

그림 2.33 경계면에 작용하는 힘의 분해

Faraday와 Maxwell은 이러한 응력이 전계를 받는 유전체 내의 모든 점에서 발생한다 하고, 정부전하 사이의 Coulomb의 인력은 유전체의 각 단면을 통하여 전달되는 것으로 설명하였다. 이러한 현상은 잡아당긴 고무줄과 같은 탄성체가 가늘어지면서(압축응력) 동시에 줄어 들어(인장응력) 양단의 물체를 잡아당기는 것과 같다고 볼 수 있다.

예제 2.21

평행판 공기캐패시터 사이에 유리판(ε_s=4)를 끼웠을 때 유리판에 작용하는 힘을 구하시오. (단, 극판 사이의 전위경도는 30[kV/cm]이며, 유리판의 두께는 판간 폭과 같다.)

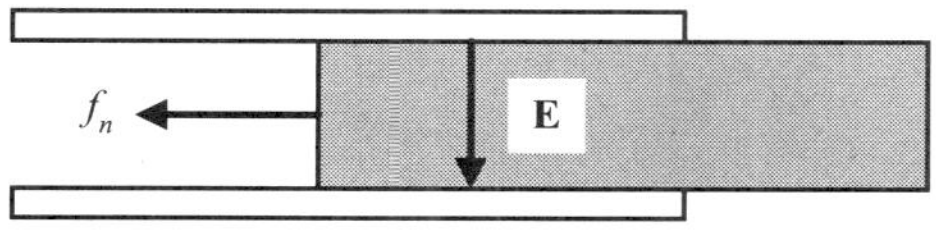

그림 2.34 유리판과 Maxwell 응력

☞ 식(2.86)을 적용하면

$$f_n = \frac{\varepsilon_o}{2}(\varepsilon_s - 1)E^2 = 119.8\,[\mathrm{N/m^2}]$$

의 힘으로 유리판을 공기측으로 잡아당긴다.

또한 도체 주위의 유전체가 공기인 경우 3[kV/mm]에서 스파아크가 발생하여 공기의 절연이 파괴되므로 이 전계를 절연파괴의 세기(dielectric strength)라 하였으며, 이 값은 표 2.2와 같이 유전체의 종류에 따라 결정된다.

표 2.2 절연파괴의 세기

유전체	절연파괴의 세기[kV/mm]	유전체	절연파괴의 세기[kV/mm]
공 기	3	rubber (hard)	21
절연유	15	bakelite	25
절연지	15	glass	30
PVC	20	mica	100

유전성 액체를 그림 2.35와 같이 U형 관에 넣고 한편에 전계 E[V/m]를 가했더니 액면이 h[m] 상승하였다. 여기서 액면의 상승 응력은 식(2.86)으로부터

$$f_e = \frac{1}{2}(\varepsilon_s - 1)\varepsilon_o E^2\,[\mathrm{N/m^2}]$$

이며, 상승액체가 받는 중력은 $f_g = h\rho g$[N/m^2]가 되므로 힘의 평형조건에서 $f_g = f_e$가 되므로 액체의 비유전율을 구하면

$$\varepsilon_S = 1 + \frac{2\rho g h}{\varepsilon_o E^2} \qquad \cdots\cdots (2.87)$$

가 얻어진다. 여기서 ρ[kg/m^3]는 액체의 질량밀도, g=9.8[m/s^2]이다.

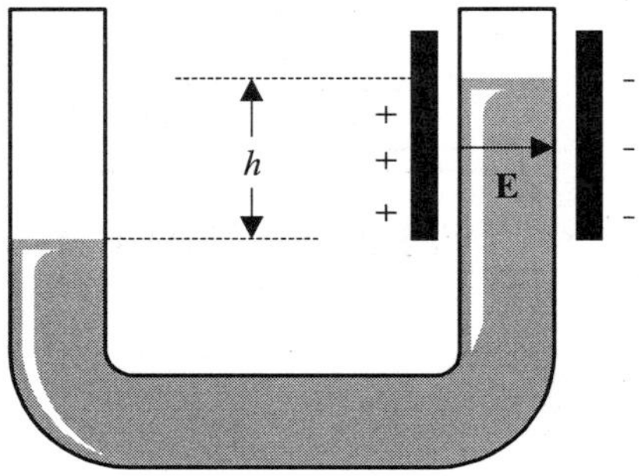

그림 2.35 비유전율 측정

연 습 문 제

2.1 크기가 2×10^{-6}[C]인 두 개의 같은 점전하가 진공 중에 떨어져 4×10^{-3}[N]의 힘이 작용할 때, 이들 사이의 거리는?

2.2 진공 내의 점(3, 0, 0)[m]에 4×10^{-9}[C]의 전하가 있다. 이 때에 점(6, 4, 0)[m]인 전계의 세기[V/m] 및 전계의 방향을 표시하는 단위벡터를 구하시오.

2.3 어떤 점전하에 의하여 생긴 전계의 세기를 $\frac{1}{3}$로 하려면 전하로부터의 거리를 몇 배로 하면 되는가?

2.4 자유공간의 각 점(0, 0), (3, 0), (0, 4)[m]에 각각 5×10^{-8}, 4×10^{-8}, -6×10^{-8}[C]의 점전하가 있다.
(1) 점(3, 4)[m]에서의 전계를 구하시오.
(2) (0, 0)를 중심으로 한 반지름 5[m]의 구면을 통과하는 전기력선 총수를 구하시오.

2.5 공기 중에서 선전하 밀도 $\rho_L=20$[nC/m]가 분포된 무한 직선전하가 Z축에 놓여 있다. 점(3, 4, 0)[m]의 전계 $\mathbf{E}$[V/m]를 구하시오.

2.6 자유공간 내에서 (0, ±1, 0)[m]에 Z축 방향으로 선전하 밀도 ±10[nC/m]의 두 무한 직선 전하가 있다. 점(0, 0, 0)[m]에서 전계 $\mathbf{E}$[V/n]를 구하시오.

2.7 점전하에 의한 전위 함수 $V=\dfrac{10}{x^2+y^2}$[V]로 주어졌을 때 점(2, 1)[m]의 전위경도 [V/m]을 구하시오.

2.8 $E=\dfrac{x}{x^2+y^2}\boldsymbol{i}+\dfrac{y}{x^2+y^2}\boldsymbol{j}$인 전계의 전기력선의 방정식을 구하시오. (단, $\boldsymbol{i}$와 $\boldsymbol{j}$는 x와 y 방향의 단위벡터이고 c는 상수이다.)

2.9 전위가 $V=xy^2z$로 표시될 때 이 원천인 전하밀도 ρ를 구하시오.

2.10 면전하 밀도 $\rho_S=1[\mu C/m^2]$를 갖는 반지름 20[cm]의 원판전하에서 발산되는 전기력선의 총수를 구하시오.

2.11 $Qd=400\pi\varepsilon_0$인 쌍극자가 원점 (0, 0, 0)을 중심으로 x축상에 놓여 있다. 이 쌍극자에 의하여 x축상의 임의의 점 P의 전위가 100[V]였다. 원점에서 점 P까지의 거리 r은 몇 [m]인가?

2.12 2벡터 $1\mathrm{A}=3xi+2yj+5z\boldsymbol{k}$에 대해 $\iint_s 1\mathrm{A}\cdot \boldsymbol{n}ds$를 구하시오.(단, s는 원점을 중심으로 하는 반지름 1인 구의 표면적으로 한다.)

2.13 공기 중에서 점전하 사이에 작용하는 힘이 8[N]이었다. 이 때 두 전하 사이에 파라핀을 채웠더니 작용하는 힘이 2.8[N]이 되었다면 파라핀의 비유전율은?

2.14 분자밀도 $n=2\times10^{20}$[개/m^3]이며 $E=10^6$[V/m]일 때 각 분자가 2×10^{-25}[C·m]의 쌍극자 모멘트를 갖는 물질의 비유전율을 구하시오.

2.15 두께 2[cm]의 평판 애자(비유전율 $\varepsilon_s=6.2$) 양면에 10[kV]를 가했을 경우 애자 내부에 존재하는 기포 내의 전계를 구하시오.

2.16 공기 중에 있는 도체 표면의 전계가 $\mathbf{E}=400(\boldsymbol{i}-\boldsymbol{j}+3\boldsymbol{k})$[V/m]일 때 표면의 전하밀도를 구하시오.

2.17 공기에서 애자($\varepsilon_s=6$)로 법선과 45°의 각도를 갖는 전기력선이 입사하고 있다. 공기 중에서의 전계가 3×10^5[V/m]라 할 때 다음을 구하시오.

(1) 애자에서의 굴절각 (2) 애자 내의 전계와 전속 밀도

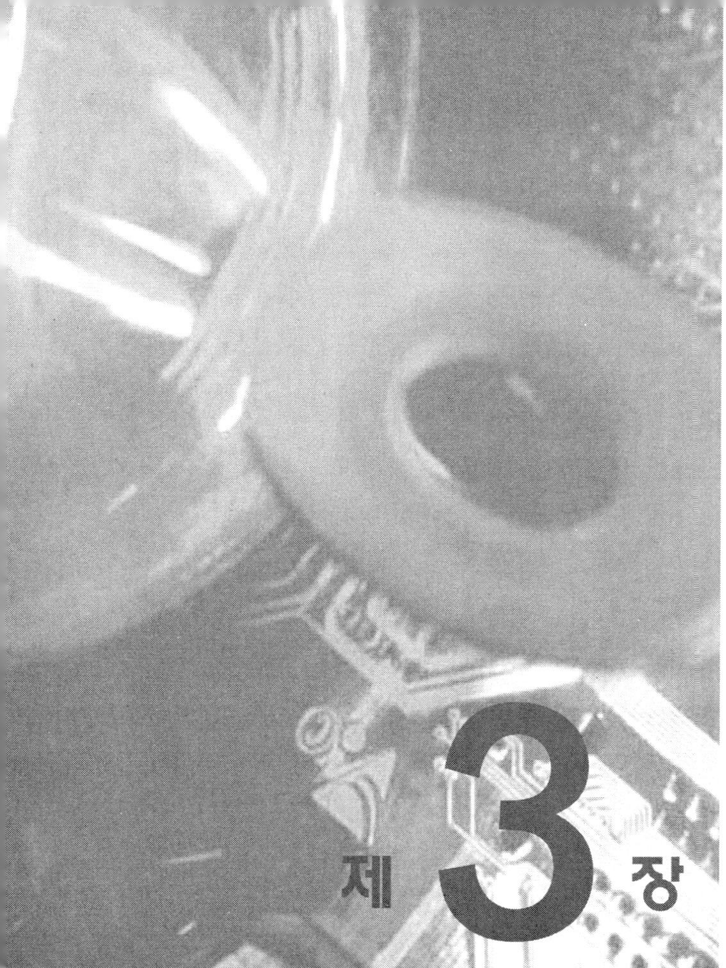

제 3 장 도체계와 정전용량

3.1 정전용량

많은 도체가 가까이 있어 도체계를 구성할 경우 각 도체에 주어진 각 전하에 의한 전계는 상호간에 영향을 주므로 각 도체를 개별적으로 취급한다는 것은 무의미하며, 각 도체의 전하와 전위는 도체계 전체를 동시에 고려하여야 한다.

도체에 전하가 축적될 수 있는 능력을 그 도체의 **정전용량**(electro static capacitance)이라 하며, 전하를 저장하는 장치를 **축전기**(condenser or capacitor)라 한다.

반경 a[m]의 도체구에 전하 Q[C]을 주면 도체구의 표면전위가 $V=Q/4\pi\varepsilon_0 a$ 라고 하는 것은 이미 앞에서 논하였다. 따라서 이 식으로부터 알 수 있는 바와 같이 도체의 전위 V와 전하 Q 사이에는

$$Q \propto V$$

의 관계가 성립한다. 여기서 비례상수를 C라고 하면

$$Q = CV[\mathrm{C}]$$

이 되며, C에 대해서 풀면

$$C = \frac{Q}{V} \qquad \cdots\cdots (3.1)$$

를 얻는다. 즉, 도체에 전하 Q[C]을 주었을 때 전위가 V[V]만큼 상승하였음을 알 수 있다.

정전용량의 단위는 전위를 1[V] 상승시키는 데 1[C]의 전하를 필요로 하는 용량을 단위로 하여 1[F](farad)로 정하고, 보조단위로 $1[\mu\mathrm{F}]=10^{-6}[\mathrm{F}]$, $1[\mathrm{pF}]=10^{-12}[\mathrm{F}]$ 등이 흔히 사용된다.

3.2 콘덴서의 연결

3.2.1 콘덴서의 종류

콘덴서의 용량을 크게 하기 위하여 전극 사이에 공기, 기름, 기타의 액체 또는 운모, 유리, 자기 등의 고체 절연체를 삽입하는데, 그 종류에 따라 공기콘덴서(air condenser), 기름 콘덴서(oil condenser), 운모 콘덴서(mica condenser), 종이 콘덴서(paper condenser) 등으로 구별된다.

대부분의 콘덴서는 그 용량이 고정되어 있으나 라디오용 바리콘(varicon)과 같이 평행판의 상대면적을 변화시켜 용량을 가변시키는 가변콘덴서(variable condencer)도 있다.

두 극판 사이의 절연물은 극판의 절연내력을 크게 하고, 동시에 용량도 크게 하는 역할을 한다. 그리고 콘덴서의 기호는 그림 3.1과 같이 표시한다.

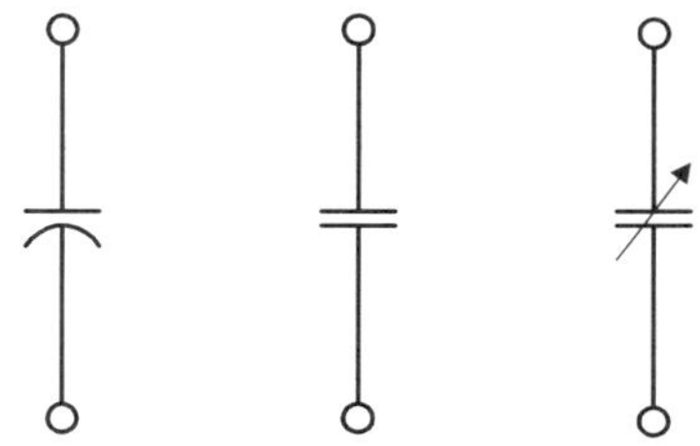

그림 3.1 콘덴서의 기초

3.2.2 콘덴서의 연결

몇 개의 콘덴서를 적당히 연결하면 전체가 하나의 콘덴서의 역할을 하게 된다. 이것을 합성정전용량 또는 합성용량이라 한다.

(1) 병렬 연결

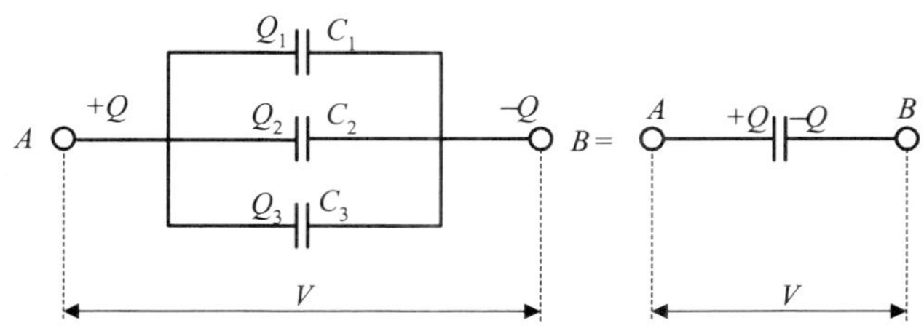

그림 3.2 콘덴서의 병렬연결

그림 4.2와 같은 연결방법을 병렬연결(parallel connection)이라 한다. 두 단자 A, B 사이에 V의 전위차를 가하면 각 콘덴서 C_1, C_2, C_3에 축적되는 전하는 각각

$$Q_1 = C_1 V, \qquad Q_2 = C_2 V, \qquad Q_3 = C_3 V$$

가 되며, 전 전하는

$$Q = Q_1 + Q_2 + Q_3$$

가 된다. 한편, 합성용량을 C_P라 하면, 같은 전위차 V에 대하여 동일한 전하 Q가 축적될 것이므로

$$\begin{aligned} C_P &= \frac{Q}{V} = \frac{Q_1 + Q_2 + Q_3}{V} = \frac{(C_1 + C_2 + C_3)V}{V} [\mathrm{F}] \\ &= C_1 + C_2 + C_3 [\mathrm{F}] \end{aligned} \qquad \cdots\cdots (3.2)$$

가 된다. 따라서 병렬연결시 합성용량은 개개의 용량보다 커진다. 그리고 각 콘덴서에 축적된 전하는

$$\begin{cases} Q_1 = \dfrac{C_1}{C_1 + C_2 + C_3} Q [\mathrm{C}] \\ Q_2 = \dfrac{C_2}{C_1 + C_2 + C_3} Q [\mathrm{C}] \\ Q_3 = \dfrac{C_3}{C_1 + C_2 + C_3} Q [\mathrm{C}] \end{cases} \qquad \cdots\cdots (3.3)$$

가 되므로 전하는 콘덴서의 용량에 비례하여 분배된다.

예제 3.1

4[μF]의 콘덴서를 80[V], 2[μF]의 콘덴서를 50[V]로 충전하고 이들을 병렬로 연결하였을 때의 전위차를 구하시오.

☞ 식(3.2)에 의하여 $Q_1 = C_1 V_1$이고, $Q_2 = C_2 V_2$이므로 전체 전하량은

$$Q = Q_1 + Q_2 = C_1 V_1 + C_2 V_2$$

이다. 따라서

$$V = \frac{Q}{C} = \frac{Q_1 + Q_2}{C_1 + C_2} = \frac{C_1 V_1 + C_2 V_2}{C_1 + C_2}$$

$$= \frac{4\times 10^{-6}\times 80 + 2\times 10^{-6}\times 50}{4\times 10^{-6} + 2\times 10^{-6}} = 70\,[\mathrm{V}]$$

(2) 직렬연결

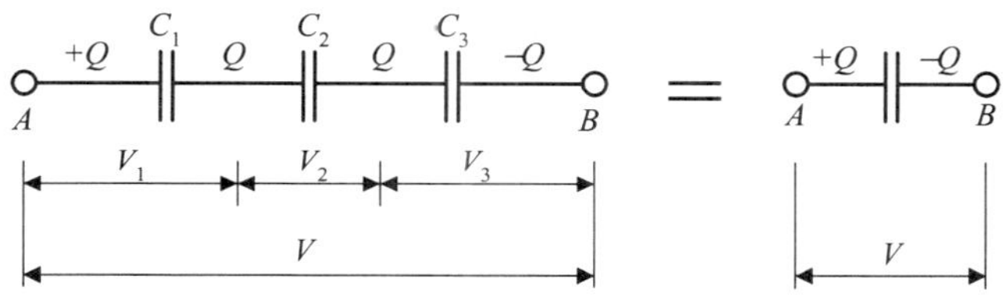

그림 3.3 콘덴서의 직렬연결

그림 3.3과 같은 연결방법을 **직렬연결**(series connection)이라 한다. A, B 두 단자간에 전위차 V를 가하면 각 콘덴서의 두 극판에는 정전유도에 의하여 $+Q$, $-Q$의 전하가 축적된다. 따라서 각 콘덴서의 전위차를 V_1, V_2, V_3라 하면

$$V_1 = \frac{Q}{C_1}, \quad V_2 = \frac{Q}{C_2}, \quad V_3 = \frac{Q}{C_3}$$

$$V = V_1 + V_2 + V_3 = \left(\frac{1}{C_1} + \frac{1}{C_2} + \frac{1}{C_3}\right)Q$$

가 되며, 또 합성용량을 C_s라 하면

$$C_s = \frac{Q}{V}$$

의 관계로부터, 합성용량과 각 성분용량 사이에는

$$\frac{1}{C_s} = \frac{1}{C_1} + \frac{1}{C_2} + \frac{1}{C_3}\left[\frac{1}{\mathrm{F}}\right]$$

$$C_s = \frac{C_1 C_2 C_3}{C_1C_2 + C_2C_3 + C_3C_1}\ [\mathrm{F}] \qquad \cdots\cdots (3.4)$$

의 관계가 성립한다. 즉, 직렬연결시 합성용량은 개개의 용량보다 적어진다. 그리고 각 콘덴서의 양극에 걸린 전위차는

$$V_1 = \frac{C_s}{C_1}V,\quad V_2 = \frac{C_s}{C_2}V,\quad V_3 = \frac{C_s}{C_3}V \qquad \cdots\cdots (3.5)$$

로 각 용량에 반비례함을 알 수 있다. 따라서 콘덴서를 적당히 연결함으로써 임의의 전위차를 얻을 수 있다.

예제 3.2

그림 3.4와 같이 두 콘덴서 C_1, C_2를 직렬로 연결하고 그 양단에 전압을 가한 경우 C_2에 분배된 전압을 구하시오.

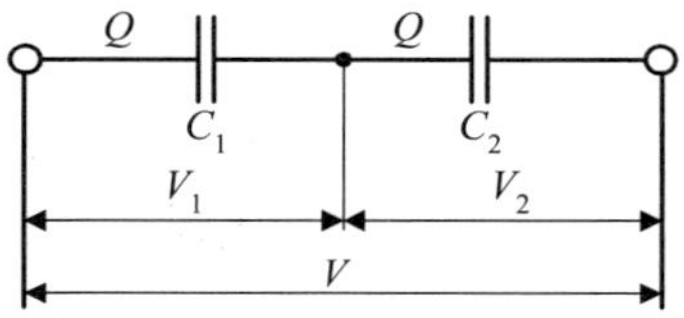

그림 3.4

☞ C_1, C_2에 분배되는 전압을 V_1, V_2라 하고, 직렬연결시 각 콘덴서의 전하는 같으므로

$$Q = C_1V_1 = C_2V_2, \qquad Q = C_oV$$

C_o는 합성용량이므로 $C_o = \dfrac{C_1C_2}{C_1 + C_2}$ 이다. 따라서

$$C_oV = C_2V_2,\quad V_2 = \frac{C_o}{C_2}V = \frac{C_1}{C_1 + C_2}V[\mathrm{V}]$$

이다.

예제 3.3

그림 3.5와 같은 회로에서 C_1=0.3[μF], C_2 =0.5[μF]로 하고, 단자 a, b간에 V=1000 [V]의 전압을 인가할 때 C_2의 단자전압을 980 [V]로 하기 위한 C_3의 정전용량 [μF]를 구하시오.

☞ C_2에 축적되는 전하량

$$Q_2 = C_2 V_{cb} = 0.5 \times 10^{-6} \times 980$$
$$\therefore \quad Q_2 = 490\,[\mu C]$$

C_1에 축적되는 전하량

$$Q_1 = C_1 V_{ac} = 0.3 \times 10^{-6} \times (1000 - 980) = 0.3 \times 10^{-6} \times 20 = 6\,[\mu C]$$

C_3에 축적되는 전하량

$$Q_3 = Q_2 - Q_1 = 490 - 6 = 484\,[\mu C]$$
$$C_3 = \frac{Q_3}{V_{ac}} = \frac{480 \times 10^{-6}}{20} = 24.2\,[\mu F]$$

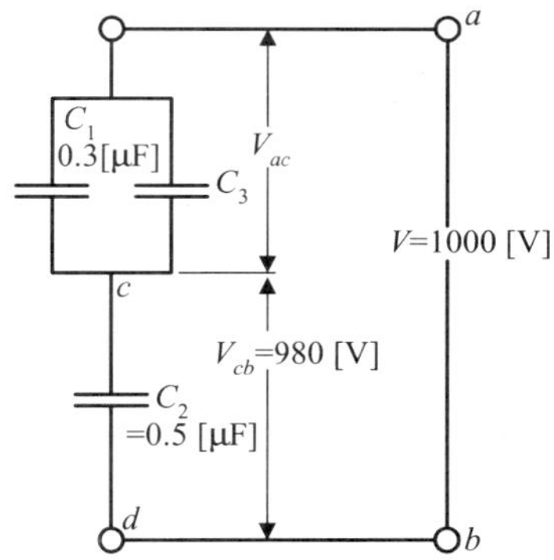

그림 3.5
콘덴서의 직병렬 연결

3.3 진공상태의 정전용량 계산 예

3.3.1 한 개의 구도체의 정전용량

그림 3.6과 같이 진공 중에 고립되어 존재하고 있는 구도체가 대전되어 있을 때 이 전하는 앞 장에서 설명한 바와 같이 모두 표면에만 분포한다. 이 구도체의 반지름을 a[m], 전전하량을 Q[C]라 하면, 식(2.41)로부터 표면 전위 V는 다음과 같다.

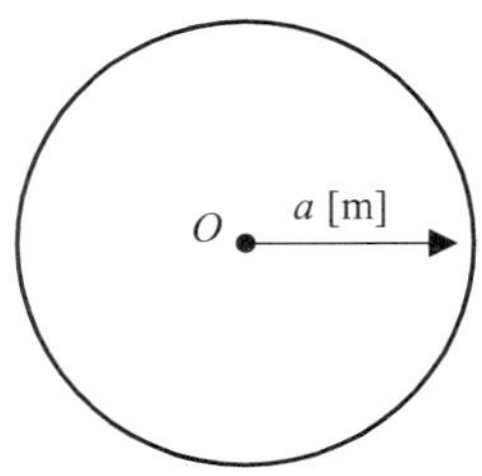

그림 3.6 구도체

$$V = \frac{Q}{4\pi\varepsilon_o a}\,[V] \quad \cdots\cdots (3.6)$$

따라서 이 구도체의 정전용량은 식(3.1)의 정의에서 다음과 같다.

$$C = \frac{Q}{V} = 4\pi\varepsilon_o a\,[F] \quad \cdots\cdots (3.7)$$

결국은 고립된 구도체의 무한원점에 대한 정전용량은 식(3.7)로 주어지고, 그 값은 구의 반지름에 비례함을 알 수 있다.

예제 3.4

지구의 반지름을 6,370[km]라 하고 지구를 도체로 보았을 때의 정전용량을 구하시오.

☞ 식(3.7)에서

$$C = 4\pi\varepsilon_o a = \frac{6.37\times10^6}{9\times10^9} \fallingdotseq 708\,[\mu\text{F}]$$

이므로, 1[F]의 정전용량을 가진 콘덴서의 크기가 얼마나 큰 가를 알 수 있다.

3.3.2 동심구 사이의 정전용량

그림 3.7과 같이 내구와 외구의 중심이 같은 것을 동심구(concentric sphere)라 하고, 내구의 반지름을 a[m], 외구의 반지름(내경반지름)을 b[m]라 할 때, 내구에 Q[C], 외구에 $-Q$[C]의 전하를 주면, 내구와 외구 사이에서 전기력선은 대칭성으로 내구의 표면에서 방사상으로 나와서 외구의 안쪽에서 끝난다.

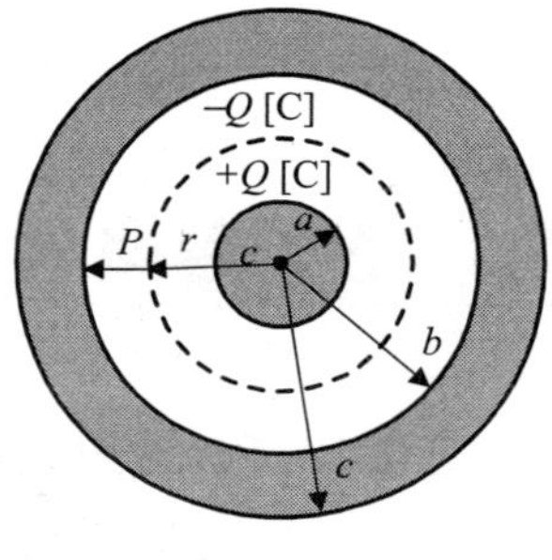

그림 3.7 동심구

내구의 중심점 O에서 반지름 r[m]$(a<r<b)$인 점의 전계의 세기를 E_r이라 하고, 반지름 r점의 구면을 폐곡면 S로 보아서 가우스의 법칙을 적용하면,

$$E_r = \frac{Q}{4\pi\varepsilon_o r^2}\,[\text{V/m}] \qquad \cdots\cdots (3.8)$$

따라서, 내구와 외구 사이에 전위차 V_{AB}는 식(2.52)에 의하여 다음과 같이 된다.

$$V_{ab} = -\int_b^a E_r \cdot d\boldsymbol{r} = -\int_b^a \frac{Q}{4\pi\varepsilon_o r^2}\,dr = \frac{Q}{4\pi\varepsilon_o}\left(\frac{1}{a}-\frac{1}{b}\right) \qquad \cdots\cdots (3.9)$$

그러므로, 동심구 내, 외 사이에 정전용량 C는 다음과 같이 쓸 수 있다.

$$C = \frac{Q}{V_{ab}} = \frac{4\pi\varepsilon_o}{\frac{1}{a} - \frac{1}{b}} \text{ [F]} \qquad \cdots\cdots (3.10)$$

즉, 정전용량은 내구의 반지름 a와 외구의 안반지름 b로 결정되고, 외구의 바깥 반지름에는 관계없다.

예제 3.5

그림 3.7에서 내구의 반지름 a=10[cm], 외구의 안반지름 b=20[cm]인 동심구 콘덴서의 정전용량을 구하시오.

☞ 식(3.10)에서

$$C = \frac{4\pi\varepsilon_o}{\frac{1}{a} - \frac{1}{b}} = \frac{1}{9\times10^9\left(\frac{1}{0.1} - \frac{1}{0.2}\right)} = \frac{20}{9}\times10^{-11} = 22 \text{ [pF]}$$

3.3.3 동심원통 사이의 정전용량

그림 3.8과 같이 내원통의 반지름 a, 외원통의 안반지름 b인 무한히 긴 동축 원통도체의 단위길이당 정전용량을 구허보도록 하자.

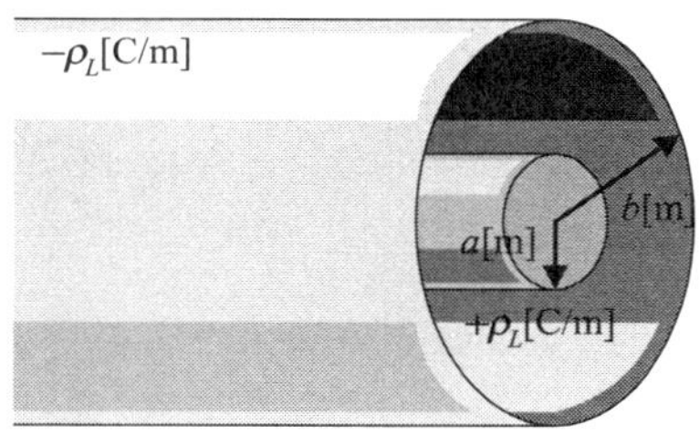

그림 3.8 동축 원통도체

내원통 및 외원통에 각각 $+\rho_L$[C/m], $-\rho_L$[C/m]의 전하가 분포한다고 하고, 중심에서 거리 $r(a \le r \le b)$만큼 떨어진 점의 전계의 세기는

$$E = \frac{\rho_L}{2\pi\varepsilon_o r} \text{ [V/m]} \qquad \cdots\cdots (3.11)$$

이므로, 두 도체간의 전위차는

$$V_{ab} = -\int_b^a E dr = -\frac{\rho_L}{2\pi\varepsilon_o}\int_b^a \frac{1}{r}dr$$

$$= -\frac{\rho_L}{2\pi\varepsilon_o}\Big[\ln r\Big]_b^a = \frac{\rho_L}{2\pi\varepsilon_o}\ln\frac{b}{a}\,[\mathrm{V}] \qquad \cdots\cdots (3.12)$$

로 된다. 따라서, 단위길이당 정전용량은

$$C_o = \frac{\rho_L}{V_{ab}} = \frac{2\pi\varepsilon_o}{\ln\frac{b}{a}}\,[\mathrm{F/m}] \qquad \cdots\cdots (3.13)$$

로 된다. 여기서 만일 임의 길이 l[m]일 때 정전용량은

$$C_l = C_o \cdot l = \frac{2\pi\varepsilon_o}{\ln\frac{b}{a}} \cdot l\,[\mathrm{F}] \qquad \cdots\cdots (3.14)$$

로 된다.

이 결과는 동축케이블에서 그 실례를 볼 수 있다. 동축케이블의 내외 원통의 도체를 나누고 있는 것은 진공이 아니고 유전체이다. 그 유전율을 ε이라 하면, 동축케이블의 정전용량은

$$C = \frac{2\pi\varepsilon l}{\ln\frac{b}{a}}\,[\mathrm{F}]$$

로 된다.

예제 3.6

그림 3.8에서 내원통의 반지름 10[cm], 외원통의 반지름 20[cm]인 동축 원통 도체의 단위길이당 정전용량을 구하시오.

☞ 식(3.13)에서

$$C_0 = \frac{2\pi\varepsilon_o}{\ln\frac{b}{a}} = 80.26\,[\mathrm{pF/m}]$$

3.3.4 평행한 도체 사이의 정전용량

그림 3.9에서와 같이 반지름 a[m], 중심간격 d[m]인 평행 원통도체가 있다. $d \gg a$라 할 때의 단위길이당의 정전용량을 구하여 보자.

도체 A에 $+\rho_L$[C/m], 도체 B에 $-\rho_L$[C/m]의 전하를 주면 양 도체의 중심을 연결하는 선상의 점 P의 전계는 각각 다음과 같이 된다.

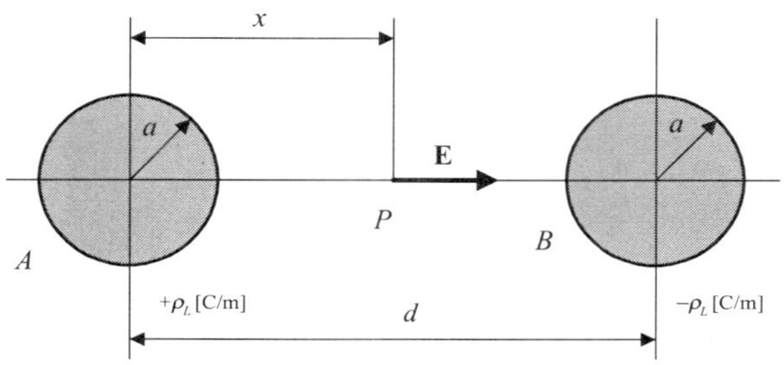

그림 3.9 평행 원통도체

$$E_A = \frac{\rho_L}{2\pi\varepsilon_o x}\ [\mathrm{V/m}]$$
$$E_B = \frac{\rho_L}{2\pi\varepsilon_o (d-x)}\ [\mathrm{V/m}] \qquad \cdots\cdots (3.15)$$

로 되므로, 전계는 A에서 B도체의 방향으로 향하므로 합성전계 E는

$$E = E_A + E_B = \frac{\rho_L}{2\pi\varepsilon_o}\left(\frac{1}{x} + \frac{1}{d-x}\right)[\mathrm{V/m}] \qquad \cdots\cdots (3.16)$$

이고, 도체 A, B간의 전위차 V_{AB}는

$$\begin{aligned} V_{AB} &= -\int_{d-a}^{a} E dx = -\frac{\rho_L}{2\pi\varepsilon_o}\int_{d-a}^{a}\left(\frac{1}{x} + \frac{1}{d-x}\right)dx \\ &= \frac{\rho_L}{2\pi\varepsilon_o}\left\{\Big[\ln x\Big]_a^{d-a} - \Big[\ln(d-x)\Big]_a^{d-a}\right\} \\ &= \frac{\rho_L}{\pi\varepsilon_o}\ln\frac{d-a}{a}\ [\mathrm{V}] \end{aligned} \qquad \cdots\cdots (3.17)$$

이다. 따라서 단위길이당 정전용량은

$$C_o = \frac{\rho_L}{V_{AB}} = \frac{\pi \varepsilon_o}{\ln \frac{d-a}{a}} \,[\mathrm{F/m}] \qquad \cdots\cdots (3.18)$$

이다. 특히 $d \gg a$일 때는 $\ln \frac{d-a}{a} \fallingdotseq \ln \frac{d}{a}$로 놓을 수 있으므로

$$C_o = \frac{\pi \varepsilon_o}{\ln \frac{d}{a}} \,[\mathrm{F/m}] \qquad \cdots\cdots (3.19)$$

로 된다. 여기서 임의 길이 l[m]일 때 정전용량은

$$C_l = C_o \cdot l = \frac{\pi \varepsilon_o}{\ln \frac{d}{a}} \cdot l \,[\mathrm{F}] \qquad \cdots\cdots (3.20)$$

로 된다.

예제 3.7

반지름 1.5[mm]의 두 전선이 0.5[m]의 간격으로 가설되어 있다. 1[km]당의 정전용량을 구하시오.

☞ 식(319)와 식(3.20)에서

$$C = \frac{\pi \varepsilon_o}{\ln \frac{d}{a}} l = 4.75 \times 10^{-9} = 4.75\,[\mathrm{pF/km}]$$

3.3.5 평행한 평판 사이의 정전용량

간격 d[m]의 무한히 넓은 평행판의 단위면적당 정전용량을 구하기로 한다. 두 판에 각각 단위면적당 $\pm \rho_s$[C/m^2]의 전하를 주면 이 때 전하는 판의 내부면에만 집중하고, 판의 외면에는 존재하지 않으므로, 판간의 전

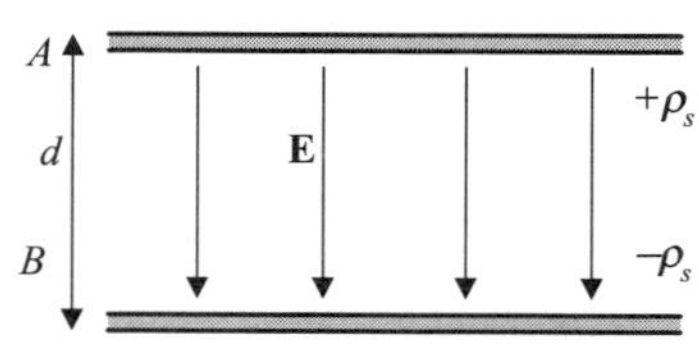

그림 3.10
무한히 넓은 평행평판도체

계는 가우스의 법칙에 의하여

$$E = \frac{\rho_s}{\varepsilon_o}\,[\mathrm{V/m}] \qquad \cdots\cdots (3.21)$$

이 되므로 판간의 전위차는

$$V = -\int_d^o \mathbf{E}\cdot dl = -\int_d^o \frac{\rho_s}{\varepsilon_o}\,dl = \frac{\rho_s d}{\varepsilon_o} = Ed\,[\mathrm{V}] \qquad \cdots\cdots (3.22)$$

가 된다. 따라서 단위면적당 정전용량은

$$C_o = \frac{\rho_s}{V} = \frac{\varepsilon_o}{d}\,[\mathrm{F/m^2}] \qquad \cdots\cdots (3.23)$$

이고, 여기서 판의 면적을 $S[\mathrm{m}^2]$라 하면

$$C = C_o\cdot S = \frac{\varepsilon_o S}{d}\,[\mathrm{F}] \qquad \cdots\cdots (3.24)$$

가 된다.

예제 3.8

1변이 50[cm]인 정사각형 전극을 가진 평행판 콘덴서가 있다. 이 극판 간격을 5[mm]로 할 때, 정전용량을 구하시오.

☞ 식(3.8)에서

$$C = \frac{\varepsilon_o S}{d} = \frac{8.855\times10^{-12}\times(5\times10^{-1})^2}{5\times10^{-3}} = 443\,[\mathrm{pF}]$$

3.4 유전체가 있는 정전용량 계산 예

3.4.1 평행판 전극 사이에 두 종류 유전체가 평행하게 있을 경우

그림 3.11과 같이 유전체 사이의 경계면이 면적 S[m2]인 평행판 전극과 평행하게 되도록 두 종류의 유전체 $\varepsilon 1$, $\varepsilon 2$를 각각 $d1$, $d2$의 두께로 채우고, 전극간에 V[V]의 전위차를 가할 때, 유전체와 극판 길이가 다르고 평행판 면적이 일정한 $C_1 = \varepsilon_1 S/d_1$, $C_2 = \varepsilon_2 S/d_2$를 직렬연결한 것과 같이 등가 합성용량을 구할 수 있다.

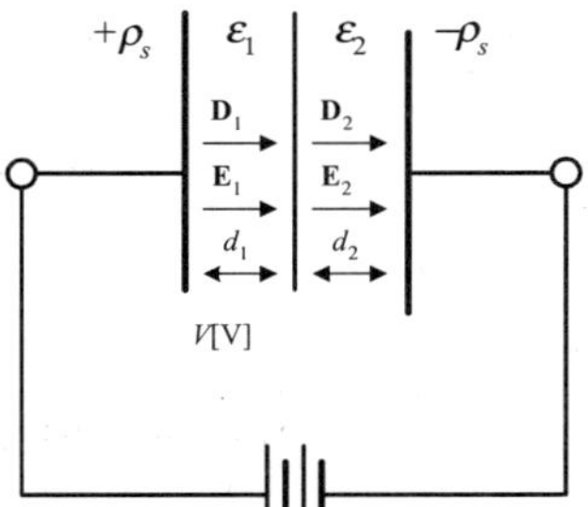

그림 3.11

$\dfrac{1}{C_0} = \dfrac{1}{C_1} + \dfrac{1}{C_2}$ 에서 합성용량은

$$C_o = \frac{S}{\dfrac{d_1}{\varepsilon_1} + \dfrac{d_2}{\varepsilon_2}} \text{ [F]} \qquad \cdots\cdots (3.25)$$

로 된다.

예제 3.9

전극판간의 간격이 1[cm]이고, 극판의 면적이 충분히 큰 평행한 공기 콘덴서가 있다. 극판간 공극에 그 면적이 극판의 면적과 같고 두께가 4[mm]인 에보나이트판을 넣은 후 극판의 간격을 1.2[cm]로 증가시켜도 정전용량에는 변동이 없었다. 에보나이트판의 비유전율 ε_s를 구하시오.

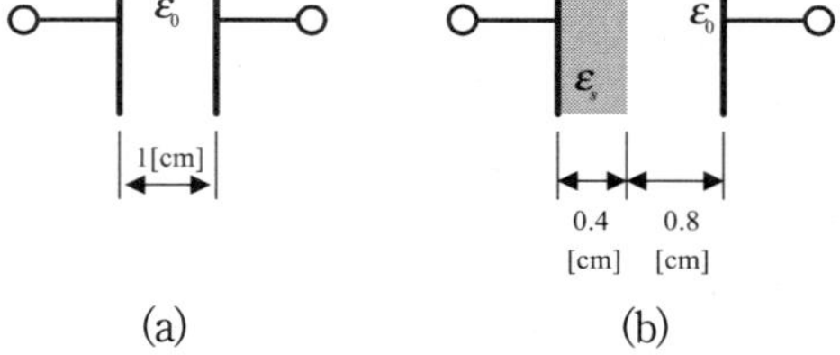

그림 3.12

☞ $$C = \frac{C_s C_o'}{C_s + C_o'} = \frac{\dfrac{\varepsilon_o \varepsilon_s S}{0.4d} \times \dfrac{\varepsilon_o S}{0.8d}}{\dfrac{\varepsilon_o \varepsilon_s S}{0.4d} + \dfrac{\varepsilon_o S}{0.8d}}$$

$$= \frac{\varepsilon_o S}{d} \times \frac{\varepsilon_s}{0.8\varepsilon_s + 0.4} = \frac{\varepsilon_s C_o}{0.8\varepsilon_s + 0.4} = C_o$$

$$\frac{\varepsilon_s}{0.8\varepsilon_s + 0.4} = 1, \quad 0.2\varepsilon_s = 0.4 \quad \therefore \ \varepsilon_s = 2$$

3.4.2 평행판 전극 사이와 3개의 유전체를 수직으로 놓은 경우

그림 3.13과 같이 ε_1, ε_2, ε_3의 3유전체를 전극과 수직으로 삽입하고, 양극판에 $\pm Q$[C]의 전하를 주면, 전위차 V[V]는 각 유전체에 동일하게 걸리므로 전계 E가 같아진다.

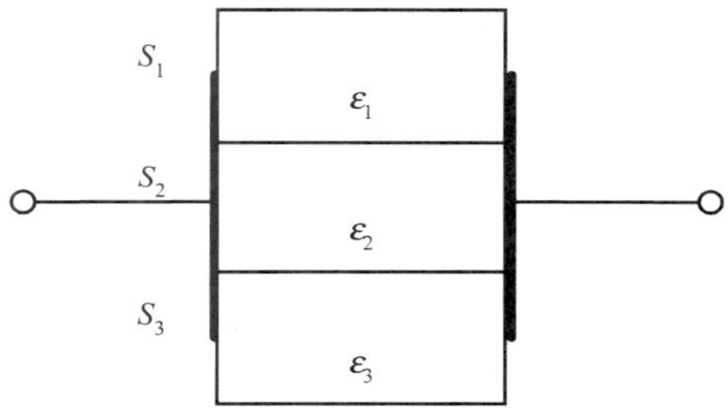

그림 3.13 평행판간의 유전체

S_1, S_2 및 S_3의 3평판 콘덴서의

$C_1 = \dfrac{\varepsilon_1 S_1}{d}$, $C_2 = \dfrac{\varepsilon_2 S_2}{d}$ 및

$C_3 = \dfrac{\varepsilon_3 S_3}{d}$를 병렬연결한 것 같이 등가 합성용량을 구할 수 있다.

$C_0 = C_1 + C_2 + C_3$에서 합성용량은

$$C_0 = \frac{1}{d}(\varepsilon_1 S_1 + \varepsilon_2 S_2 + \varepsilon_3 S_3) \text{ [F]} \qquad \cdots\cdots (3.26)$$

예제 3.10

정전용량이 C_o[μF]인 평행판 공기콘덴서가 있다. 지금 그림 3.14에서와 같이 판면적의 2/3에 해당하는 부분의 공기 간격을 비유전율 ε_s인 에보나이트판으로 채웠을 때 이 콘덴서의 정전용량 [μF]을 구하시오.

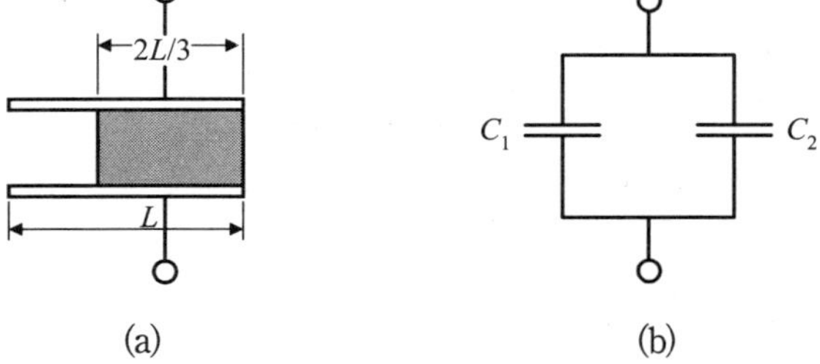

그림 3.14

☞ 에보나이트판으로 채워지지 않은 부분의 정전용량 $C_1 = \frac{1}{3} C_o$, 에보나이트판으로 채워진 부분의 정전용량 $C_2 = \frac{2}{3} \varepsilon_s C_o$, C_1과 C_2는 병렬접속이므로

$$\therefore \quad C = C_1 + C_2 = \frac{1}{3} C_o + \frac{2}{3} \varepsilon_s C_o = \frac{(1+2\varepsilon_s)}{3} C_o\,[\mu\text{F}]$$

3.4.3 동심원통간을 2종의 동심원통 유전체로 채웠을 경우

그림 3.15와 같이 매우 긴 원통간에 ε_1, ε_2의 유전체가 동심원통형으로 채워져 있을 경우, 전속선은 방사상으로 나간다. 유전체 ε_1과 ε_2에서의 전계의 세기를 각각 $\mathbf{E}_1$, $\mathbf{E}_2$라고 하면,(단, 원통의 단위길이당 전하밀도는 $\rho_L\,[\text{C/m}]$이다.)

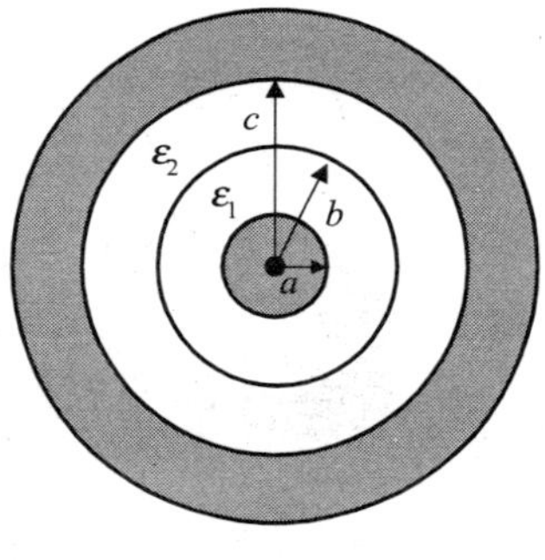

그림 3.15 동심원통간의 유전체

$$\begin{cases} E_1 = \dfrac{\rho_L}{2\pi\varepsilon_1 r}\,[\text{V/m}], & (a < r < b) \\ E_2 = \dfrac{\rho_L}{2\pi\varepsilon_2 r}\,[\text{V/m}], & (b < r < c) \end{cases} \quad \cdots\cdots (3.27)$$

가 되며, 원통간의 전위차 V는

$$V = -\int_b^a E_1\,dr - \int_c^b E_2\,dr = \frac{\rho_L}{2\pi}\left\{\frac{1}{\varepsilon_1}\ln\frac{b}{a} + \frac{1}{\varepsilon_2}\ln\frac{c}{b}\right\}[\text{V}] \quad \cdots\cdots (3.28)$$

가 되므로, 동심원통형 콘덴서의 단위길이당의 정전용량은

$$C_o = \frac{\rho_L}{V} = \frac{2\pi}{\dfrac{1}{\varepsilon_1}\ln\dfrac{b}{a} + \dfrac{1}{\varepsilon_2}\ln\dfrac{c}{b}}\ [\mathrm{F/m}] \quad \cdots\cdots (3.29)$$

가 된다. 즉, 이 값은 ε_1, ε_2의 두 유전체를 갖는 두 원통콘덴서를 직렬연결하였을 때와 등가이다.

다음 각 유전체층에서의 전계는 식(3.27)과 식(3.29)으로부터

$$\begin{cases} E_1 = \dfrac{C_o V}{2\pi\varepsilon_1 r}\ [\mathrm{V/m}], & (a < r < b) \\ E_2 = \dfrac{C_o V}{2\pi\varepsilon_2 r}\ [\mathrm{V/m}], & (b < r < c) \end{cases} \quad \cdots\cdots (3.30)$$

로 주어지며, $\varepsilon_1 > \varepsilon_2$인 경우는 전계분포를 그림 3.16에 나타내었다. 점선은 $\varepsilon_1 = \varepsilon_2$인 경우로서, 내부 원통의 전계가 가장크므로 전압을 가하면 내부원통의 표면에서 절연파괴가 일어나기 쉽다. 따라서, 두 종류의 유전체를 사용함으로써 최대전계의 값을 저하시키며, 전계변화의 율을 적게 할 수 있다. 이와 같이 여러 종류의 유전체를 적당히 배치함으로써 동심원통간의 전계분포를 거의 균일하게 할 수 있으며, 따라서 같은 크기의 원통간에 가하는 전위차를 높일 수 있다. 이것을 단절연(graded insulation)이라 하고, 고압송전용 지중(地中) 케이블 등에 이 원리가 이용되며, 30[kV] 이상의 고전압시 절연효과를 높일 수 있다.

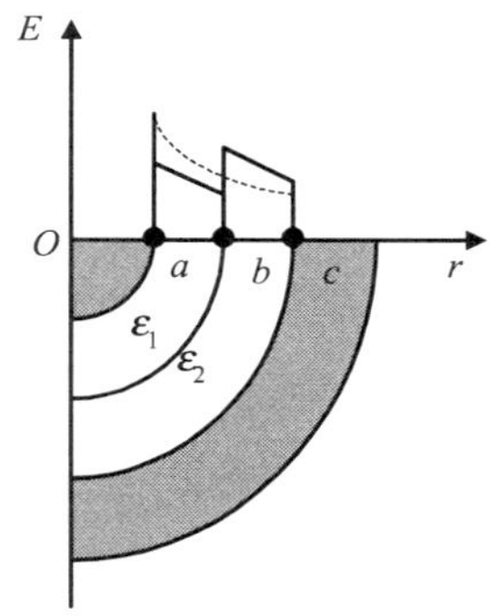

그림 3.16
원통간의 전계분포

예제 3.11

단심 케이블을 같은 두께의 ε_1, ε_2의 두 유전체로 그림 3.17과 같이 절연하려고 한다. 다음 각 경우에 대하여 이 케이블의 최대사용전압을 구하시오.(단, ε_1은 비유전율 5.0, 허용전위경도 40[kV/cm]이며, ε_2는 비유전율 3.0, 허용 전위경도 50[kV/cm]이며, a=1[cm], b=2[cm], c=3[cm]이다.)

(1) ε_1을 도체 가까이 채운 경우

(2) ε_2을 도체 가까이 채운 경우

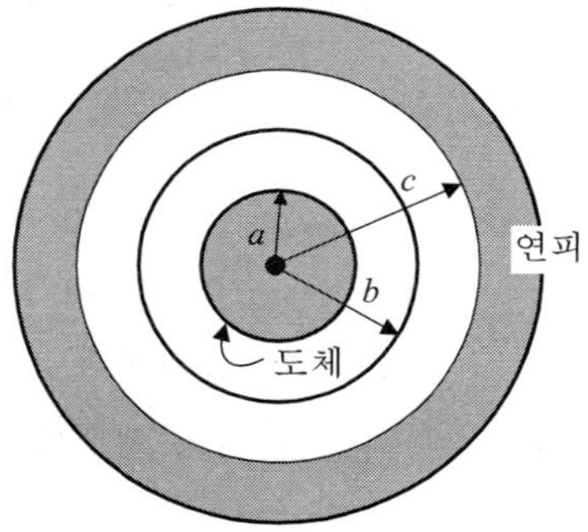

그림 3.17

☞ (1) 심선의 선전하밀도를 ρ_L[C/m]라면, 중심에서 r[cm]되는 점의 전위경도는

$$E = \frac{\rho_L}{2\pi\varepsilon_o\varepsilon_s r}\ [\mathrm{V/m}]$$

이므로 최대전위경도 E_{max}은 r=0.01[m]인 곳이다.

$$\therefore\ \ 4\times10^6 = \frac{\rho_L}{2\pi\varepsilon_o\times5\times0.01}\ \text{즉,}\ \rho_L = 4\pi\varepsilon_o\times10^5\,[\mathrm{C/m}]$$

따라서 양 도체간의 전위차는

$$V = \frac{\rho_L}{2\pi\varepsilon_o}\left(\int_{0.01}^{0.02}\frac{1}{5r}\,dr + \int_{0.02}^{0.03}\frac{1}{3r}\,dr\right) = 5.48\times10^4\,[\mathrm{V}]$$

이다.

(2) 같은 방법으로 $\rho_L=3\pi\varepsilon_o\times10^5$[c/m]이며 $V=4.68\times10^4$[V]가 얻어진다. 따라서 유전율이 큰 유전체를 내측이 감으면 높은 전압을 가할 수 있다.

3.5 도체계와 정전에너지

여러 개의 도체로 구성되는 도체계에 있어서 각 도체의 전하 및 전위분포와 전계 내 각 점의 전위 및 전계분포는 하나의 값으로 정해지며, 상호간에 비례관계가 있으므로 도체계 문제를 다음과 같은 방식으로 풀이한다.

3.5.1 전위 계수

그림 3.18과 같이 3개의 도체가 일정 위치에 배치된 도체계를 이룰 때 각 도체의 전위는 전하량과 비례관계가 성립하므로 비례상수를 P_{sr}이라 하면

$$V_s = P_{sr}Q_r$$

로 표현할 수 있다. 여기서 P_{sr}을 전위계수라 하고, 첨자 s는 도체 자신의 번호이며, 첨자 r은 대전되는 도체의 번호이다. 만일, 도체 1에만 +1[C]의 전하를 주고 다른 도체에는 전하를 주지 않았을 때, 1의 전하에 의하여 도체 2, 3에 정부의 전하가 유도되지만 그 합은 0이다. 이 때 각 도체의 전위는 각각

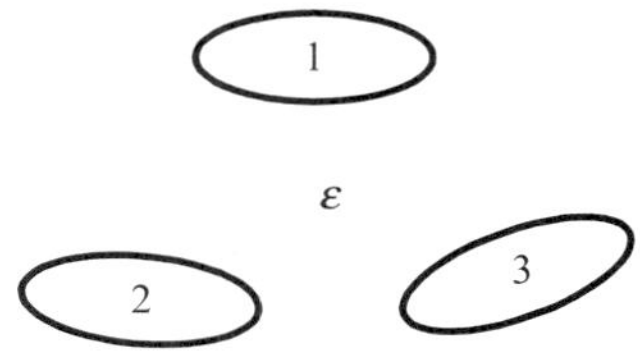

그림 3.18 도체계

$$p_{11}\,,\ p_{21}\,,\ p_{31}\,[\mathrm{V/C}]$$

라 하면, 도체 1에만 Q_1[C]을 주었을 때의 각 도체의 전위는

$$p_{11}Q_1\,,\ p_{21}Q_1\,,\ p_{31}Q_1\,[\mathrm{V}]$$

가 될 것이다. 같은 방법으로 도체 2에만 Q_2[C]의 전하를 주었을 때의 각 도체의 전위는

$$p_{12}Q_2\,,\ p_{22}Q_2\,,\ p_{32}Q_3\,[\mathrm{V}]$$

가 되고, 또한 도체 3에만 Q_3[C]의 전하를 주었을 때의 각 도체의 전위는

$$p_{13}Q_3\,,\ p_{23}Q_3\,,\ p_{33}Q_3\,[\mathrm{V}]$$

가 된다. 따라서 각 도체에 Q_1, Q_2, Q_3[C]의 전하를 주었을 때의 각각의 전위는

$$\begin{cases} V_1 = p_{11}Q_1 + p_{12}Q_2 + p_{13}Q_3\,[\mathrm{V}] \\ V_2 = p_{21}Q_1 + p_{22}Q_2 + p_{23}Q_3\,[\mathrm{V}] \\ V_3 = p_{31}Q_1 + p_{32}Q_2 + p_{33}Q_3\,[\mathrm{V}] \end{cases} \quad \cdots\cdots (3.31)$$

형태로 주어지므로

$$V_s = \sum_{r=1}^{n} p_{sr}Q_r\,[\mathrm{V}] \quad \cdots\cdots (3.32)$$

과 같이 표현할 수 있다. 여기서 p_{11}, p_{23}, … 의 계수는 특정한 도체에 단위정전하를 주었을 때 각 도체의 전위로, 도체의 크기와 상호간의 배치상태 및 주위의 매질에 따라 정해지는 상수로서, **전위계수(coefficient of potential)**라 하고, [1/F]

의 단위를 가지며, 다음과 같은 성질이 있다.

도체 1에만 +1[C]의 전하를 주었다면 1에서 나온 전기력선의 일부는 다른 도체에 도달하고, 일부는 무한원(0[V])으로 직접 갈 것이므로 도체 1의 전위가 가장 높은 값을 가진다. 그리고 도체 2가 도체 1 속에 있을 경우는 전위가 같아질 것이므로

$$p_{11} \geq p_{21} > 0, \quad \text{일반으로} \quad p_{rr} \geq p_{sr} > 0$$

의 성질이 있으며, 도체상호간의 위치와 크기가 정해졌으므로

$$p_{21} = p_{12}, \quad \text{일반으로} \quad p_{rs} = p_{sr}\ (r \neq s) \qquad \cdots\cdots (3.33)$$

의 관계가 성립한다.

예제 3.12

반지름 a[m]의 접지구도체의 중심에서 $d(>a)$[m]인 곳에 점전하 Q[C]이 있을 때 구에 유도되는 전하를 구하시오.

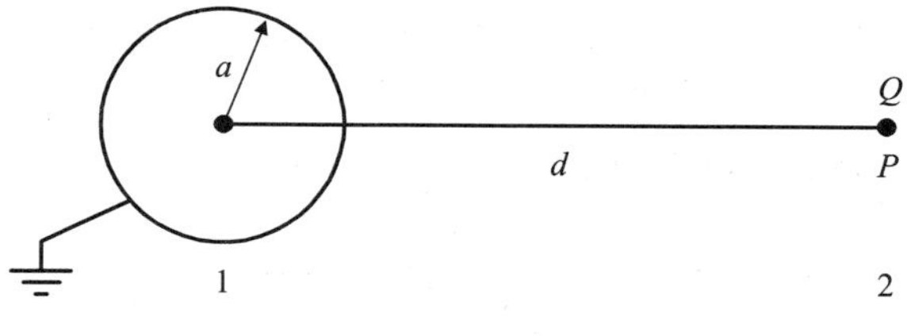

☞ 구도체와 점전하를 각각 1, 2의 도체로 보고 식(3.31)을 적용하면

$$\begin{cases} V_1 = p_{11}Q_1 + p_{12}Q_2 \\ V_2 = p_{21}Q_1 + p_{22}Q_2 \end{cases}$$

가 된다. 그런데 Q_1=1[C], Q_2=0일 때

$$V_1 = p_{11} \times 1 + p_{12} \times 0 = \frac{1}{4\pi\varepsilon}\frac{1}{a}\,[\text{V}]$$

$$V_2 = p_{21} \times 1 + p_{22} \times 0 = \frac{1}{4\pi\varepsilon}\frac{1}{d}\,[\text{V}]$$

이므로

$$p_{11} = \frac{1}{4\pi\varepsilon}\frac{1}{a}, \qquad p_{21} = p_{12} = \frac{1}{4\pi\varepsilon}\frac{1}{d}\,[1/\mathrm{F}]$$

가 된다. 지금 점전하 Q[C]에 의한 접지구도체(V_1=0)의 유도전하를 Q'[C]라 하면 식(4.40)으로부터

$$0 = p_{11}Q' + p_{12}Q \quad \therefore \quad Q' = -\frac{a}{d}Q\,[\mathrm{C}]$$

가 되어 유도전하는 점전하보다 작으며 부호가 반대로 된다.

3.5.2 용량계수와 유도계수

그림 3.18에서 도체 2, 3의 전위를 0(접지)으로 하고, 도체 1의 전위를 +1[V]로 하기 위한 전하를 q_{11}[C/V], 도체 2, 3에 유도되는 전하를 각각 Q_{21}, Q_{31} [C/V]라 하면 도체 1에만 V_1[V]로 한 경우 각 도체의 전하는 $q_{11}V_1$, $q_{21}V_1$, $q_{31}V_1$[C]가 되고, 같은 방법으로 도체 2에만 V_2[V]로 할 경우 각 도체의 전하는

$$q_{12}V_2,\ \ q_{22}V_2,\ \ q_{32}V_2\,[\mathrm{C}]$$

가 된다. 또한 도체 3에 대하여도 같은 방법으로 도체 3의 전위를 V_3[V]로 한 경우 각각의 전하는

$$q_{13}V_3,\ \ q_{23}V_3,\ \ q_{33}V_3\,[\mathrm{C}]$$

가 된다. 따라서 각 도체의 전위를 V_1, V_2, V_3[V]로 하기 위한 각각의 전하는

$$\begin{cases} Q_1 = q_{11}V_1 + q_{12}V_2 + q_{13}V_3\,[\mathrm{C}] \\ Q_2 = q_{21}V_1 + q_{22}V_2 + q_{23}V_3\,[\mathrm{C}] \\ Q_3 = q_{31}V_1 + q_{32}V_2 + q_{33}V_3\,[\mathrm{C}] \end{cases} \qquad \cdots\cdots (3.34)$$

로 주어지므로

$$Q_s = \sum_{r=1}^{n} q_{sr}V_r\,[\mathrm{C}] \qquad \cdots\cdots (3.35)$$

과 같이 표현할 수 있다. 여기서 q_{11}, q_{22}, q_{33} 등은 자기자신의 전위를 +1[V]로 하기 위한 전하로 **용량계수**(coeffient of capacity)라 하고, q_{21}, q_{31}, … 등의 계수

는 도체 1에 의하여 다른 도체에 유도되는 전하를 표시하므로 **유도계수**(coeffient of induction)라 하며, 단위는 모두 [F]가 된다. 이들 계수는 도체의 크기, 모양, 상호간의 배치상태 및 주위의 매질에 따라 결정되는 상수로서, 다음과 같은 성질이 있다.

용량계수는 자기자신의 전위를 +1[V]로 하기 위한 전하이므로 항상 정(+)이다.

$$q_{11}, \ q_{22}, \ q_{33} > 0, \quad \text{용량계수} \ q_{rr} > 0$$

유도계수는 $q_{11}(q_{22}, \ q_{33}$ 등)[C/V]의 전하에 의하여 다른 접지도체($V=0$)에 유도되는 전하이므로 항상 부(−)로

$$q_{12}, \ q_{21}, \ q_{31}, \ \cdots \leq 0 \quad \text{일반으로 유도계수} \ q_{sr} \leq 0$$

의 성질이 있으며, $q_{r1}=0$인 경우는, 도체 1과 도체 r은 전기력선의 연결이 없는 경우로서 상호간의 거리가 무한히 멀든가 다른 도체에 의하여 차단되어 있는 경우이다.

그리고 도체 1에서 나온 전기력선은 2, 3의 도체($V=0$)와 무한원($V=0$)으로 향할 것이므로

$$q_{11} \geq -(q_{21} + q_{31}), \qquad q_{11} + q_{21} + q_{31} \geq 0$$

의 관계가 있다. 그리고 $p_{12}=p_{21}$의 관계가 있으므로

$$q_{12} = q_{21}, \qquad \text{일반으로} \qquad q_{rs} = q_{sr} \quad (r \neq s)$$

의 관계가 성립한다. 한편 식(3.31)에서 식(3.34)을 직접 유도하므로 전위계수와 용량계수 및 유도계수의 상호 관계를 얻을 수 있다. 즉, 반경 a_1[m] 및 a_2[m]인 도체구를 거리 r[m]만큼 떨어져 배치한 경우, 도체의 전위는 각각

$$\begin{cases} V_1 = p_{11}Q_1 + p_{12}Q_2 \\ V_2 = p_{21}Q_1 + p_{22}Q_2 \end{cases}$$

로 되므로, 이 식을 연립하여 풀면

$$Q_1 = \frac{p_{22}V_1 - p_{12}V_2}{p_{11}p_{22} - p_{12}^2} = \frac{p_{22}}{p_{11}p_{22} - p_{12}^2}V_1 + \frac{-p_{12}}{p_{11}p_{22} - p_{12}^2}V_2$$
$$= q_{11}V_1 + q_{12}V_2$$

$$Q_2 = \frac{p_{11}V_2 - p_{12}V_1}{p_{11}p_{22} - p_{12}^2} = \frac{-p_{12}}{p_{11}p_{22} - p_{12}^2}V_1 + \frac{p_{11}}{p_{11}p_{22} - p_{12}^2}V_2$$
$$= q_{21}V_1 + q_{22}V_2$$

로 된다. 따라서, 전위계수와 용량계수 및 유도계수의 관계는

$$q_{11} = \frac{p_{22}}{p_{11}p_{22} - p_{12}^2}\ [\mathrm{F}], \quad q_{22} = \frac{p_{11}}{p_{11}p_{22} - p_{12}^2}\ [\mathrm{F}]$$

$$q_{12} = \frac{-p_{12}}{p_{11}p_{22} - p_{12}^2}[\mathrm{F}]$$

와 같이 얻을 수 있다. 여기서도 알 수 있는 바와 같이 q_{11}, q_{22}는 정(+)이며, 유도계수는 부(−)이다.

다음에 두 도체간의 정전용량은 $Q_1 = Q$[C], $Q_2 = -Q$[C]이라면

$$C = \frac{1}{p_{11} - 2p_{12} + p_{22}}[\mathrm{F}] \qquad \cdots\cdots (3.36)$$

또는

$$C = \frac{q_{11}p_{22} - q_{12}^2}{q_{11} + 2q_{12} + q_{22}}[\mathrm{F}] \qquad \cdots\cdots (3.37)$$

로 된다.

예제 3.13

반지름 a, b, c[m]인 동심구도체(외구 두께 $c-b$[m])의 외구에 전압 V[V]를 가했을 때 접지된 내구에 유도되는 전하를 구하시오.

☞ 내외구를 1, 2도체라 하면 식(4.41)에서

$$Q_1 = q_{11}V_1 + q_{12}V_2, \qquad Q_2 = q_{21}V_1 + q_{22}V_2$$

가 되며, 이 경우

$$q_{11} = \frac{4\pi\varepsilon}{\frac{1}{a} - \frac{1}{b}} \text{[F]}, \qquad q_{21} = -q_{11}\text{[F]}$$

이므로 내구의 유도전하는 $V_1=0$, $V_2=V$[V]의 조건에서

$$Q_1 = q_{12}V = -\frac{4\pi\varepsilon V}{\frac{1}{a} - \frac{1}{b}} \text{[C]}$$

가 된다. 그리고 입구의 내축 및 외축에 분배되는 전하는 각각

$$Q_{2內} = \frac{4\pi\varepsilon V}{\frac{1}{a} - \frac{1}{b}} \text{[C]}, \qquad Q_{2外} = 4\pi\varepsilon c V\text{[C]}$$

이 된다.

3.5.3 도체계의 정전에너지

도체에 전하를 준다는 것, 즉 충전한다는 것은 전하를 무한원에서 운반해 와서 도체에 준다는 것을 의미한다. 따라서, 이 경우 전하를 운반해 오기 위해선 얼마만큼의 에너지를 필요로 하게 된다.

이는 정전계 내에 임의의 전하를 낮은 곳에서 높은 곳으로 이동하기 위해서는 외부에서 일을 가해 주어야 한다는 것을 의미한다.

따라서 이 때 소요된 일이 곧 전하가 현재 위치에서 갖는 정전에너지가 된다.

에너지 보존법칙에 의해서 도체에 전하 Q[C]를 축적시키는데 요하는 일은 곧 전하 Q가 축적된 도체가 갖는 정전에너지와 동일하다.

도체에 단위전하(1[C])를 가져오는데 필요한 일이 전위 V이므로 미소전하 dQ[C]를 도체에 가져오는데 필요한 일 dW는

$$dW = V \cdot dQ \qquad \cdots\cdots (3.38)$$

가 된다. 이 때 전위 V는 $V = \frac{Q}{C}$이므로 식(4.45)는

$$dW = \frac{Q}{C}\,dQ \qquad \cdots\cdots (3.39)$$

와 같이 표현된다.

따라서 도체에 전체 전하 Q[C]를 축적시키는데 필요한 일은

$$W = \int dw = \int_0^Q \frac{Q}{C} \cdot dQ = \frac{1}{2}\frac{Q^2}{C}\,[\mathrm{J}] \qquad \cdots\cdots (3.40)$$

이 된다. 이 때 $Q = CV$의 관계를 이용하면

$$W = \frac{1}{2}QV = \frac{1}{2}CV^2 = \frac{1}{2}\frac{Q^2}{C} \qquad \cdots\cdots (3.41)$$

와 같이 콘덴서 내의 정전에너지로 성립되는 관계식이다.

예제 3.14

정전용량 1[μF], 2[μF]의 콘덴서에 각각 2×10^{-4}[C], 3×10^{-4}[C]의 전하를 두고 극성을 갖게 하여 병렬로 접속할 때, 콘덴서에 축적되는 에너지를 구하시오.

☞ 총전하량 $Q = Q_1 + Q_2 = 2\times10^{-4} + 3\times10^{-4} = 5\times10^{-4}\,[\mathrm{C}]$

합성용량 $C = C_1 + C_2 = 1\times10^{-6} + 2\times10^{-6} = 3\times10^{-6}\,[\mathrm{F}]$

따라서 축적되는 에너지 W는

$$W = \frac{Q^2}{2C} = \frac{(5\times10^{-4})^2}{2\times3\times10^{-6}} = 0.042\,[\mathrm{J}]$$

3.6 전기영상법

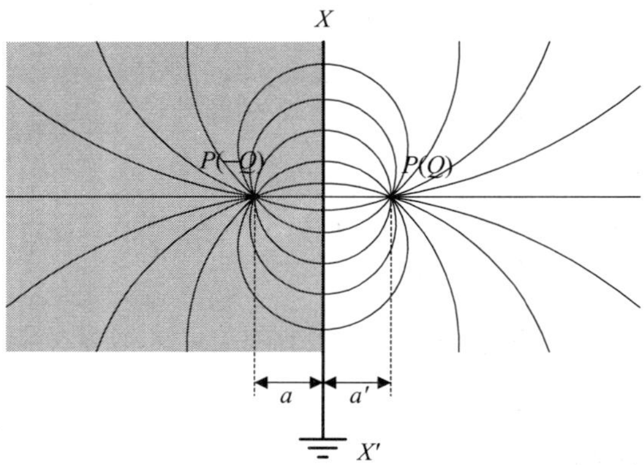

그림 3.19 도체표면과 점전하에 의한 전계

그림 3.19와 같이 평면도체 XX'의 밖에 있는 한 점 P에 전하 Q가 있을 때의 전계는 Poisson 또는 Laplace의 방정식을 풀면 구해지는데, 여기서 기술하는 전기영상법을 사용하면 아주 간단히 구할 수가 있다.

즉, 무한평면 앞에 점전하를 놓으면, 정전유도에 의하여 유도전하가 나타난다. 점전하와 유도전하 사이의 상호작용을 알기 위해서는 유도전하의 분포를 알아야 하지만, 그것을 안다는 것은 어려운 문제이다. 그러므로 Kelvin은 평면의 뒷 쪽에 가상의 전하(이것을 영상전하라 한다)를 놓고, 진전하와 영상전하 사이의 상호작용을 계산하여 이들의 상호작용을 알아내는 방법을 고안하였다. 이 방법을 전기영상법이라 하고, 점전하와 무한평면, 점전하와 구 및 선전하와 무한평면의 상호작용 등을 연구하는 수단으로서 많이 이용되고 있다.

실제의 전계와 영상법에 의한 전계가 일치하기 위한 조건은 영상매체가 도체의 경우에는 영상매체의 표면에서 전계의 접선성분이 0으로 되어야 할 것, 또는 영상매체의 전위가 등전위이어야 한다는 것이다. 이와 같은 몇가지의 조건을 이용하여 영상전하와 위치를 결정하고, 영상전하와 진전하에 의한 전계를 관측점에서 합성하면 그것이 관측점의 실제의 전계가 된다.

3.7 전기영상법의 예

3.7.1 평면도체와 점전하

P점의 XX'평면에 관한 영상의 위치 P'에 $-Q$ 되는 전하를 생각하면 Q, $-Q$만이 있고, 도체 XX'이 없을 때의 전계는 이미 2장에서 구했기 때문에, 선분 PP'의 수직 2등분면 XX' 위에서는 전계가 XX'에 수직하므로, XX'면은 0전위이다. 따라서 XX'평면을 도체로 바꾸어 놓고 이것을 접지해도 전계의 모양은 변하지 않는다.

따라서 평면도체 XX'과 전하 Q에 의한 전계는 전하 $\pm Q$가 PP'에 있고, 오른쪽에서는 도체 XX'이 없을 경우의 전계와 같다.

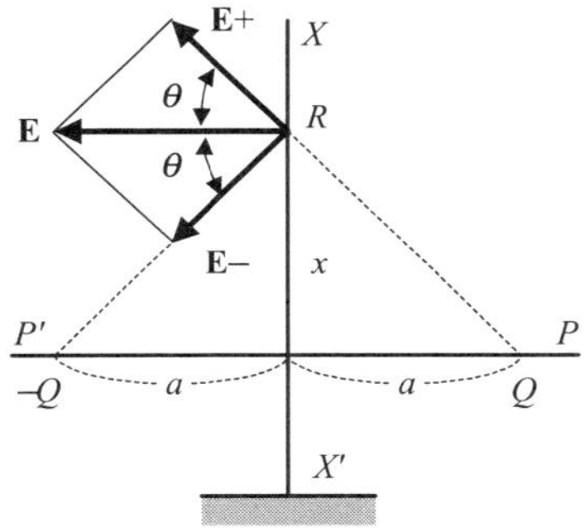

그림 3.20 점전하에 의한 전계

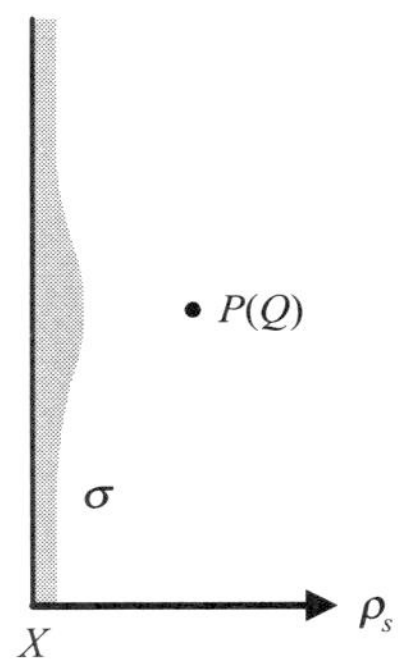

그림 3.21 도체표면에 유도된 전하 분포

이와 같이 XX'과 전하 Q에 의한 전계를 Q와 $-Q$에서 구하는 방법을 영상법(image method)이라 하고, $-Q$되는 가상전하를 Q의 XX'평면에 대한 영상전하(electric image)이라고 한다.

도체위의 전하분포를 구하기 위해서는 도체면 위의 전계를 구하면, 그림 5.2와 같이 $+Q$에 의한 전계 $\mathbf{E}_+$와 $-Q$에 의한 전계 $\mathbf{E}_-$를 구하면 $\mathbf{E}=\mathbf{E}_++\mathbf{E}_-$로서 구해진다.

도체 위의 한 점 R의 원점으로부터의 거리를 x라 하면

$$|E_+| = |E_-| = \frac{Q}{4\pi\varepsilon_o r^2} = \frac{Q}{4\pi\varepsilon_o(a^2+x^2)} \qquad \cdots\cdots (3.42)$$

$$|E| = |E_+|\cos\theta + |E_-|\cos\theta = \frac{Q}{2\pi\varepsilon_o r^2}\cos\theta$$
$$= \frac{Q}{2\pi\varepsilon_o}\cdot\frac{a}{(a^2+x^2)^{3/2}} \qquad \cdots\cdots (3.43)$$

가 되며, **E**는 도체면에 수직하다. 따라서 도체면 위의 전하분포 ρ_S는

$$\rho_S = -\varepsilon_o E = \frac{-Q}{2\pi}\cdot\frac{a}{(a^2+x^2)^{3/2}} \qquad \cdots\cdots (3.44)$$

가 된다. 이것을 그림으로 표시하면 그림 3.21과 같이 된다. 그림으로부터 알 수 있는 바와 같이 거리 r이 증가하면 급속하게 감소하므로, 유도전하는 대부분 중심의 부근에 집중됨을 알 수 있으며, ρ_S는 유도에 의한 전하이므로 부전하이다. Q와 도체면 위의 전하와의 흡인력은 Q와 영상전하 $-Q$에 의한 힘과 같기 때문에

$$F = \frac{-1}{4\pi\varepsilon_o}\cdot\frac{Q^2}{(2a)^2} = -\frac{Q^2}{16\pi\varepsilon_o a^2}\,[\mathrm{N}]$$

이 된다. 이 힘을 **영상력**(image force)이라고 한다.

그리고 중심 O로부터 반경 x 및 $x+dx$의 2개의 원 사이에서 ρ_S는 식(3.44)로 주어지므로 이 사이의 전하는

$$-2\pi x\cdot dx\cdot\frac{aQ}{2\pi}\cdot\frac{1}{r^3}$$

이므로 전유도 전하를 Q'라고 하면

$$Q' = -\int_0^\infty 2\pi x dx\frac{aQ}{2\pi}\frac{1}{r^3}$$

이고, $r=a\sec\theta$, $x=a\tan\theta$ 이므로

$$dx = \frac{a d\theta}{\cos^2\theta}$$

가 되며

$$Q' = -\int_0^{\pi/2} Q\sin\theta\, d\theta = -Q$$

로 된다. 따라서 P점으로부터 나온 전기력관은 XX'상에서 끝난다는 것을 알 수 있다.

3.7.2 접지된 도체구와 점전하

앞서 기술한 영상법은 평면 도체 뿐 아니라, 다음과 같이 여러 가지 경우에 사용할 수가 있다. 그림 3.22와 같이 반지름 a의 도체구 중심 0에서 d[m]인 점 A에 점전하 Q가 존재할 때 구면상은 접지시켜 0전위가 된다. 그 때 도체구 내의 점 A'에 영상전하 Q'를 가상한다.

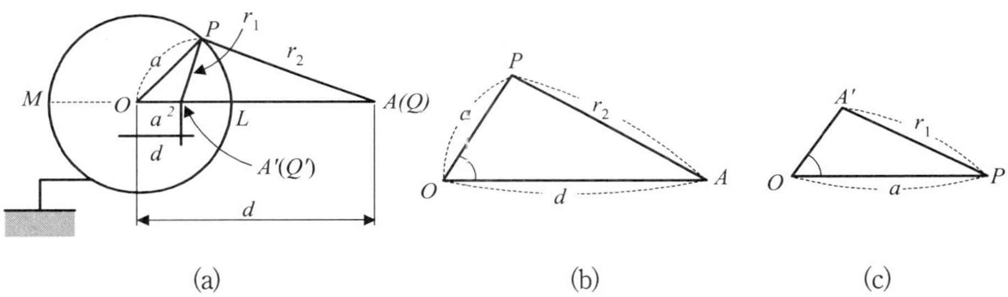

그림 3.22 접지된 도체구와 점전하

즉, 구면상의 P점의 전위 V_P는 0전위이므로

$$V_P = \frac{1}{4\pi\varepsilon_o}\left(\frac{Q'}{r_1} + \frac{Q}{r_2}\right) = 0 \qquad \cdots\cdots (3.45)$$

로 되면

$$\frac{Q'}{r_1} + \frac{Q}{r_2} = 0 \quad \text{또는} \quad \frac{r_1}{r_2} = \frac{-Q'}{Q} \qquad \cdots\cdots (3.46)$$

으로 된다. 여기서 △APO와 △PA'O가 닮은 꼴이 되도록 A'점을 잡으면 ∠POA는 공통이므로

$$\frac{r_1}{r_2} = \frac{a}{d} = \frac{\overline{OA'}}{a} \qquad \cdots\cdots (3.47)$$

의 관계에 있으므로

$$\overline{OA'} = \frac{a^2}{d}$$

이다. 이와 같은 점 A'를 점 A의 구면에 대한 영상점이라 한다.

식(3.45) 및 식(3.46)에서

$$Q' = -\frac{r_1}{r_2}Q = -\frac{a}{d}Q \qquad \cdots\cdots (3.48)$$

가 된다. 이 때 $V_P=0$가 되어 A'점에 $Q'=(-a/d)Q$의 전하를 놓으면 구면상의 전위는 영이 된다. 이 전하 Q'는 구면에 대한 Q의 영상전하이다. 이 영상전하는 구도체에 나타나는 유도전하와 같다. 또 AA'는

$$\overline{AA'} = d - \frac{a^2}{d} = \frac{d^2 - a^2}{d}$$

이므로 구도체와 점전하 Q간에 작용하는 힘은

$$F = \frac{Q\left(-\frac{a}{d}Q\right)}{4\pi\varepsilon_o\left(\frac{d^2-a^2}{d}\right)^2} = \frac{-adQ^2}{4\pi\varepsilon_o(d^2-a^2)^2}\,[\mathrm{N}] \qquad \cdots\cdots (3.49)$$

그리고 AO축과의 교점 M에서의 영상전하는 어떻게 되는지 알아보도록 하자. 여기서 $AO=d$, $A'O=d'$라 하면, 어느 위치에 있든 식(3.46)은 성립하므로

$$\frac{A'L}{AL} = \frac{A'M}{AM} = \frac{Q'}{Q}$$

가 된다. 따라서

$$\frac{a-d'}{d-a} = \frac{a+d'}{d+a} = \frac{Q'}{Q}$$

으로 되므로

$$d' = \frac{a^2}{d}, \qquad Q' = \frac{a}{d}Q$$

가 된다. 즉, 영상점이 어느 위치에 있든 영상전하는 같다는 것을 알 수 있다.

3.7.3 비접지 도체구와 점전하

도체구가 접지되어 있지 않을 때, 즉 절연되어 있을 때는 유도되는 전전속수의 총화가 영이 되어야 한다. 따라서, 그림 3.23(a)와 같은 위치에 Q에 의해 유도된 전하 $\left(-\frac{a}{d}Q\right)$의 영상전하를 생각해 줌과 동시에 구면상은 등전위면이므로 구의 중심에 $+\frac{a}{d}Q$의 영상전하를 더 생각해야 한다.

즉, 이 때의 전계는 Q와 그의 영상 $-\frac{a}{d}Q$ 및 $\frac{a}{d}Q$의 세 개의 점전하에 의한 것이 된다. 구도체와 점전하간의 작용력은

$$F = \frac{1}{4\pi\varepsilon_o}\left\{\frac{Q\left(-\frac{a}{d}Q\right)}{\left(\frac{d^2-a^2}{d}\right)^2} + \frac{Q\left(\frac{a}{d}Q\right)}{d^2}\right\}$$

$$= -\frac{a^3Q^2(2d^2-a^2)}{4\pi\varepsilon_o d^3(d^2-a^2)^2}\ [\text{N}] \qquad \cdots\cdots (3.50)$$

예제 3.15

그림과 같이 접지된 무한도체판에서 반지름 a의 반구가 돌출되어 있다. 이 반구의 중심에서 도체판에 수직으로 거리 d의 점 P에 점전하 q를 놓을 때, q에 작용하는 힘을 구하시오.

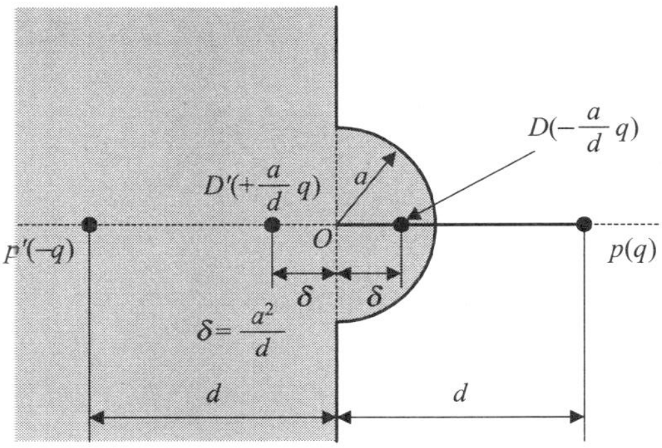

그림 3.23 접지된 무한도체판과 반구

☞ P점의 평판에 대한 영상점은 P'점에서 $\overline{OP'} = d$이며, 그의 영상전하를 $-q$라 한다. 또 P점의 반구에 대한 영상은 $\overline{OD} = \delta = (a^2/d)$의 위치이고, 그 전하는 $-(a/d)q$가

된다. 또한 D의 영상점이 D'라 하면 도체면은 영전위가 되므로 점전하 q에 작용하는 힘은 다음과 같이 된다.

$$F = \frac{1}{4\pi\varepsilon_o}\left\{\frac{q(-q)}{(2d)^2} + \frac{q\left(-\frac{a}{d}q\right)}{\left(d-\frac{a^2}{d}\right)^2} + \frac{q\left(\frac{a}{d}q\right)}{\left(d+\frac{a^2}{d}\right)^2}\right\}$$
$$= -\frac{q^2}{4\pi\varepsilon_o}\left\{\frac{1}{4d^2} + \frac{4a^3d^3}{(d^4-a^4)^2}\right\}[\mathrm{N}]$$

3.7.4 평면도체와 선전하

그림 3.24(a)와 같이 무한 평면도체 표면에서 h[m]의 높이에 선전하밀도 ρ_L[C/m]의 전하를 갖는 반지름 a[m]($\ll h$)의 도선 A가 평행으로 놓여져 있을 때의 전계는 평면도체가 0전위이므로, 그림 3.24(b)에서와 같이 A의 평면에 대한 대칭점 B에 $-\rho_L$[C/m]의 영상도선을 평행배선한 경우와 같으며, 도선의 선전하는 중심축에 집중되어 있는 것으로 볼 수 있다.

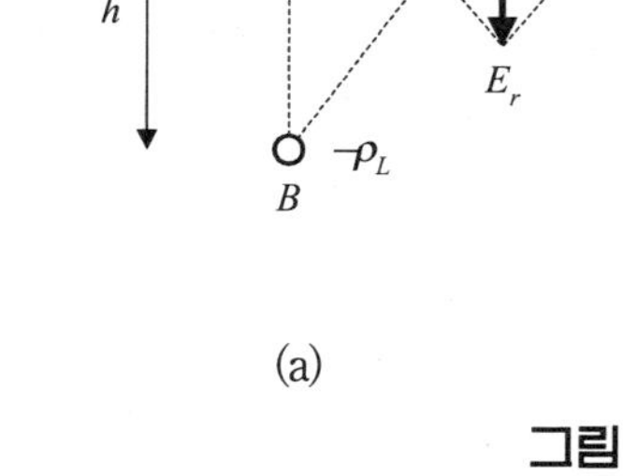

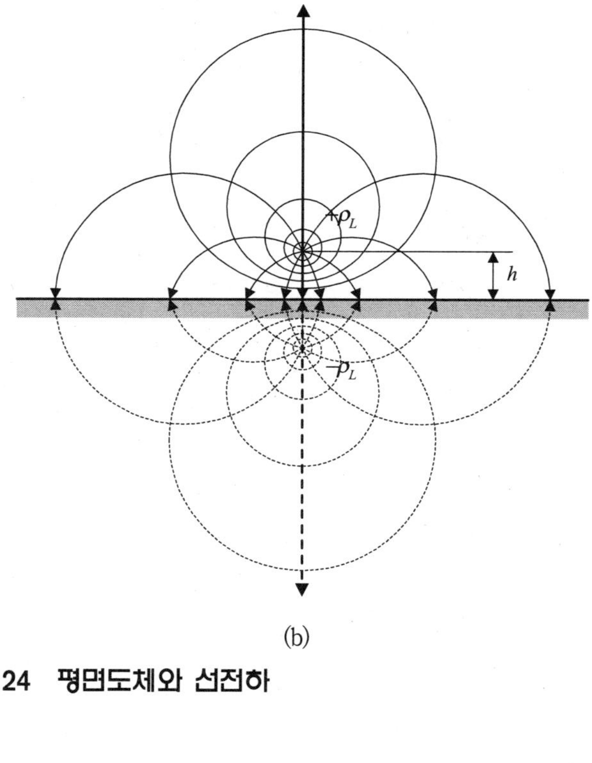

그림 3.24 평면도체와 선전하

먼저 평면도체표면에 유도되는 전하 밀도를 구해보자. 도체면 위의 임의의 점 $P(x, 0)$의 전계는

$$E_P = \frac{\rho_L}{2\pi\varepsilon r} \cdot \cos\theta \times 2 = \frac{\rho_L h}{\pi\varepsilon(h^2+x^2)} \ [\mathrm{V/m}]$$

가 되며, 평면에 유도되는 전하는 부(−)이므로, 이 점에서의 표면전하 밀도 ρ_S [c/m²]는

$$\rho_s = -\varepsilon E_P = -\frac{\rho_L \cdot h}{\pi(h^2+x^2)} \ [\mathrm{C/m^2}] \qquad \cdots\cdots (3.51)$$

으로 주어진다. 따라서 최대 전하밀도는 0점에서 생기므로 $x=0$일 때

$$\rho_{s\max} = -\frac{\rho_L}{h\pi} \ [\mathrm{C/m^2}] \qquad \cdots\cdots (3.52)$$

이 된다. 다음 $\overrightarrow{AB}$선상의 한 점 $P'(0, y)$의 전계를 구하면

$$E = \frac{\rho_L}{2\pi\varepsilon}\left(\frac{1}{h-y} + \frac{1}{h+y}\right) [\mathrm{V/m}] \qquad \cdots\cdots (3.53)$$

가 되므로, 평면도체에 대한 도선 A의 전위는

$$V = \int_a^{h-a} E dy = \frac{\rho_L}{2\pi\varepsilon} \ln\frac{2h-a}{a} \fallingdotseq \frac{\rho_L}{2\pi\varepsilon} \ln\frac{2h}{a} \ [\mathrm{V}] \qquad \cdots\cdots (3.54)$$

가 된다. 따라서 대지에 대한 도선의 단위길이당 정전용량은

$$C_o = \frac{\rho_L}{V} = \frac{2\pi\varepsilon}{\ln\dfrac{2h}{a}} \ [\mathrm{F/m}] \qquad \cdots\cdots (3.55)$$

가 되며, 이 결과는 송배전선의 대지용량 또는 전자기기의 배선과 케이스 사이의 정전용량을 구할 때 이용된다.

그림 3.24(b)는 대전도선과 대지 사이 혹은 전자기기의 도체 케이스와 배선 사

이의 전기력선 분포를 표시한 예이다.

한편, 선전하밀도 ρ_L[C/m]의 도선이 평면도체에 의하여 받는 힘은 영상 선전하 밀도 $-\rho_L$[C/m]와 사이의 인력이 될 것이다. 그런데 $-\rho_L$[C/m]에 의한 도선 A에서의 전계 E는

$$E = \frac{\rho_L}{2\pi\varepsilon(2h)}\ [\mathrm{V/m = N/C}] \qquad \cdots\cdots (3.56)$$

가 되므로, 도선 A의 전하 ρ_L[C/m]이 평면도체에 유도된 부(−)전하에 의하여 단위길이당 받는 힘 F는

$$F = \rho_L E = \frac{{\rho_L}^2}{4\pi\varepsilon h}\ [\mathrm{N/m}] \qquad \cdots\cdots (3.57)$$

가 된다.

3.7.5 평등전계 중에 있는 유전체구

그림 3.25에서와 같이 ε_1의 유전체 내의 평등전계 E_o 중에 ε_2인 유전체구가 있는 경우에 대하여 생각해 보자.

평등전계 중에 유전체구를 놓으면 이 부근의 전계는 평등한 상태를 유지하지 못하나 유전체구에서 매우 먼 거리에서는 평등전계라 볼 수 있다.

그림 3.26에서와 같이 구 내외의 전계분포를 따로 따로 생각하여, 구외의 전계는 평등전계 E_o와 구 대신 구심에 놓은 쌍극자모멘트 M에 의한 전계와의 합성이라 생각하고 구 내는 평등전계 E'라 가정한다.

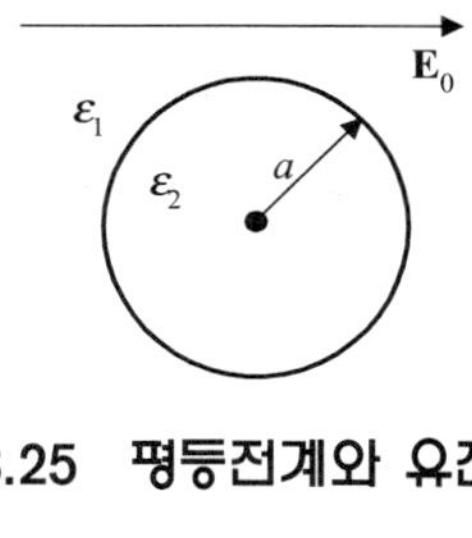

그림 3.25 평등전계와 유전체구

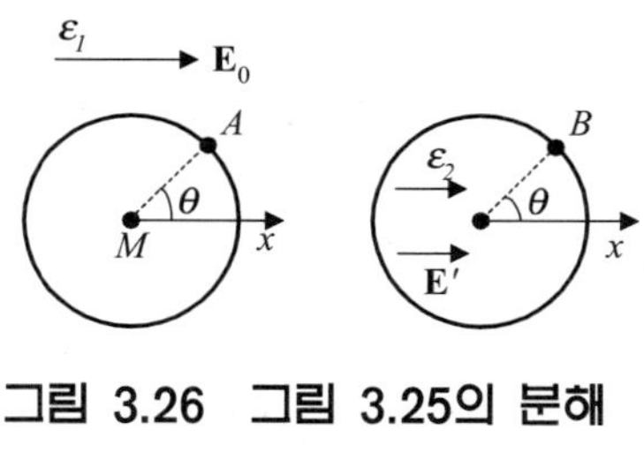

그림 3.26 그림 3.25의 분해

따라서 M과 E'를 경계조건으로 결정하면 구하는 전계의 분포상태를 알 수 있다. 즉, 쌍극자모멘트 M에 의한 구면상 임의점 A의 전계는 식(2.34)에 의하여

$$E_r = \frac{2M\cos\theta}{4\pi\varepsilon_1 a^3}, \qquad E_\theta = \frac{M\sin\theta}{4\pi\varepsilon_1 a^3}$$

가 되므로, 구면 외측에 대한 전계의 수평성분 및 전속밀도의 수직성분은 각각

$$E_{1t} = -E_o\sin\theta + \frac{M\sin\theta}{4\pi\varepsilon_1 a^3}, \quad D_{1n} = \varepsilon_1 E_o\cos\theta + \frac{2M\cos\theta}{4\pi a^3}$$

가 되며, 구면 내측의 점 B에서는 각각

$$E_{2t} = -E'\sin\theta, \qquad D_{2n} = \varepsilon_2 E'\cos\theta$$

가 된다. 따라서 경계조건에 의하여

$$-E_o + \frac{M}{4\pi\varepsilon_1 a^3} = -E', \qquad \varepsilon_1 E_o + \frac{2M}{4\pi a^3} = \varepsilon_2 E'$$

가 성립하므로

$$M = 4\pi a^3 \frac{\varepsilon_1(\varepsilon_2 - \varepsilon_1)}{2\varepsilon_1 + \varepsilon_2} E_o, \quad E' = \frac{3\varepsilon_1}{2\varepsilon_1 + \varepsilon_2} E_o \quad \cdots\cdots (3.58)$$

얻어진다. 이러한 값을 갖는 쌍극자모멘트 M과 E' 및 E_o를 사용하면, 위의 경우의 전계분포 또는 전속분포가 얻어진다.

그림 3.27(a)와 (b)는 $\varepsilon_1 > \varepsilon_2$ 및 $\varepsilon_1 < \varepsilon_2$인 경우의 전속분포를 표시한 것이다.

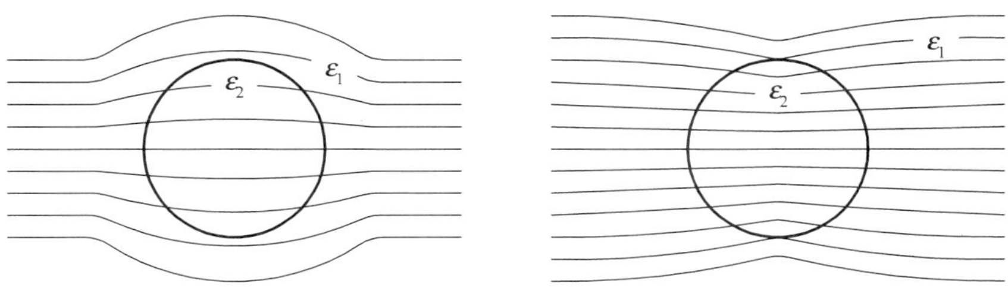

(a) $\varepsilon_1 > \varepsilon_2$ (b) $\varepsilon_1 < \varepsilon_2$

그림 3.27 평등전계 중에 유전체구를 놓은 경우의 전계분포

이 경우의 현저한 특징은 유전체구 내에서 평등전계를 형성한다는 사실이다. 따라서 유전체구는 평등하게 분극됨을 의미한다.

이 때의 분극도 P는 식(2.68)와 (3.58)에 의하여

$$P = \frac{3\varepsilon_1(\varepsilon_2 - \varepsilon_1)}{2\varepsilon_1 + \varepsilon_2} E_o \quad \cdots\cdots (3.59)$$

가 되며, 내부의 전속밀도 D'는 E'의 ε_2배이므로,

$$D' = \varepsilon_2 E' = \frac{3\varepsilon_2}{2\varepsilon_1 + \varepsilon_2} D_o \quad \cdots\cdots (3.60)$$

로 표현된다. 여기서, D_o는 구를 놓기 전의 평등전계에 의한 전속밀도이므로,

$\varepsilon_1 > \varepsilon_2$ 일 때는 $E' > E_o$, $D' < D_o$

$\varepsilon_1 < \varepsilon_2$ 일 때는 $E' < E_o$, $D' > D_o$

가 된다. $\varepsilon_2 \to \infty$이면 $E' \fallingdotseq 0$가 되어 앞에서 설명한 바와 같이 유전체가 도체인 경우에 해당하므로, 평등전계 E_o 중에 도체구를 놓았을 경우의 구외전계는 도체구 대신 구심에

$$M = 4\pi\varepsilon_1 a^3 E_o \quad \cdots\cdots (3.61)$$

의 쌍극자모멘트를 놓은 것과 E_o와의 합성으로 생각하면 된다.

그림 3.28은 이 경우의 전계분포를 표시한 것이다.

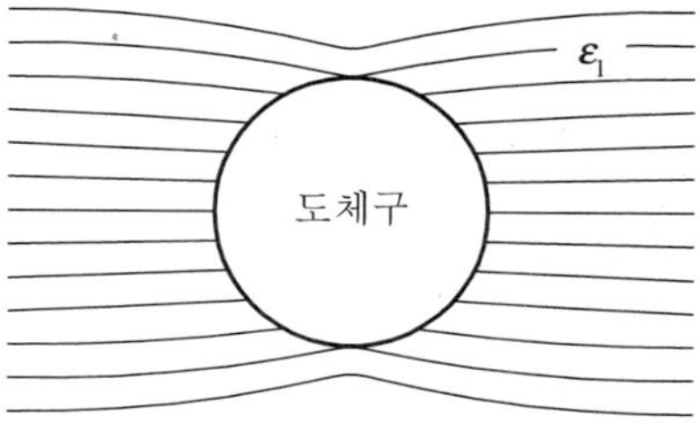

그림 3.28 평등 전계 중에 도체구를 놓은 경우의 전계 분포

연 습 문 제

3.1 1[F]의 정전용량을 가진 고립 도체구의 반지름은 몇 [km]인가?

3.2 100, 300[V]로 각각 충전된 용량 0.1, 0.02[μF]의 캐패시터가 있다. 병렬 연결한 경우의 전위차를 구하시오.

3.3 $C=500$[pF], $S=8$[cm^2], $d=0.05$[mm]인 평판캐패시터 내의 유전체의 비유전율을 구하시오.

3.4 내구의 반지름 a=6[cm], 외구의 반지름 b=8[cm]인 동심구 콘덴서의 외구를 접지하고 내구에 v=1800[V]를 가할 경우 내구에 충전되는 전하량 [C]은?

3.5 유전율 $\varepsilon=\varepsilon_0 e^{x/d}$[F/m]의 유전체가 평행판 ($x=0$, d[m])사이에 존재할 때 정전용량은 진공인 경우의 몇 배인가?

3.6 면적 100[cm^2], 간격 0.5[cm]의 평판 운모 캐패시터($\varepsilon_s=6$) 극판 사이에 1000[V]를 가했을 때 다음을 구하시오.

(1) 판간 전계 (2) 판간의 축적에너지 (3) 운모의 분극전하 (4) 극판의 흡인력

3.7 면적 S, 극간거리 d인 평행판 공기 캐패시터의 용량이 C_0이다. 판 사이의 반을 다음 물질로 채울 때, 용량의 변화량을 구하시오.

(1) 운모($\varepsilon_s=5.4$) (2) Ba, TiO_3 자기($\varepsilon_s=1200$) (3) 구리

3.8 극간거리 1[cm]의 평판 캐패시터 극판 사이에 3종의 유전체($\varepsilon_s=1, 2, 3$)를 판에 평행하게 d_1, d_2, d_3[cm]의 두께로 채웠을 때, 다음 경우의 d_1, d_2, d_3 및 전용량을 구하시오.

(1) 각 유전체의 전위차가 같을 때

(2) 각 유전체에 저장되는 정전에너지가 같을 때

3.9 지구의 전위계수 및 용량 계수를 구하시오.

3.10 무한 평면도체의 표면에서 1[m] 떨어진 점에 점전하 2[C]이 놓여져 있을 때 전하가 받는 힘은 어떤 힘을 받는가?

3.11 질량이 10^{-3}[kg]인 작은 물체가 전하 Q[C]을 가지고 무한 도체평면 아래 1[m] 떨어진 점에 위치하고 있다. 전기 영상법을 이용하여 정전력과 중력이 같게 되는데 필요한 Q의 값을 구하시오.

3.12 반지름 a[m]인 접지 구도체의 중심에서 거리 d[m]인 곳에 점전하 Q[C]가 있다. 이 접지 구도체와 점전하간에 작용하는 흡인력은 몇 [N]인가?

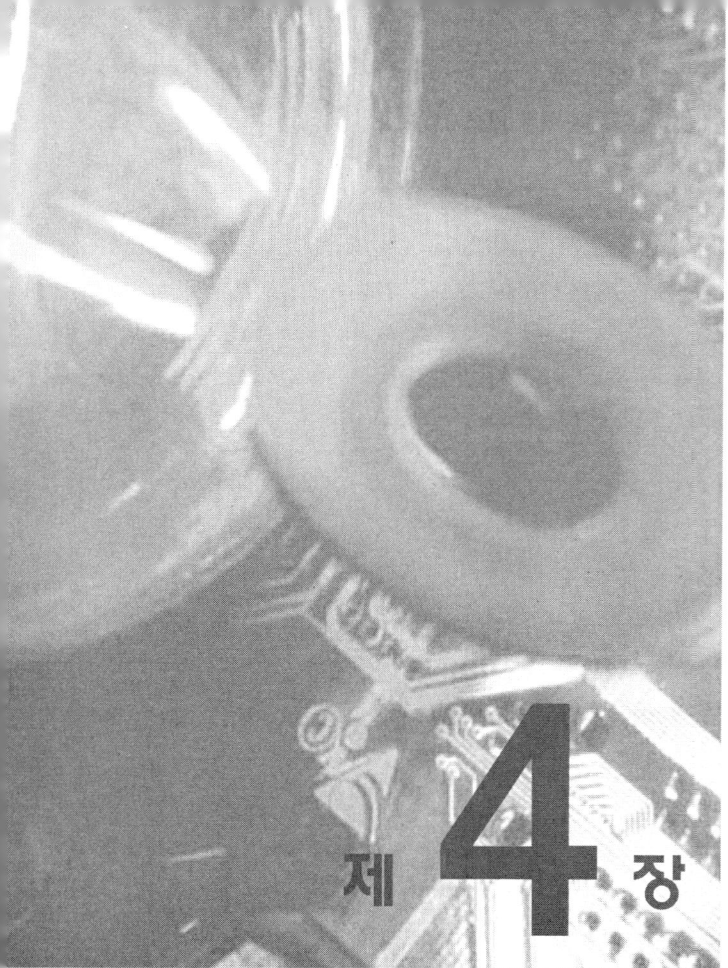

제 4 장 정자계

4.1 자기현상

자철광(magnetite Fe_2O_3)은 철편을 잡아당기는 성질을 지니고 있으며, 남쪽과 북쪽을 가르킨다. 이 성질은 철, 니켈, 코발트 등의 금속에도 인공적으로 줄 수 있으며, 이러한 성질이 있을 때 금속은 **자성**(magnetism)을 지니고 있다고 하며, 자성을 지닌 물체를 **자석**(magnet)이라 한다.

자석에 있어 작용하는 힘이 가장 강한 부분을 **자극**(magnetic pole)이라 한다.

한편, 소자석을 만들어서 그 중심을 실로 매달아 놓았을 때 한 쪽은 반드시 지구의 북쪽을 향하고, 다른 쪽은 남쪽을 향한다고 하는 사실로부터 한 개의 자석 양단에 서로 다른 종류의 자극이 있다는 것을 알 수 있고, 자극에는 두 종류가 있다는 것도 알 수 있다. 북쪽을 향하는 자극을 **북극**(north pole) 또는 **N극**, 남쪽을 향하는 극을 **남극**(south pole) 또는 **S극**이라고 한다. 이 성질은 옛날부터 나침판으로서 널리 사용되어 왔다. 자극은 같은 종류의 극끼리는 서로 반발하고, 서로 다른 종류의 극끼리는 서로 끌어당기는 성질이 있다. 이것은 전하에 정(+), 부(−) 두 종류가 있어서, 같은 것끼리는 반발하고, 다른 것끼리는 끌어 당기는 현상과 비슷하다. 그래서 이 자극사이에는 정전기에 관한 쿨롱의 법칙과 마찬가지로 두 자극의 곱에 비례하고, 거리의 자승에 반비례하는 힘이 작용한다는 사실이 실험적으로 알려져 있다.

따라서 자극의 세기를 정전기에서의 전하와 같이 보면 정전기학의 결과가 이용될 수 있음을 알 수 있다. 여기서는 전하에 대응되는 자하(magnetic charge)를 사용하여 얻어지는 여러 가지 결과를 표시해 보자. 그러나, 정전기의 경우와 달라서 자하는 반드시 N, S극이 함께 있기 때문에 어느 한 쪽만을 떼어 낼 수는 없다.

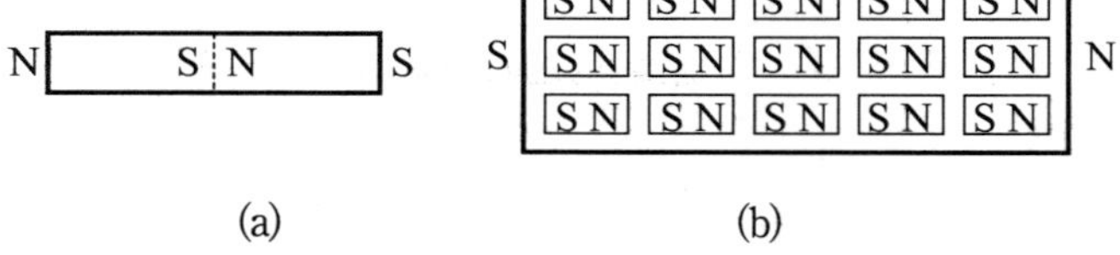

(a) (b)

그림 4.1 소자석

그림 4.1(a)와 같이 한 개의 자석을 두 개로 나누면 그 하나 하나가 각각 N, S극을 갖는 자석이 되기 때문에 자석의 내부에는 작은 자석이 그림 4.1(b)와 같이 정렬하여 내부에서는 N, S극이 서로 상쇄되어 외부의 자극에만 극이 나타난다.

4.2 쿨롱의 법칙

자하 사이에 작용하는 힘을 정량적으로 나타낸 법칙으로서, 정전계에서와 같은 쿨롱의 법칙이 이용된다.

그러나, 자석에서는 N, S극을 분리할 수 없으므로, 힘을 측정하기 위한 자석은 매우 가늘고 길어서 한 자석의 두 극이 서로 영향을 미치지 않는 경우의 것을 가정하여 이것을 **점자하**(point magnetic charge)라 한다.

두 개의 점자하 사이에는

1) 두 점자하의 곱에 비례하고,
2) 두 점자하 사이의 거리의 자승에 반비례하고,
3) 힘의 방향은 두 점자하를 연결한 직선상에 존재하며,
4) 동종간에는 반발하고, 이종간에는 흡인한다.

라고 하는 **쿨롱력** 또는 **자기력**이 작용한다. 지금 두 점자하를 m_1과 m_2, 자하간의 거리를 r이라고 하면, 상호간에 작용하는 힘의 크기는

$$\begin{cases} F = k\dfrac{m_1 m_2}{r^2} \\ \mathbf{F} = k\dfrac{m_1 m_2}{r^2}\,\boldsymbol{r_o} \end{cases} \qquad \cdots\cdots (4.1)$$

의 관계가 있으며, 이를 **자기에 관한 쿨롱의 법칙**이라 한다. 이 법칙은 단위를 생각하지 않은 일반식이다.

따라서, CGS단위계에서는 진공중에서 같은 세기의 점자하를 $r=1$[cm] 거리에 놓았을 때 그 사이에 작용하는 힘이 1[dyne]일 때의 자하의 세기를 1CGS[emu ; electromagnetic unit]라 한다. 따라서 이 단위계를 사용하면 식(4.1)에서 $k=1$이 되므로

$$\begin{cases} F = \dfrac{m_1 m_2}{r^2} \ [\text{dyne}] \\ \mathbf{F} = \dfrac{m_1 m_2}{r^2} \boldsymbol{r_o} \ [\text{dyne}] \end{cases} \quad \cdots\cdots (4.2)$$

으로 된다.

MKS 유리화 단위계에서는 진공중에서 같은 세기의 두 점자하를 r=1[m] 거리에 놓았을 때 작용하는 힘이 6.33×10^4[N]이 되는 것을 단위로 하여 1[Wb]라 하고, 이 단위계에 의하여 $k=6.33\times10^4$이므로

$$\begin{cases} F = 6.33\times10^4 \dfrac{m_1 m_2}{r^2} \ [\text{N}] \\ \mathbf{F} = 6.33\times10^4 \dfrac{m_1 m_2}{r^2} \boldsymbol{r_o} \ [\text{N}] \end{cases} \quad \cdots\cdots (4.3)$$

이 된다. 여기서, m_1, m_2[Wb]는 점자하량이고, r은 거리[m]이다.

그리고, $6.33\times10^4 = 1/4\pi\mu_o$이라면

$$\mu_o = \frac{1}{4\pi\times6.33\times10^4} = 4\pi\times10^{-7}$$
$$\fallingdotseq 12.56\times10^{-7} = \frac{1}{\varepsilon_o {C_o}^2} \ [\text{Wb}^2/\text{N}\cdot\text{m}^2 = \text{H/m}] \quad \cdots\cdots (4.4)$$

을 **진공의 투자율**(permeability)이라 한다. 따라서, 식(4.3)은

$$\begin{cases} F = \dfrac{1}{4\pi\mu_o} \dfrac{m_1 m_2}{r^2} \ [\text{N}] \\ \mathbf{F} = \dfrac{1}{4\pi\mu_o} \dfrac{m_1 m_2}{r^2} \boldsymbol{r}_o \ [\text{N}] \end{cases} \quad \cdots\cdots (4.5)$$

로 나타낼 수 있으며, 여기서, $\boldsymbol{r}_o$는 힘의 방향을 나타내는 단위 벡터이다.

진공 이외의 매질 중에서는

$$\begin{cases} F = \dfrac{1}{4\pi\mu} \dfrac{m_1 m_2}{r^2} \ [\text{N}] \\ \mathbf{F} = \dfrac{1}{4\pi\mu} \dfrac{m_1 m_2}{r^2} \boldsymbol{r}_o \ [\text{N}] \end{cases} \quad \cdots\cdots (4.6)$$

이 된다. 여기서, μ는 매질의 투자율로서,

$$\mu = \mu_o \mu_s \qquad \cdots\cdots (4.7)$$

이며, μ_s는 비투자율이라 한다. 따라서

$$\begin{cases} F = \dfrac{1}{4\pi\mu_o\mu_s}\dfrac{m_1 m_2}{r^2} \ [\text{N}] \\ \mathbf{F} = \dfrac{1}{4\pi\mu_o\mu_s}\dfrac{m_1 m_2}{r^2}\boldsymbol{r}_o \ [\text{N}] \end{cases} \qquad \cdots\cdots (4.8)$$

이 된다.

전하의 경우와 같이, $F>0$이면 반발력, $F<0$이면 흡입력이 작용한다.

예제 4.1

10^{-5}[Wb]와 1.2×10^{-5}[Wb]의 점자하를 공기 중에서 2[cm] 거리에 놓았을 때 극간에 작용하는 힘을 구하시오.

☞ 자기에 관한 쿨롱의 법칙으로부터

$$F = 6.33\times10^4\frac{m_1 m_2}{r^2} = 6.33\times10^4\frac{10^{-5}\times1.2\times10^{-5}}{0.02^2}$$
$$\fallingdotseq 1.9\times10^{-2} \ [\text{N}]$$

예제 4.2

비투자율 μ_s=50인 자성체내에 있는 6[μWb]와 10[μWb]의 두 점자하 간에 작용하는 힘이 25×10^{-5}[N]이다. 두 자하간의 거리를 구하시오.

☞ 자기에 관한 쿨롱의 법칙에서

$$F = 6.33\times10^4\frac{m_1 m_2}{\mu_s r^2} \ [\text{N}]$$

이므로

$$r^2 = \frac{6.33\times10^4 m_1 m_2}{\mu_s F} = \frac{6.33\times10^4\times6\times10^{-6}\times10\times10^{-6}}{50\times25\times10^{-5}}$$
$$= 3.04\times10^{-4}$$

$$\therefore\ r = \sqrt{3.04\times10^{-4}} = 0.0174\,[\mathrm{m}] = 1.74\,[\mathrm{cm}]$$

예제 4.3

그림 4.2와 같이 공기 중에 한 변의 길이 10 [cm]의 정삼각형의 각 정점에 각각 m_1, m_2, m_3의 점자하를 놓았을 때, m_3에 작용하는 힘의 크기를 구하시오. (단, $m_1=m_3=5\times10^{-3}$[Wb], $m_2=-5\times10^{-3}$[Wb]이다.)

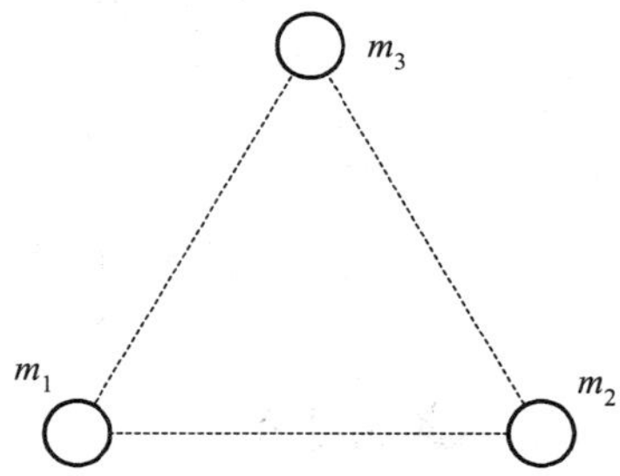

그림 4.2

☞ 그림 4.2에서 알 수 있는 바와 같이 m_3는 m_1에서 반발력 F_1, m_2에서 흡인력 F_2를 받으므로, 이로부터 F_1과 F_2의 합성이 m_3의 힘 F_3가 된다.

$$F_1 = F_2 = 6.33\times10^4\times\frac{(5\times10^{-3})^2}{0.1^2}$$
$$= 6.33\times25 = 158.3\,[\mathrm{N}]$$

F_3는 F_1과 F_2의 평행사변형의 대각선에 해당하므로

$$F_3 = 2F_1\cos60^\circ = 2\times158.3\times\cos60^\circ = 158.3\,[\mathrm{N}]$$

4.3 자계와 자기력선

자하는 그 주위에 존재하는 다른 자하에 쿨롱력이 미치므로, 그 자하는 주위의 공간에 자기력이 미치는 영역을 만들게 된다. 이 자기력이 미치는 영역을 **자계**(magnetic field) 혹은 **정자계**(static magnetic field)라 하고, 자계 중의 한 점에 1[Wb]의 정자하를 놓았을 때 작용하는 힘의 크기와 방향은 그 점에 대한 **자계의 세기**(intensity of magnetic field)라 한다. 따라서 자계의 세기는 벡터량이며, 일

반적으로 $\mathbf{H}$로 표시하고, 그 단위는 [N/Wb=AT/m]이다.

어떤 공간에 m_o를 놓았을 때, m_c에 자기력 $\mathbf{F}$[N]이 작용한다면, 그 점에서의 자계의 세기는

$$\mathbf{H} = \frac{\mathbf{F}}{m_o} \text{[A/m]}$$

로 정의되며

$$\begin{cases} F = m_o H \\ \mathbf{F} = m_o \mathbf{H} \end{cases} \quad \cdots\cdots (4.9)$$

가 된다. 한편 자계의 세기에 대한 CGS단위 1[Oe](oersted)은 1CGS emu의 자하에 작용하는 힘이 1[dyne]이 되는 값으로, 1[AT/m]=$4\pi \times 10-3$[Oe]의 관계가 있다.

점자하 m[Wb]의 주위 공간에 점자하 m_o[Wb]를 두면 m과 m_o사이에는

$$\mathbf{F} = \frac{m \cdot m_o}{4\pi \mu_o r^2} \boldsymbol{r}_o \text{ [N]}$$

의 힘이 작용한다. 따라서 그 점의 자계의 세기는

$$\mathbf{H} = \frac{\mathbf{F}}{m_o} = \frac{m}{4\pi \mu_o r^2} \boldsymbol{r}_o \text{[AT/m]} \quad \cdots\cdots (4.10)$$

로 주어지며, 그 크기는

$$H = \frac{F}{m_o} = \frac{m}{4\pi \mu_o r^2} \text{[AT/m]} \quad \cdots\cdots (4.11)$$

로 되고, 진공 이외의 매질에서는

$$\mathbf{H} = \frac{m}{4\pi \mu r^2} \boldsymbol{r}_o = \frac{m}{4\pi \mu_o \mu_s r^2} \boldsymbol{r}_o \text{[AT/m]} \quad \cdots\cdots (4.12)$$

가 되며, 여러 개의 자하에 의한 한 점의 자계의 세기는 각각에 의한 세기를 벡터적으로 합성하여야 한다.

예제 4.4

그림 4.3과 같이 길이 l, 자극의 세기 $\pm m$인 막대자석이 있다. 자축상의 한 점 A와 자석의 중심 O에서 수직으로 r[m]만큼 떨어진 점 B의 자계의 세기를 각각 구하시오.

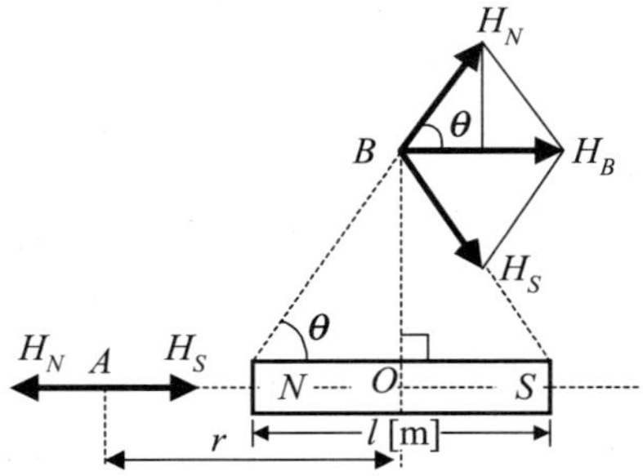

그림 4.3 자석에 의한 자계

☞ (a) 점 A의 자계를 H_A라 하면 그림 4.3에서

$$H_A = H_N - H_S = \frac{1}{4\pi\mu_o}\left\{\frac{m}{\left(r-\frac{l}{2}\right)^2} - \frac{m}{\left(r+\frac{l}{2}\right)^2}\right\}$$
$$= \frac{1}{4\pi\mu_o}\frac{2mlr}{\left(r^2-\frac{l^2}{4}\right)^2} \quad [\text{AT/m}]$$

가 된다. 여기서 $ml=M$[Wb·m]은 자석의 크기를 표시한 양으로 자석의 자기모멘트(magnetic moment)라 한다. 따라서

$$H_A = \frac{1}{4\pi\mu_o}\frac{2Mr}{\left(r^2-\frac{l^2}{4}\right)^2} \quad [\text{AT/m}]$$

가 된다. 한편 자석이 매우 작아 $r \gg l$이라면

$$H_A \fallingdotseq \frac{1}{4\pi\mu_o}\frac{2M}{r^3} \quad [\text{AT/m}]$$

가 된다.

(b) 점 B의 자계의 세기는 N, S극에 의한 방향이 다르고, 크기는 같으므로

$$H_S = H_N = \frac{1}{4\pi\mu_o}\frac{m}{r^2+\frac{l^2}{4}} \quad [\text{AT/m}]$$

가 되며, 합성자계 H_B는

$$H_B = 2H_N\cos\theta = 2\cdot\frac{1}{4\pi\mu_o}\cdot\frac{m}{r^2+\frac{l^2}{4}}\cdot\frac{\frac{l}{2}}{\sqrt{r^2+\frac{l^2}{4}}}$$
$$= \frac{1}{4\pi\mu_o}\cdot\frac{m}{r^2+\frac{l^2}{4}}\cdot\frac{l}{\left(r^2+\frac{l^2}{4}\right)^{1/2}}$$

$$= \frac{1}{4\pi\mu_o} \cdot \frac{M}{\left(r^2 + \frac{l^2}{4}\right)^{3/2}} \text{ [AT/m]}$$

이고, $r \gg l$이면

$$H_B \fallingdotseq \frac{1}{4\pi\mu_o} \cdot \frac{M}{r^3} \text{ [AT/m]}$$

가 된다.

자계의 상태를 눈으로 보는 것은 불가능하다. 그러나 관측용 미소 자하를 자계 내에 넣으면, 자계로부터 힘을 받아 이동하면서 하나의 곡선을 그린다. 이 조작을 반복하면 자계 전체를 채우는 곡선군이 얻어진다. 패러데이(Faraday)는 이 곡선군을 **자기력선**이라 하였다. 즉, 자계 내에 단위 정자하(+1[Wb])를 놓았을 때, 자기력에 의하여 단위 정자하가 이동하는 가상적인 선을 **자기력선 또는 자력선**(line of magnetic force)이라 한다.

자기력선의 성질은 전기력선과 같으며, 다음과 같다.

(1) 자기력선은 정자하로부터 방사되어 부자하에서 흡수된다.
(2) 자기력선상의 어떤 점에서의 접선의 방향은 그 점의 자계의 방향을 나타낸다.
(3) 자기력선은 서로 반발한다.
(4) 자하 m은 m/μ_o개의 자기력선을 진공 중으로 방사한다.
(5) 자기력선은 등자위면과 직교한다.

또한, 자기력선은 자하가 없는 장소에서는 연속적이어야 하므로, 자기력선의 밀도가 큰 장소일 수록 자계의 세기가 크고, 밀도가 작을 수록 자계의 세기도 작아진다.

따라서, 자계 중에서 벡터 **H**의 방향으로 그려진 지력선을 **자기력선**이라 하며, 단위 면적을 수직으로 통과하는 자기력선의 수, 즉 자력선 밀도가 바로 그 점에 있어서의 자계의 세기 **H**와 같도록 정의할 수 있으므로, 자계의 세기가 H[AT/m]인 곳의 미소면적 $dS[\text{m}^2]$를 수직으로 통과하는 자력선 수 dN은 $dN = H \cdot dS$[개]이다.

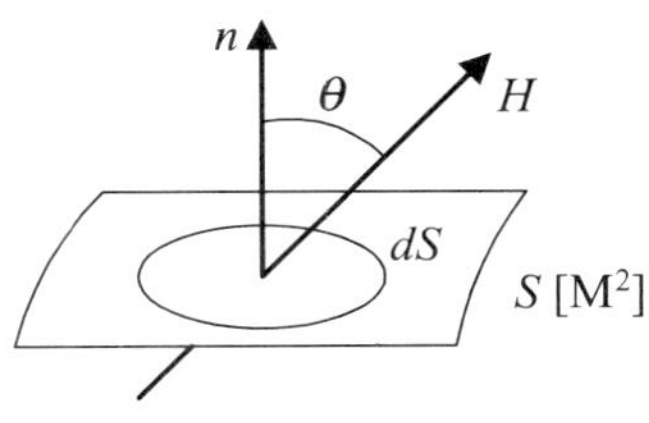

그림 4.6 자력선 분포

만약, 그림 4.4와 같이 자계 **H**가 dS에 대하여 법선 성분과 θ의 각도를 이루며 통과할 경우에는 수직성분인 법선성분을 취하여야 하므로 면적 $S[m^2]$를 지나는 자력선 총수 N은

$$N = \iint_S H \cos\theta \, dS$$
$$= \iint_S \mathbf{H} \cdot \boldsymbol{n} dS \quad [\text{개}] \qquad \cdots\cdots (4.13)$$

로 계산된다.

여기서 $\boldsymbol{n}$은 면적 dS에 대한 법선 단위벡터이다. 자극의 세기 m[Wb]에서 나오는 총 자력선은 Gauss의 법칙으로부터

$$N = \iint_S \mathbf{H} \cdot \boldsymbol{n} dS = \frac{m}{\mu_o} \quad [\text{개}] \qquad \cdots\cdots (4.14)$$

로 된다.

m=1[Wb]인 단위 정자극에서는 $1/\mu_o$[개]의 자력선이 나오고 단위 부자극에는 $1/\mu_o$[개]의 자력선이 들어간다.

자력선은 전기력선의 경우와 마찬가지로 투자율이 다른 매질이 접합된 면을 통과하면, 그 전후에서 그 수가 불연속으로 변화하므로, 이것은 취급상 불편하다. 따라서, 매질에 관계없이 그 값이 변화하지 않는다고 하면, m[Wb]의 자하는 $\phi=m$[Wb]의 자속이 방사된다고 정의할 수 있다.

따라서 어떤 평면을 수직으로 통과하는 자속을 ϕ라고 하면, 그 점의 자속밀도 **B**는

$$\mathbf{B} = \frac{\phi}{S} \, [\text{Wb/m}^2] \qquad \cdots\cdots (4.15)$$

이다. 즉, 단위 면적을 통과하는 자속수로서 정의된다.

진공 또는 자유공간에서 점자하 m[Wb]만 단독으로 존재하고 있다고 하면, 자하로부터 거리 r[m]인 점의 자속밀도 **B**는

$$\mathbf{B} = \frac{m}{4\pi r^2} \boldsymbol{r}_o [\text{Wb/m}^2] \qquad \cdots\cdots (4.16)$$

이므로, 진공중에서 자속밀도와 자계의 세기 사이에는

$$\mathbf{B} = \mu_o \mathbf{H} \ [\mathrm{Wb/m^2}] \qquad \cdots\cdots (4.17)$$

의 관계가 성립한다. 즉, 자속밀도는 자계의 세기에 비례한다.

예제 4.5

진공중에서 4π[Wb]의 자하로부터 발산되는 총자력선수를 구하시오.

☞ m[Wb]의 자하로부터 나오는 자력선수 N은 식(6.14)로부터

$$N = \iint_S \mathbf{H} \cdot \boldsymbol{n} dS = \frac{m}{\mu_o}$$

$$= \frac{4\pi}{\mu_o} = \frac{4\pi}{4\pi \times 10^{-7}} = 10^7 \quad [\text{개}]$$

4.4 자위와 자위차

자위도 전위와 동일하게 정의된다. 즉, "단위 정자하를 부하원으로부터 관측점까지 자계의 방향에 역으로 이동시킬 때의 일"로서 정의한다.

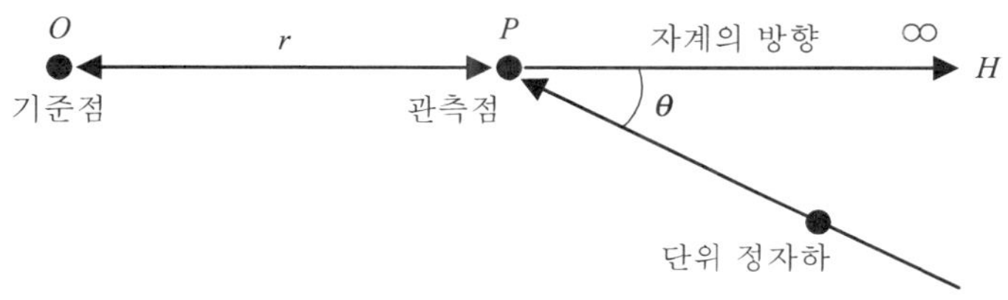

그림 4.4 점자하에 의한 자위

그림 4.4와 같이 자계 $\mathbf{H}$의 방향과 각 θ를 이루는 방향으로부터, 단위 정자하를 운반할 때의 일은

$$U = -\int_{\infty}^{l} H \cos\theta \, dl = -\int_{\infty}^{l} \mathbf{H} \cdot d\boldsymbol{l} \qquad \cdots\cdots (4.18)$$

이다. 즉, 무한대로부터 기준점까지의 일에서 관측점에서 기준점까지의 일을 뺀

것으로 나타낼 수 있다.

$$\begin{aligned} U &= U_{\infty-0} - U_{P-0} \\ &= -\int_{\infty}^{0} \mathbf{H} \cdot d\boldsymbol{l} + \int_{r}^{0} \mathbf{H} \cdot d\boldsymbol{l} = -\left\{ \int_{\infty}^{0} \mathbf{H} \cdot d\boldsymbol{l} + \int_{0}^{r} \mathbf{H} \cdot d\boldsymbol{l} \right\} \\ &= -\int_{\infty}^{r} \mathbf{H} \cdot d\boldsymbol{l} \end{aligned}$$

여기서, 부(−)의 부호는 외부에서 에너지의 공급을 받아 자위가 높아진다는 것을 의미한다. 따라서, 계산결과가 정(+)이 되면 자위가 높아짐을, 부(−)가 되면 자위가 낮아짐을 의미하므로, 이것으로부터 자계가 일을 행했다는 것을 알 수 있다.

m[Wb]의 점자하에 의한 자계에서 r[m] 거리에 있는 점 P의 자계 $H_P = m/4\pi\mu_o r^2$이고, 적분로를 자계의 방향과 일치시키면 $\cos\theta=1$이므로 $dl=dr$이다. 따라서 점 P의 자위는

$$\begin{aligned} U_P &= -\int_{\infty}^{r} H_P \cos\theta\, dl = -\int_{\infty}^{r} H_P dr \\ &= \frac{m}{4\pi\mu_o r} \quad [\text{J/Wb} = \text{A}] \end{aligned} \qquad \cdots\cdots (4.19)$$

로 주어진다. 그리고 자위는 방향을 갖지 않는 스칼라량이므로 여러 점자극에 의한 자위는 각각의 자위를 대수적으로 합하면 된다.

$$U = \frac{1}{4\pi\mu_o}\left(\frac{m_1}{r_1} + \frac{m_2}{r_2} + \cdots + \frac{m_n}{r_n}\right) = \frac{1}{4\pi\mu_o}\sum_{i=1}^{n}\frac{m_i}{r_i}\,[\text{A}] \qquad \cdots\cdots (4.20)$$

자위차는 자계 중의 임의의 두 점간의 자위차로 정의된다. 즉, 자계 중 한 점의 자위를 U_1, 다른 한 점의 자위를 U_2라고 하면, 자위차는

$$U_{12} = U_1 - U_2 = -\int_{r_2}^{r_1} \mathbf{H} \cdot d\boldsymbol{l} = -\int_{r_2}^{r_1} H\cos\theta\, dl\ [\text{A}] \qquad \cdots\cdots (4.21)$$

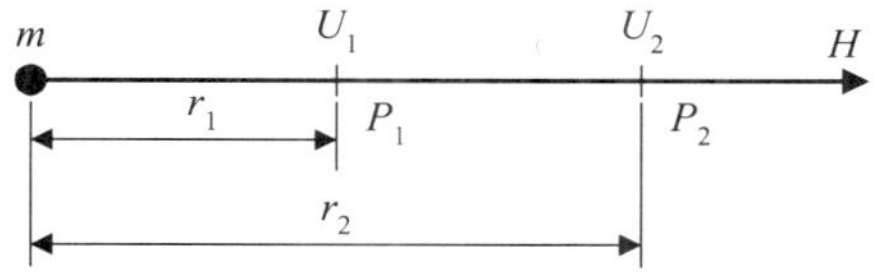

그림 4.5 점자하에 의한 자위차

예를 들면, 그림 4.5에 나타낸 바와 같이 점자하 m[Wb]에 의한 자계 중의 임의의 두 점간의 자위차는

$$U_{12} = -\int_{r_2}^{r_1} \frac{m}{4\pi\mu_o r^2}\,dr = \frac{m}{4\pi\mu_o}\left(\frac{1}{r_1} - \frac{1}{r_2}\right)[\mathrm{A}] \quad \cdots\cdots (4.22)$$

로 된다.

이상에서 알 수 있는 바와 같이, 자위나 자위차도 적분로의 시점과 종점의 위치에 의존하고, 도중의 경로에는 무관계하다.

그림 4.6에 나타난 바와 같이 단위 정자하를 정자계 중에서 일주시킬 때의 일은 정전계의 r경우와 마찬가지로 0으로 된다. 즉,

$$\oint_c H dl = 0[\mathrm{A}] \quad \cdots\cdots (4.23)$$

가 성립한다. 따라서, 정자계도 보존장인 사실임을 알 수 있다.

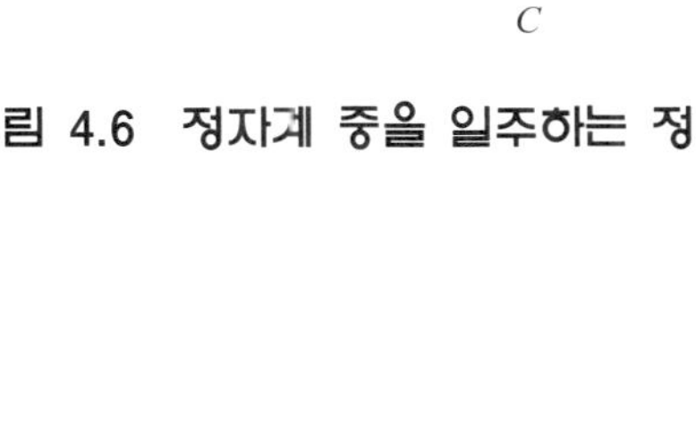

그림 4.6 정자계 중을 일주하는 정자하

4.5 등자위면과 자위경도

자계 중에서 자위가 같은 점을 연결하면 하나의 곡면이 얻어지는데, 이것을 **등자위면**이라 한다. 그리고, 등자위면과 자력선은 직교하고, 두 개 또는 그 이상의 등자위면은 서로 교차하지 않는다.

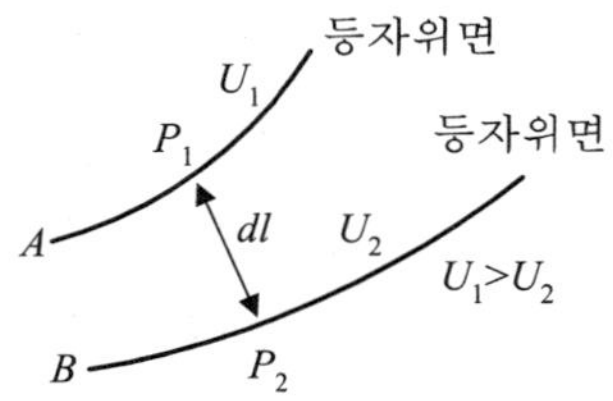

그림 4.7 자위경도

그림 4.7에 나타낸 바와 같이 자계 중에 두 개의 등자위면 A, B가 간격 dl만큼 떨어져 있다고 가정하자. 간격 dl이 매우 작다고 하면, 양 등자위면의 자위차는 $-dU=U_1-U_2$라고 쓸 수 있으므로, dl간의 자위차의 평균 변화율은

$$H = -\frac{dU}{dl} \qquad \cdots\cdots (4.24)$$

로 주어진다. 이를 자계 중의 임의의 점에 있어서의 **자위경도**라고 한다. 그리고

| 자위 경도 | = | 자계의 세기 |

의 관계가 성립한다는 것도 정전계의 경우와 마찬가지이다.

전위경도에서 설명한 바와 같이, 자위경도도 방향에 따라서 다르다. 따라서, 직각좌표(x, y, z)의 각 성분의 자위경도는

$$H_x = -\frac{dU}{dx}, \quad H_y = -\frac{dU}{dy}, \quad H_z = -\frac{dU}{dz} \qquad \cdots\cdots (4.25)$$

로 구해지고, 극좌표(r, θ)에 있어서는

$$H_r = -\frac{\partial U}{\partial r}, \quad H_\theta = -\frac{1}{r}\frac{\partial U}{\partial \theta} \qquad \cdots\cdots (4.26)$$

으로 되므로,

$$\mathbf{H} = \boldsymbol{i}H_x + \boldsymbol{j}H_y + \boldsymbol{k}H_z = -\operatorname{grad} U \qquad \cdots\cdots (4.27)$$

가 된다. 즉, 자계의 세기와 자위경도의 크기는 같고, 방향은 반대임을 알 수 있다.

4.6 자기쌍극자

그림 4.7에 나타낸 바와 같이 길이 l[m]인 봉자석의 양단에 $\pm m$[Wb]의 자하가 있다고 했을 때, 그것에 의한 점 P의 자위와 자계의 세기를 구하도록 하자.

$+m$과 $-m$에 의하여 점 P에 미치는 자위는 각각

$$\begin{cases} U_1 = \dfrac{m}{4\pi\mu_o r_1} [\mathrm{A}] \\ U_2 = \dfrac{-m}{4\pi\mu_o r_2} [\mathrm{A}] \end{cases} \qquad \cdots\cdots (4.28)$$

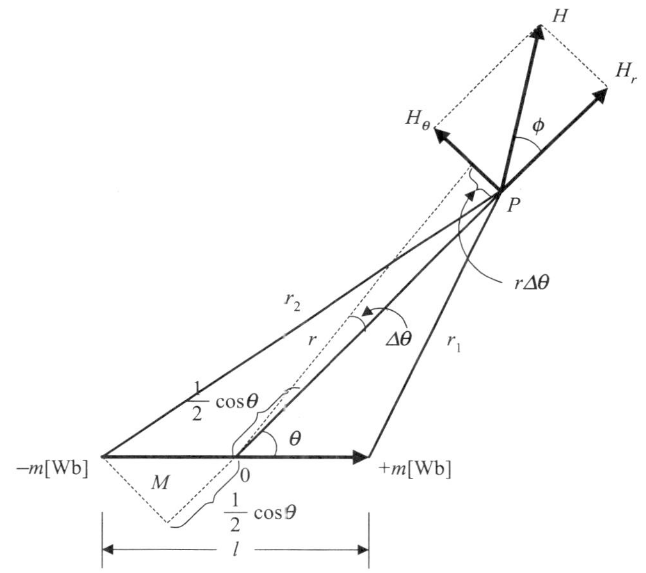

그림 4.7 자기쌍극자

이므로, 점 P의 자위는

$$U = U_1 + U_2 = \frac{m}{4\pi\mu_o}\left(\frac{1}{r_1} - \frac{1}{r_2}\right)[\mathrm{A}] \qquad \cdots\cdots (4.29)$$

이 얻어진다. 여기서, $l \ll r$이므로,

$$\begin{cases} r_1 \fallingdotseq r - \dfrac{l}{2}\cos\theta \\ r_2 \fallingdotseq r + \dfrac{l}{2}\cos\theta \end{cases}$$

로 근사적으로 놓을 수 있으므로, 이를 식(4.29)에 대입하면

$$\begin{aligned} U &= \frac{m}{4\pi\mu_o}\frac{r+\dfrac{l}{2}\cos\theta - r + \dfrac{l}{2}\cos\theta}{\left(r-\dfrac{l}{2}\cos\theta\right)\left(r+\dfrac{l}{2}\cos\theta\right)} \\ &= \frac{m}{4\pi\mu_o}\frac{l\cos\theta}{\left(r^2-\dfrac{l^2}{4}\cos^2\theta\right)} \\ &\fallingdotseq \frac{m}{4\pi\mu_o}\frac{l\cos\theta}{r^2} = \frac{1}{4\pi\mu_o}\frac{M\cos\theta}{r^2}\ [\mathrm{A}] \end{aligned} \quad \cdots\cdots (4.30)$$

로 된다. 여기서 $M=ml$은 자기쌍극자 모멘트이다.

그리고, 점 P의 자계 H의 r방향과 이에 수직방향의 성분을 구좌표계의 미분식에 의하여 각각 H_r 및 H_θ라 하면

$$\begin{cases} H_r = -\dfrac{\partial U}{\partial r} = \dfrac{2M\cos\theta}{4\pi\mu_o r^3}\ [\mathrm{A}] \\ H_\theta = -\dfrac{1}{r}\dfrac{\partial U}{\partial \theta} = \dfrac{M\sin\theta}{4\pi\mu_o r^3}\ [\mathrm{A}] \end{cases} \quad \cdots\cdots (4.31)$$

으로 되어 전기쌍극자에서의 값과 같은 형태로 되고, 점 P의 자계 H의 크기 및 방향은

$$\begin{cases} H = \sqrt{{H_r}^2 + {H_\theta}^2} = \dfrac{M}{4\pi\mu_o r^3}\sqrt{3\cos^2\theta + 1} \\ \phi = \tan^{-1}\left(\dfrac{1}{2}\tan\theta\right) \end{cases} \quad \cdots\cdots (4.32)$$

로 된다.

예제 4.6

자하량 $m=8\pi^2$[Wb], 길이 $l=20$[cm]인 소자석의 중심에 소자석의 축과 60°의 각으로 10[cm] 떨어진 점 P의 자계의 세기를 구하시오.

☞ 식(4.32)에서

$$M = ml = 8\pi^2 \times 0.2 = 1.6\pi^2 \text{[Wb·m]}$$

이므로

$$H = \frac{M}{4\pi\mu_o r^3}\sqrt{3\cos^2\theta + 1} = \frac{1.6\pi^2}{4\pi \times 4\pi \times 10^{-7} \times 10^{-3}}\sqrt{3\cos^2 60° + 1}$$

$$= \frac{1}{10 \times 10^{-7} \times 10^{-3}}\sqrt{1.75} = 1.32 \times 10^9 \quad \text{[AT/m]}$$

이다.

4.7 자화의 본질과 자화의 세기

모든 물질은 자계 내에 놓이면 자성을 나타낸다. 이 때 그 물질은 자화되었다고 하고, 자화된 물질을 **자성체**라고 한다.

그림 4.8(a)에 나타낸 바와 같이 자석 근방에 자성체를 놓았을 때, 자석에 가까운 곳에 반대의 자극이, 먼 곳에 같은 자극이 유도되는 것을 **상자성체**라고 한다. 또한, 그림 4.8(b)에 나타낸 바와 같이 가까운 곳에 같은 자극이, 먼 곳에 반대의 자극이 유도되는 것을 **반자성체** 또는 **역자성체**라고 한다. 상자성체 중에서 특히 강하게 자화되는 것을 강자성체라 하고, 일반적으로 자성체라고 하면 강자성체를 일컫는다.

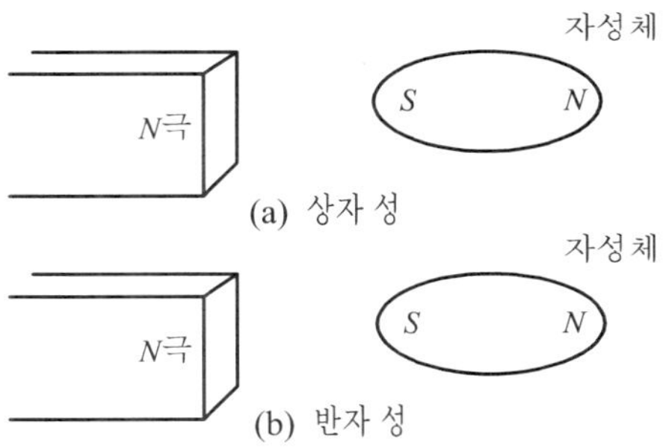

그림 4.8 상자성과 반자성

철, 니켈 및 코발트는 천연으로 생산되는 강자성체이며, 인공적인 것으로는 퍼머로이, MKS강 등이 있다.

강자성체 이외의 상자성체는 약자성체이고, 약자성체에는 크롬, 망간, 알루미늄 및 기체로서는 산소, 공기가 있다.

반자성체에는 수은, 금, 동, 연 및 산소와 공기 이외의 기체, 그리고 유기물 등이 있다.

강자성체 이외의 자성체는 자계 중에 넣어도 상당히 약한 자성만을 나타내므로 실용적으로는 비자성체로서 취급하여도 지장은 없다.

물질을 구성하는 전자는 스핀운동(spin ; 자전운동)을 하기 때문에 전자는 자기쌍극자 모멘트를 갖고, 외부자계가 없을 때에는 전자의 자기쌍극자 모멘트가 각각 자유로운 방향을 갖고 있어서 전체적으로는 자성을 나타내지 않는다.

외부자계가 가해지면 자기쌍극자 모멘트가 영향을 받아서 한 방향으로 정렬하여 상자성이나 반자성을 나타낸다. 외부자계를 강하게 하면, 자성도 강하게 나타나지만, 어느 값 이상의 외부자계를 가하여도 자성체의 자성은 일정한 값을 유지하고 있다. 이 상태를 **자기포화**라고 한다.

자기포화는 자기쌍극자 모멘트가 모두 한 방향으로 정렬했을 때에 생긴다. 외부자계를 제거하면, 자기쌍극자 모멘트는 원상태로 복귀하여 자성이 소멸된다. 그러나, 외부자계를 완전히 제거하여도, 일부의 자기쌍극자가 인가자계의 방향으로 향한 채로 남아 있는 재료는 **영구자석**이라 한다.

자성체의 양단면의 단위면적에 발생된 자기량을 그 자성체에 대한 **자화의 세기** 혹은 **자화도(磁化度)**라 하며, 자성체의 자화 정도를 표시한다.

그림 4.9와 같이 자성체의 단면적을 $S[\mathrm{m^2}]$, 발생된 자기량을 $m[\mathrm{Wb}]$라 할 때 자화의 세기 J는

$$J = \frac{m}{S}\,[\mathrm{Wb/m^2}] \quad \cdots\cdots (4.33)$$

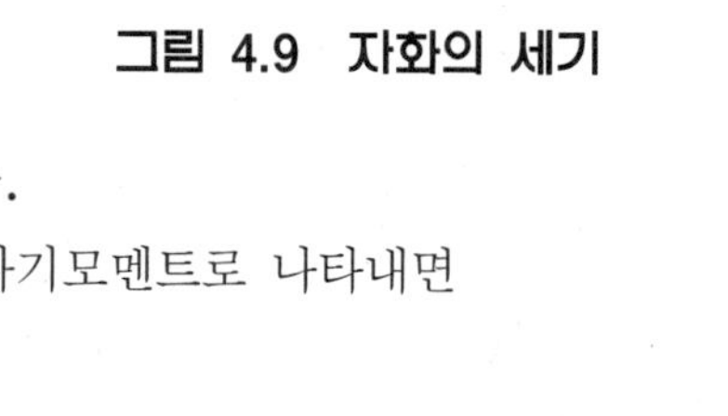

그림 4.9 자화의 세기

으로 주어진다. 즉, 자화의 세기는 그 체적의 단면에 나타나는 자극밀도로 표시한다.

식(4.33)에 자성체의 길이 $l[\mathrm{m}]$를 곱하여 자기모멘트로 나타내면

$$J = \frac{m \times l}{S \times l} = \frac{M}{V}\ [\mathrm{Wb \cdot m/m^3}] \quad \cdots\cdots (4.34)$$

가 된다. 여기서, V는 자성체의 체적이므로, **자화의 세기는 단위 · 체적에 대한**

자기모멘트로도 정의된다.

그리고, 자기모멘트는 자극간의 거리를 S극에 대한 N극의 위치벡터 $\boldsymbol{l}$[m]로 표현하면, 자기모멘트가 벡터량이 되어

$$\mathbf{M} = m\boldsymbol{l}\ [\text{Wb}\cdot\text{m}] \quad \cdots\cdots (4.35)$$

로 표현할 수 있으므로, 자화의 세기를 벡터량으로 표시하면

$$\mathbf{J} = \frac{\mathbf{M}}{V}\ [\text{Wb/m}^2] \quad \cdots\cdots (4.36)$$

로 된다.

물체가 균일하게 자화되어 있을 때에는 내부에는 자극이 존재하지 않고, 물체의 양 단면에만 자극이 존재한다. 이 때의 자화의 세기는 단면에 생긴 자극밀도와 같다.

자화의 세기 **J**는 자화의 방향으로 취한 벡터이므로, 전계 **E**에 대한 전기력선의 정의에서와 같이 **J**의 지력선을 생각할 수 있다. 이것을 **자화선**(line of magnetization)이라고 하며, 자화된 물체의 표면은 자화선의 종점 N극 또는 출발점 S극이 되며, 이것이 곧 자화에 의하여 발생한 자극이 된다. 자성체의 자화상태를 표시하는 **J**는 유전체에서의 전기분극의 세기 **P**와 동일한 의미를 가지고 있다. **P**와 **J**의 정의방법에는 차이가 있지만, 어느 쪽이나 내부의 쌍극자를 출발점으로 하고 있으므로 같은 결과가 얻어진다.

그러나, 분극의 경우에는 유전체의 내부에서 전하의 이동이 실제로 있었으나, 자성체의 경우는 원자내의 전자의 자전운동(spin)에 의한 미소전류 루프가 근원이므로, 자극이 실제로 존재하는 것이 아니고, 외부에서 보았을 때 자력선이 나온다고 생각되는 곳을 N극, 끝난다고 생각되는 곳을 S극으로 하여 자기쌍극자를 생각한 것 뿐이다.

따라서 지금까지 자극이라고 취급해 온 것은 편의상의 일이다. 이것은 전기의 전하가 실제의 양(量)이었던 것과는 그 성질이 다르다.

한편, 자성체의 자화의 세기 **J**는 자성체 내의 자계의 세기 **H**에 비례할 것이므로

$$\begin{cases} \mathbf{J} = \chi\mathbf{H} \\ J = \chi H\ [\text{Wb/m}^2] \end{cases} \quad \cdots\cdots (4.37)$$

로 놓을 수 있다. 여기서, χ는 자성체의 종류에 따라 정해지는 비례상수로서, 자화율(magnetic susceptibility), $\chi/\mu_o=\chi_s$를 비자화율(relative magnetic susceptibility)이라 하고, 그 값은 표 4.1과 같으며, 부의 것은 역자성체에 속한다.

그리고, $\chi=\mu_o(\mu_s-1)$로 주어지며,

$$\begin{cases} \mathbf{J}=\mu_o(\mu_s-1)\mathbf{H} \\ J=\mu_o(\mu_s-1)H \quad [\mathrm{Wb/m^2}] \end{cases} \qquad \cdots\cdots (4.38)$$

가 된다.

표 4.1 비자화율 $\chi_s=\chi/\mu_o$

물질	χ_s	물질	χ_s	물질	χ_s
액체산소	3.46×10^{-8}	공 기	3.65×10^{-7}	은	-2.64×10^{-5}
팔 라 듐	8.25×10^{-4}	비스무트	-16.7×10^{-5}	납	-1.69×10^{-5}
백 금	2.93×10^{-4}	수 정	-1.51×10^{-5}	구 리	-0.94×10^{-5}
알루미늄	2.14×10^{-4}	물	-0.88×10^{-5}	아 르 곤	-0.945×10^{-3}
산 소	1.79×10^{-4}	수 은	-3.23×10^{-5}	수 소	-0.205×10^{-8}

여기서, μ_s를 비투자율(relative permeability)이라 하며, 단위가 없고 자성체의 성질에 따라 결정되는 값으로 표 4.2와 같다.

표 4.2 자성체의 비투자율

물 질	종별	비투자율
창연	역자성체	0.99983
은	역자성체	0.99998
주석	역자성체	0.999983
동	역자성체	0.999991
진공		1
공기	상자성체	1.00000004
알루미늄	상자성체	1.0002
코발트	강자성체	250
니켈	강자성체	600
철 (0.2% 불순물)	강자성체	5,000
규소강 (4% 규소)	강자성체	7,000
퍼멀로이 (Fe_{22}, Ni_{78})	강자성체	100,000
순철	강자성체	200,000
슈퍼멀로이 (Fe_{17}, Mo_5, Ni_{78})	강자성체	1,000,000

예제 4.7

길이 10[cm], 단면의 반지름 $a=1$[cm]인 원통형 자성체가 길이의 방향으로 균일하게 자화되어 있을 때 자화의 세기가 $J=0.5$[Wb/m²]이다. 이 자성체의 자기모멘트[Wb · m]를 구하시오.

☞ 자화의 세기는

$$J=\frac{M}{V}=\frac{m\cdot l}{S\cdot l}$$

이므로, 자기모멘트는

$$M=ml=SlJ=\pi a^2 lJ=3.14\times(0.01)^2\times0.1\times0.5=1.57\times10^{-5}\text{[Wb·m]}$$

이다.

예제 4.8

비투자율 $\mu_s=400$, 반지름 3[cm]인 원형 단면을 가진 연철심에 코일을 감고, 이것에 전류를 흘린 결과 철심중의 자계가 400[AT/m]로 되었다. 이 때의 자화의 세기를 구하시오.

☞ 자화율

$$\chi=\mu-\mu_o=\mu_o(\mu_s-1)=4\pi\times10^{-7}(400-1)=5\times10^{-4}\ \text{[H/m]}$$

이다. 따라서 자화의 세기는

$$J=\chi H=5\times10^{-4}\times400=0.2\ \ \text{[Wb/m}^2]$$

로 된다.

4.8 자속밀도

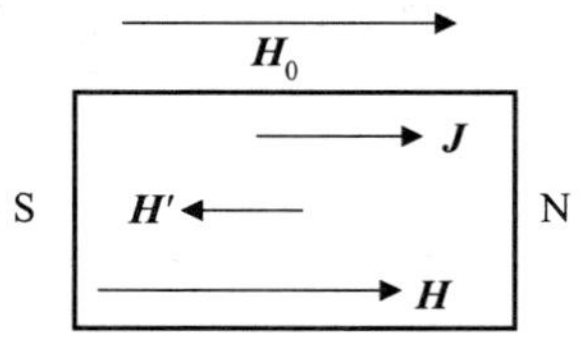

그림 4.10 자성체 내의 자속

유전체의 분극도 **P**와 유전체 내의 전계 **E**를 종합한 $\mathbf{D}=\varepsilon_0\mathbf{E}+\mathbf{P}$의 전속밀도를 정의함으로써, 유전체에서의 전계분포를 간단히 취급할 수 있다.

이를 자성체에도 적용하여 자성체 내의 자계 분포를 쉽게 취급할 수 있다. 그림 4.10과 같이 진공 중의 평등자계 $\boldsymbol{H}_0$ 내에 자성체를 놓으면, 자화에 의하여 자화의 세기 **J**에 따르는 자극 S, N이 표면에 유도되어, 내부에서는 외부자계 H_o와 이 S, N에 의한 반대방향의 자계 즉, **H**'과의 합인

$$\mathbf{H} = \mathbf{H}_o - \mathbf{H}' \qquad \cdots\cdots (4.39)$$

의 자계가 작용한다. 따라서 자성체 내부에는 자계 **H**에 의하여 자력선과 자화의 세기 **J**에 의한 자화선이 동시에 존재하게 되면, 자성체에 따라 그 값이 달라진다. 그러므로 이들을 종합하면

$$\mathbf{B} = \mu_o\mathbf{H} + \mathbf{J} \qquad \cdots\cdots (4.40)$$

의 새로운 벡터량 **B**를 생각함으로써, 전속밀도 **D**에서와 같이 자성체의 종류에 관계없이 자계분포를 일률적으로 취급할 수 있게 된다. 이 **B**를 **자속밀도**(magnetic flux density) 혹은 **자기유도도**(magnetic induction)라 하며, 벡터 **B**의 방향으로 그려진 지력선을 **자속선** 혹은 **자선**(magnetic line)이라 한다. 그리고 전계의 전속선과 같은 단위 · 넓이를 통과하는 자속선수를 그 점에 대한 자속밀도의 크기 **B**와 같도록 정의한다. 따라서 진공 중에서는 **J**=0이므로

$$\mathbf{B} = \mu_o\mathbf{H} \qquad \cdots\cdots (4.41)$$

가 된다. 즉, **B**의 자속선은 자성체를 진공으로 대치할 경우 자계 **H**로 주어지는 자력선수를 μ_o배한 값이 되며, 자속선의 분포상태는 자계의 분포상태와 같은 모양이다.

자속밀도 $\mathbf{B}$인 점의 임의의 면 S를 지나는 자속선수를 **자속**(magnetic flux)이라 하며, 이것을 ϕ라고 하면,

$$\phi = \iint_S \mathbf{B} \cdot \boldsymbol{n} dS \qquad \cdots\cdots (4.42)$$

로 주어진다. 여기서, $\boldsymbol{n}$은 면 S에 수직한 단위 법선벡터이다. 만일, S가 폐곡면을 형성할 때는 S면 내의 자화된 자성체에는 반드시 정(+), 부(−) 같은 양의 자극이 동시에 존재할 것이다. 따라서, 이 면으로 들어가는 자속과 나가는 자속은 항상 같기 때문에 결국 면 S를 유출하는 자속은 0이 된다. 즉,

$$\iint_S \mathbf{B} \cdot \boldsymbol{n} dS = 0 \qquad \cdots\cdots (4.43)$$

로 되고, 식(4.43)에 발산의 정리를 적용하면

$$\iiint_v \mathrm{div}\mathbf{B} \cdot dv = 0 \qquad \cdots\cdots (4.44)$$

이 얻어진다. 이 관계는 자성체의 모든 장소에 대하여 성립하기 때문에

$$\mathrm{div}\mathbf{B} = 0 \qquad \cdots\cdots (4.45)$$

의 관계가 자성체의 모든 점에서 성립해야 한다. 자속밀도 $\mathbf{B}$에는 식(4.45)와 같은 성질이 있으나, 자계 $\mathbf{H}$의 지력선은 N에서 출발하여 S에서 끝난다. 이 모양을 그림 4.11에 나타냈다. 그림에서 알 수 있는 바와 같이 $\mathbf{H}$는 N에서 나와 S에서 끝나고 있 으나, $\mathbf{B}$는 나오고 들어가는 점이 없는 폐곡선으로서 연속성을 갖고 있다.

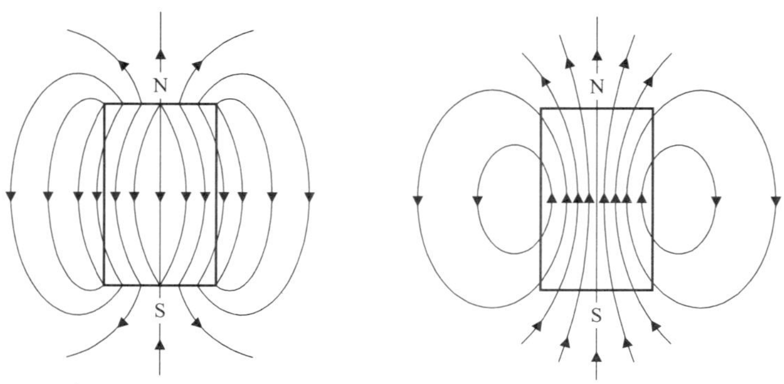

(a) H (b) B

그림 4.11 영구자석의 H와 B

자화의 세기 **J**의 단위는 단위·부피에 대한 자기모멘트로 주어지기 때문에 다음과 같다.

$$J = \frac{(\text{자기모멘트})}{(\text{부피})} = \frac{[\text{Wb}]\cdot[\text{m}]}{[\text{m}^3]} = \frac{[\text{Wb}]}{[\text{m}^2]}$$

또, 자속밀도 **B**의 단위는 [W/m^2]이 된다.

그리고, 식(4.40)에 식(4.37)을 대입하면 자속밀도는

$$\mathbf{B} = \mu_o\mathbf{H} + \chi\mathbf{H} \qquad \cdots\cdots (4.46)$$

가 되고, 여기서

$$\mu = \mu_o + \chi \qquad \cdots\cdots (4.47)$$

로 놓으면

$$\mathbf{B} = \mu\mathbf{H} \qquad \cdots\cdots (4.48)$$

의 관계가 주어진다. 여기서, μ를 자성체의 투자율(permeability)이라 한다. 또 μ와 μ_o와의 비

$$\mu_s = \frac{\mu}{\mu_o} = 1 + \frac{\chi}{\mu_o} \qquad \cdots\cdots (4.49)$$

를 그 자성체의 **비투자율**(relativ permeability)이라고 한다.

표 4.1은 상자성체와 역자성체 몇가지에 대한 비자화율의 값을 표시한 것이다. $\chi > 0$인 경우는 자화가 자계와 같은 방향이므로 이것은 상자성체를 나타내고, $\chi < 0$인 경우는 자화의 방향이 반대가 되어 역자성체이다. 따라서, 표 4.2와 같이 비투자율 μ_s가 1보다 크면 상자성체, 1보다 작으면 역자성체가 된다. 이 표에서 알 수 있는 바와 같이 보통의 상자성체는 비자화율(χ / μ_o)이 1에 비하여 매우 작기 때문에 $\mu \doteqdot \mu_o$로 취급해도 별로 지장이 없다. 그러므로 강자성체 이외는 $\mu = \mu_o$로 하여 비자성체(nonmagnetic material)로 취급한다.

이에 비하여 강자성체가 되면 표 4.2와 같이 비투자율이 수 백~수 천에서 수 십만이나 되는 특수재료들도 있으며, 같은 재료라도 가공방법 및 자화의 정도와

조건에 따라서 그 값이 달라진다.

예제 4.9

비투자율 400인 철심을 사용한 환상 솔레노이드에서 철심중의 평균 자계의 세기가 300[AT/m]일 때 철심중의 자속밀도, 자화율 및 자화의 세기를 구하시오.

☞ 환상 철심이므로 그 자화는 여자자계에 의하여 자화되고, 자기감자작용은 존재하지 않는다. 따라서 여자자계를 H_o라고 하면,

i) 자속밀도

$$B = \mu H_o = \mu_o \mu_s H_o = 4\pi \times 10^{-7} \times 400 \times 300 = 0.15\ [\mathrm{Wb/m^2}]$$

ii) 자화율

$$\chi = \mu_o(\mu_s - 1) = 4\pi \times 10^{-7}(400 - 1) = 5 \times 10^{-4}\ [\mathrm{H/m}]$$

iii) 자화의 세기

$$J = \chi H_o = 5 \times 10^{-4} \times 300 = 0.15\ [\mathrm{Wb/m^2}]$$

4.9 경계조건

투자율이 μ_1, μ_2인 두 개의 자성체 Ⅰ, Ⅱ가 경계를 이루고 접해 있을 경우, 그 경계면에 있어서의 자계와 자속밀도를 조사하도록 하자.

그림 4.12에 나타난 바와 같이 자계가 자성체 Ⅰ에서 자성체 Ⅱ로 향하고 있다고 하고, 입사각을 θ_1, 굴절각을 θ_2라고 하자.

경계면에 있어서의 자계를 조사하기 위하여 단위·정자하를 경계면에 접하도록 하여 일주시키고 그 때의 일을 구한다.

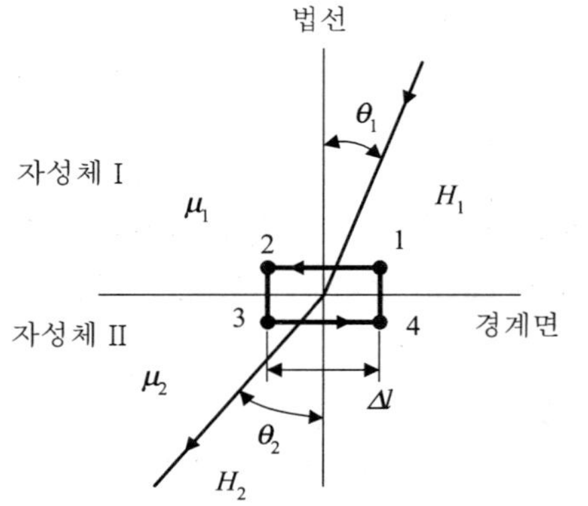

그림 4.12 경계면에 있어서의 자계

경로 2−3 및 4−1을 아주 짧다고 하면, 단위·정자하가 경계면을 통과할 때의 일은 무시할 수 있다.

H_1의 접선성분은 $H_1\sin\theta_1$ 및 H_2의 접선성분은 $H_2\sin\theta_2$이다. 단위·정자하가 1−2를 통과할 때 행한 일은 $H_2\sin\theta_1\cdot\Delta l$이고, 경로 3−4를 통과할 때 행한 일은 이 동방향이 H_2의 접선성분의 방향과 반대이기 때문에 $-H_2\sin\theta_2\cdot\Delta l$로 되므로 단위·정자하가 일주할 때 일은

$$\Delta W = (H_1\sin\theta_1 - H_2\sin\theta_2)\cdot\Delta l\ [\mathrm{J}] \qquad \cdots\cdots (4.50)$$

로 된다.

자하가 정자계를 일주할 때 행한 일은 0이므로 $\Delta W=0$이 아니면 안된다. 따라서

$$H_1\sin\theta_1 = H_2\sin\theta_2\ [\mathrm{A/m}] \qquad \cdots\cdots (4.51)$$

를 얻을 수 있다. 즉, 자성체의 경계면에 있어서 자계의 접선성분은 같고, 연속적임을 알 수 있다.

또한, 경계면에 있어서의 자속밀도를 구해 보면, 그림 4.13에 나타낸 바와 같이 자속이 자성체 I에서 자성체 II로 향할 때의 입사각을 θ_1, 굴절각을 θ_2라고 하고, 경계면을 사이에 두고 양쪽에 밑면 ΔS를 갖는 아주 얇은 원통을 설정하고, 그 원통상에 가우스의 정리를 적용하면, 원통이 아주 얇기 때문에 원통의 측면을 통과하는 자속은 무시한다.

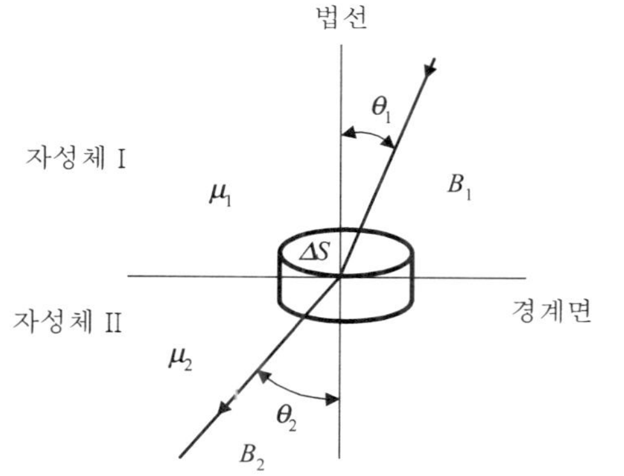

그림 4.13 경계면에 있어서의 자속밀도

따라서, 원통의 상하면을 통과하는 자속을 생각하면 된다.

상면을 수직으로 입사하는 자속은 $-B_1\cos\theta_1 \cdot \Delta S$이면, 하부를 수직으로 나가는 자속은 $B_2\cos\theta_2 \cdot \Delta S$이다. 그리고 경계면에 자하가 존재하지 않으므로, 이 미소 원통상에 있어서

$$\iint_S BdS = (-B_1\cos\theta_1 + B_2\cos\theta_2)\Delta S = 0$$

가 성립되기 때문에

$$B_1\cos\theta_1 = B_2\cos\theta_2 \qquad \cdots\cdots (4.52)$$

가 얻어지고, $B=\mu H$의 관계를 이용하면

$$\mu_1 H_1\cos\theta_1 = \mu_2 H_2\cos\theta_2 \qquad \cdots\cdots (4.53)$$

를 얻는다. 즉, 경계면에 있어서의 법선성분은 크기가 같고, 연속적인 사실을 의미한다. 식(8.14)에 있어서 $\theta_1=0$라고 하면, $\theta_2=0$로 되므로

$$\mu_1 H_1 = \mu_2 H_2 \qquad \cdots\cdots (4.54)$$

로 되고, $\mu_1 \neq \mu_2$일 때, 자계의 세기는 경계면을 경계로 불연속적으로 변화함을 알 수 있다.

식(4.51)와 식(4.53)으로부터 H_1과 H_2를 소거하면

$$\frac{\tan\theta_1}{\tan\theta_2} = \frac{\mu_1}{\mu_2}$$

를 얻는다. 즉, $\mu_1 < \mu_2$이면 $\theta_1 < \theta_2$가 되며, 식(4.52)에서 $B_1 < B_2$이므로, 자속은 투자율이 작은 자성체에서 확산되는 경향 또는 투자율이 큰 자성체로 모이려는 경향이 있음을 알 수 있다.

4.10 자성체의 자화와 자계 에너지

4.10.1 자화곡선

지금까지 자화율 χ, 투자율 μ가 물질에 따라서 일정한 상수를 갖는다고 생각해 왔으나, 강자성체에서는 μ가 일정하지 않기 때문에 상수로서 취급할 수 없다.

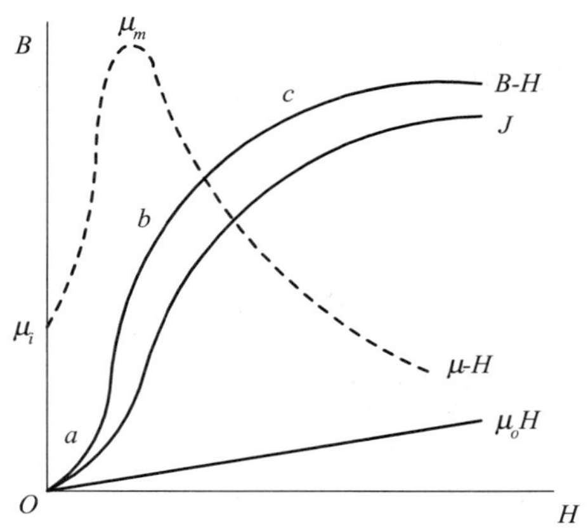

그림 4.14 자화곡선

그림 4.14와 같이 자화하지 않는 철이나 니켈 등의 강자성체에 자계 H를 가하여 점차 증가시킴에 따라 물질 내의 자구가 회전하기 때문에 자화의 세기 J도 증가하게 된다. 그러나, 자계 H가 어느 정도 증가하면 전자나 원자의 자기모우멘트가 모두 자계의 방향으로 향해 버리기 때문에 J는 증가하지 않고 포화현상이 나타나게 된다. 이 때 강자성체 내의 자속밀도는 $B = \mu_o H + J$의 관계가 있으므로 J가 포화되어 $\mu_o H$는 H에 비례하여 약간 증가하게 된다. 이 J, B와 H와

의 곡선을 **자화곡선**(magnetization curve)이라 한다.

강자성체에서는 자속밀도 B와 자계 H 사이에도 비례관계가 성립되지 않기 때문에 투자율 μ도 일정하지 않다. 따라서, 그림 4.14에서 알 수 있는 바와 같이 H의 작은 값에서는 급격히 증가한 다음, 최대치에 달한 후 차례로 감소하게 된다.

μ의 최대치 μ_m을 **최대투자율**(maximam permeability)이라 한다. 또한, 자화곡선상에서 H를 약간의 dH만큼 변화할 때의 B의 변화율 dB의 비를 취하면

$$\mu_d = \frac{dB}{dH} \qquad \cdots\cdots (4.55)$$

가 된다. 이를 **미분투자율**(differential permeability)이라 하고, $H=0$일 때의 미분투자율

$$\mu_i = \left(\frac{dB}{dH}\right)_{H=0}$$

를 **초기투자율**(initial permeability)이라 한다.

4.10.2 자기이력

강자성체를 변화할 때 B와 H가 비례하지 않을 뿐더러 자화의 세기가 과거의 이력에 관계가 된다. 즉, 자계 H값이 같아도 H가 증가하여, 이 값이 된 것인가에 따라서 자속밀도 B의 값이 달라진다. 이와 같은 현상을 **히스테리시스 현상**(hysteresis phenomenon)이라 한다.

완전 비자화상태의 강자성체에 외부자계 H를 가하여 포화치까지 자화한 후, 포화된 곳으로부터 H를 점점 감소시키면 그림 4.15와 같이 D→E의 방향으로 따라가며, H가 0이 되어도 B는 OE만큼 남아 있게 된다. 이 때의 점 E에 상당하는 B, 즉 B_r을 **잔류자기**(residual magnetism)라 한다. 자계를 역전시켜서 점점 크게 하면, 점 F에서 처음으로 자속밀도가 0이 된다. 즉, OF만큼 역방향으로 자계를 걸어주면 B가 0이 된다. OF에 상당하는 자계 H_c를 **보자력**(coersive force)이라고 한다. 또, 자계를 그 방향으로 증가시키면 F→G→H의 방향으로 가며, 점 H에서 포화에 도달한다. 이로부터 자계를 감소시켜 가면, H→I→K→L→D로 가는데, 이 곡선은 D→E→F→G→H와 똑같은 꼴로서 점 I에 상당하는 B가 잔류자기, 점 K에 상당하는 H_c가 보자력이 된다.

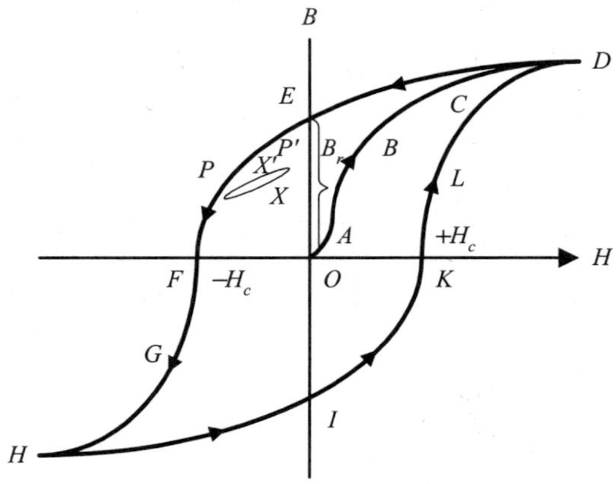

그림 4.15 강자성체의 자기이력곡선

자계 H의 값이 같아도 B의 값은 그 과거의 내력을 모르고서는 결정할 수 없기 때문에 히스테리스 곡선(hysterrsis loop 또는 자기이력곡선)을 그린다. 이 때 곡선 OABCD를 **초기자화곡선**(initial magnetization curve)이라고 한다.

만일 그림의 점 P에서 자계를 점 F의 방향으로 변화시키는 것을 멈추고 다시 역전하면, 원래의 길을 지나지 않고 P→X→P'와 같이 변하여, P'에서 다시 자계를 역전하면 P'X'P와 같은 곡선을 그리게 되어 작은 폐곡선이 된다. 이것을 **소히스테리시스환선**(mino hysteresis loop)이라 한다.

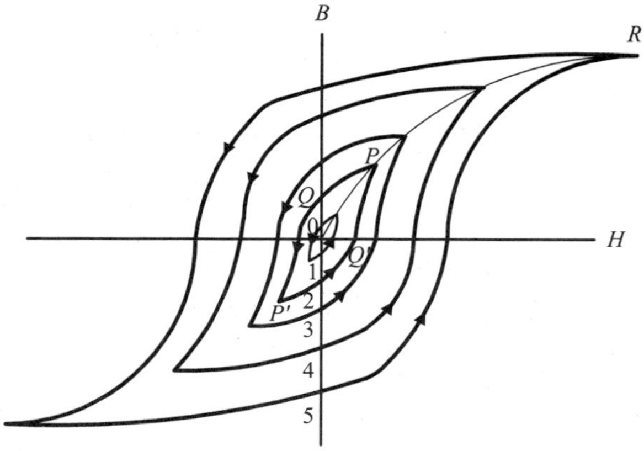

그림 4.16 자화곡선

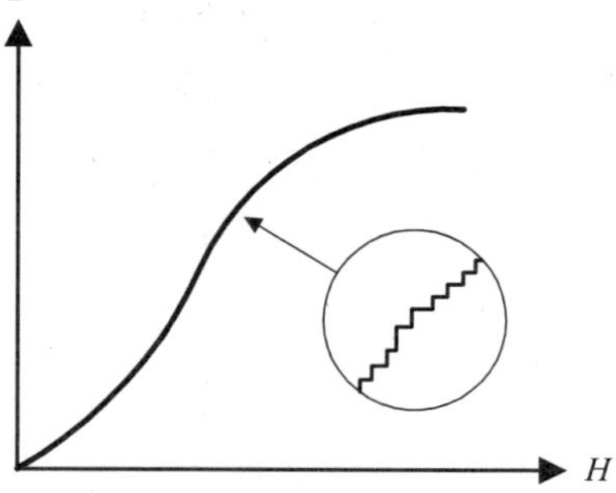

그림 4.17 Barkhausen 효과

철의 자화현상을 더 자세히 관찰하면 $B-H$곡선은 매끈한 곡선이 아니고, 그림 4.17과 같이 B가 계단적으로 증가 혹은 감소한다. 이것은 철의 내부 자구의 자축이 어떤 순간에 급격히 자계방향으로 회전하여 B를 증가시키기 때문이다. 이러한 현상을 Barkhausen 효과라고 한다.

이 미소한 계단의 수로 자구의 수 즉, 자구의 크기를 알 수 있는데, 보통 철에서는 그 크기가 1/100[mm] 정도이다.

Barkhausen 효과가 있기 때문에 $B-H$ 곡선은 연속이 아니지만, 이 계단은 극히 작기 때문에 통신공학에서도 특별한 경우 이 외에는 문제가 되지 않는다. 전력공학에서는 매끈한 곡선으로 간주해도 지장이 없다.

4.10.3 자기이력손

그림 4.18과 같은 초기자화곡선을 따라서 자화하면 B를 dB만큼 증가시키는데 $H \cdot dB$만큼의 일을 필요로 한다. 즉, 그림과 같이 H와 dB로 쌓여진 사각형의 넓이가 된다.

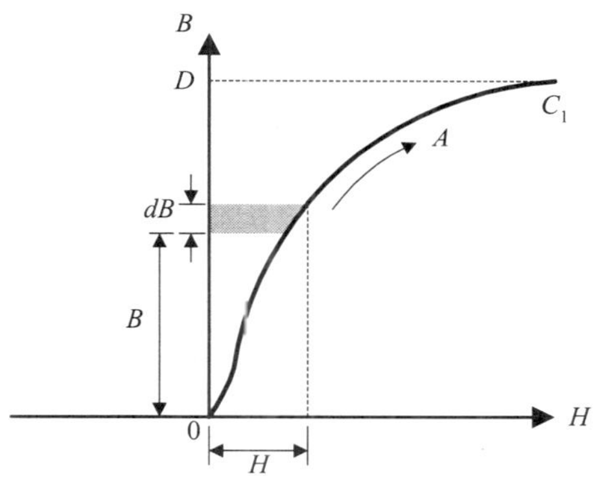

그림 4.18 자성체를 자화할 때 필요한 일

따라서, $H=0$에서부터 포화점까지 자화할 때는 OACDO의 넓이로 표시되는 일을 필요로 하지만, 자성체 중에서 에너지의 손실이 없다면 이 넓이가 자계의 에너지를 나타내는 것이다.

다음에 자계 H를 0으로 복귀할 때 히스테리시스가 없으면, 그림 4.19(a)와 같이 자화될 때 에너지가 방출된다.

히스테리시스가 있을 때는 그림 4.19(b)와 같이 자화할 때 필요한 에너지는 OACDO가 되며, 자계 H를 0으로 복귀할 때는 CDE 넓이 만큼의 에너지가 방출된다.

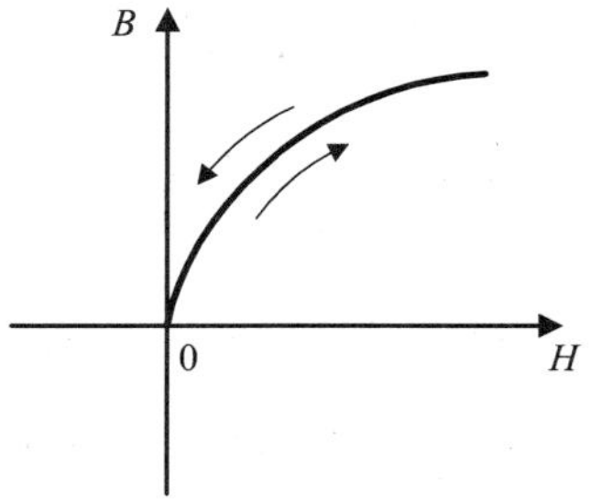

(a) 히스테리스가 없는 경우

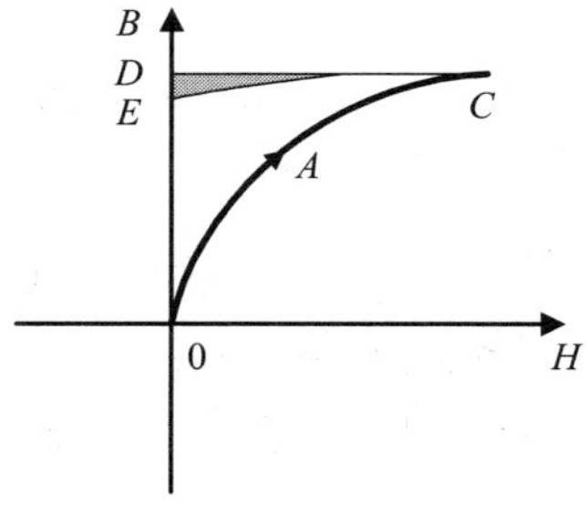

(b) 히스테리스가 있는 경우

그림 4.19 자성체를 자화하는데 필요한 일

다음에 그림 4.15와 같이 히스테리시스 환선을 1회 그린 다음 원래의 D점으로 돌아가면, 마찬가지 방법으로 히스테리시스 환선의 넓이만큼 여분의 에너지를 필요로 하게 됨을 알게 된다. 즉

$$w_h = \oint H \cdot dB = (hysteresis - loop \text{ 내의 넓이}) \quad \cdots\cdots (4.56)$$

자계의 에너지는 원래와 같을 것이므로, 히스테리시스 환선의 넓이에 상당하는 에너지가 손실로 된다. 이것은 열로 된다는 사실이 확인되어 있다.

이와 같이 히스테리시스 환선은 이것을 일주할 때마다, 그 넓이에 상당하는 에너지가 열로 되어 에너지의 손실을 가져오게 하는 것이다.

변압기, 기타의 전기기계에서는 철심을 교류로써 사용하는 경우가 많은데, 1[cps] 마다 w_h만큼의 에너지가 소비되므로 매초 f[cps]에서 단위 · 부피당

$$P_h = fw_h[\text{W/m}^3] \quad \cdots\cdots (4.57)$$

만큼의 에너지를 소비하는 전력의 손실이 있게 된다. 이 때 P_h를 **히스테리시스 손**(hysteresis loss)이라 한다.

철을, 기타의 철심으로서 사용할 때는 이 손실이 적을 수록 좋기 때문에 규소강(silicon steel, 규소 3~5% 함유) 등 히스테리시스 손이 많지 않은 여러 가지 철심재료가 고안되어 사용되고 있다.

히스테리시스 손은 최대 자속밀도 B_m에 의하여 그 모양이 대략 정해지므로, 그 넓이로 표시되는 손실 w_h를 B_m으로 결정되는 실험식이 Steinmetz에 의하여 다음과 같이 구해졌다.

$$w_h = \eta \cdot B_m^{1.6} [\mathrm{J/m^3}] \qquad \cdots\cdots (4.58)$$

이것은 자계를 정(+), 부(−)방향에 대하여 대칭적으로 변화시킬 때에 성립하는 식이고, η는 자성체에 따라 정해지는 상수로서 히스테리시스·상수(hysteres constant)라 하며, 표 4.3과 같은 값을 갖는다. 그리고 1.6의 지수를 Steinm 상수(steinmetz constant)라고 한다. 따라서 자성체의 부피가 $v[\mathrm{m^3}]$이고, 자 f[cps]로 변한다고 하면, 식(4.57)로부터

$$P_h = f \cdot v \cdot \eta \cdot B_m^{1.6} \ [\mathrm{W}] \qquad \cdots\cdots (4.59)$$

만큼의 히스테리시스 손실이 생긴다. 즉, 히스테리시스 손은 주파수 f에 비례하므로 히스테리시스 상수인 η가 같아도 주파수가 높을수록 히스테리시스 손이 커져서 열을 많이 발생하게 된다.

표 4.3 히스테리시스·상수

재료	η [J/(Wb/m²)^1.6 m³]	재료	η [J/(Wb/m²)^1.6 m³]
규소강	$2.5 \sim 1.5 \times 10^2$	주 철	$28 \sim 40 \times 10^2$
고급 변압기용 철심	2.8×10^2	니 켈	$33 \sim 95 \times 10^2$
다이나모 철강	6.5×10^2	코 발 트	30×10^2

예제 4.10

어떤 자성체의 자기이력곡선이 그림 4.20과 같이 평행 사변형일 때, $B_r = 0.1$ $[\mathrm{Wb/m^2}]$, $H_c = 5[\mathrm{A/m}]$이고, 투자율은 이 곡선의 범위 내에서 일정하다면, 60[Hz]의 교번자계에서 이 자성체의 손실$[\mathrm{W/m^3}]$을 구하시오.

☞ 1회의 자화에 의한 에너지손은 자기이력 곡선의 면적이므로

$$w_h = \oint \mathbf{H} \cdot d\mathbf{B} = 2H_c \cdot 2B_r = 4H_c B_r$$

이므로, 주파수가 f[Hz]라 하면 자성체의 손실은

$$P = 4 f H_c B_r = 4 \times 60 \times 5 \times 0.1 = 120[\mathrm{W/m^3}]$$

이 된다.

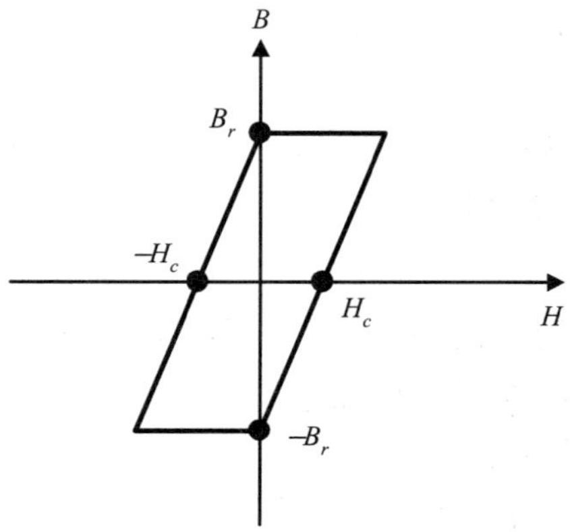

그림 4.20 자기이력곡선

4.10.4 자계의 에너지

그림 4.21과 같이 환상 솔레노이드에 권수 N[회], 저항 $R[\Omega]$의 전기회로에 기전력 E[V]를 가하는 순간의 과도전류 I[A]의 증가에 따라 자속 ϕ[Wb]도 증가한다. 이 때 환상 솔레노이드 내에는 전자유도작용에 의해 $-N\dfrac{d\phi}{dt}$ [V]의 역기전력이 유도되므로

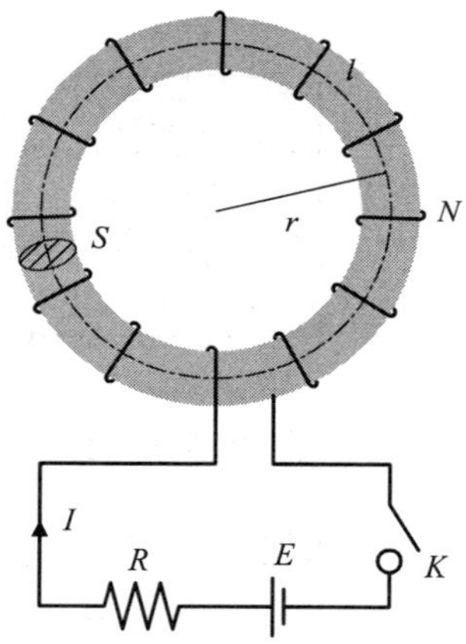

그림 4.21 자계 에너지

$$E - N\frac{d\phi}{dt} = IR[\mathrm{V}]$$

의 관계식이 얻어진다. 이 식의 양변에 Idt를 곱하고, 자속 $d\phi$[Wb]를 환상 솔레노이드의 단면적 S [m^2]와 자속밀도 B[Wb/m^2=T]로 표시하면

$$EIdt = I^2Rdt + NISdB \ [\mathrm{J}]$$

이 얻어진다. 이 식에서 좌변은 전원에서 dt[s] 사이에 공급된 에너지이고, 우변의 제1항은 저항에서 소비되는 열에너지이며, 제2항은 토로이드 내의 자속밀도를 dB만큼 증가시키는데 소요되는 자계의 에너지를 각각 표시하고 있다.

이 자계의 에너지를 dW라 하면

$$dW = NISdB \text{ [J]}$$

이 된다. 권선 내에 I[A]의 전류를 흘렸을 때 권선 내의 자계의 세기 H는

$$H = \frac{NI}{l} \text{ [AT/m]}$$

이므로

$$dW = lSHdB \text{ [J]}$$

이 된다. 여기서, l[m]은 자로의 길이이며, lS[m^3]는 환상 솔레이드의 체적이므로, 단위·체적에 저장되는 자계에너지는

$$dw = H \cdot dB = \mathbf{H} \cdot d\mathbf{B} \text{[J/m}^3\text{]} \qquad \cdots\cdots (4.60)$$

가 된다. 따라서, 자속밀도를 0에서 B[Wb/m^2]까지 증가시킬 때 자속 내의 단위·체적에 저장되는 자계에너지는

$$w = \int_{B=0}^{B} H \cdot dB = \int_0^B H \cdot dB \text{ [J/m}^3\text{]} \qquad \cdots\cdots (4.61)$$

가 되며, 환상 솔레노이드 내의 물질의 투자율을 μ[H/m]라 하면, $B = \mu H$ [Wb/m^2]이므로

$$\begin{cases} w = \int_0^B \frac{B}{\mu} dB = \frac{1}{2} \frac{B^2}{\mu} = \frac{1}{2} \mu H^2 = \frac{1}{2} HB \text{ [J/m}^3\text{]} \\ w = \frac{1}{2} \mathbf{B} \cdot \mathbf{H} = \frac{1}{2} \mu \mathbf{H}^2 = \frac{1}{2} \frac{\mathbf{B}^2}{\mu} \text{ [J/m}^3\text{]} \end{cases} \qquad \cdots\cdots (4.62)$$

이 된다. 일반적으로 자계가 존재하는 공간에서 항상 성립되는 극히 중요한 식이고, 이 자계가 존재하는 공간 전체에 저장되는 에너지는

$$W = \iiint_v wdv = \frac{1}{2} \iiint_v \mathbf{H} \cdot \mathbf{B} \, dv \text{ [J]} \qquad \cdots\cdots (4.63)$$

로 된다. 여기서 dv[m^3]는 자계가 존재하는 공간의 미소 체적소이고, v[m^3]는 자계가 존재하는 전 공간을 의미한다.

따라서, 균일자계 내에서 체적에 포함되는 전체 에너지는

$$W = \frac{1}{2} BHSl = \frac{1}{2} \mu H^2 Sl = \frac{1}{2} \frac{B^2}{\mu} Sl \text{ [J]} \qquad \cdots\cdots (4.64)$$

이다.

예제 4.11

비투자율이 4000인 철심을 자화하여 자속밀도가 0.1[Wb/m^2]으로 되었을 때 철심의 단위 · 체적당에 축적되는 에너지 [J/m^3]를 구하시오.

☞ 식(4.64)에서

$$w = \frac{B^2}{2\mu} = \frac{B^2}{2\mu_o \mu_s} = \frac{0.1^2}{2 \times 4\pi \times 10^{-7} \times 4000} = 1 \text{ [J/m}^3\text{]}$$

가 된다.

4.11 자기회로

전류가 흐르는 통로를 전기회로라 하는데 반하여 자속이 통과하는 회로를 **자기회로**(magnetic circuit)라 한다.

자성체로서 구성된 자기회로는 전기에서 볼 수 있으나, 그의 자속분포를 구하는데 전기회로와의 유사성을 이용하여 푸는 방법이 있다.

자기회로에는 자기회로의 일부에 코일을 감고, 전류를 흘리면 직류회로의 기전력에 상당하는 기자력이 발생되고, 전기저항에 상당하는 것이 자기저항으로서 공간이나, 유전체도 투자율 μ_o의 자성체로서 취급하고, 큰 자기저항을 만들기 위하여 이용된다.

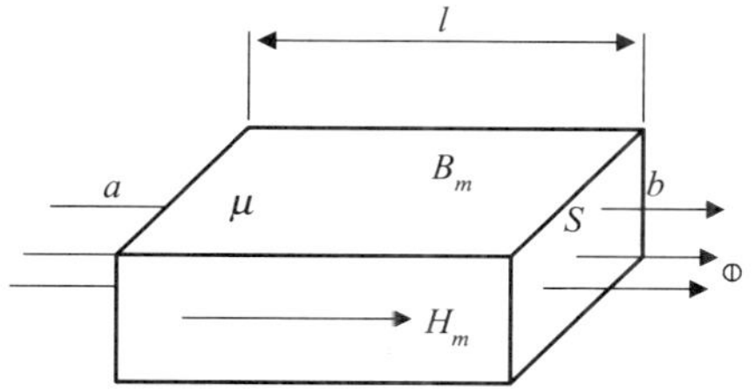

그림 4.22 봉상 자성체

그림 4.22에 나타난 바와 같이 길이 l, 단면적 S 및 투자율 μ의 봉상(棒狀)자성체 내의 자계의 세기를 H_m이라 하면, 자성체 내의 자속밀도는 $B_m=\mu H_m$으로 주어지므로 단면 S를 통과하는 자속은

$$\phi = B_m S = \mu H_m S \text{ [Wb]} \quad \cdots\cdots (4.65)$$

이다. 자성체의 양단 a−b 간의 자위차는

$$U = H_m \cdot l \quad \cdots\cdots (4.66)$$

로 주어지고, 자위차 U를 자속 ϕ로 나누면

$$R_m = \frac{U}{\phi} = \frac{l}{\mu S} \text{ [AT/Wb]} \quad \cdots\cdots (4.67)$$

를 얻는다. 여기서, R_m은 자기저항(magnetic resistance, 또는 reluctance)이고, 단위는 [AT/Wb]이다. 즉, 자성체의 자기저항은 자성체의 길이 l에 비례하고, 투자율 μ와 단위면적 S의 곱에 반비례한다. 그리고, 자기저항 R_m의 역수를 퍼미언스(permeance)라 한다.

식(4.67)을 다시 쓰면 다음 식이 얻어진다.

$$U = R_m \phi \text{ [AT]} \quad \cdots\cdots (4.68)$$

이것을 자기회로에 있어서의 옴의 법칙이라 한다.

자성체 내의 에너지 밀도는

$$w = \frac{1}{2} H_m B_m$$

이므로, 자성체 전체에 축적되는 에너지 W는 에너지 밀도인 w에 자성체의 체적

을 곱하면 얻어진다. 즉,

$$W = w \cdot lS = \frac{1}{2} H_m l \cdot B_m S$$

가 되고, $H_m l$은 자위차 U이며, $B_m S$는 자성체를 통과하는 자속 ϕ이므로

$$W = \frac{1}{2} U\phi = \frac{1}{2} R_m \phi^2 = \frac{1}{2} \frac{U^2}{R_m} [\mathrm{J}] \qquad \cdots\cdots (4.69)$$

을 얻는다.

자기회로의 기자력(magnetomotive force, mmf) $\mathcal{F}$는 자위차와 같으므로

$$\mathcal{F} = \oint \mathbf{H} \cdot d\boldsymbol{l} = NI\,[\mathrm{AT}] \qquad \cdots\cdots (4.70)$$

으로 주어진다. 즉, 이것은 자성체에 감은 코일의 권수 N[회]에 흐르는 전류 I [A]의 곱임을 알 수 있다.

이상의 자기회로와 전기회로의 대응관계는 표 4.4와 같다.

표 4.4 자기회로와 전기회로의 대응관계

자 기 회 로		전 기 회 로	
자 속	ϕ[Wb]	전 류	I [A]
자 계	H[AT/m]	전 계	E [V/m]
기 자 력	$\mathcal{F}$ [AT]	기 전 력	V [V]
자속밀도	B [Wb/m^2]	전류밀도	i [A/m^2]
자기저항	R_m [AT/Wb]	전기저항	R [Ω]
투 자 율	μ [H/m]	전 도 도	x [℧/m]

예제 4.12

철심이 든 환상 솔레노이드에 1000[AT]의 기자력에 의하여 철심내에 5×10^{-5}[Wb]의 자속이 통했을 때 이 철심의 자기저항을 구하시오.

☞ 식(4.67)로부터

$$R_m = \frac{NI}{\phi} = \frac{1000}{5\times 10^{-5}} = 200\times 10^5 = 2\times 10^7 \text{ [AT/Wb]}$$

가 된다.

예제 4.13

어떤 막대 철심이 있다. 단면이 0.5[m²], 길이가 0.8[m], 비투자율이 20이다. 이 철심의 자기저항[AT/Wb]을 구하시오.

☞ 식(4.67)에서

$$R_m = \frac{l}{\mu S} = \frac{l}{\mu_o \mu_s} = \frac{0.8}{4\pi\times 10^{-7}\times 20\times 0.5} \fallingdotseq 6.37\times 10^4 \text{ [AT/Wb]}$$

가 된다.

4.12 판자석(자기 2중층)

그림 4.23에 나타낸 바와 같이 자하밀도 $+\sigma_m$과 $-\sigma_m$인 두 장의 판상 자극을 간격 δ로 하여 평행하게 배치한 것을 판자석(magnetic shell)이라 한다.

판자석의 임의의 부분에 미소면적 dS를 취하면, 그 면적은 점 P에서 바라볼 때 $dS\cdot\cos\theta$로 된다. 단, θ는 r과 dS의 법선과 이루는 각이다.

면적 $dS\cdot\cos\theta$에 포함되는 자하는 $\pm\sigma_m\cdot dS\cos\theta = \pm\sigma_m\cdot\cos\theta\, dS$이므로, 이들이 점 P에 미치는 자위는

$$dU = \frac{\sigma_m\cdot\cos\theta}{4\pi\mu_o r}dS + \frac{-\sigma_m\cdot\cos\theta}{4\pi\mu_o(r+\delta)}dS$$

$$\fallingdotseq \frac{\sigma_m\cdot\delta\cos\theta}{4\pi\mu_o r^2}dS \text{ [A]} \qquad \cdots\cdots (4.71)$$

된다. 여기서, $\delta \ll r$이므로, 분모의 δ항은 무시하였다. 입체각의 정의에 의하여 $\cos\theta\cdot dS/r^2 = d\omega$이므로

$$dU = \frac{M}{4\pi\mu_o} d\omega \qquad \cdots\cdots (4.72)$$

를 얻는다. 여기서

$$M = \sigma_m \cdot \delta [\text{Wb/m}] \qquad \cdots\cdots (4.73)$$

로서, 단위 면적당의 쌍극자 모멘트이고, 이것을 자기이중층의 세기라고 한다. 따라서, 식(4.72)를 적분하면

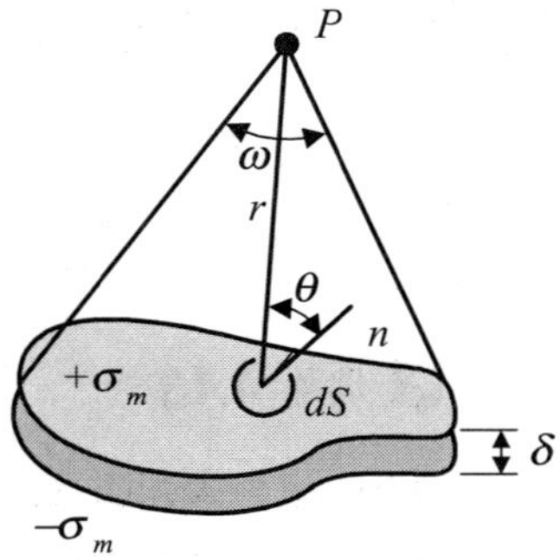

그림 4.23 자기 이중 층

$$U = \int dU = \frac{M}{4\pi\mu_o} \omega [\text{A}] \qquad \cdots\cdots (4.74)$$

가 된다.

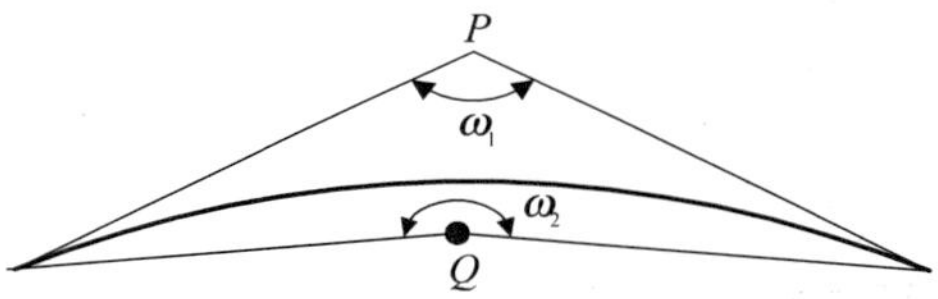

그림 4.24 판자석 표면에서의 입체각

그림 4.24와 같이 점 P점을 바깥 쪽 표면 가까이 취했을 때의 ω를 ω_1이라 하고, 안쪽면 가까이 있는 점 Q의 입체각을 ω_2라 하면 PQ가 접근한 극한에서는

$$\omega_1 + \omega_2 = 4\pi \qquad \cdots\cdots (4.75)$$

가 된다.

따라서, 점 Q의 자위 U_Q는 ω_1을 다시 ω로 쓰면

$$U_Q = \frac{-M(4\pi - \omega)}{4\pi\mu_o} = -\frac{M}{\mu_o} + \frac{M\omega}{4\pi\mu_o} \qquad \cdots\cdots (4.76)$$

로 주어진다. 따라서,

$$U_P - U_Q = \frac{M}{\mu_o} \qquad \cdots\cdots (4.77)$$

가 되어, 판자석의 바깥과 안쪽에서는 M/μ_o만큼의 자위차가 있다는 것을 알 수 있다. 이것은 그림 4.25와 같이 판자석 내에도 자계가 형성되어 있기 때문에 내부에서 생각하면 점 Q와 점 P의 자위차는 $-M/\mu_o$가 되는 것이다.

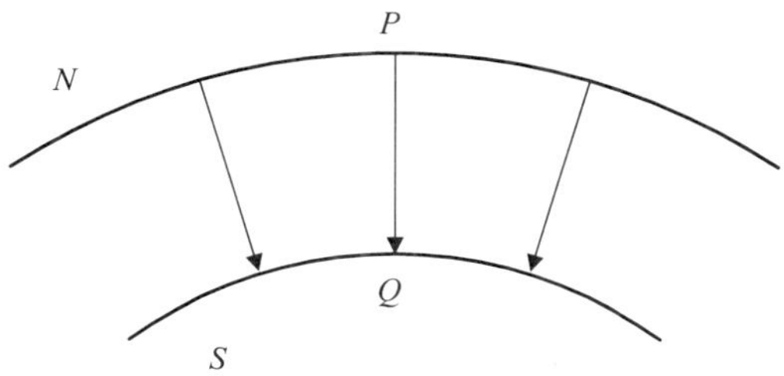

그림 4.25 판자석 내부에서의 자위차

예제 4.14

그림 4.26과 같이 반지름 a[m], 세기 M인 판자석의 축상, 중심으로부터 x되는 점에서의 자계를 구하시오.

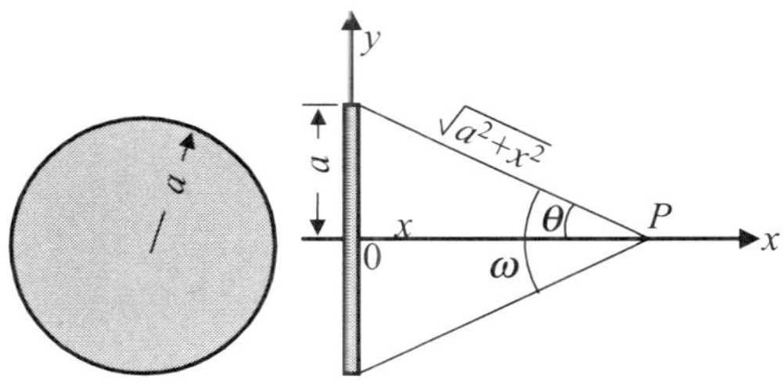

그림 4.26 판자석에 의한 자계

☞ 점 P에서 판자석의 주변을 보는 입체각을 ω라 하면

$$\omega = 2\pi(1 - \cos\theta)$$

가 된다. 따라서 식(4.74)으로부터

$$U_P = \frac{M2\pi(1 - \cos\theta)}{4\pi\mu_o} = \frac{M(1 - \cos\theta)}{2\mu_o} = \frac{M}{2\mu_o}\left[1 - \frac{x}{\sqrt{a^2 + x^2}}\right]$$

가 된다. 축방향을 x방향으로 취하면, x방향의 자계 H_x는

$$H_x = -\frac{\partial U_P}{\partial x} = \frac{M}{2\mu_o} \cdot \frac{a^2}{(a^2+x^2)^{3/2}}$$

이 되고, y방향의 자계 H_y는

$$H_y = -\frac{\partial U_P}{\partial y} = 0$$

가 된다. 즉, 자계는 축상에서 언제나 x축 방향을 향하고 있음을 알 수 있다.

연습문제

4.1 공기 중에서 1.6×10^{-6}[Wb]와 2×10^{-3}[Wb]의 사이에 작용하는 힘이 12.66[N]이었다면, 두 자극 사이의 거리[cm]는?

4.2 길이 10[cm], 자극의 세기가 $\pm$90[μWb] 되는 막대자석의 자축 상에 자극으로부터 15[cm] 되는 점의 자계의 세기는?

4.3 거리 r[m]를 두고 m_1, m_2인 같은 부호의 자극이 놓여 있다. 두 자극을 잇는 선 상의 중간에 있어 자계의 세기가 0인 점은 m_1에서 얼마 떨어져 있는가?

4.4 진공중에서 $+m$[Wb]의 자극을 중심으로한 반지름 r[m]의 구의 표면적을 통과하는 자력선수[개]를 구하시오.

4.5 자극의 세기 4×10^{-6}[Wb], 길이 10[cm]인 막대자석을 150[A/m]의 평형자계 내에 자계와 60°로 놓았을 때 자석이 받는 회전력[N·m]을 구하시오.

4.6 그림과 같이 반경 a[m], 두께 δ[m], 자극의 밀도 m[Wb/m^2]인 원형 자석판이 있을 때 중심축상에서 N극 축의 중심으로부터 x[m]거리인 점 P의 자계의 세기를 구하시오.

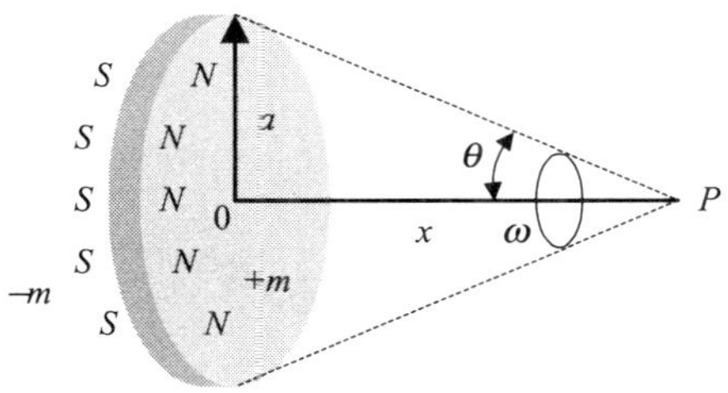

4.7 환상 철심을 코일에 의하여 자화의 세기 J=0.3[Wb/m^2]가 될 때까지 자화되었다면 μ_s=600인 철심의 H는?

4.8 투자율이 μ 이고, 감자율이 N 인 자성체를 외부 자계 H_o 중에 놓았을 때의 자성체의 자화의 세기를 구하시오.(단, 감자력은 $H' = \frac{N}{\mu_o} J$ 이다)

4.9 단면적이 0.5[m^2], 길이가 0.8[m], 비투자율이 20인 막대 철심이 있다. 이 철심의 자기저항 [AT/Wb]을 구하시오.

4.10 비투자율이 1000인 철심의 자속밀도가 1[Wb/m^2]일 때 이 철심에 축적되는 에너지의 밀도[J/m^3]를 구하시오.

4.11 자화율 3.5×10^{-4}[H/m], 감자율 4.2×10^{-3}인 철봉을 외부의 자계의 세기가 450[AT/m]인 균등 자계중에 놓았을 때 철봉중의 자계의 세기를 구하시오.

4.12 어떤 자기회로에 5000[AT]의 기자력을 줄 때 2×10^{-3}[Wb]의 자속이 통하였다. 이 자기회로의 자화에 필요한 에너지 [J]는 얼마인가

제 5 장 전류의 자기현상

5.1 전류의 자기작용

도체에 전류를 흘리면 도체를 둘러싼 닫혀진 자력선에 의하여 자계가 발생하는 현상이 1818년 Oersted에 의하여 발견되었으며, 이를 **전류의 자기작용**이라 한다. 즉, Oersted은 전류가 흐르는 도체에 자침을 가까이 하면 자침은 도체와 평행인 방향이거나 도체에 수직인 방향이 아니라, 그 양 쪽의 일정한 방향으로 향하게 된다는 사실로부터 전류가 흐르는 도선 주위에 자계가 발생한다는 것을 발견하였다.

그 후 이 연구는 Ampére를 비롯한 여러 사람에 의해서 많은 실험이 행해져 전기와 자기는 서로 관련을 갖고 있음이 명확하게 되었으며, 자기 발생의 근원은 전류임을 알게 되었다. 즉, 무한히 긴 직선전류에 의하여 생기는 자계는 다음과 같은 성질이 있다.

(1) 자계의 크기는 전류의 세기에 비례하며,
(2) 직선으로부터 거리에 반비례하고,
(3) 자계의 방향은 직선이 어떤 평면에 놓여 있다고 하면 평면에 직각이며, 우수계(右手系)를 이룬다.

특히, 전류에 의한 자계의 방향은 Ampére의 **오른나사 법칙**으로 설명된다. 즉, 그림 5.1(a), (b)와 같이 전류를 둘러싸는 닫혀진 자력선이 만들어진다. 그리고, 그림 5.1(b)와 같은 무한직선장의 전류에 의한 자력선은 동심원 모양으로 된다. 이와 같은 모양은 종이에 도선을 수직으로 꽂고 도선 주변의 종이 위에 철분을 뿌려 보면, 이것이 전류를 중심으로 한 동심원형으로 배열되는 사실로부터 쉽게 알 수가 있다.

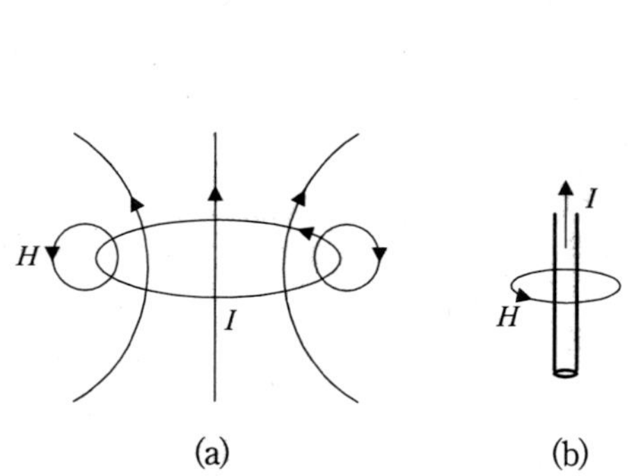

그림 5.1 전류에 의한 자계

그리고, 자계의 방향을 알기 위해서는 자침으로 자극이 가리키는 방향을 알아보면 된다. 이와 같이 해서 전류의 방향과 자계의 방향과의 관계를 조사해 보면 다음과 같이 표현할 수가 있다. 즉, 전류를 통하고 있는 도선 주변의 자계(그림 5.1(b))에 관해서, 직선장 전류에 의하여 만들어지는 자계는 도선의 주변에, 이와 직각으로 동심원꼴이 되며, 그 방향은 자계의 방향으로 오른손 나사를 돌렸을 때, 나사의 진행방향이 전류의 방향이 된다. 이것을 Amprére의 오른손 나사의 법칙이라고 한다.

그림 5.1(a)는 그림 5.1(b)의 전류회로를 굽혀서 루우프(loop)모양의 회로로 만든 경우라고 생각할 수가 있다. 따라서, 이 때도 Amprére의 오른손 나사의 법칙에 의하여 전류와 자계의 방향 관계를 구할 수 있다.

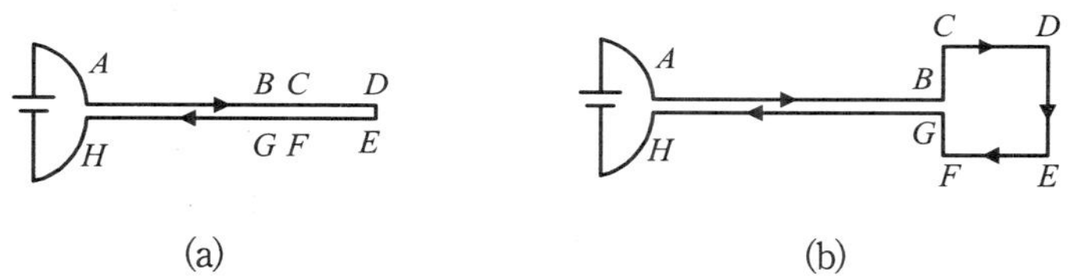

그림 5.2 전류에 의한 자계

그림 5.2와 같이 전지에 도선을 연결할 때, 그림(a)와 같이 ABCDEFGH의 왕복도선을 만들면 그 외부에는 자계가 생기지 않지만, 그림(b)와 같이 도선의 한쪽을 BCDEFG처럼 약간 벌려 놓으면, 이 부분에서는 자계가 생기게 된다. 이때 AB, GH의 부분은 그림(a)와 같이 되어 있기 때문에 자계를 일으키지 않는다는 것을 알 수 있다. 이렇게 하면 BCDEFG의 작은 부분에 의해서만 생기는 자계를 조사할 수가 있다.

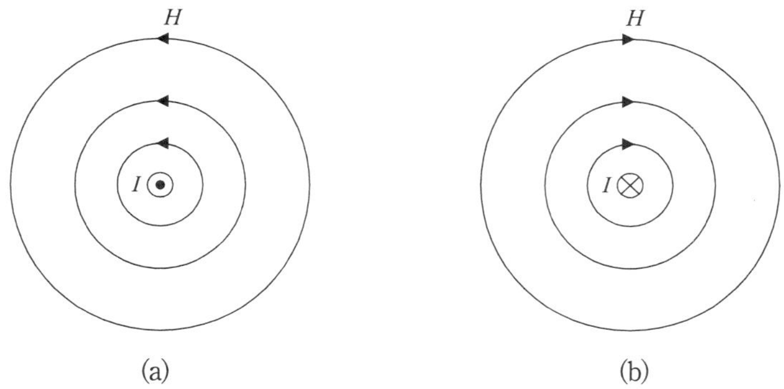

그림 5.3 직선상 도체 주위에 생기는 자계

이 작은 부분에 의해서 만들어지는 먼 곳의 자계는, 이곳에 소자석을 놓았을 때와 똑같은 자계가 된다는 것을 알게 된다. 즉, 직선상 도체에 전류를 흘릴 때, 축방향으로부터 바라본 경우의 자계는 그림 5.3과 같이 되고, 원형 코일에 전류를 흘릴 때, 도선의 주위에 생기는 자계의 방향은 그림 5.4와 같이 나타낼 수 있다.

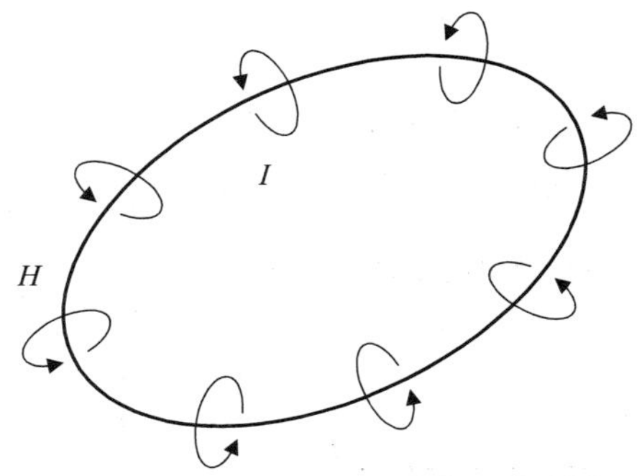

그림 5.4 원형코일 주위의 자계

5.2 등가 판자석

그림 5.5(a)에 나타낸 바와 같이 미소 환상전류에 의한 자력선분포는 그림 5.5(b)와 같이 미소자석이 만드는 자력선 분포와 같으며, 자계의 세기는 전류에 비례한다.

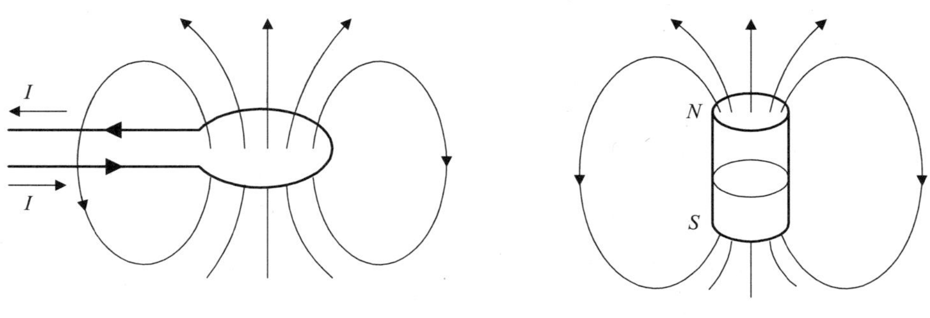

그림 5.5 미소한 루프전류에 의한 자계

그림 5.6(a)와 같이 폐회로 전류 I[A]에 의한 자계를 알아 보도록 하자.

그림 5.6(a)와 같이 회로를 망목상으로 나누고, 각 망목에 I[A]의 폐회로 전류가 흐르고 있다고 하면, 이웃한 망목의 전류는 그 방향이 서로 반대이므로 상쇄된다. 이 모양을 그림 5.6(b)에서 보여주고 있다.

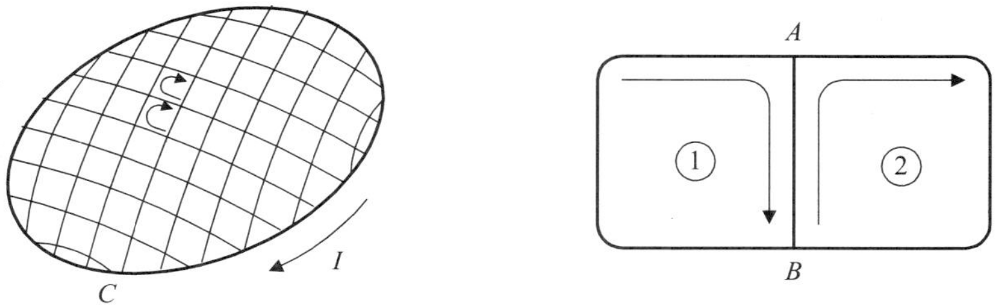

(a) (b)

그림 5.6 망목전류

그림으로부터 알 수 있는 바와 같이 망목 ①과 ②에 전류 I[A]가 흐르고 있다고 하면, 이웃한 AB의 부분에서 부분 ①의 전류와 부분 ②의 전류가 상쇄되어 전류가 흐르지 않는다. 이와 같이 하면, 그림(a)에서는 I[A]의 전류가 그 주변에만 흐르게 되므로, 임의의 모양을 한 전류를 망목전류로 나눌 수 있다.

망목전류는 소자석으로 표시할 수가 있기 때문에, 결국 임의의 모양을 한, 폐회로 전류는 소자석을 잇대어 놓은 것과 같다. 즉, 소자석을 잇대어 놓은 것은 판자석과 같으므로 전류에 의한 자계는 판자석으로 바꿔 생각할 수 있다. 이와 같이 폐회로 전류와 등가인 판자석을 **등가 판자석**(equivalent magnetic shell)이라 한다.

이 등가 판자석의 면은 어떻게 취하여도 상관없지만, 이면의 주변이 전류회로 C와 일치하면 되고, 미소전류와 등가인 소자석의 세기가 전류에 비례하므로, 이 것의 집합인 등가판 자석의 세기도 전류에 비례하게 된다.

5.3 Ampere 주회적분 법칙

그림 5.7과 같이 점 P에서 판자석의 주변을 보는 입체각을 ω라 하면, 등가판자석에 의한 외부의 한 점 P의 자위 U_P는

$$U_P = \frac{M\omega}{4\pi\mu_o} \quad \cdots\cdots (5.1)$$

로서, 입체각 ω에 의해서만 정해진다. 따라서, 판자석 대신 그 자리에 그 주변과 같은 모양의 폐회로 전류를 가져왔을 때, 점 P에 대한 자위도 역시 식(5.1)과 마찬가지로 ω에 비례할 것이다. 따라서, 전류에 의한 자계는 전류에 비례하므로 전류에 의한 점 P의 자위는 다음과 같이 놓을 수 있다.

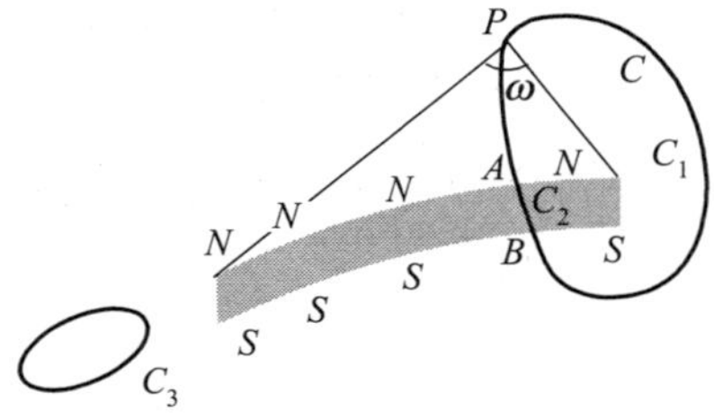

그림 5.7
등가 판자석에 의한 자위

$$U_P = KI\omega \quad \cdots\cdots (5.2)$$

여기서, K는 비례상수로서, 단위계를 취하는 방법에 따라 정해진다. 따라서, 판자석에 의한 것과 전류에 의한 것이 점 P에서 같은 자위를 갖는다고 하면 식(5.1)과 식(5.2)로부터

$$\frac{M}{4\pi\mu_o} = KI, \quad M = 4\pi K\mu_o I \quad \cdots\cdots (5.3)$$

의 관계를 얻을 수 있다. 즉, I가 M과 식(5.3)의 관계가 있을 때, 판자석과 그와 똑같은 주변을 갖는 전류와는 등가가 되는 것이다.

그리고 그림 5.7은 식(5.3)과 같이 $M=4\pi K\mu_o I$의 세기를 갖는 판자석이라 하고, 판자석을 관통하는 폐곡선 C를 따라 일주적분을 취하면, 정전계에서 기술한 바와 같이

$$\oint_c \mathbf{H} \cdot d\boldsymbol{l} = 0$$

로 될 것이다. 여기서 이 적분을 판자석의 바깥쪽과 안쪽의 두 개 부분으로 나누어서 고찰하면, 그림 5.7에서 표면 위의 한 점을 A, 그 이면의 한 점을 B라 하고, A에서 바깥쪽을 돌아 B까지의 길을 C_1, B에서 판자석을 통하여 A로 가는 길을 C_2라고 하면

$$\oint_C \mathbf{H} \cdot d\boldsymbol{l} = \int_{C_1} \mathbf{H} \cdot d\boldsymbol{l} + \int_{C_2} \mathbf{H} \cdot d\boldsymbol{l} = 0 \quad \cdots\cdots (5.4)$$

$$\therefore \quad \int_{C_1} \mathbf{H} \cdot d\boldsymbol{l} = -\int_{C_2} \mathbf{H} \cdot d\boldsymbol{l} \qquad \cdots\cdots (5.5)$$

이 되고, 판자석이 아무리 얇아도 A에서 바깥쪽을 도는 적분과 안쪽의 적분은 같다. 이것은 4장에서 기술했지만, 판자석 내의 A, B 사이에는 판의 표면과 이면의 자하로서, 그림과 같이 N에서 S쪽으로 강한 자계가 반대방향으로 발생하므로 $\int_{C_1} \mathbf{H} \cdot d\boldsymbol{l}$은 결국 A, B 두 점 사이의 자위차가 된다. 4.4절에서 기술한 바와 같이 A점과 B점의 입체각은 4π만큼 다르므로, 그 자위차는 식(4.77)로부터

$$\int_{C_1} \mathbf{H} \cdot d\boldsymbol{l} = U_A - U_B = \frac{M}{\mu_o} = 4\pi KI \qquad \cdots\cdots (5.6)$$

가 된다.

전류에 의한 자계인 경우, 그림 5.8과 같이 A, B점에는 자하가 없으며, 또 자력선이 연속적이므로, A, B 사이가 충분히 짧다면, $\int_{C_2} \mathbf{H} \cdot d\boldsymbol{l} = 0$으로 생각해도 되기 때문에

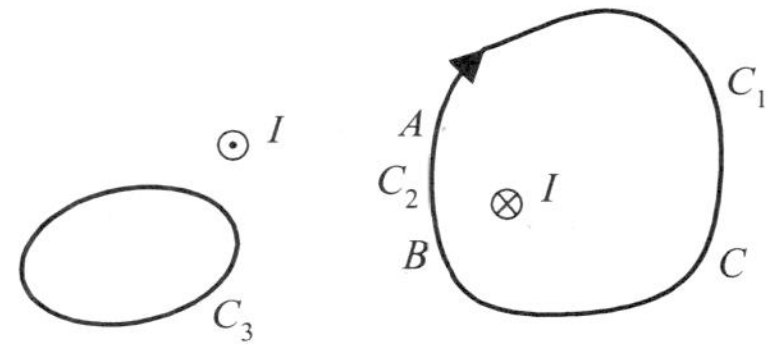

그림 5.8 적분로가 전류와 쇄교하는 경우와 않는 경우

$$\oint_{C} \mathbf{H} \cdot d\boldsymbol{l} \fallingdotseq \int_{C_1} \mathbf{H} \cdot d\boldsymbol{l} = 4\pi KI \qquad \cdots\cdots (5.7)$$

가 되어, 폐곡선을 따라 일주적분을 하여도 0으로는 되지 않는다. 이것은 정전계나 자석에서는 없었던 것이다.

그런데, C_3와 같이 적분로가 전류를 관통하지 않을 때에도 등가판자석 내의 강한 자계는 생각할 필요없이 전류, 판자석 어떤 경우에도 $\oint_{C} \mathbf{H} \cdot d\boldsymbol{l} = 0$이다. 즉, 적분로가 등가판자석을 관통하고 있을 때는 식(5.7)의 결과는 0이 되지 않으며, 관통하고 있지 않을 때는 0이 되는 것이다. 관통하고 있다는 것은 전류의 경우에서 말하면, 폐곡선을 잡아 당겨서 전류를 폐회로 밖으로 빼낸다고 할 때, 폐곡선이 끊어지지 않으면, 밖으로 빼낼 수 없다는 의미로서, 이와 같은 경우 전류와 적분로는 쇄교하고 있다고 한다.

그러므로 그림 5.9와 같이 N회 감겨져 있으면 N회 쇄교하고 있다고 한다. 전류와 폐곡선이 쇄교하고 있을 때, 폐곡선을 2회 돌아서 적분하면 식(5.7)은 $2 \times 4\pi KI$가 되므로, 일반적으로 N회 돌면 $N \times 4\pi KI$가 되는 것이다. N회 돈다고

하는 것은 적분로가 전류와 N회 쇄교하고 있는 것과 같으므로, 역으로 그림 5.10과 같이 전류회로가 N회 겹쳐 있어서, 이들과 적분로 C가 쇄교하고 있을 때도, 전류와 C는 N회 쇄교하고 있는 것과 같다.

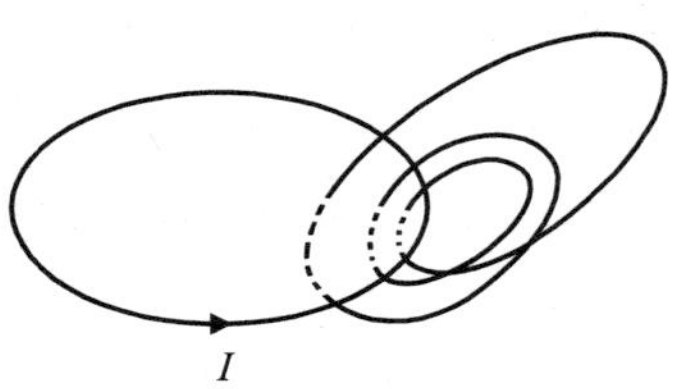

그림 5.9 적분로와 전류의 쇄교

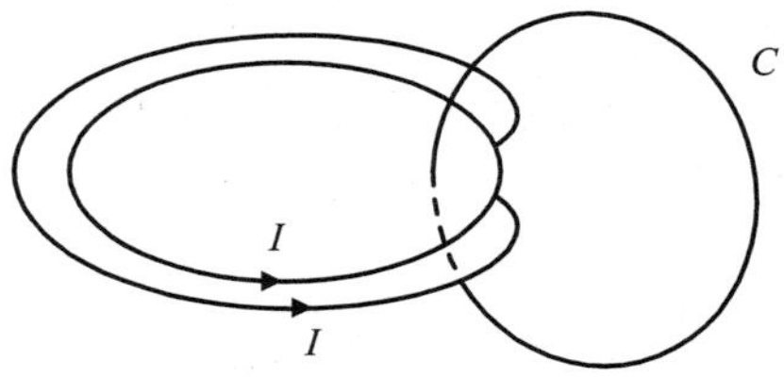

그림 5.10 Ampére의 주회적분

그러므로, 일반적으로 전류와 적분로의 폐곡선이 N회 쇄교하고 있을 경우, 식(5.7)은 다음과 같이 된다. 즉

$$\oint_C \mathbf{H} \cdot d\boldsymbol{l} = N4\pi KI \qquad \cdots\cdots (5.8)$$

가 되고, 이 관계를 Ampére의 **주회적분법칙** 또는 Ampére의 **법칙**이라고 한다.

이제, K를 정해 보도록 하자. 4장에서는 [H]의 단위로서, ampére·횟수/meter (ampére turn per meter) 또는 [AT/m]를 썼는데, 이것은 식(5.8)로부터 정해진 것이다. 만일, [H]의 단위를 아직 모르다고 하면, $4\pi K=1$이 되도록 정할 수 있다. 그렇게 하면 식(5.8)은

$$\oint_C \mathbf{H} \cdot d\boldsymbol{l} = NI \qquad \cdots\cdots (5.9)$$

가 된다. 자계의 세기의 단위는 l 및 I의 단위가 [m] 및 [A]이므로

$$(\text{자계의 세기, } H\text{의 단위}) = \frac{N[\mathrm{A}]}{[\mathrm{m}]} \qquad \cdots\cdots (5.10)$$

가 된다. 여기서, N은 권선수이므로, 무명수인데, N[A]는 (ampére)×(횟수)이므로, ampére · 횟수(ampére · turn, 간단히[AT])라고 한다. 따라서

$$(\text{자계의 세기, } H\text{의 단위}) = \frac{[\mathrm{AT}]}{[\mathrm{m}]} \qquad \cdots\cdots (5.11)$$

이 되므로, 자계의 단위는 (ampére·횟수)/(meter)가 되는 것이다. 따라서 자위, 자위차는 $\int \mathbf{H} \cdot d\boldsymbol{l}$ 의 꼴이므로

$$\frac{[\mathrm{AT}]}{[\mathrm{m}]} \times [\mathrm{m}] = [\mathrm{AT}]$$

즉, ampére · 횟수이다.

식(5.9)는 전류에 의한 자계를 구하기 위한 매우 중요한 식이다.

5.4 Ampere 주회적분 법칙에 의한 계산 예

5.4.1 무한장 직선전류에 의한 자계

그림 5.11에 나타낸 바와 같이 무한히 긴 직선 도체에 I[A]의 전류가 흐르고 있을 때, 도체로부터 r[m] 떨어진 점 P의 자계를 계산하여 보자.

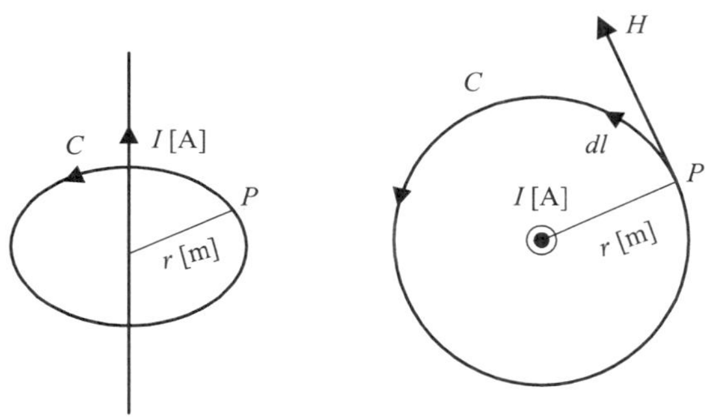

그림 5.11 무한장 직선전류에 의한 자계

도체의 수직면상에서 중심으로부터 반지름 r[m]의 원을 적분로 C로 취하면, 대칭성에 의하여 자계는 이 원주상의 모든 점에서 같은 크기를 갖고, 그 방향은 원의 접선방향임을 알 수 있다. 따라서

$$\oint_C \mathbf{H} \cdot d\boldsymbol{l} = \oint_C H\cos\theta\, dl = \oint_C H dl = 2\pi r \cdot H = I$$

가 되므로

$$H = \frac{I}{2\pi r} \text{[AT/m]} \qquad \cdots\cdots (5.12)$$

로 주어진다. 즉, 식(5.7)로부터 알 수 있는 바와 같이 무한장 직선전류에 의한 자계의 크기는 전류에 비례하고, 직선전류에서의 거리에 반비례하여 증가한다.

예제 5.1

그림 5.12와 같이 무한장 직선 도체에 I[A]의 전류가 흐를 때 도체에서 d[m] 떨어진 곳에 있는 가로, 세로가 각각 a[m], b[m]인 면적을 통과하는 자속[Wb]을 구하시오.

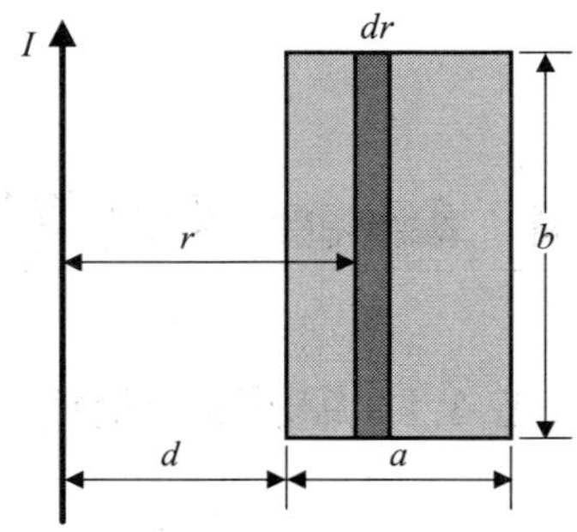

그림 5.12

☞ r[m] 위치의 자계 H는

$$H = \frac{I}{2\pi r} \quad \text{[AT/m]}$$

이고, r[m]의 거리에 있는 폭 dr의 미소면적 $dS = bdr$ [m^2]이므로 dS에 있어서의 자속은

$$d\phi = BdS = \mu_o HdS = \frac{\mu_o Ibdr}{2\pi r} \quad \text{[Wb]}$$

이므로 직사각형 전체를 통하는 전자속 ϕ는

$$\phi = \int_d^{d+a} d\phi = \frac{\mu_o bI}{2\pi} \ln \frac{d+a}{d} \quad \text{[Wb]}$$

이다.

5.4.2 무한장 원주형 전류에 의한 자계

그림 5.13과 그림 5.14에 나타낸 바와 같이 반지름 a[m]인 무한히 긴 원주형도체에 전류 I[A]가 흐르고 있을 때의 자계를 구해 보도록 하자. 단 이 때 원통 단면의 전류분포는 균일하다고 하자.

(1) 원주 외부의 자계($r>a$인 경우)

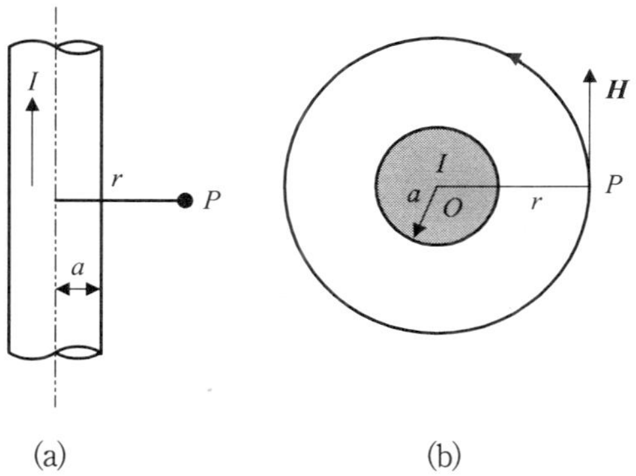

그림 5.13 무한장 원주형 전류에 의한 외부의 자계

그림 5.13(b)와 같이 축을 중심으로 원형의 자력선이 생기고, H는 이 자력선의 접선방향으로, 원주 위에서 일정하며, 그림 5.11의 경우와 같은 모양이 된다. 따라서, 축으로부터 r[m]되는 거리에 있는 원통 밖의 한 점 P의 자계는 식(5.9)로부터

$$\oint \mathbf{H} \cdot d\boldsymbol{l} = H \cdot 2\pi r = I \qquad \cdots\cdots (5.13)$$

로 주어지므로,

$$H = \frac{I}{2\pi r} \text{ [AT/m]} \qquad \cdots\cdots (5.14)$$

가 되며, 식(5.12)과 같음을 알 수 있다. 따라서 "무한장 원주형 전류에의 한 원통 밖에 있는 점의 자계는 원통의 단면에 전류가 균일하게 분포되어 있으면, 전류가 그 축에 모여 있는 것으로 생각했을 때의 자계와 같다"고 할 수 있다.

(2) 원주 내부의 자계 ($r<a$인 경우)

그림 5.14(b)와 같이 중심축으로부터 $r(r<a)$[m]되는 점 P의 자계는 역시 축에 대해서 대칭이므로, 자력선은 원형이 될 것이다. 그런데 이 자력선이 만드는 원이 쇄교하고 있는 것은 원 내부의 전류 뿐이다. 따라서 원 내부의 전류는

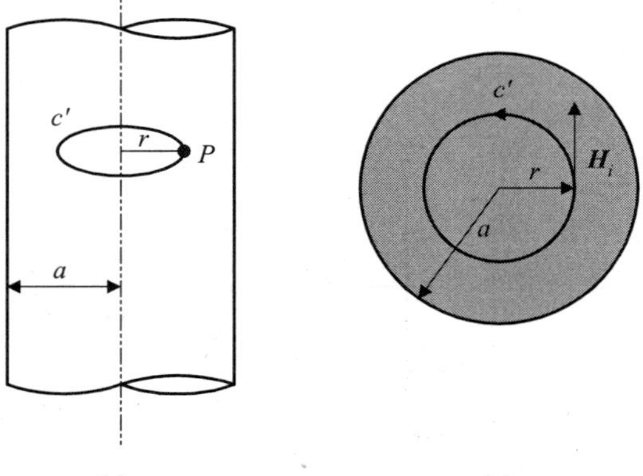

그림 5.14 무한장 원주형 전류에 의한 내부의 자계

$$I_r = \frac{\pi r^2}{\pi a^2} I = \frac{r^2}{a^2} I \qquad \cdots\cdots (5.15)$$

이므로, 점 P의 자계 H_r은 식(5.9)로부터

$$\oint \mathrm{Hr} \cdot d\boldsymbol{l} = H_r \cdot 2\pi r = \frac{r^2}{a^2} I \qquad \cdots\cdots (5.16)$$

가 된다. 따라서

$$H_r = \frac{r^2 I}{2\pi r a^2} = \frac{rI}{2\pi a^2} \ [\mathrm{AT/m}] \qquad \cdots\cdots (5.17)$$

가 되고, 단면의 중심으로부터의 거리에 비례하고 있음을 알 수 있다. 만일, 전류가 표면에만 흐르고, 내부에는 흐르지 않을 경우, 전류분포가 축에 관해서 대칭이면, 도체 밖의 자계는 식(5.13)에서도 알 수 있는 바와 같이 변하지 않지만, 내부에서는 그림 5.14(b)에서와 같이 원과 쇄교하고 있는 전류가 많지 않기 때문에 내부는 자계가 존재하지 않게 된다. 즉, $2\pi r \cdot H_r = 0$으로부터

$$H_r = 0 \qquad \cdots\cdots (5.18)$$

이 된다. 즉, 무한장 원주형 전류에 의한 자계는 도체 내부에서는 중심으로부터의 거리에 비례하며, 도체 외부에서는 거리에 반비례한다. 이 분포곡선을 그림 5.15에 표시한다.

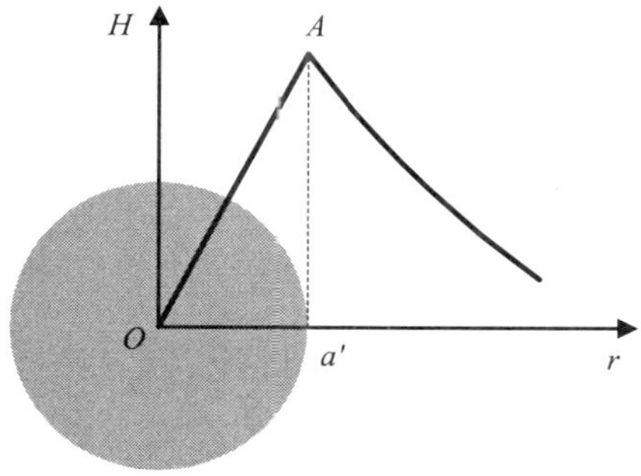

그림 5.15 원주형 전류에 의한 자계분포

예제 5.2

전류분포가 균일한 반지름 a[m]인 무한장 원주형 도선에 1[A]의 전류를 흘렸더니, 도선 중심에서 $a/2$[m] 되는 점에서의 자계의 세기가 $1/2\pi$[AT/m]일 때, 도선의 반지름 [m]을 구하시오.

☞ $a/2<a$이므로 원주 내부의 자계를 구하면 반지름 $r(<a)$[m]인 점의 자계의 세기 H_r은

$$H_r = \frac{Ir}{2\pi a^2} \text{ [AT/m]}$$

이므로, $r=a/2$[m]에서는

$$H_r = \frac{I\left(\frac{a}{2}\right)}{2\pi a^2} = \frac{I}{4\pi a} \text{ [AT/m]}$$

이다. 따라서 $H_r=1/2\pi$[AT/m]이고, $I=1$[A]이므로

$$\frac{1}{2\pi} = \frac{1}{4\pi a}, \qquad \therefore\ a=\frac{1}{2} \text{ [m]}$$

이다.

5.4.3 무한장 솔레노이드에 의한 자계

그림 5.16(a)와 같이 원통에 도선을 단위 길이당 n회의 코일이 감긴 것을 무한장 솔레노이드(solenoid)라 한다.

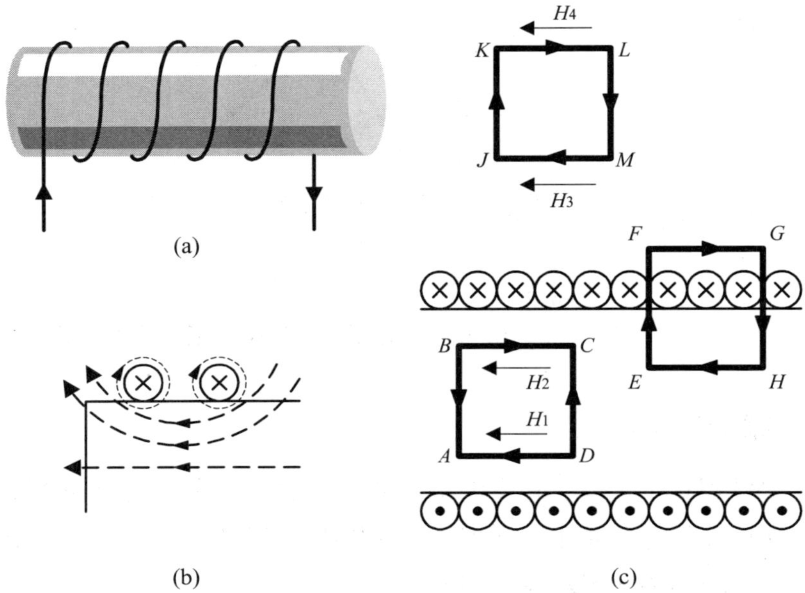

그림 5.16 솔레노이드에 의한 자계

코일에 전류 I[A]를 흘릴 때, 이것에 의한 자계를 구하는 것인데, 도선간의 간격이 벌어져 있으면, 그림(b)와 같이 자속의 일부는 도중에서 누설되며, 이와 같은 자속을 **누설자속**(leakage flux)이라 한다. 일반적으로 누설자속이 어느 정도는 존재하지만, 도선을 아주 치밀하게 감거나, 중간에 놓는 원통을 투자율이 높은 철 등으로 하면 아주 적게 할 수 있다. 이와 같은 경우에는 무한장 솔레노이드의 내부는 원통축에 나란한 자계가 만들어진다.

여기서, 취급하는 것은 도선을 아주 치밀하게 감았기 때문에 내부의 자계가 축에 나란하게 되어 있는 경우이다.

그림(c)와 같이 축에 평행 및 직각인 변으로 된 ABCD를 따라 $\oint \mathbf{H} \cdot d\boldsymbol{l}$을 구하도록 하자. 여기서, AB, CD부분의 자계를 H_1, H_2라 하면

$$\oint \mathbf{H} \cdot d\boldsymbol{l} = \int_{AB} \mathbf{H}_1 \cdot d\boldsymbol{l} - \int_{CD} \mathbf{H}_2 \cdot d\boldsymbol{l} + \int_{BC} \mathbf{H} \cdot d\boldsymbol{l} + \int_{DA} \mathbf{H} \cdot d\boldsymbol{l}$$

이 되는데, BC, DA 부분은 적분로와 직교하고 있기 때문에

$$\int_{BC} \mathbf{H} \cdot d\boldsymbol{l} = \int_{DA} \mathbf{H} \cdot d\boldsymbol{l} = 0$$

이다. AB, CD의 길이를 dl이라 하면, 쇄교하고 있는 전류가 없으므로

$$\oint \mathbf{H} \cdot d\boldsymbol{l} = H_1 l - H_2 l = 0 \qquad \cdots\cdots (5.19)$$

이 되므로

$$H_1 = H_2 \qquad \cdots\cdots (5.20)$$

가 된다. 즉, 솔레노이드의 내부는 어디서나 자계가 일정하며, 축방향을 향하고 있다고 할 수 있다.

다음에 JKLM과 같이 외부에 똑같은 적분로를 가상하면, $H_3=H_4$가 되므로 외부에서도 자계는 일정하다는 것을 알 수 있다. 그런데 무한히 먼 곳에서는 자계가 0이 될 것이므로, 결국

$$H_3 = H_4 = 0 \qquad \cdots\cdots (5.21)$$

이 되기 때문에, 이와 같은 솔레노이드의 외부에서는 자계가 없다는 것을 알 수 있다.

그리고, 도선을 끼고 있는 적분로 EFGH를 따라 $\oint \mathbf{H} \cdot d\boldsymbol{l}$을 구하면 외부의 GH부분은 자계가 없고, FG, EH 내부의 부분은 자계와 적분로가 직교하고 있으므로 $\int \mathbf{H} \cdot d\boldsymbol{l}$은 0이 되고, 결국 EF의 부분만이 남아서,

$$\oint \mathbf{H} \cdot d\boldsymbol{l} = Hl \qquad \cdots\cdots (5.22)$$

이 된다.

이 적분로는 전류와 쇄교하고 있다. 솔레노이드에 도선이 단위・길이당 n회 감겨 있다면, 이 적분로와 쇄교하고 있는 전류는 nlI이다. 따라서, 식(7.9), 식(5.22)에 의하여

$$Hl = nIl, \quad H = nI \text{ [AT/m]} \qquad \cdots\cdots (5.23)$$

가 된다.

평등자계를 얻는 방법으로 무한장 솔레노이드를 쓰는데, 실제로는 무한히 긴 솔레노이드를 만들 수 없으므로, 단면적에 비하여 길이가 충분히 긴 것을 만들어 이것을 무한장 솔레노이드로 본다.

5.4.4 환상 솔레노이드에 의한 자계

아주 가는 보빈(bobbin) 또는 철심을 그림 5.17에 나타낸 바와 같이 그것에 코일을 감은 것을 **환상 솔레노이드** 또는 **토로이드**(toroid)라 한다.

코일에 전류 I[A]를 흘릴 때 내부의 자계의 세기를 구해 보자.

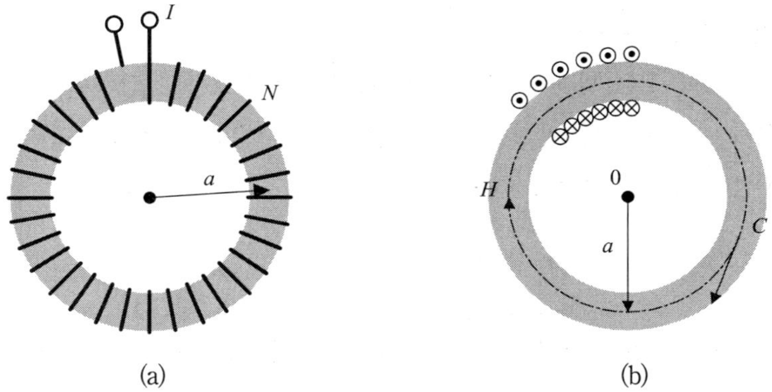

그림 5.17 환상 솔레노이드와 그 자계

보빈이나 철심이 아주 가늘면, 그 내부의 자계는 거의 평등자계로 볼 수 있다. 보빈의 평균 반경을 a[m]라 하고, 그 원주상에서 암페어의 주회적분법칙을 적용한다. 반경 a[m]인 원의 내부에는 NI의 전류가 흐르고 있으므로

$$\oint_C \mathbf{H} \cdot d\boldsymbol{l} = H \cdot 2\pi a = NI \text{ [A]}$$

가 되므로

$$H = \frac{NI}{2\pi a} \text{ [AT/m]} \qquad \cdots\cdots (5.24)$$

가 되는데, 적분로의 원이 솔레노이드 외부에 있으면, 이 원과 전류는 전혀 쇄교하지 않으므로

$$H = 0$$

이 된다. 즉, 이 경우에도 자계는 솔레노이드 내부에만 생긴다.

식(5.24)는 철심을 구성하고 있는 소재에서는 관계없이 성립한다. 즉, 공심에서도, 철심에서도 그 내부의 자계의 세기는 동일하다. 이것은 전류가 만드는 자계의 특징이다.

그러나, 자속밀도는 다르며, 진공의 경우는

$$B = \mu_o H = \frac{\mu_o I}{2\pi a} \text{ [Wb/m}^2\text{]} \quad \cdots\cdots (5.25)$$

로 되며, 철심의 경우는 철심의 투자율을 μ라고 하면

$$B = \mu H = \frac{\mu I}{2\pi a} \text{ [Wb/m}^2\text{]} \quad \cdots\cdots (5.26)$$

로 된다.

예제 5.3

평균반지름 50[cm]이고, 권수 100[회]인 환상 솔레노이드 내부의 자계가 200 [AT/m]로 되도록 하기 위한 전류 [A]를 구하시오.

☞ 식(5.24)로부터

$$I = \frac{2\pi aH}{N} = \frac{2\pi \times 0.5 \times 200}{100} = 2\pi = 6.28 \text{ [A]}$$

로 된다.

5.5 Biot-Savart의 법칙

전류 I[A]와 자계의 세기 H와의 정량적인 관계는 Biot와 Savart의 실험적 연구에 의하여 명확하게 되었으며, 그 관계는 역자승법칙의 형으로 정리되었다.

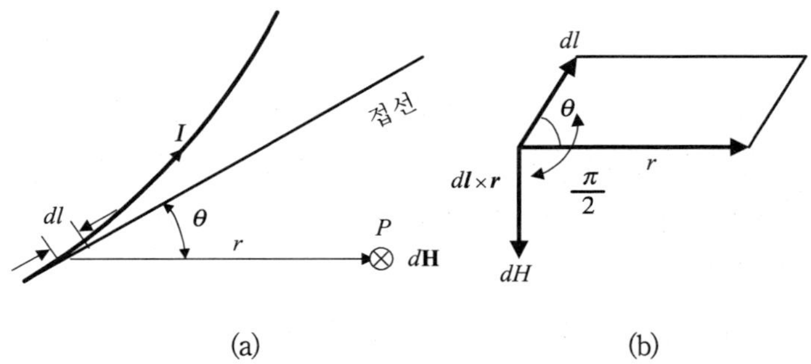

그림 5.18 Biot-Savart의 법칙

그림 5.18에 나타낸 바와 같이 도선의 미소부분 dl에 흐르는 전류 I가 관측점 P에 미치는 자계의 세기 $d\mathrm{H}$는

$$d\mathrm{H} = \frac{I}{4\pi}\frac{d\boldsymbol{l}\times \boldsymbol{r}}{r^3}\ [\mathrm{AT/m}] \qquad \cdots\cdots (5.27)$$

으로 주어진다. 이것을 Biot-Savart의 **법칙**이라고 한다.

식(5.27)의 $d\boldsymbol{l}\times\boldsymbol{r}$에서 $d\mathrm{H}$의 방향은 그림 5.18(b)와 같이 $d\boldsymbol{l}$과 $\boldsymbol{r}$을 포함하는 평면 상에서 $d\boldsymbol{l}$로부터 $\boldsymbol{r}$의 방향으로 오른쪽 나사를 회전했을 때 나사가 진행하는 방향이며, 그 크기는 $d\boldsymbol{l}$과 $\boldsymbol{r}$의 각을 θ라고 하면

$$dH = \frac{I\,dl\sin\theta}{4\pi r^2}\ [\mathrm{AT/m}] \qquad \cdots\cdots (5.28)$$

로 된다. 이 경우도 전류에 의한 자계의 세기 H는 매질에 관계없다.

5.6 Biot-Savart 법칙의 계산 예

5.6.1 무한장 직선 전류에 의한 자계

그림 5.19에 나타낸 바와 같은 무한히 긴 도선에 전류 I[A]를 흘릴 때, 중심축에서 직각방향으로, 거리 x[m] 떨어진 점 P의 자계의 세기를 구해 보도록 하자.

dl과 r이 이루는 각을 θ라고 하면, dl의 부분을 흐르는 전류 I[A]가 점 P에 미치는 자계의 세기는 식(5.28)으로부터

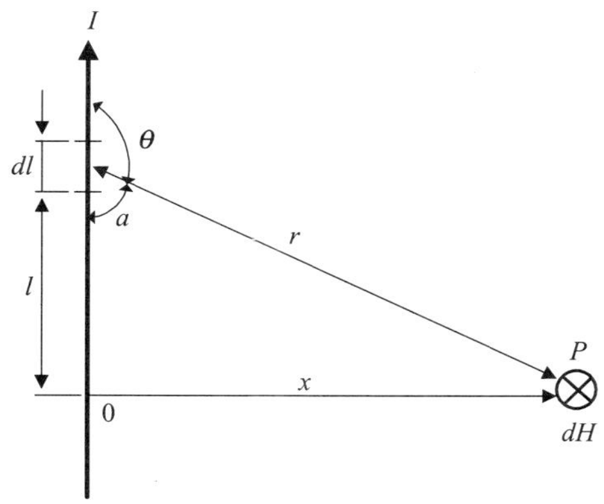

그림 5.19

$$dH = \frac{I\,dl \sin\theta}{4\pi r^2} \text{ [AT/m]} \quad \cdots\cdots (5.29)$$

로 된다. 따라서, $\theta = \pi - \alpha$이므로, $\sin\theta = \sin(\pi - \alpha) = \sin\alpha$가 되기 때문에 x/r가 된다. 또한 Pythagorean 정리에 의하여 $r^2 = l^2 + x^2$이 성립한다.

식(5.29)에 이들을 대입하고, S에 관하여 $-\infty$에서 ∞까지 적분하면 점 P의 자계의 세기는

$$H = \int_{-\infty}^{\infty} \frac{Ix}{4\pi(l^2 + x^2)^{3/2}}\, dl \quad \cdots\cdots (5.30)$$

이 얻어진다. 여기서, $l = x\cot\alpha$라고 놓으면, $dl = -x\,\mathrm{cosec}^2\alpha\, d\alpha$, $r = x\,\mathrm{cosec}\,\alpha$이고, 적분구간은 $\alpha = \pi$에서 $\alpha = 0$로 된다. 따라서

$$H = \int_{-\infty}^{\infty} \frac{Ix}{4\pi r^3}\, dl = -\frac{Ix}{4\pi}\int_{\pi}^{0} \frac{x\,\mathrm{cosec}^2\alpha}{x^3\,\mathrm{cosec}^3\alpha}\, d\alpha$$

$$= -\frac{I}{4\pi x}\int_{0}^{\pi} \sin\alpha\, d\alpha = \frac{I}{2\pi x} \quad \text{[A/m]} \quad \cdots\cdots (5.31)$$

으로 된다. 이 경우, 자계의 세기는 거리 x에 반비례한다는 사실을 알 수 있다.

5.6.2 원형 코일 중심축상의 자계

그림 5.20과 같이 반지름 a[m]의 원주상 코일에 전류 I[A]를 흘릴 때 중심축상의 자계의 세기를 구하도록 하자.

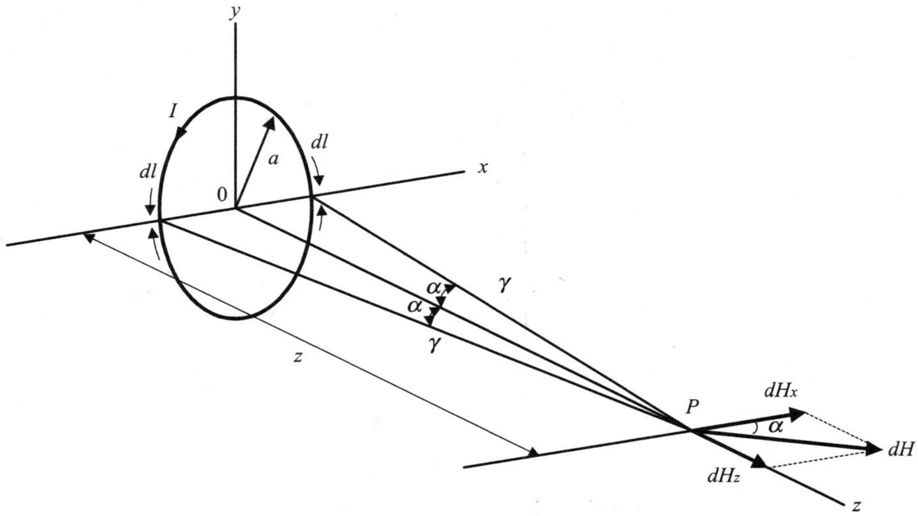

그림 5.20 원형코일 중심축상의 자계

그림에 나타낸 바와 같이 코일상 대칭 위치에 미소구간 dl을 취하면, 코일 중심으로부터 거리 z인 중심축상의 점 P의 자계의 세기는 식(5.29)에서 $\theta=\pi/2$인 경우이므로

$$dH = \frac{Idl}{4\pi r^2} = \frac{Idl}{4\pi(a^2+z^2)}[\text{AT/m}] \quad \cdots\cdots (5.32)$$

이 된다. 그리고, dH를 z축에 평행한 성분 dH_z와 z축에 수직한 성분 dH_x로 분해하면, dH_x는 그림에 나타낸 바와 같이 크기가 같고, 방향이 반대이기 때문에 상쇄되어 z축에 평행한 성분 dH_z만이 존재한다.

따라서, dH_z는 그림으로부터 알 수 있는 바와 같이

$$dH_z = dH\sin\alpha = \frac{Idl}{4\pi(a^2+z^2)}\cdot\sin\alpha[\text{AT/m}] \quad \cdots\cdots (5.33)$$

로 되고, $\sin\alpha = a/\sqrt{a^2+z^2}$이므로, 식(5.33)은

$$dH_z = \frac{Ia}{4\pi(a^2+z^2)^{3/2}}dl \quad \cdots\cdots (5.34)$$

로 된다. 코일 전체에 흐르는 전류에 의한 점 P의 자계의 세기는 dl에 흐르는 전

류에 의한 자계 dH의 z성분만을 l에 관하여 0에서 $2\pi a$까지 적분하면 된다. 즉,

$$H = \int_0^{2\pi a} dH_z = \int_0^{2\pi a} \frac{Ia}{4\pi(a^2+z^2)^{3/2}}\,dl$$
$$= \frac{Ia^2}{2(a^2+z^2)^{3/2}} \quad [\,\text{AT/m}] \qquad \cdots\cdots (5.35)$$

이 된다. 코일의 중심의 자계의 세기는 $z=0$로 놓으면

$$H_{z=0} = \frac{I}{2a}[\text{AT/m}] \qquad \cdots\cdots (5.36)$$

을 얻는다. 그리고, 아주 먼 곳에서는 $a^2 \ll z^2$이 성립하므로, 식(5.35)의 분모항에서 a를 무시할 수 있다. 따라서,

$$H_z = \frac{Ia^2}{2z^3}[\text{AT/m}] \qquad \cdots\cdots (5.37)$$

를 얻는다. 이 결과로부터 아주 먼 곳의 자계의 세기는 거리 z의 3승에 반비례하고, 무한원에서는 자계의 세기가 0으로 된다는 사실을 알 수 있다.

예제 5.4

그림 5.21과 같이 반지름 a[m]인 원의 임의의 두 점 A, B(각도 θ) 사이에 전류 I[A]가 흐른다. 원의 중심 O에서의 자계의 세기를 구하시오.

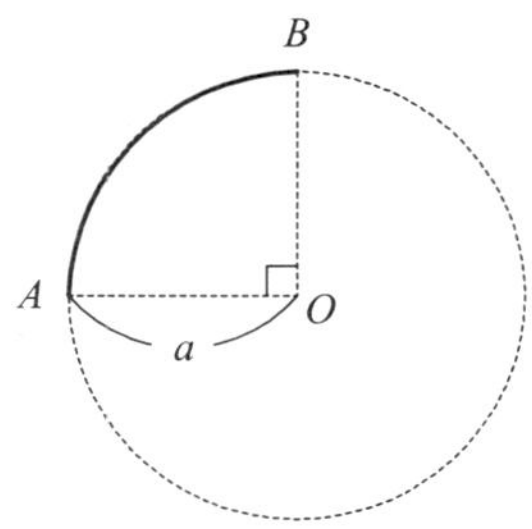

그림 5.21

☞ dl 부분에 의한 중심 O에 생기는 자계 dH는 $r=a$, $\theta=\pi/2$이므로

$$dH = \frac{Idl\sin\theta}{4\pi r^2} = \frac{Id\theta}{4\pi a} \quad (\because \quad dl = ad\theta)$$

로 된다. 따라서,

$$H = \int_{\theta=A}^{\theta=B} dH = \int_0^{\theta} dH = \frac{I}{4\pi a}\int_0^{\theta} d\theta = \frac{I\theta}{4\pi a}$$

가 된다.

예제 5.5

그림 5.22와 같이 반경 a[m]인 원형 전류의 일부와 그의 연장상에 반무한장 직선전류로 된 두 개의 회로에 전류 I[A]가 흐르고 있다. 원형의 중심 O에서의 자계의 세기를 구하시오.

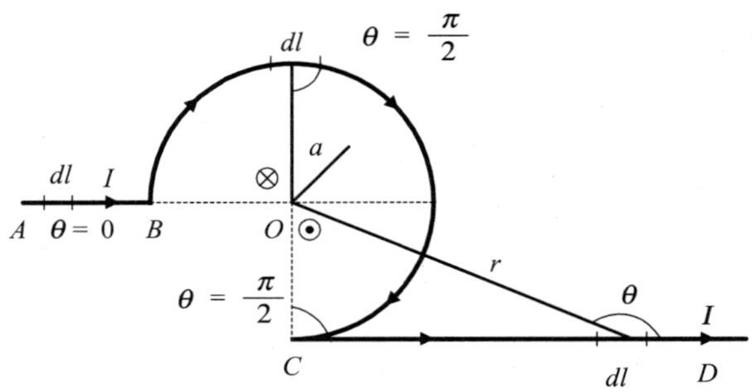

그림 5.22

☞ 여기서는 각 도선에 의하여 미치는 중심자계를 구하여 합하면 된다. 즉,

(i) 직선전류 AB의 dl 부분에 의하여 미치는 중심 자계 dH_{AB}는

$$dH_{AB} = \frac{I}{4\pi a}\sin\theta\, d\theta$$

인데, $\theta=0$이므로 $dH_{AB}=0$가 된다. 따라서, $H_{AB}=0$이 된다.

(ii) 부분원형 전류 BC에 의하여 미치는 중심 자계 dH_{BC}는 $\theta=\pi/2$이므로

$$dH_{BC} = \frac{Idl\sin\theta}{4\pi a^2} = \frac{Idl}{4\pi a^2}$$

이다. 따라서

$$|H_{BC}| = \int_0^{2\pi a\times(3/4)} dH_{BC} = \frac{I}{4\pi a^2}\int_0^{\frac{3}{2}\pi a} dl$$
$$= \frac{I}{4\pi a^2}\cdot\frac{3}{2}\pi a = \frac{3I}{8a} \quad [\text{AT/m}]$$

가 된다.

(iii) 직선전류 CD에 의하여 미치는 중심 자계 dH_{CD}는 (i)에서의 dH_{AB}와 같은 형태로 되므로

$$|H_{CD}| = \frac{I}{4\pi a}\int_{\pi/2}^{\pi} \sin\theta\, d\theta = \frac{I}{4\pi a} \quad \text{[AT/m]}$$

가 된다.

(iv) 따라서, BC와 CD가 중심에 만드는 자계는 서로 반대방향이 되므로, 중심 O의 자계 H_o는

$$H_o = H_{BC} - H_{CD} = \frac{3I}{8a} - \frac{I}{4\pi a} = \frac{I}{4a}\left(\frac{3}{2} - \frac{1}{\pi}\right) \quad \text{[AT/m]}$$

가 된다.

5.6.3 유한장 직선 전류에 의한 자계

그림 5.23에 나타낸 바와 같이 유한장 도선에 전류 I[A]를 흘리고, 도선의 중심으로부터 직각방향으로 거리 r[m]간큼 떨어진 점의 자계의 세기에 대하여 고찰하여 보자.

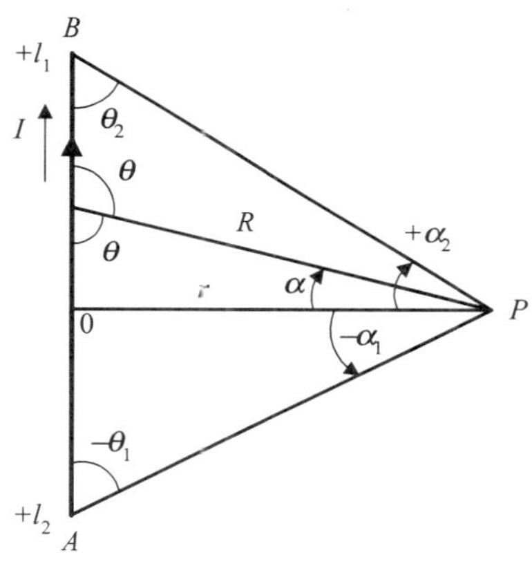

그림 5.23 유한장 직선 전류에 의한 자계

dl의 부분에 흐르는 전류 I[A]가 점 P에 미치는 자계의 세기는

$$dH = \frac{Idl}{4\pi R^2}\sin\theta = \frac{Idl}{4\pi R^2}\cos\alpha \qquad \cdots\cdots (5.38)$$

가 된다. 그런데

$l = r\tan\alpha$, $dl = r\sec^2\alpha d\alpha$이므로

$$dH = \frac{Ir}{4\pi R^2} \times \frac{R^2}{r^2} \times \cos\alpha d\alpha \left(\because \sec^2\alpha = \frac{R^2}{r^2}\right)$$

$$H = \frac{I}{4\pi r}\int_{-\alpha_1}^{\alpha_2} \cos\alpha d\alpha$$

$$= \frac{I}{4\pi r}[\sin\alpha]_{-\alpha_1}^{\alpha_2}$$

$$= \frac{I}{4\pi r}(\sin\alpha_2 + \sin\alpha_1) \qquad \cdots\cdots (5.39)$$

따라서 유한장 직선전류의 자계는

$$H = \frac{I}{4\pi r}(\sin\alpha_2 + \sin\alpha_1)$$

$$= \frac{I}{4\pi r}(\cos\theta_2 + \cos\theta_1) \qquad \cdots\cdots (5.40)$$

이 된다. α는 관측점에서의 각도이며, θ는 전류에서 관측점과의 각도이다.

예제 5.6

그림 5.24와 같이 무한장 도선을 직각으로 구부려 $AB = CD = a$[m], $BC = 2a$[m]라 하고, 전류 I[A]를 통하면 AD의 중점 O에 생기는 자계의 세기[AT/m]를 구하시오.

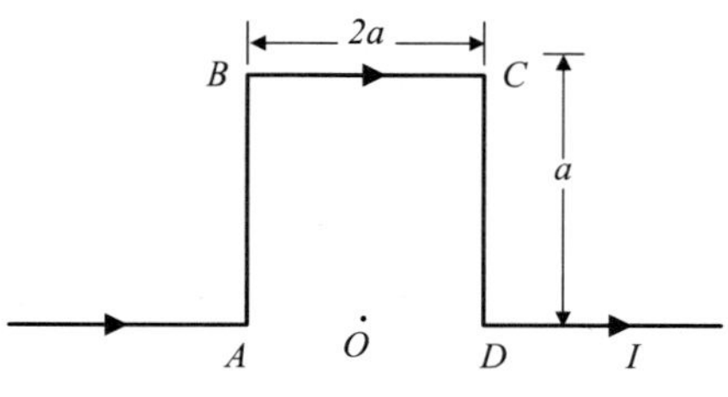

그림 5.24

☞ 직선전류 AB에 의한 자계 H_{AB}와 CD에 의한 자계 H_{CD}는

$$H_{AB} = H_{CD} = \frac{I}{4\pi a}(\sin 45^\circ + \sin 0^\circ) = \frac{I}{4\sqrt{2}\pi a} \text{ [AT/m]}$$

가 되고, 직선전류 BC에 의한 자계 H_{BC}는

$$H_{BC} = \frac{I}{4\pi a}\{\sin 45^\circ + \sin 45^\circ\} = \frac{2I}{4\sqrt{2}\pi a} \text{ [AT/m]}$$

가 된다. 따라서, 중점 O에서의 자계 H_o는

$$H_o = 2H_{AB} + H_{BC} = \frac{2I}{4\sqrt{2}\,\pi a} + \frac{2I}{4\sqrt{2}\,\pi a} = \frac{I}{\sqrt{2}\,\pi a} \text{ [AT/m]}$$

가 된다.

5.6.4 단층 원통형 솔레노이드에 의한 자계

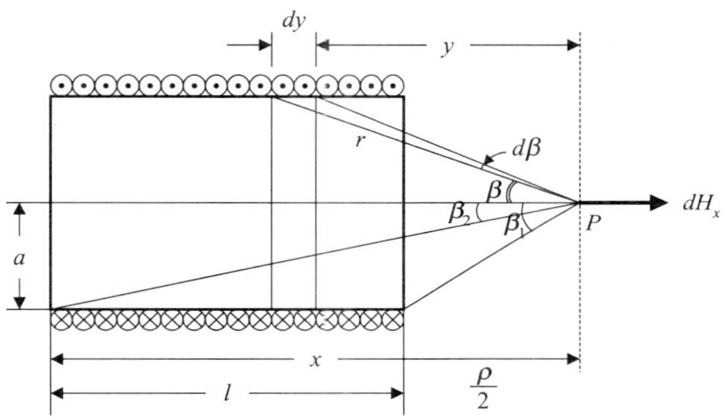

그림 5.25 단층 원통형 솔레노이드

유한장의 단층 원통형 솔레노이드에 있어서 단위·길이당의 권수를 n이라 하면, 길이 dy부분의 권수는 ndy이며, 이것은 원형코일에 상당하기 때문에 이 부분에 의한 축 위의 한 점 P의 자계는 식(5.35)로부터

$$dH_x = \frac{a^2 Indy}{2(a^2+y^2)^{3/2}} = \frac{nI\sin^2\beta\, dy}{2r} \quad \cdots\cdots (5.41)$$

가 된다. 그런데, 그림 5.25에 나타낸 바와 같이

$$\begin{cases} y = a\cot\beta \\ dy = -\dfrac{ad\beta}{\sin^2\beta} = -\dfrac{rd\beta}{\sin\beta} \end{cases}$$

이므로, 전체에 의한 자계는 식(5.41)을 β_1에서 β_2까지 적분하면

$$H_x = \int_l dH_x = -\frac{nI}{2}\int_{\beta_1}^{\beta_2}\sin\beta\, d\beta$$

$$= \frac{nI}{2}(\cos\beta_2 - \cos\beta_1) \quad [\text{AT/m}] \qquad \cdots\cdots (5.42)$$

가 된다. 여기서, β_1, β_2는 솔레노이드 양단과 점 P를 맺는 직선이 x축과 짓는 각이다. 또, 솔레노이드의 길이를 l[m], 반지름을 a[m], 권수를 N, 그리고, 1단에서 점 P까지의 거리를 x라고 하면

$$\cos\beta_1 = \frac{x-l}{\sqrt{a^2+(x-l)^2}}, \qquad \cos\beta_2 = \frac{x}{\sqrt{a^2+x^2}}$$

가 되므로

$$H_x = \frac{NI}{2l}\left\{\frac{x}{\sqrt{a^2+x^2}} - \frac{x-l}{\sqrt{a^2+(x-l)^2}}\right\}[\text{AT/m}] \cdots\cdots (5.43)$$

가 되며, 중심의 자계 H_o은 $x=l/2$로 놓아서

$$H_o = \frac{NI}{\sqrt{l^2+4a^2}}[\text{AT/m}] \qquad \cdots\cdots (5.44)$$

가 된다. 따라서, 솔레노이드가 매우 길어서 $l \gg a$인 경우에는

$$H_o = \frac{NI}{l} = nI \quad [\text{AT/m}] \qquad \cdots\cdots (5.45)$$

가 되어, 식(5.23)과 같다.

5.7 자계 중의 전류에 작용하는 힘

그림 5.26(a)와 같이 자극 N, S를 놓으면, N극으로부터 S극으로 향하는 자력선이 생긴다. 그러나, 그림과 같이 자계 내에서 지면에 수직방향으로 전류가 흐르는 도체를 넣으면 이 전류 때문에 좌회전의 자계가 생기므로 자석과 전류로 인한 합성 자력선은 실선과 같이 도체의 위쪽에서는 소(疎)하게 되고, 아래쪽에서는 밀(密)하게 되기 때문에 도체는 위로 향하는 힘을 받게 된다.

이 때 힘의 크기는 전류 I[A], 도선의 길이 l[m], 자속밀도 B[Wb/m^2]에 비례하고, 전류방향과 자계방향의 각도를 θ라 하면

$$\mathbf{F} = l\boldsymbol{I} \times \boldsymbol{B} = IBl\sin\theta \quad \cdots\cdots (5.46)$$

가 되며, 전류의 방향과 자계의 방향이 직각일 때는

$$F = IBl \quad \cdots\cdots (5.47)$$

로 된다.

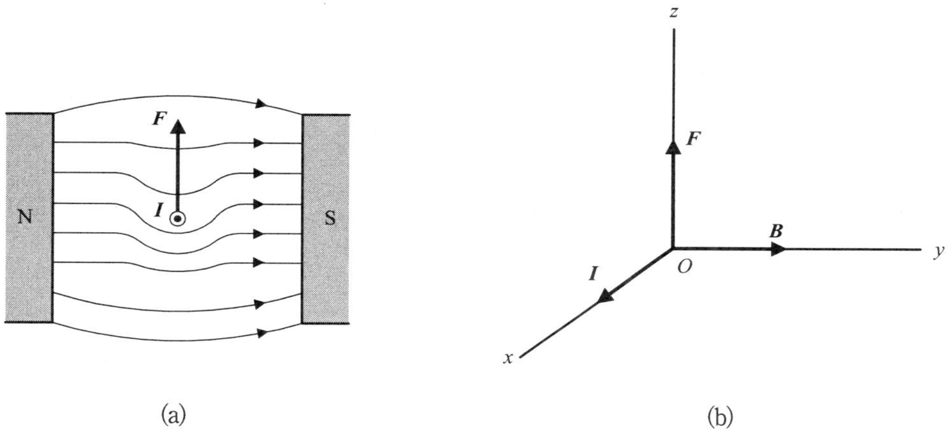

그림 5.26 자계 내의 전류에 작용하는 힘

이것을 x, y, z좌표축을 사용하여 나타내면 그림 5.26(b)와 같이 된다. 힘 F의 방향은 벡터 **B**와 **I**로 이루어지는 평면에 직각이며, 벡터 **I**에서 **B**방향으로 오른나사를 돌렸을 때 오른나사가 진행하는 방향과 일치한다. 이것을 운동전하로 나타내면 다음과 같이 된다. 즉 도체 내의 단위 · 체적당 n개의 하전입자가 단면 S에 수직으로 dt 동안에 거리 dr을 이동시킬 때, $S \cdot dr$의 체적내에 포함되는 전하는, 입자 한 개의 전하를 e라고 하면

$$dQ = en \cdot Sdr \quad \cdots\cdots (5.48)$$

이 되고, 흐르는 전류는

$$I = \frac{dQ}{dt} = enS\frac{dr}{dt} \text{ [A]} \quad \cdots\cdots (5.49)$$

가 된다. 여기서, dr/dt는 입자의 평균 이동속도를 나타내므로

$$I = enSv \text{ [A]} \qquad \cdots\cdots (5.50)$$

로 된다. 양변에 도선의 길이 l을 곱하면, 우변의 $enSl$은 단면적 S, 길이 l의 도선 중에 포함되는 전하를 나타내므로,

$$Il = qv$$

가 되어

$$F = qvB\sin\theta \text{ [N]} \qquad \cdots\cdots (5.51)$$

으로 되며, 속도 v와 자속밀도 B의 방향이 서로 직각인 경우에는

$$F = qvB \text{ [N]} \qquad \cdots\cdots (5.52)$$

으로 되고, v와 B의 방향이 일치하면, 전하는 전혀 힘을 받지 않는다. 그리고, 식(7.53)을 벡터로 표시하면

$$\mathbf{F} = l[\,\mathbf{I}\times\mathbf{B}\,] = q[\,\boldsymbol{v}\times\mathbf{B}\,] \text{ [N]} \qquad \cdots\cdots (5.53)$$

이 된다. 그림 5.27은 이 관계를 나타내고 있다.

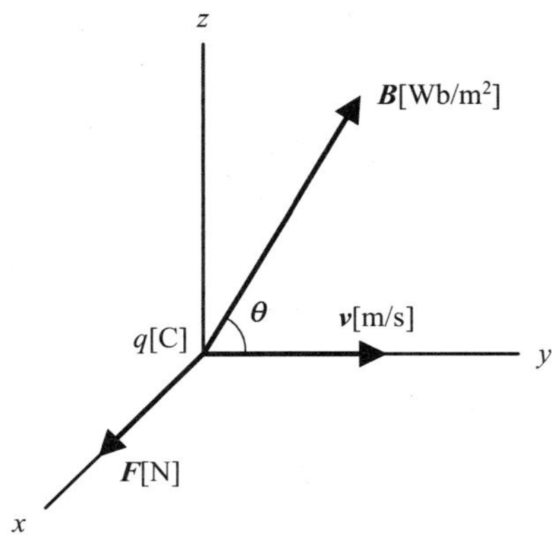

그림 5.27 자계 내의 운동전하가 받는힘

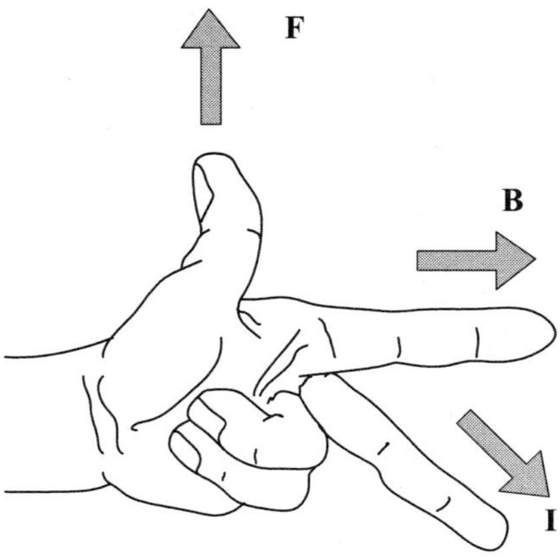

그림 5.28 Fleming의 왼손법칙

이들의 관계를 더욱 구체적으로 나타내는 방법은 Fleming의 왼손법칙으로서, 자계 내에 놓여 있는 전류가 받는 힘의 방향을 구할 때 이용된다. 즉, 그림 5.28

과 같이 왼손의 엄지, 검지, 중지를 직각으로 펼쳐서 검지가 가리키는 방향을 자계의 방향, 중지가 가리키는 방향을 전류의 방향으로 정하면, 엄지가 가리키는 방향은 힘의 방향을 나타내게 된다.

자계 내에서 전류가 흐르는 도체가 받는 힘을 **전자력**(electromagnetic force)이라 하고, 전동기, 전기계기와 같이 전기에서 기계적 힘을 발생하는 데 이용된다.

여기서, 자속밀도 B의 단위를 생각하면 식(5.52)에서

$$B = \frac{F}{qv}$$

가 되므로, 이 단위식은

$$B = \left[\frac{\mathrm{N}}{\mathrm{C \cdot m/s}}\right] = \left[\frac{\mathrm{N}}{\mathrm{C}}\right]\left[\frac{\mathrm{s}}{\mathrm{m}}\right]$$

그런데, 2장에서 설명한 바와 같이

$$\left[\frac{\mathrm{N}}{\mathrm{C}}\right] = \left[\frac{\mathrm{V}}{\mathrm{m}}\right]$$

이므로

$$B = \left[\frac{\mathrm{V}}{\mathrm{m}}\right]\left[\frac{\mathrm{s}}{\mathrm{m}}\right] = [\mathrm{Wb/m^2}] \qquad \cdots\cdots (5.54)$$

가 되지만, B의 단위는 [Wb/m^2]로 정하고 있으므로, 결국

$$1[\mathrm{Wb}] = 1[\mathrm{V \cdot s}] \qquad \cdots\cdots (5.55)$$

의 관계를 갖게 된다. 따라서, 진공의 투자율 μ_o의 단위는

$$\mu_o = \frac{B}{H} = \frac{[\mathrm{Wb/m^2}]}{[\mathrm{A/m}]} = [\mathrm{Wb/A \cdot m}] \qquad \cdots\cdots (5.56)$$

로 되는데, 이것을 [H/m]로 정하였으므로, 다음 식의 관계로 된다.

$$1[\mathrm{H}] = 1[\mathrm{Wb/A}] \qquad \cdots\cdots (5.57)$$

예제 5.7

자속밀도 0.8[Wb/m^2]인 평등자계 내에 자계의 방향과 60°의 방향으로 놓여진 길이 10[cm]의 도선에 5[A]의 전류를 흘릴 때 작용하는 힘과 30°의 방향으로 놓았을 경우 작용하는 힘의 몇 배인지 구하시오.

☞ 자계와 전류 간에 작용하는 힘 $F=I\times Bl$이므로

$$F = F = BIl\sin\theta$$

가 된다. 따라서 $\theta=60°$, $\theta=30°$일 때의 작용력을 각각 F_{60}, F_{30}이라 한다.

i) $B=0.8$[Wb/m^2], $l=10\times10^{-2}$[m], $I=5$, $\theta=60°$이므로

$$F_{60} = 0.8\times5\times10\times10^{-2}\times\sin60° = 0.35\,[\text{N}]$$

ii) F_{60}과 F_{30}은 사이각 θ만 다르므로

$$\frac{F_{60}}{F_{30}} = \frac{\sin60°}{\sin30°} = \frac{\frac{\sqrt{3}}{2}}{\frac{1}{2}} = \sqrt{3}\,[\text{배}]$$

예제 5.8

그림 5.29와 같이 자속밀도 $B=0.1$[Wb/m^2]의 평등자계 내에 권수 $N=50$, 전류 $I=1$[mA]가 흐르고 있는 장방형 코일이 평등자계와 30° 각도로 놓여 있다. 코일에 작용하는 회전력(torque)를 구하시오.(단, $\overline{AD}=a=1.5$[cm], $\overline{CD}=b=1$ [cm]라 한다.)

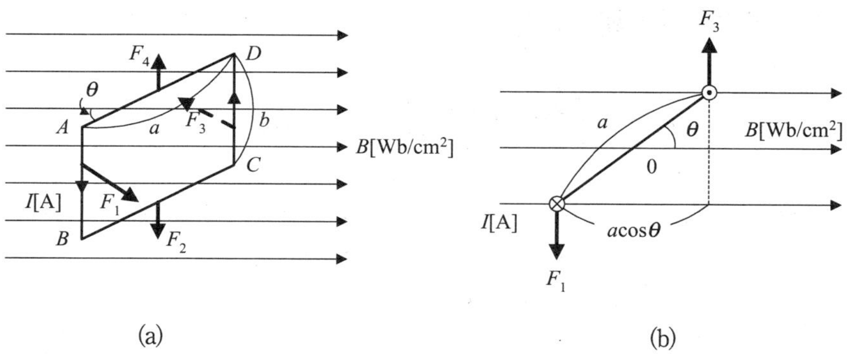

그림 5.29

☞ 그림 5.29(a)에서 변 $\overline{AD}$, $\overline{BC}$에 작용하는 힘은 식(5.46)으로부터

$$F_2 = F_4 = IBa\sin\theta \ [\text{N}]$$

가 되고, 그림에 나타낸 바와 같이 전류의 방향이 반대이므로 F_2와 F_4는 상쇄하여 회전력이 되지 않는다. 다음에 자속밀도 B에 수직한 변 $\overline{AB}$, $\overline{CD}$에 작용하는 힘은 $\theta=90^\circ$ 이므로

$$F_1 = F_3 = IBb \ [\text{N}]$$

이 되고, 크기는 같으나 방향이 반대이므로 그림(b)와 같이 점 O 주위에 짝힘이 작용하여 코일을 회전시키려 한다. 따라서, 장방형 코일의 회전력 T는

$$T = F_1 a\cos\theta = IBab\,\text{ccs}\,\theta \ [\text{N·m}]$$

이 되고, 장방형 코일의 면적 $S=ab$이므로, 코일의 권수를 N이라 하면 그 코일의 회전력 T는

$$T = NIBS\cos\theta \ [\text{N·m}]$$

로 된다. 또한, 장방형 코일을 지나는 자속은 $\phi=BS\sin\theta$이므로, 회전력 T는

$$T = 50\times1\times10^{-3}\times0.1\times1\times10^{-2}\times1.5\times10^{-2}\times\cos30^\circ$$
$$\fallingdotseq 6.49\times10^{-7} \ [\text{N}\cdot\text{m}]$$

5.8 평행 직선 도체 전류 사이에 작용하는 힘

그림 5.30에 나타낸 바와 같이 2개의 무한히 긴 직선 도체를 거리 r[m] 간격으로 떨어져 평행하게 놓고, 각각에 I_1, I_2의 전류를 흘렸을 때 양 도체에 전자력이 작용한다.

Ampére 주회적분법칙으로부터, 전류 I_1이 도체 B의 근방에 미치는 자계의 세기 H_1은

$$H_1 = \frac{I_1}{2\pi r} \ [\text{AT/m}]$$

이고, I_2의 단위 길이에 작용하는 힘은 식(5.46)에서 자계와 도체 B가 직각으로 되므로 $\sin\theta=1$로 된다. 따라서, 전류 I_2에 작용하는 힘의 크기는 단위 길이당

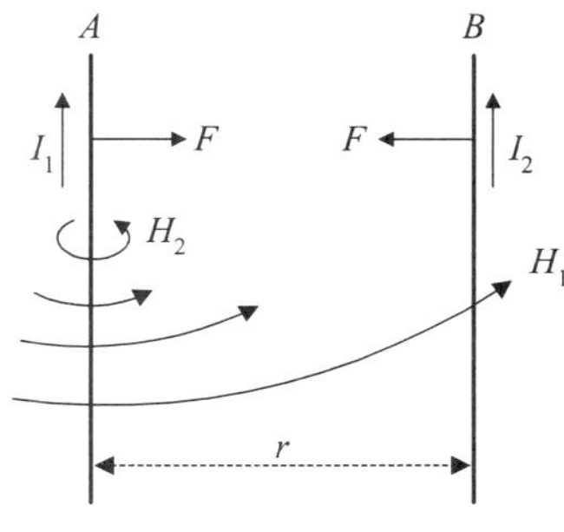

그림 5.30 무한장 평행 직선도체

$$f = I_2 B_1 \ [\text{N/m}]$$

이 된다. 그리고, $B_1 = \mu H_1 = \mu_o \mu_s H_1 = 4\pi \times 10^{-7} \mu_s H_1$이므로

$$f = I_2 \mu H_1 = I_2 \mu \frac{I_1}{2\pi r} = \frac{\mu_o \mu_s I_1 I_2}{2\pi r}$$

$$= \frac{2I_1 I_2}{r} \mu_s \times 10^{-7} \quad [\text{N/m}] \qquad \cdots\cdots (5.58)$$

로 된다.

계의 대칭성에 의하여 전류 I_1에 작용하는 힘의 크기는 식(5.58)과 같다. 따라서, 힘의 방향은 Fleming의 왼손법칙에 의하여 결정되므로, I_1과 I_2가 같은 방향으로 흐르고 있는 경우는 흡인력이 작용하고, I_1과 I_2가 서로 반대방향으로 흐르고 있는 경우는 반발력이 작용한다. 즉, $r=1$, $I_1=I_2=I=1$로 놓으면, 직선도체에 작용하는 힘의 크기는

$$F = 2\times 10^{-7} \ [\text{N}] \qquad \cdots\cdots (5.59)$$

으로 되고, 이것에 의하여 전류의 기본단위 1[A]가 정의된다. 1[A]는 전류간 길이 1[m], 간격 1[m]의 평행 직선도체에 작용하는 전자력이 2×10^{-7}[N]일 때의 전류이다. 이와 같이 전류는 힘의 크기로부터 측정할 수 있다.

그림 5.31과 같이 서로 평행한 두 개의 폐루프 전류간에 작용하는 힘을 생각해 보도록 하자.

그림 5.31과 같이 각 루프의 반지름 a[m], 거리를 d[m]라 할 때 다른 루프의 자계 B[Wb/m²]에 기인된 전류소 $I'dl'$[A·m]에 작용하는 힘 F[N]은,

$$d\mathbf{F} = \mathbf{I}' \times \mathbf{B}\, dl'$$

$$= I'B\,dl' \sin 90^\circ$$

$$= I'B\,dl' \qquad \cdots\cdots (5.60)$$

이고, 만일, $d \ll a$라면 전류 루프가

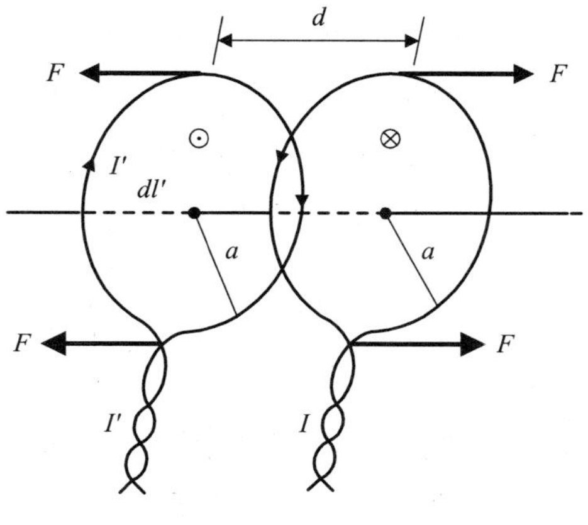

그림 5.31
나란한 두 원형 선전류간의 작용력

구부러져 있음을 무시할 수 있으므로, 전류소 $I' dl'$가 직선전류에 기인된 자계 내에 있다고 볼 수 있기 때문에 $B = \mu_o I / 2\pi d$를 식(5.58)에 대입하면,

$$dF \simeq \frac{I' dl' \mu_o I}{2\pi d} \quad \cdots\cdots (5.61)$$

가 된다. 따라서 전 루프가 받는 힘은

$$F \simeq \frac{\mu_o I I'}{2\pi d} \oint dl' = \frac{\mu_o I I' a}{d} [N] \quad \cdots\cdots (5.62)$$

이 된다.

예제 5.9

진공 중에 간격 $r=1$[m]로 떨어져 평행하게 놓인 두 전류 I_1, I_2간에 작용하는 힘이 단위 · 길이당 2×10^{-7}[N/m]일 때 흐르는 두 전류 I_1, I_2[A]를 구하시오. (단, $I_1 = I_2$일 때)

☞ 식(5.58)에서 $r=1$[m], $F=2\times10^{-7}$[N/m]이므로

$$I = \sqrt{\frac{Fr}{2\times10^{-7}}} = \sqrt{\frac{2\times10^{-7}\times1}{2\times10^{-7}}} = 1 \text{ [A]}$$

가 된다.

예제 5.10

그림 5.32와 같이 반경 $a=1$[mm], 중심간 거리 $r=1$[m]의 두 개의 무한히 긴 왕복선로에 전류 $I=10$[A]가 흐르고 있다. 양 선로간의 단위 길이에 쇄교하는 자속을 구하시오.

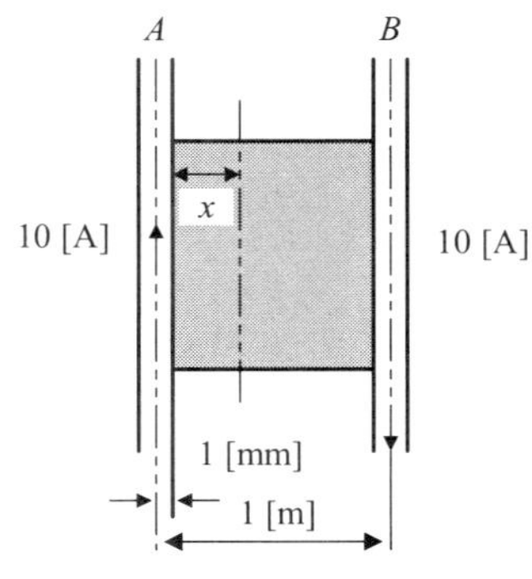

그림 5.32

☞ 도체 A에서 점 x의 자계 H는

$$H = \frac{10}{2\pi x} + \frac{10}{2\pi(1-x)}$$

이므로

$$\phi = \int_{r1}^{r2} Bdr = \frac{10\mu_o}{2\pi}\int_{r1}^{r2}\left(\frac{1}{x} - \frac{1}{1-x}\right)dx = \frac{10\mu_o}{2\pi}\left[\ln\frac{x}{1-x}\right]_{r1}^{r2}$$
$$= \frac{10\mu_o}{2\pi}\left(\ln\frac{r_2}{1-r_2} - \ln\frac{r_1}{1-r_1}\right) = \frac{10\mu_o}{2\pi}\ln\left(\frac{r_2}{1-r_2}\cdot\frac{1-r_1}{r_1}\right)$$

으로 된다. 따라서, r_1=0.001, r_2=0.999이므로

$$\phi = \frac{10\times 4\pi\times 10^{-7}}{2\pi}\ln\left(\frac{0.999}{0.001}\right)^2 = 2.76\times 10^{-5}\ \ [\text{Wb/m}]$$

로 된다.

5.9 전자력에 의한 기계적 동력

Fleming의 왼손법칙에 따르면, 자계 내에 있는 전류에는 힘이 전류와 자계 상호간에 작용하므로 전기 회로의 일부분이 자계 내에 존재하여 이것이 자계 내를 자유로이 운동할 수 있을 때에는 그 부분은 이것에 작용하는 힘에 의하여 기계적 동력이 발생하여 기계적인 일을 한다.

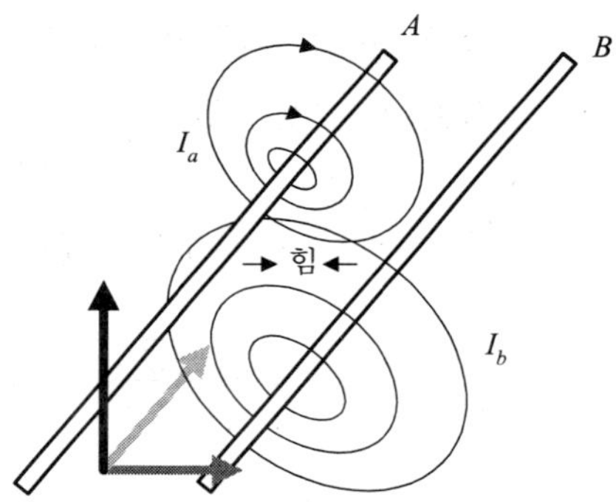

그림 5.33

그림 5.33과 같이 지면의 표면에서 수직으로 들어가는 방향의 자속밀도가 B[Wb/m2]되는 균일한 자계 내에 도체 A, B를 자계의 방향과 직각으로 놓고, 전류 I[A]를 흘리면, 이 도체에는 왼손법칙에 의하여 그림과 같이 잡아당기는 힘 F가 작용하며, 이 힘 F는 자계의 세기가 H[A/m], 자속밀도 B[Wb/m^2]일 때 식(5.46)에서 $\sin\theta = \sin 90^\circ = 1$이므로,

$$F = BIl\ [\text{N}] \qquad \cdots\cdots (5.63)$$

이 된다. 따라서, 도체 사이에 작용하는 힘 때문에 도체가 거리 x[m]만큼 운동했다면, 이 때 전자력이 도체에 주는 기계적 일 W는,

$$W = Fx = BIlx\ [\text{J}] \qquad \cdots\cdots (5.64)$$

로 된다. 그리고 위의 식에서 Blx는 도체가 x[m]만큼 움직일 때 끊은 총 자속수

이므로, 이것을 ϕ라 하면,

$$W = I\phi\,[\mathrm{J}]\ (\because \phi = BS = Blx) \qquad \cdots\cdots (5.65)$$

로 된다. 즉, 전자력에 의해 작용한 일은 전류 I[A]와, 전류가 끊은 자속수 ϕ [Wb]와의 곱으로 표현된다.

또한, x[m]만큼 아래 쪽으로 운동하는데 시간 t[s]를 요한다. 일률 즉, 기계적 동력(mechanical power) P_m은

$$P_m = \frac{W}{t} = \frac{I\phi}{t}\,[\mathrm{W}] \qquad \cdots\cdots (5.66)$$

가 된다. 이것은 t[s] 동안에 일정한 속도로 끊을 때 발생된 기계적 동력인데, 만일, 도체가 자속을 끊는 속도가 변화할 때에는 위의 식은 t[s] 동안의 평균 동력을 표시한다.

이와 같은 경우 임의의 순간에 있어서의 기계적 동력의 순시값 p는 아주 짧은 시간 Δt 사이에 $\Delta\phi$의 자속을 끊었다면,

$$p = I\frac{\Delta\phi}{\Delta t}$$

가 된다. 즉, 식(5.64)를 사용하면, 다음 식으로 표현할 수 있다.

$$p = F\frac{x}{t} = Fv = IBlv\,[\mathrm{W}] \qquad \cdots\cdots (5.67)$$

여기서

$$v = \frac{x}{t}\,[\mathrm{m/s}]$$

로서, 도체의 운동속도를 나타내면, 식(5.67)은 자계내에 있는 도체의 전류가 전자력에 의하여 운동할 때에 발생하는 기계적 동력을 나타내고, 전동기의 기본원리가 된다.

예제 5.11

I=4[A]인 전류가 흐르는 코일과 쇄교 자속수 ϕ=4[Wb]일 때 이 전류회로에 축적되는 자기에너지 [J]를 구하시오.

☞ 식(5.65)로부터

$$W = I\phi = 4 \times 4 = 16 \text{ [J]}$$

로 된다.

5.10 전기 및 기계 에너지 변환

전동기는 전기 에너지를 기계 에너지로, 발전기는 기계 에너지를 전기 에너지로 변환시키는 장치로서, 이와 같은 에너지 변환을 **전기기계 에너지 변환**(electromechanical energy conversion)이라 한다.

여기서, 이들 두 에너지 변환이 어떤 관계로 이루어지는가를 원리적으로 생각해 보자.

그림 5.34와 같이 지면의 표면에서 지면속으로 들어가는 방향인 자속밀도 B [Wb/m^2] 되는 평등자계 내에 직각으로 길이 l[m]인 도체를 놓고, 이 도체를 우측 방향으로 속도 v[m/s]로 운동시키면, 도체에는 위의 방향으로 기전력 e가 발생한다.

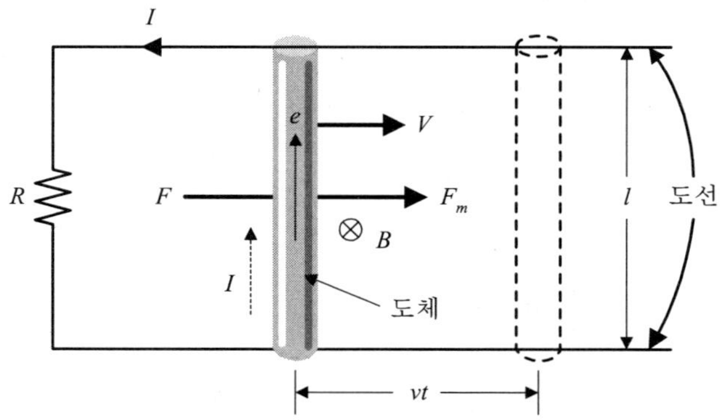

그림 5.34 전기 · 기계 에너지 변환

만약, 이 도체의 양단이 부하저항 R[Ω]에 접속되어 있으면 기전력 e에 의하여 $I = e/R$[A]의 전류가 그림 5.34에 나타난 바와 같이 도체 내에서 위쪽으로 흘러서 저항을 통하여 흐르게 된다.

이 도체에 흐르는 전류 I[A]는 자계로부터 전자력 F[N]을 좌측 방향으로 받기

때문에 도체의 운동을 방해하도록 작용한다. 그 크기는 식(5.46)으로부터

$$F = IBl \text{ [N]} \quad \cdots\cdots (5.68)$$

이 된다.

이 좌측 방향의 전자력 F[N]과 반대 방향인 우측으로 도체가 속도 v[m/s]의 등속도 운동을 계속하려면 F[N]과 크기가 같고 방향이 반대인 F_m[N]을 외부에서 도체에 가하지 않으면 안된다.

F_m[N]은 일반적으로 **기계력**(mechanical force)이라 하는 것으로, 그 크기는

$$F_m = F = IBl \text{ [N]} \quad \cdots\cdots (5.69)$$

로 된다.

이 외부에서 주어진 기계력에 의하여 도체가 시간 t[s]동안 속도 v로 운동하였다면, 이 때 기계력이 도체에 한 일, 다시 말하면 도체에 주어진 기계적 에너지 (mechanical enerhy) W_m은

$$W_m = F_m vt = IBlvt \text{ [J]} \quad \cdots\cdots (5.70)$$

로 된다.

한편, 도체에는 그 사이에 기전력 e가 발생하여 부하저항 R에는 전류 I가 흐르고 있으므로, 도체가 부하에 공급한 전기에너지 W_e는

$$W_e = eIt = vIBlt \text{ [J]} \quad \cdots\cdots (5.71)$$

이 되어, 결국 다음 식이 된다.

$$W_m = W_e \text{ [J]} \quad \cdots\cdots (5.72)$$

다시 말하면 도체에 공급된 기계적 에너지는 모두 전기 에너지로 변환되고, 또한 이 예에서 변환된 전기 에너지는 모두 저항 R에서 Joule열로 소비된다.

이상은 발전기의 기계 에너지를 전기 에너지로 변환하는 과정이지만, 전동기의 경우는 이것과 반대로 전기 에너지를 기계 에너지로 변환하는 것이다. 그러나, 실제의 발전기나 전동기에서는 여러 가지 손실이 있기 때문에 변환되는 에너지는 공급되는 에너지보다 약간 작아진다.

5.11 분포전류에 의한 자계

지금까지 선전류에 의한 자계에 대하여 다루었지만, 전류가 공간적으로 분포하여 흐르고 있는 경우를 생각하여 보면, 이 때에도 주회적분법칙은 성립한다. 적분로와 쇄교하고 전류를 전류밀도로부터 구할 필요가 있지만, 그것에는 적분로를 주변으로 하는 임의의 면 S에 대하여, 이 면을 빠져나가는 전전류를 취하면 된다. 따라서 전류 밀도를 $\mathbf{J}$로 표시하면

$$\oint_C \mathbf{H} \cdot d\boldsymbol{l} = \iint_S J_n dS \qquad \cdots\cdots (5.73)$$

로 된다. 물론 법선 n은 C와 오른 나사의 관계에 있도록 취한다. 그런데 Stokes 정리에 의하면

$$\oint_C \mathbf{H} \cdot d\boldsymbol{l} = \iint_S (\mathrm{rot}\,\mathbf{H})_n dS \qquad \cdots\cdots (5.74)$$

으로 되므로

$$\iint_S (\mathrm{rot}\ \mathbf{H})_n dS = \iint_S J_n dS \qquad \cdots\cdots (5.75)$$

로 된다. 이 식이 면 S의 형상에 관계없이 성립하기 위해서는

$$\mathrm{rot}\,\mathbf{H} = \mathbf{J} \qquad \cdots\cdots (5.76)$$

의 중요한 관계식이 얻어진다. 이것이 공간적으로 전류가 분포하고 있는 경우 임의의 점의 전류밀도와 자계와의 관계를 주는 식이다.

특별한 경우로서 $\mathbf{J}=0$인 점에서는

$$\mathrm{rot}\,\mathbf{B} = 0$$

이다.

식(5.76)에 Stokes 정리를 적용하면, 식(5.9)를 구할 수 있으므로, 식(5.76)은 Ampére 주회적분과 동일한 의미를 갖고 있다.

연습문제

5.1 1[cm]당의 권수 50[회]인 무한히 긴 솔레노이드가 있다. 이것에 각각 10[mA]를 흘릴 때의 자계의 세기를 구하시오.

5.2 반지름 1[m]인 권수 N=2회의 원형 코일에 1[A]의 전류가 흐르면 코일 중심의 자계는?

5.3 그림에서와 같이 80[cm] 간격의 평행도선 A, B에 I=20[A]의 전류가 왕복하고 있다. 수직 이등분선상으로 30[cm]되는 점 P의 자계를 구하시오.

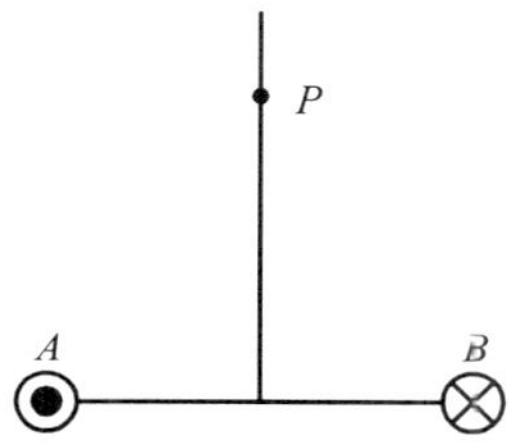

5.4 한 변의 길이가 l[m]인 정사각형 회로에 전류 I[A]를 흘릴 때 사각형 중심에서의 자계의 세기 [AT/m]를 구하시오.

5.5 8[m] 길이의 도선으로 만들어진 정방형 코일데 π[A]가 흐를 때 중심 자계의 세기는?

5.6 무한대의 직선 도체에 전류 I=40[A]가 흐르고 있다. 그림과 같이 도체에서 수직 거리 d[m]의 위치에서 도체를 포함하는 평면 내에 $a \times b = 1 \times 2$[m^2]인 직사각형의 부분을 통하는 전자속을 구하시오.

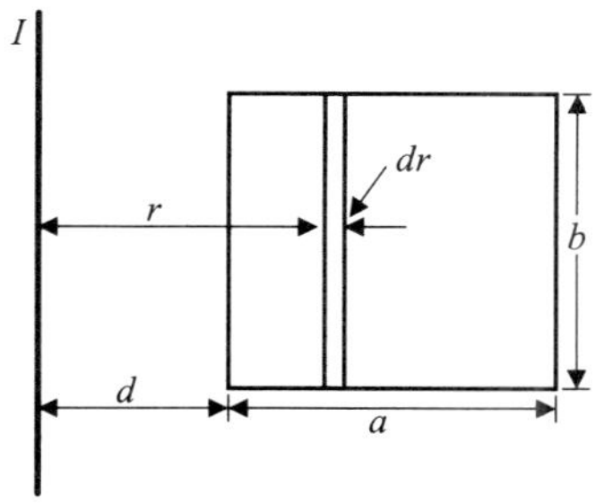

5.7 직선의 일부를 구부려서 반원을 만들 때 중심 O에서의 자계의 세기[AT/m]를 구하시오.(단, 반지름은 a[m]이다)

5.8 평균 반지름 $a=5$[cm], 권수 $N=1000$이라 하고, 권선에 1[A]의 전류가 흐르고 있을 때 환상 솔레노이드의 중심선 위에서의 자속밀도를 구하시오.

5.9 두 개의 무한장 직선도체가 공기중에서 5[cm]의 거리를 두고 놓여 있다. 한 쪽 도체에 20[A], 다른 쪽 도체에 30[A]의 전류가 흐를 때 도체의 단위·길이당에 작용하는 힘의 크기[N/m]를 구하시오.

5.10 그림과 같이 평행한 무한장 직선 도선에 I, $4I$[A]인 전류가 흐른다. 두 선 사이의 점 P의 자계의 세기가 0이라 할 때 a/b를 구하시오.

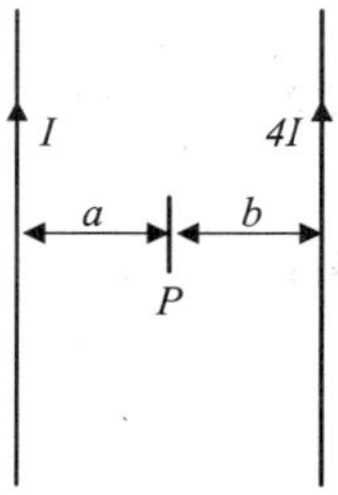

그림 7.43

5.11 한 변 50[cm]인 정삼각형의 세 정점에 같은 방향으로 5[A]가 흐르는 3선의 무한장 직선 도선이 있다. 각 도선 1[m]당 작용하는 힘을 구하시오.

5.12 자속밀도 0.8[Wb/m^2]인 평등 자계 내에 자계의 방향과 30° 의 방향으로 놓여진 길이 10[cm]의 도선에 5[A]의 전류가 통할 때 도체가 받는 힘[N]은?

제 6 장 인덕턴스

유도현상은 회로전류의 변화가 자속쇄교수의 변화에 의하여 생기는 현상이며, 회로전류가 변화하면 그 변화의 비율에 비례하는 기전력이 자기자신의 회로에 생기는 자기유도와 자기적으로 결합하고 있는 회로상호간에 생기는 상호유도가 있다.

인덕턴스에는 자기유도에 의한 자기 인덕턴스와 상호유도에 의한 상호 인덕턴스가 있으며, 이들에 대한 정의는 다음과 같다.

6.1 전자유도 법칙

6.1.1 전자유도 법칙

전자유도 현상은 코일을 관통하는 자속이 변하든지, 자계내에서 도체를 운동시키든지, 혹은 회로에 흐르는 전류가 변화하면 회로에 기전력이 생기는 현상이다. 이들은 Faraday와 Lentz에 의하여 발견된 현상으로서, Faraday는 자계를 시간적으로 변화시키면 기전력이 발생한다는 사실을 실험을 통해 확인하였다.

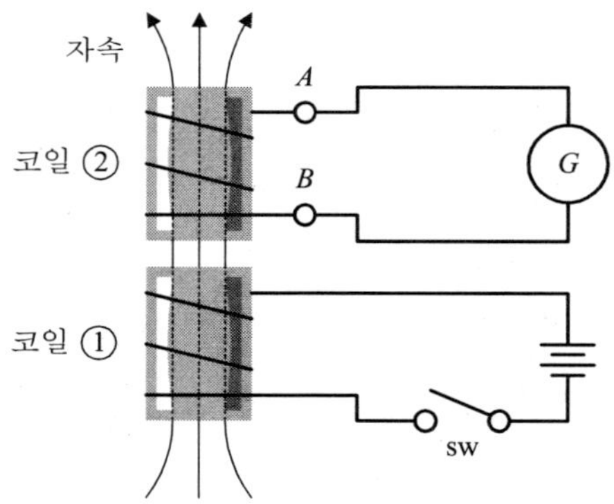

그림 6.1 Faraday의 전자유도법칙

그림 6.1과 같이 2개의 코일을 배치하여 코일①에 전지와 스위치를 접속하고, 코일②에는 검류계를 접속하였다. 스위치를 닫아서 코일①에 전류를 흘리면, 스위치를 닫는 순간 코일②에 접속되어 있는 검류계의 바늘이 움직였다 곧바로 0의 위치로 되돌아 온다. 다음에 스위치를 열면 검류계의 바늘이 움직였다 곧바로 0의 위치로 되돌아 온다. 이 때의 움직임은 스위치를 닫을 때의 움직임과 반대이다. 코일①에 전류를 흘려 놓고, 코일①은 가깝게 하든지 멀리하든지 간에 검류

계의 바늘은 마찬가지로 운동을 한다. 그래서 코일①의 주변에 영구자석을 놓아서 코일②를 운동시키더라도 같은 현상이 보여진다. 이 현상을 **전자유도**라고 한다.

이상의 실험으로부터 Faraday는 다음의 결론을 얻었다. 즉, 회로와 쇄교하는 자속이 변할 때, 그 회로에는 자속의 변화에 비례하는 기전력이 유도된다. 이것을 **Faraday 법칙** 또는 **전자유도 법칙**이라 한다.

그리고, Neumann은 Faraday 법칙을 정량적으로 밝혔다. 즉, 어떤 회로와 쇄교하고 있는 자속이 변화하고 있을 때 그 회로에 유도되는 기전력은 자속의 비율과 같다. 이것을 Neumann 법칙이라 한다.

다음에, 그림 6.2와 같이 코일을 통과하는 자속 ϕ[Wb]가 어떤 원인으로 $+d\phi$만큼 증가하였을 때 현재의 자속 ϕ를 유지하기 위하여 스스로 $-d\phi$의 자속을 만들어 자속의 평형을 이루려고 한다. 따라서, 코일에는 $-d\phi$를 발생시키기 위한 전류와 기전력이 발생하고, 반대로 자속이 감소하면 자속을 증가시키는 방향으로 전류와 기전력이 발생한다. 이와 같이 자속을 변화시키면 자속을 방해하려는 방향으로 기전력이 유기되는 현상을 **전자유도 현상**이라 하며, 이 때의 기전력과 전류를 유도 기전력 및 유도 전류라 한다. 즉, 유도 전압은 폐회로를 쇄교하는 자속의 시간적 변화율에 비례한다. 이것을 **전자유도 법칙**, **Faraday 법칙** 또는 Faraday-Neumann **법칙**이라 한다. 즉,

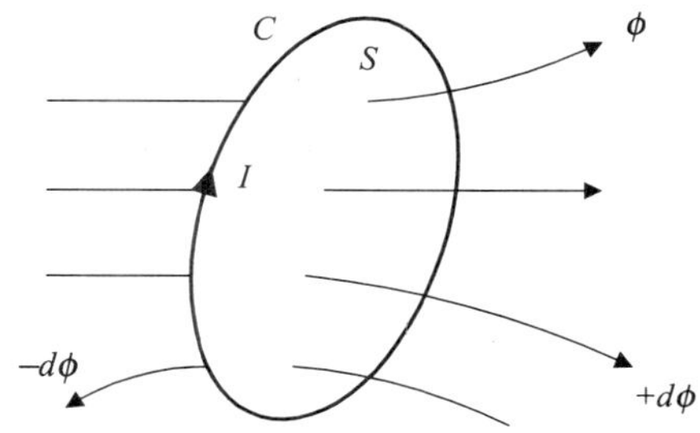

그림 6.2 쇄교자속

$$e = -\frac{d\phi}{dt}\,[\mathrm{V}] \qquad \cdots\cdots (6.1)$$

로 된다.

위의 실험식에서 e는 유도 기전력, 즉 역기전력이며, $d\phi$는 dt시간에 생긴 쇄교자속의 변화를 나타내며, 부호는 자속의 감소를 나타낸다.

그림 6.2에서 코일 C를 통과하는 자속밀도를 B[Wb/m^2], 코일 단면적을 S [m^2]라 하면, 자속 ϕ는

$$\phi = \iint_S \mathbf{B} \cdot d\boldsymbol{S} \qquad \cdots\cdots (6.2)$$

로 된다. 따라서

$$e = -\frac{d\phi}{dt} = -\frac{d}{dt}\iint_S \mathbf{B}\cdot dS \qquad \cdots\cdots (6.3)$$

으로 되므로, Faraday 법칙의 수학적 표현은

$$\oint_C E\cdot dl = -\iint_S \frac{\partial \mathbf{B}}{\partial t}\cdot d\boldsymbol{S} \qquad \cdots\cdots (6.4)$$

로 된다.

이 식을 Faraday **법칙의 적분형**이라 하며, 자속 ϕ가 N회의 코일을 통과할 때 코일 양단에 유기되는 기전력은

$$e = -N\frac{d\phi}{dt} = -\frac{d(N\phi)}{dt} = -\frac{d\Psi}{dt}\,[\mathrm{V}] \qquad \cdots\cdots (6.5)$$

로 된다. 단, $\Psi = N\phi$[Wb]라 놓고, 이를 **자속쇄교수**라 한다.

여기서, 시간적으로 변하는 자계는 전계를 유도하고 이 유도 전계는 도선의 유무에 관계없이 공간에 존재하는 것임을 알 수 있다. 이러한, Faraday 법칙은 발전기가 동작되는 원리로서의 실제적인 가치를 지닌다. (−)부호는 유도기전력에 의한 유도 전류의 방향이 폐회로를 쇄교하는 자속의 변화를 방해하는 방향으로 흐르기 때문이며, 이것을 Lenz의 **법칙**이라 부른다.

그리고, 도체가 자속밀도 B[Wb/m^2]에 수직으로 움직이는 속도를 v[m/s], 길이 l[m], 면적을 S[m^2]라 할 때, $\phi = BS$이고, dt시간에 변화하는 면적 dS는 $lvdt$이므로

$$d\phi = BdS = vBldt$$

로 된다. 따라서,

$$e = -\frac{d\phi}{dt} = vBl\ [\mathrm{V}] \qquad \cdots\cdots (6.6)$$

가 된다. 즉, 기전력의 방향은 Fleming의 오른손 법칙을 따르며, 그 크기는 도선의 길이 l과 도선의 운동속도 v로 끊을 때 그 도체에 발생하는 유도 기전력의 크기는 도체 단위 · 길이당 vB[V/m]가 된다고 할 수 있다.

6.1.2 자속의 변화에 의한 기전력

정전계에서 전계 $\mathbf{E}$에 대한 선적분

$$V = -\int_a^b \mathbf{E} \cdot d\boldsymbol{l}$$

은 a, b 사이의 전위차를 말하고, 이 전위차를 만드는 전기력은 기전력이라 하였다. 즉,

$$e = \int_a^b \mathbf{E} \cdot d\boldsymbol{l}$$

이 되고, 정전계에서는 보존계가 성립되므로, 임의의 폐곡선에 따르는

$$\boldsymbol{e} = \oint \mathbf{E} \cdot d\boldsymbol{l} = 0$$

이었다.

그러나, 보존계가 아닌 경우, 즉 시간적으로 전계나 자계가 변화하는 경우에는 전계에 대한 선적분이 0이 되지 않고, 식(6.1)과 같이 표시되므로 식(6.4)와 같이 된다.

즉, 폐곡선으로 이루어지는 면을 쇄교하는 자속의 시간적 변화율과 같게 된다는 사실을 알 수 있다.

이것은 정지 폐곡선에 적용되는 패러데이의 법칙을 표시하는 식이고, 권선수가 N[회]인 코일에서는 쇄교자속수가 N배가 되므로

$$e = -N\iint_S \frac{\partial \mathbf{B}}{\partial t} \cdot d\boldsymbol{S} \qquad \cdots\cdots (6.7)$$

로 표현된다.

여기서, 식(6.4)에 Stokes의 정리를 적용하면

$$e = \oint \mathbf{E} \cdot d\boldsymbol{l} = \iint_S (\nabla \times \mathbf{E}) \cdot d\boldsymbol{S} = -\iint_S \frac{\partial \mathbf{B}}{\partial t} \cdot d\boldsymbol{S} \qquad \cdots\cdots (6.8)$$

로 되므로

$$\nabla \times \mathbf{E} = -\frac{\partial \mathbf{B}}{\partial t} \quad \cdots\cdots (6.9)$$

의 관계를 얻을 수 있다.

이 식은 Faraday의 법칙을 미분형으로 표현한 것으로서, **Faraday의 전자유도 법칙의 미분형**이라고도 한다.

공간 내의 한 점에서의 자속밀도의 시간적 변화는 그 변화를 방해하는 전계의 회전이 발생한다고 표현할 수 있으며, 이 식은 Maxwell의 방정식 중의 하나이다.

예제 6.1

자속 $\phi = \phi_m \sin(100\pi t)$[Wb]가 권수 N=1000[회]의 코일과 쇄교할 때, 이 코일에 유기되는 기전력을 구하시오. (단, $\phi_m = 3\times10^{-5}$[Wb]이다.)

☞ 식(9.5)로부터 유기되는 기전력 e는

$$e = -N\frac{d\phi}{dt} = -N\frac{d}{dt}(\phi_m \sin 100\pi t) = -100\pi N\phi_m \cos 100\pi t$$

이므로

$$\begin{aligned} e &= -100\pi\times1000\times3\times10^{-5}\cos 100\pi t \\ &= -3\pi\cos 100\pi t = 3\pi\sin\left(100\pi t - \frac{\pi}{2}\right)[\mathrm{V}] \end{aligned}$$

로 된다. 따라서, 유기되는 기전력 e는 자속 ϕ보다 $\pi/2$만큼 위상이 늦다.

6.1.3 도체의 운동에 의한 기전력

시간적으로 변화하지 않는 자속밀도 $\mathbf{B}$[Wb/m^2]의 자계에서 속도 $\boldsymbol{v}$[m/s]로 운동하고 있는 회로 C가 그림 6.3에서와 같이 dt[s] 사이에 C'로 이동하였을 때, 회로와 쇄교하는 자속의 감소량 $-d\phi$[Wb]는 측면 S''을 통하여 유출하는 자속이 될 것이므로

$$-d\phi = \iint_{S''} \mathbf{B}\cdot\boldsymbol{n}dS\ [\mathrm{Wb}]$$

가 되며, 여기에, $\boldsymbol{n}dS = d\boldsymbol{l}\times d\boldsymbol{r} = d\boldsymbol{l}\times\boldsymbol{v}dt$[m^2]와 $\mathbf{A}\cdot[\mathbf{BC}]=\mathbf{B}\cdot[\mathbf{CA}]=\mathbf{C}\cdot[\mathbf{AB}]$

$=-\mathbf{B}\cdot[AC]$를 적용하면

$$-d\phi = dt\iint_{S''} \mathbf{B}\cdot d\boldsymbol{l}\times\boldsymbol{v} = dt\oint_C \boldsymbol{v}\times\mathbf{B}\cdot d\boldsymbol{l}\ [\mathrm{Wb}]$$

가 된다.

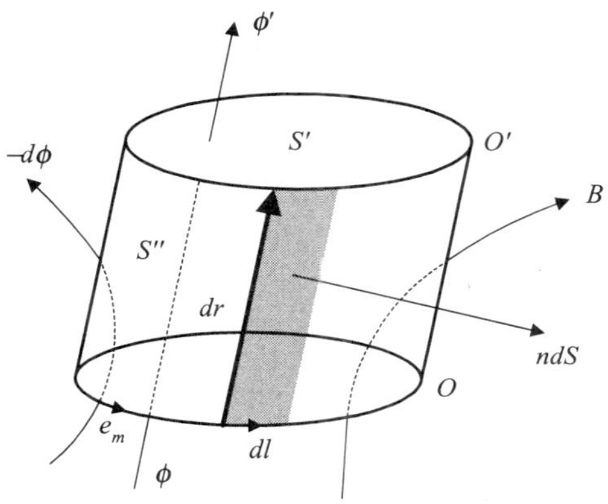

그림 6.3 운동회로와 유기 기전력

따라서, 운동회로 C에 유기되는 운동 유도기전력(motional induced emf)은 식(6.1)과 Stokes의 정리로부터

$$e_m = -\frac{d\phi}{dt} = \oint_C(\boldsymbol{v}\times\mathbf{B})\cdot d\boldsymbol{l}\ [\mathrm{V}] \quad \cdots\cdots (6.10)$$

가 되며, 회로 C에 따른 운동 유도전계(motional induced electric field intensity)를 $\mathbf{E}_m$[V/m]라 하면

$$e_m = \oint_C \mathbf{E}_m\cdot d\boldsymbol{l}\ [\mathrm{V}] \quad \cdots\cdots (6.11)$$

가 되므로, 식(6.6)과 식(6.7)로부터

$$\mathbf{E}_m = \boldsymbol{v}\times\mathbf{B}\ [\mathrm{V/m}] \quad \cdots\cdots (6.12)$$

가 된다. 이 식은 운동 전자유도법칙 식(6.9)와 식(6.10)의 미분형으로, 운동도체의 단위 · 길이당 발생하는 기전력이다.

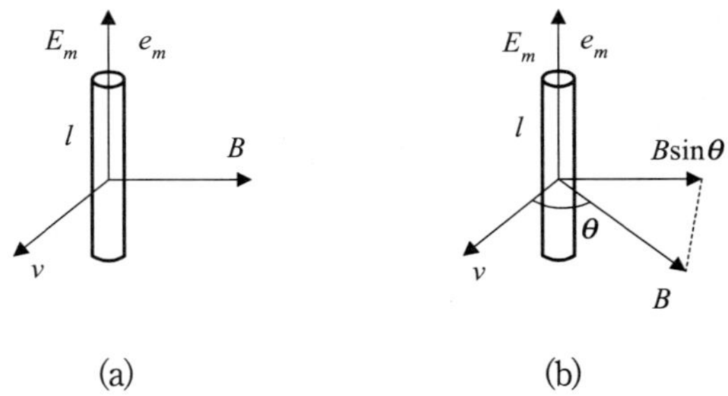

그림 6.4 Fleming의 오른손 법칙

따라서, 직선도체인 경우 길이 l[m]에 발생하는 기전력 e_m은

$$e_m = \boldsymbol{v} \times \mathbf{B} \cdot \boldsymbol{l} \text{ [V]} \qquad \cdots\cdots (6.13)$$

가 된다. 여기서, 그림 6.4(a)와 같이 각각의 방향이 수직일 경우 기전력은

$$e_m = vBl \text{ [V]} \qquad \cdots\cdots (6.14)$$

가 되며, 그림 6.4(b)와 같이 $\theta \leq (\boldsymbol{v},\ \boldsymbol{B})$일 때 기전력은

$$e_m = vBl\sin\theta \text{ [V]} \qquad \cdots\cdots (6.15)$$

가 된다. 그리고, 그림 6.4(a)의 자속밀도 $\mathbf{B}$와 속도 $\boldsymbol{v}$와 기전력 e_m 또는 운동전계 $\mathbf{E}_m$과의 방향관계를 Fleming의 오른손법칙(fleming's right hand rule)이라 한다.

일반적인 경우로 시간적으로 변화하는 자계 내에서 도체회로가 운동할 때의 전 유도기전력은 식(6.8)과 식(6.10)의 경우를 합하면

$$e = \oint_C \mathbf{E} \cdot d\boldsymbol{l} = -\int_S \frac{\partial \mathbf{B}}{\partial t} \cdot \boldsymbol{n} dS - \oint_C (\mathbf{B} \times \boldsymbol{v}) \cdot d\boldsymbol{l} \text{ [V]} \qquad \cdots\cdots (6.16)$$

가 되며, 미분형은 스토크스의 정리를 적용하여

$$\text{rot } \mathbf{E} = -\left\{ \frac{\partial \mathbf{B}}{\partial t} + \text{rot}(\mathbf{B} \times \boldsymbol{v}) \right\} \qquad \cdots\cdots (6.17)$$

가 된다. 이 관계식은 자속이 시간적으로 변화함과 동시에 자계 중의 도체를 포함한 매질이 속도 v[m/s]로 운동할 대 발생하는 전자유도 현상의 미분형의 표현식이다.

예제 6.2

그림 6.5와 같이 한변을 움직여 변화시킬 수 있는 폭 l, 길이 x인 구형도선이 있다. 자속밀도는 구형면에 수직이고, $B = B_m \cos \omega t$이면 이변을 속도 v로 움직이고 있을 때 유기되는 기전력을 구하시오.

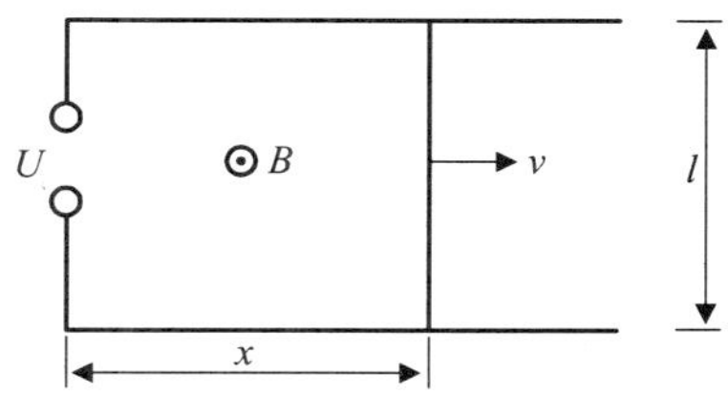

그림 6.5

☞ 식(6.15)를 다시 쓰면

$$e = \oint_C \mathbf{E} \cdot d\boldsymbol{l} = -\iint_S \frac{\partial \mathbf{B}}{\partial t} \cdot \boldsymbol{n} dS - \oint_C (\mathbf{B} \times \boldsymbol{v}) \cdot d\boldsymbol{l}$$
$$= -\iint_S \left\{ \frac{\partial \mathbf{B}}{\partial t} + \mathrm{rot}(\mathbf{B} \times \boldsymbol{v}) \right\} \cdot d\boldsymbol{S}$$

이 된다. 따라서 첫째 항에서,

$$-\iint_S \frac{\partial \mathbf{B}}{\partial t} \cdot \boldsymbol{n} dS = \omega x l B_m \sin \omega t$$

둘째 항에서

$$-\iint_S \mathrm{rot}(\mathbf{B} \times \boldsymbol{v}) \cdot d\boldsymbol{S} = \iint_S \mathrm{rot}(\boldsymbol{v} \times \mathbf{B}) \cdot d\boldsymbol{S}$$
$$= \oint_C (\boldsymbol{v} \times \mathbf{B}) \cdot d\boldsymbol{l} = vBl = vlB_m \cos \omega t$$

가 되므로 유기되는 기전력 e는

$$e = -\iint_S \frac{\partial \mathbf{B}}{\partial t} \cdot \boldsymbol{n} dS + \oint_C (\boldsymbol{v} \times \mathbf{B}) \cdot d\boldsymbol{l}$$
$$= \omega x l B_m \sin \omega t + vlB_m \cos \omega t = B_m l \sqrt{v^2 + (\omega x)^2} \sin(\omega t + \varphi)$$

가 된다. 여기서

$$\varphi = \tan^{-1}\left(\frac{v}{\omega x}\right)$$

6.2 자기 인덕턴스

그림 6.6에 나타낸 바와 같이 권수 N[회]의 코일에 전류 I[A]를 흘리면 자속 ϕ[Wb]가 발생한다. 이 자속 ϕ는 전류 I[A]에 비례하므로, 비례상수를 L이라 놓으면

$$\phi = LI \text{ [Wb]} \qquad \cdots\cdots (6.18)$$

로 놓을 수 있고, 자속쇄교수도 전류 I[A]에 비례하므로

$$\Psi = N\phi = LI \text{ [Wb]} \qquad \cdots\cdots (6.19)$$

가 성립한다. 비례상수 L은 전류의 크기에 관계없고, 회로의 크기, 모양 및 주위 매질의 투자율에 따라 결정되는 값으로 **자기 인덕턴스(self inductance)** 또는 **자기유도계수(coefficient of self inductance)**라 하며

$$L = \frac{\Psi}{I}$$

로 정의할 수 있다. 즉, 회로에 단위 전류가 흐를 때 이 회로 자신과 쇄교하는 전 자속수가 자기 인덕턴스의 크기가 된다. 또한, 회로의 전류가 시간적 변화에 따라 쇄교자속도 변화하므로 자기유도현상에 의하여 전류의 변화를 방해하는 방향으로 역기전력이 발생하게 된다. 따라서, 식(6.1)과 식 (6.18)로부터

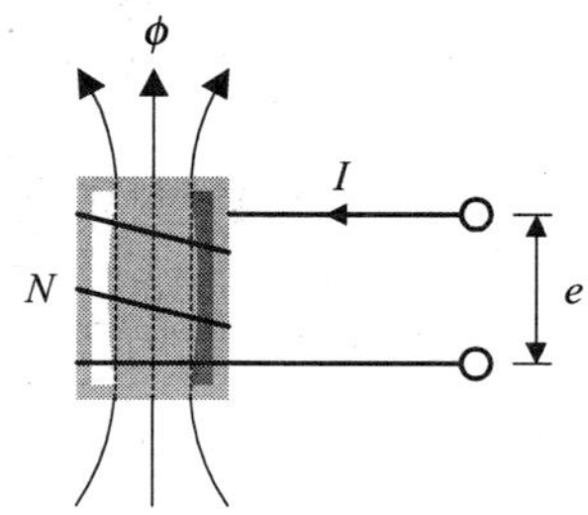

그림 6.6 자기 인덕턴스

$$e = -\frac{d\phi}{dt} = -L\frac{dI}{dt} \text{ [V]} \qquad \cdots\cdots (6.20)$$

를 얻으며, 이는 단위·시간당 전류의 변화량에 비례한다는 것을 알 수 있으며, 전자적 관성에 의하여 회로의 전기적, 자기적 변화를 방해하여 회로의 상태를 일정하게 유지하는 효과를 나타낸다.

자기 인덕턴스의 단위는 전류 1[A]에 대한 자속쇄교수가 1[Wb]일 때를 단위로 하여 1[H]라 한다.

$$1[\mathrm{H}] = \frac{1[\mathrm{Wb}]}{1[\mathrm{A}]} \qquad \cdots\cdots (6.21)$$

다시 말하면, 식(6.20)에 의해 전류가 매초 1[A]의 비율로 변화하고 있을 때 유도기전력이 1[V]가 되는 자기 인덕턴스를 1[H]라 한다. 1[H]의 단위는

$$[\mathrm{H}] = \left[\frac{\mathrm{V}\cdot\mathrm{s}}{\mathrm{A}}\right] = [\Omega\cdot\mathrm{s}] \qquad \cdots\cdots (6.22)$$

로 표시할 수 있다.

벡터로 나타내기 위해 식(6.19)와 식(4.10)으로부터

$$L = \frac{\Psi}{I} = \frac{N}{I}\iint_S \mathbf{B}\cdot d\mathbf{S}\ [\mathrm{H}] \qquad \cdots\cdots (6.23)$$

로 정의할 수 있다.

예제 6.3

권수 200[회]이고, 자기 인덕턴스 0.02[H]인 코일에 전류 2[A]를 흘렸을 때 자속을 구하시오.

☞ 식(6.19)로부터

$$\phi = \frac{LI}{N} = \frac{0.02\times 2}{200} = 2\times 10^{-4}[\mathrm{Wb}]$$

로 된다.

예제 6.4

단면적 100[cm^2], 비투자율 1000인 철심에 500[회]의 코일을 감고 여기에 전류 1[A]를 흘릴 때 자계가 1.28[AT/m]였다. 이 때의 자기 인덕턴스를 구하시오.

☞ 자속밀도가 $B=\mu H=\mu_o\mu_s H$이고, 자속은 $\phi=BS=\mu_o\mu_s HS$이므로 식(6.19)로부터

$$L = \frac{\Psi}{I} = \frac{N\phi}{I} = \frac{N\mu_o\mu_s HS}{I}$$
$$= \frac{500\times 4\pi\times 10^{-7}\times 1000\times 1.28\times 100\times 10^{-4}}{1} \fallingdotseq 8.04\times 10^{-3}\ [\mathrm{H}]$$

로 된다.

6.2.1 자기 인덕턴스에 축적되는 전자에너지

정전에너지와 마찬가지로 전자에너지도 자계가 미치는 매질 내에 축적된다. 따라서, 자기 인덕턴스에 축적되는 에너지를 구하기 위해서는 그 회로가 미치는 자계 내에 축적되는 전 에너지를 구하면 된다.

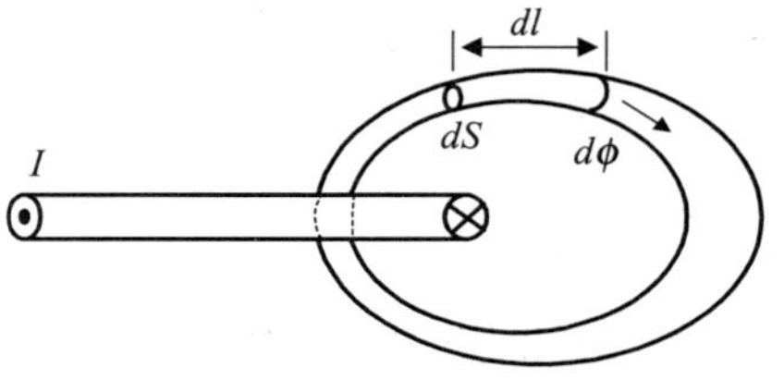

그림 6.7 전류에 의하여 생기는 자력관

그림 6.7에 나타낸 바와 같이 코일에 전류 I[A]를 흘리면 자력선이 전류를 둘러싸고 있는 닫힌 자계가 생긴다. 그 자력선에 따라 길이 dl, 단면적 dS의 미소 원통을 생각하자. 그 내부의 자계의 세기를 H라 하면, 그 미소 원통 내의 전자에너지는 식(4.64)로부터

$$dW = \frac{1}{2} HB\,dl\,dS\ [\mathrm{J}] \qquad \cdots\cdots (6.24)$$

이다. 따라서 그 매질 전체에 축적되는 전자에너지는

$$W = \frac{1}{2}\oint_C H\,dl \iint_S B\,dS\ [\mathrm{J}] \qquad \cdots\cdots (6.25)$$

로 된다. 그림 6.7에 나타낸 바와 같이 자력선은 닫혀져 있으므로 암페어 주회적분법칙에 의하여

$$\oint_C Hdl = I, \qquad \iint_S BdS = \phi$$

로 표현되지만, 그것은 모두 코일을 흐르는 전류에 의해 만들어지므로 코일을 관통하는 전자속을 ϕ로 놓으면

$$W = \frac{1}{2} I\phi \text{ [J]} \qquad \cdots\cdots (6.26)$$

이 되고, $\phi = LI$를 대입하면, 자기 인덕턴스에 축적되는 에너지는

$$W = \frac{1}{2} LI^2 \text{ [J]} \qquad \cdots\cdots (6.27)$$

로 된다. 즉, 자기 인덕턴스에 축적되는 전자에너지는 회로 전류 I[A]의 자승에 반비례함을 알 수 있다. 따라서

$$L = \frac{2W}{I^2} \text{[H]} \qquad \cdots\cdots (6.28)$$

를 얻는다. 이것은 자기 인덕턴스에 축적되고 있는 에너지가 구해지면 자기 인덕턴스의 값을 결정할 수 있음을 의미하고 있다.

이와 같이 자기 인덕턴스를 구하는 데는 정의식으로부터 구하는 방법과 에너지로부터 구하는 방법이 있다.

예제 6.5

10[mH]의 자기 인덕턴스를 가진 코일에 전류 0.5[A]가 흐르고 있을 때, 이 코일의 자기에너지를 구하시오.

☞ 식(6.27)로부터 이 코일의 자기에너지 W는

$$W = \frac{1}{2} LI^2 = \frac{1}{2} \times 10 \times 10^{-3} \times 0.5^2 = 1.25 \times 10^{-3} \text{ [J]}$$

로 된다.

6.2.2 자기 인덕턴스의 계산 예

(1) 환상솔레노이드

그림 6.8과 같이 권수 N[회], 단면적 $S[m^2]$, 평균자로의 길이 l[m]인 환상 솔레노이드에 전류 I[A]를 흘렸을 때 철심 내의 자속은

$$\phi = \frac{NI}{R_m} = \frac{NI}{\frac{l}{\mu S}} = \frac{\mu SNI}{l}\ [\mathrm{Wb}]$$

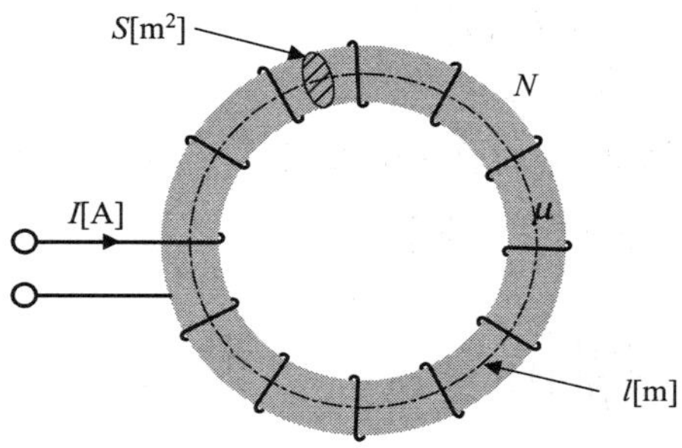

그림 6.8 환상 솔레노이드

이고, 쇄교 자속수 $\Psi = N\phi$ 이므로 자기 인덕턴스는

$$L = \frac{\Psi}{I} = \frac{N\phi}{I} = \frac{\mu SN^2}{l} = \frac{\mu_o \mu_s N^2 S}{l}$$

$$= \frac{4\pi \mu_s N^2 S}{l} \times 10^{-7}\ [\mathrm{H}] \qquad \cdots\cdots (6.29)$$

로 된다.

예제 6.6

2000[회]의 코일을 똑같이 감은 환상 솔레노이드가 있다. 솔레노이드의 단면적 $3[cm^2]$, 길이 20[cm]일 때 다음 경우의 자기 인덕턴스를 구하시오.

(1) 공심의 경우($\mu_s = 1$) (2) 비투자율 $\mu_s = 1000$인 철심의 경우

☞ 식(6.29)로부터

(1) 공심인 경우의 자기인덕턴스 L_o는

$$L_o = \frac{\mu_o N^2 S}{l} = \frac{4\pi \times 10^{-7} \times (2\times 10^3)^2 \times 3 \times 10^{-4}}{2\times 10^{-1}} \fallingdotseq 7.54 \text{ [mH]}$$

가 되고,

(2) μ_s=1000인 경우의 자기 인덕턴스 L은

$$L = \frac{\mu_o \mu_s N^2 S}{l} = \frac{\mu_o N^2 S}{l} \times \mu_s$$
$$= L_o \times \mu_s = 7.54 \times 10^{-3} \times 1000 = 7.54 \text{ [H]}$$

가 된다.

---

(2) 무한장 솔레노이드

그림 6.9와 같이 반경 a[m], 축방향이 무한히 긴 공심의 보빈(bobbin)에 단위 · 길이당 n[회/m]의 코일을 감은 무한장 솔레노이드에 전류 I[A]를 흘리면 그 내부의 자계의 세기는 Ampére 주회적분으로부터 $H = nI$[AT/m]이고, 솔레노이드의 자속밀도는 $B = \mu_o H = \mu_o nI$이므로, 코일을 관통하는 자속은 코일의 단면적 $S = \pi a^2$이므로

$$\phi = B \cdot S = \pi a^2 n \mu_o I \text{ [Wb]} \qquad \cdots\cdots (6.30)$$

이다. 따라서 단위 · 길이당의 자속쇄교수는

$$\Psi = n\phi = \pi a^2 n^2 \mu_o I \text{ [Wb/m]} \qquad \cdots\cdots (6.31)$$

이므로, 무한장 솔레노이드의 단위 · 길이당 자기 인덕턴스는

$$L_o = \frac{\Psi}{I} = \pi a^2 \mu_o n^2 \text{ [H/m]} \qquad \cdots\cdots (6.32)$$

로 된다.

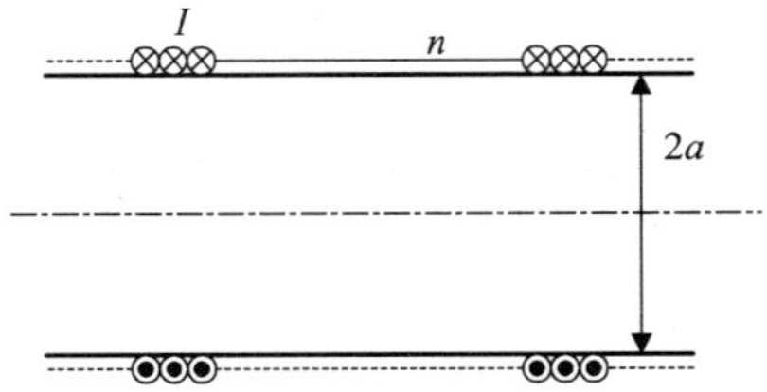

그림 6.9 무한장 솔레노이드

예제 6.7

반지름 $a=10$[cm], 단위 · 길이당 권수 200[회]인 무한장 솔레노이드에 전류 2[A]를 흘릴 때의 단위 · 길이당의 자기 인덕턴스를 구하시오.

☞ 식(6.32)로부터 무한장 솔레노이드의 자기인덕턴스 L_o는

$$\begin{aligned} L_o &= \pi a^2 \mu_o n^2 = 4\pi^2 a^2 n^2 \times 10^{-7} \\ &= 4\pi^2 \times (10\times 10^{-2})^2 \times 200^2 \times 10^{-7} \fallingdotseq 1.58\,[\mathrm{mH/m}] \end{aligned}$$

가 된다.

(3) 유한장 솔레노이드

그림 6.10와 같이 반경 a[m], 축방향의 길이가 l[m]인 공심의 보빈에 N[회]의 코일을 감은 유한장 솔레노이드의 자기 인덕턴스를 구해 보자.

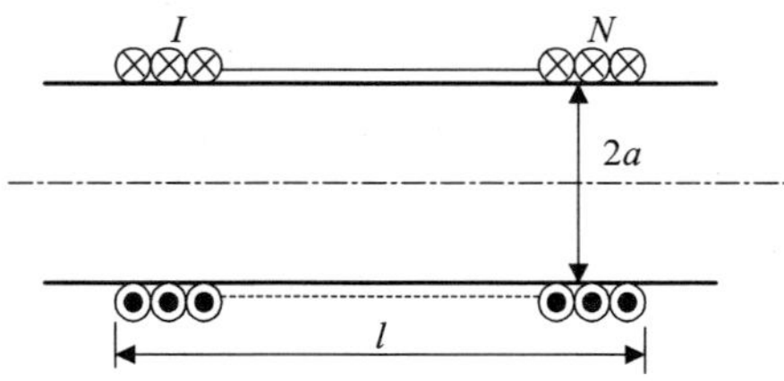

그림 6.10 유한장 솔레노이드

보빈에 감겨진 코일의 단위 · 길이당의 권수는

$$n = \frac{N}{l}\ [\text{회/m}]$$

이므로, 식(6.31)로부터 단위 · 길이당 자기 인덕턴스 L_o는

$$L_o = \frac{\pi a^2 \mu_o N^2}{l^2}\ [\mathrm{H/m}] \qquad \cdots\cdots (6.33)$$

이므로, 솔레노이드 전체의 자기 인덕턴스 L은

$$L = L_o \cdot l = \frac{\pi a^2 \mu_o N^2}{l} \text{ [H]} \qquad \cdots\cdots (6.34)$$

를 얻을 수 있다.

솔레노이드 길이가 유한장일 경우에는 자속의 일부가 누설되므로 자속쇄교수가 무한장 솔레노이드에 비해 작게 되므로 인덕턴스가 작아진다.

(4) 동축케이블

① 외부 자기 인덕턴스

그림 6.11과 같이 내부 도체의 반경이 a[m], 외부 도체의 반경이 b[m]인 동심케이블의 외부 도체에 전류를 흘리면, 내부에는 자계가 만들어지지 않으므로 영역 $a-b$간의 자계는 내부 도체에 흐르는 전류에 의해서만 만들어진다. 그 자계의 세기는 Ampére 주회적분법칙으로부터

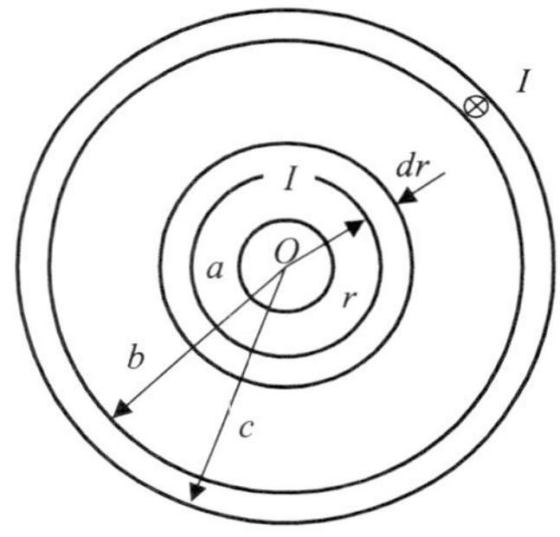

그림 6.11 동축 케이블

$$H = \frac{I}{2\pi r} \quad (a \le r \le b)$$

이고, 반경 r[m]의 원주상 에너지 밀도는

$$w = \frac{1}{2} HB = \frac{\mu_o I^2}{8\pi^2 r^2} \qquad \cdots\cdots (6.35)$$

이다. 따라서 미소 체적에 축적되는 에너지는

$$dW = w \times 2\pi r dr = \frac{\mu_o}{4\pi r} I^2 dr \text{ [J/m]} \qquad \cdots\cdots (6.36)$$

로 되므로, 영역 $a-b$사이에 축적되는 에너지는

$$W = \int_a^b \frac{\mu_o}{4\pi r} I^2 dr = \frac{\mu_o I^2}{4\pi} \ln \frac{b}{a} \text{ [J/m]} \qquad \cdots\cdots (6.37)$$

로 된다. 따라서 외부 자기 인덕턴스 L_e는 식(6.27)과 식(6.37)의 관계로부터

$$L_e = \frac{\mu_o}{2\pi} \ln \frac{b}{a} \ [\text{H/m}] \qquad \cdots\cdots (6.38)$$

로 된다.

② 내부 자기 인덕턴스

그림 6.12와 같이 반경 a[m]인 도선의 단면에 대하여 전류 I[A]가 균일하게 흐르고 있다면, 전류밀도는

$$i = \frac{I}{\pi a^2}$$

이므로, 반경 r[m]의 내부에 흐르는 전류 I_r은

$$I_r = i \cdot \pi r^2 = \frac{r^2}{a^2} I$$

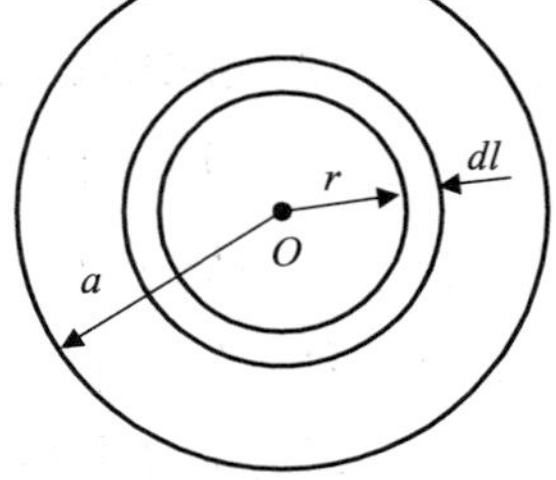

그림 6.12
동축 케이블의 단면

이다. 반경 r[m]의 원주상 자계의 세기는 암페어 주회적분법칙으로부터

$$H_r = \frac{I_r}{2\pi r} = \frac{I}{2\pi a^2} r \ [\text{A/m}] \qquad \cdots\cdots (6.39)$$

으로 된다. 도선의 투자율을 μ라고 하면, 자속밀도는

$$B = \mu H = \frac{\mu r}{2\pi a^2} I \ [\text{Wb/m}^2] \qquad \cdots\cdots (6.40)$$

로 되므로, 원통에 축적되는 자기에너지는

$$dW = \frac{1}{2} HBl \cdot 2\pi r dr = \frac{\mu l I^2}{4\pi a^4} r^3 dr \ [\text{J}] \qquad \cdots\cdots (6.41)$$

이다. 따라서, 길이 l[m]인 원통 전체에 축적되는 자기에너지는

$$W = \int_{r=0}^{r=a} \frac{\mu l I^2}{4\pi a^4} r^3 dr = \frac{\mu l}{16\pi} I^2 \ [\text{J}] \qquad \cdots\cdots (6.42)$$

로 된다. 따라서, 단위·길이당 도선의 내부 자기 인덕턴스 L_i는

$$L_i = \frac{2W}{I^2} = \frac{\mu}{8\pi}\,[\text{H/m}] \qquad \cdots\cdots (6.43)$$

로 된다. 따라서, 단위·길이당 동축 케이블의 자기 인덕턴스 L은

$$L = L_e + L_i = \frac{\mu_o}{2\pi}\ln\frac{b}{a} + \frac{\mu}{8\pi}\,[\text{H/m}] \qquad \cdots\cdots (6.44)$$

로 된다.

또한, 유한장 솔레노이드의 권수가 N[회], 반경이 a[m]라고 하면, 1회당의 도선의 길이는 $2\pi a$이므로, 전 길이는 $l=2\pi aN$으로 된다.

따라서, 이 솔레노이드의 내부 자기 인덕턴스는

$$L_i = \frac{\mu}{8\pi} \times 2\pi aN = \frac{a\mu N}{4}\,[\text{H}] \qquad \cdots\cdots (6.45)$$

이므로, 유한장 솔레노이드의 정확한 자기 인덕턴스는

$$L = \frac{\pi a^2 \mu_o N^2}{l} + \frac{a\mu N}{4}\,[\text{H}] \qquad \cdots\cdots (6.46)$$

이다.

도선의 내부 자기 인덕턴스를 구하기 위하여 전류가 단면에 대하여 균일하게 흐른다고 가정하였다.

직선의 경우와 도선이 아주 가늘고, 흐르는 교류전류의 주파수가 낮은 경우는 식(6.46)이 성립한다. 그러나, 주파수가 높은 전류의 경우에는 표피 효과에 의하여 전류는 도체의 표면 부근에만 흐르므로, 그 값은 식(6.46)으로 구할 수 없다.

그리고, 주파수가 높은 경우는 도체 표면에만 전류가 흐르게 되므로, 내부 자기 인덕턴스는 0으로 된다.

예제 6.8

내경 0.5[mm], 외경 3[mm], 길이 1[km]인 동축케이블에 내경과 외경 사이를 비자성체로 채운 경우의 자기 인덕턴스를 구하시오.

☞ 내경과 외경 사이를 비자성체로 채운 경우이므로 식(6.44)은

$$L = \frac{\mu_o l}{2\pi} \ln\frac{b}{a} + \frac{\mu_o l}{8\pi} = \frac{\mu_o l}{2\pi}\left(\ln\frac{b}{a} + \frac{1}{4}\right) \ [\text{H}]$$

로 된다. 따라서, 동축케이블의 자기 인덕턴스 L은

$$L = \frac{\mu_o l}{2\pi}\left(\ln\frac{b}{a} + \frac{1}{4}\right) = \frac{4\pi\times10^{-7}\times10^{3}}{2\pi}\left(\ln\frac{3}{0.5} + \frac{1}{4}\right)$$
$$\fallingdotseq 0.41 \ [\text{mH}]$$

가 된다.

(5) 무한장 왕복 평행도선

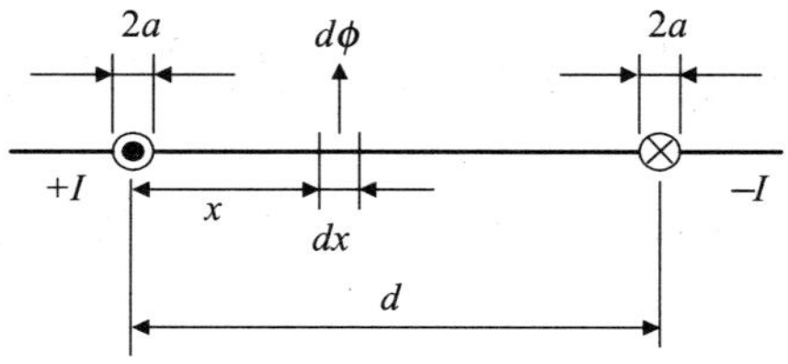

그림 6.13 무한장 왕복 평행도선

그림 6.13에 나타낸 바와 같이 반경 a[m]의 무한장 도선을 중심 간격 d[m]로 배치한 후 전류 $\pm I$[A]를 흘릴 때 x의 위치에 미치는 자계의 세기를 각각 H_1, H_2라 하면

$$\begin{cases} H_1 = \dfrac{I}{2\pi x} \ [\text{A/m}] \\ H_2 = \dfrac{I}{2\pi(d-x)} \ [\text{A/m}] \end{cases}$$

이고, H_1과 H_2는 같은 방향으로 되므로, 점 x에서의 자계의 세기는

$$H = H_1 + H_2 = \frac{I}{2\pi}\left(\frac{1}{x} + \frac{1}{d-x}\right)[\text{A/m}] \qquad \cdots\cdots (6.47)$$

로 된다. 폭 dx, 길이 1[m]의 미소 영역의 자속은

$$d\phi = B \cdot 1\,dx = \frac{\mu_o}{2\pi} I\left(\frac{1}{x} + \frac{1}{d-x}\right)dx \text{ [Wb/m]} \quad \cdots\cdots (6.48)$$

이므로, 양 도선간의 전자속은

$$\phi = \int_a^{d-a} \frac{\mu_o}{2\pi} I\left(\frac{1}{x} + \frac{1}{d-x}\right)dx = \frac{\mu_o I}{\pi} \ln\frac{d-a}{a} \text{ [Wb/m]} \quad \cdots\cdots (6.49)$$

로 된다. 따라서, 단위 · 길이당의 외브 자기 인덕턴스 L_e는 $d \gg a$이라면

$$L_e = \frac{\phi}{I} = \frac{\mu_o}{\pi} \ln\frac{d}{a} \text{[H/m]} \quad \cdots\cdots (6.50)$$

이다. 단위 · 길이당 내부 자기 인덕턴스 L_i는 도선이 2개이므로

$$L_i = 2 \times \frac{\mu}{8\pi} = \frac{\mu}{4\pi} \text{[H/m]} \quad \cdots\cdots (6.51)$$

로 되므로, 자기 인덕턴스는

$$L = L_e + L_i = \frac{\mu_o}{\pi} \ln\frac{d}{a} + \frac{\mu}{4\pi} \text{[H/m]} \quad \cdots\cdots (6.52)$$

으로 된다.

예제 6.9

지름 5[mm]의 도선을 1[m] 간격으로 평행하게 가설한 왕복선로의 1[km] 당의 자기 인덕턴스를 μ_s=2인 경우와 μ_s=20인 경우에 대하여 구하시오.

☞ (1) 전류가 표면에만 흐른다고 하면 도체 표면에서의 자기 인덕턴스 L_e는

$$L_e = \frac{\mu_o l}{\pi} \ln\frac{b}{a} = \frac{4\pi \times 10^{-7} \times 10^3}{\pi} \ln\frac{1}{2.5 \times 10^{-3}} = 2.4\text{[mH/km]}$$

로 된다. 만일 균일한 밀도로 전류가 흐른다고 하면 내부 인덕턴스 L_i는

$$L_i = \frac{\mu l}{4\pi} = \frac{\mu_o \mu_s l}{4\pi} = \frac{4\pi \times 10^{-7} \times 2 \times 10^3}{4\pi} = 0.2 \text{ [mH/km]}$$

이므로

$$L = L_e + L_i = 2.4 + 0.2 = 2.6 \text{ [mH/km]}$$

가 된다.

(2) 도선의 표면에서는 같은 값을 나타내고 있으나, 비투자율이 (1)보다 10배가 되므로 내부 인덕턴스는 L_i=2[mH/km]가 된다. 따라서, 자기 인덕턴스 L은

$$L = L_e + L_i = 2.4 + 2 = 4.4 \text{ [mH/km]}$$

가 된다.

예제 6.10

지상에서의 높이 h[m]인 곳에 가설된 반지름 a[m]인 직선 도체의 1[km] 당 자기 인덕턴스를 구하시오. (단, a=2[mm], h=10[m]이다.)

☞ 대지를 완전 도체라 보면 대지에는 자속이 존재하지 않고 공중에만 존재한다. 지면에 대칭적으로 그림 6.14와 같이 영상전류를 생각하고, 대지를 제거하여 영상간의 자기 인덕턴스를 구하면 된다.

간격 d이고, 반지름 a인 평행선의 한 선당 1[km]의 자기인덕턴스는 d=2h이므로

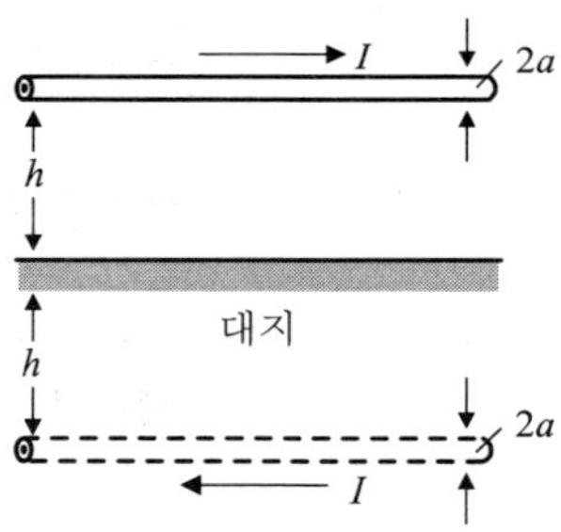

그림 6.14

$$\begin{aligned} L &= \frac{\mu_o l}{2\pi} \ln\frac{d}{a} + \frac{\mu l}{8\pi} \\ &= \frac{\mu_o l}{2\pi}\left(\ln\frac{2h}{a} + \frac{\mu_s}{4}\right) \\ &= 2\times10^{-4}\left(\ln\frac{2\times10}{2\times10^{-3}} + 0.25\right) \\ &\fallingdotseq 1.89 \text{ [mH/km]} \end{aligned}$$

가 된다.

6.3 상호 인덕턴스

그림 6.15와 같이 권수 N_1의 코일을 1차측으로 하고, 권수 N_2의 코일을 2차측으로 하여 양 코일을 접근시켜 놓고, 1차 코일에 전류 I[A]를 흘리면, 그것에 비례한 자속 ϕ_1이 발생한다. 그 자속의 일부인 ϕ_{12}는 2차 코일과 쇄교하고, 1차 전류 I_1이 변화하면, ϕ_{12}도 변화하므로, 2차 코일에 Faraday-Neumann의 법칙에 따른 기전력이 유도된다.

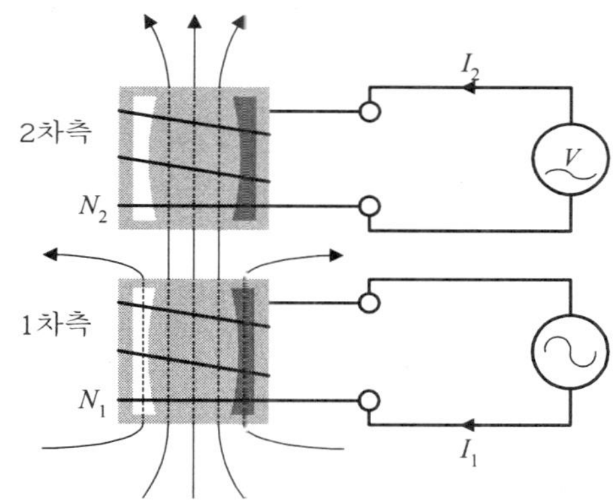

그림 6.15 상호 인덕턴스

이와 같이 1차측 회로의 전류가 변화할 때 자기적으로 결합한 인접의 2차 회로에 기전력이 유도되는 현상을 상호유도라 한다.

ϕ_{12}가 2차 코일과 쇄교할 때의 자속쇄교수는

$$\Psi_{12} = N_2\phi_{12} \text{ [Wb]} \quad \cdots\cdots (6.53)$$

이며, Ψ_{12}는 1차 회로에 흐르는 전류 I_1에 비례하므로

$$\Psi_{12} = M_{12}I_1 \text{ [Wb]} \quad \cdots\cdots (6.54)$$

이다. 여기서, 비례상수 M_{12}를 상호 인덕턴스(mutual inductance) 또는 상호 유도 계수(coefficient of mutual inductance)라 하고, 단위는 자기 인덕턴스와 동일하게 [H]로 쓴다. 따라서,

$$M_{12} = \frac{\Psi_{12}}{I_1} \text{ [H]} \quad \cdots\cdots (6.55)$$

로 된다. 즉, 상호 인덕턴스는 1차측의 단위·전류당 2차 회로와의 자속쇄교수임을 알 수 있다.

1차측의 전류가 변화할 때 2차측에 유도되는 기전력은 식(6.1)로부터

$$e_2 = -M_{12}\frac{dI_1}{dt}\text{[V]} \quad \cdots\cdots (6.56)$$

이다.

또한, 2차측 회로에 전류 I[A]를 흘릴 때 1차측 회로에 유도되는 기전력은, 2차측으로부터 1차측을 바라볼 때의 상호 인덕턴스를 M_{21}이라 하면

$$e_1 = -M_{21}\frac{dI_2}{dt} \text{ [V]} \quad \cdots\cdots (6.57)$$

로 주어진다.

상호 인덕턴스는 양 회로의 상태와 공간적 배치에 의하여 결정되는 값이므로, 양 회로의 상태와 공간적 배치가 변하지 않으면, 1차측으로부터 바라본 상호 인덕턴스 M_{12}와 2차측으로부터 바라본 M_{21}은 같은 값으로 된다. 즉,

$$M_{12} = M_{21}\text{[H]} \quad \cdots\cdots (6.58)$$

가 성립한다.

6.3.1 상호 인덕턴스의 계산 예

(1) 유한장 솔레노이드

그림 6.16과 같이 외부 솔레노이드 내부의 중심 부근에 작은 솔레노이드를 각 θ로 배치되었다고 하자.

외부 솔레노이드 권수를 N_1[회], 반경을 a_1[m], 길이를 l_1[m]라 하고, 내부 솔레노이드의 권수를 N_2[회], 반경 a_2[m], 길이 l_2[m]이다. 만일, $l_1 \gg l_2$라고 하면, 외부솔레노이드의 중심 부근은 근사적으로 평등자계로 되며, 그 세기는 무한장 솔레노이드의 내부 자계와 동일하게 된다.

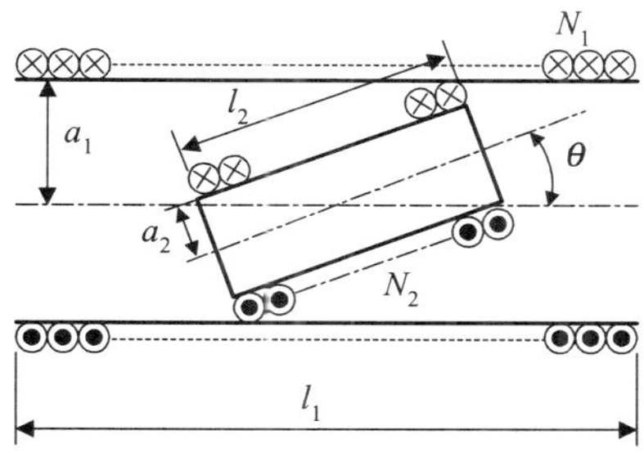

그림 6.16 유한장 솔레노이드

외부 솔레노이드의 단위 · 길이당 권수는 $n = N_1/l_1$이므로 중심 부근의 자계의 세기는

$$H = nI = \frac{N_1 I}{l_1} \,[\mathrm{AT/m}]$$

로 되고, 자속밀도 B는

$$B = \mu_o H = \frac{\mu_o N_1 I}{l_1} \,[\mathrm{Wb/m^2}] \qquad \cdots\cdots (6.59)$$

이므로, 내부의 솔레노이드를 관통하는 자속 ϕ는

$$\phi = BS\cos\theta = \frac{\mu_o N_1 IS}{l} \cos\theta \,[\mathrm{Wb}] \qquad \cdots\cdots (6.60)$$

로 된다. 따라서, 내부 솔레노이드와의 자속쇄교수 Ψ는

$$\Psi = N_2 \phi = \frac{\mu_o N_1 N_2 IS}{l} \cos\theta \,[\mathrm{Wb}] \qquad \cdots\cdots (6.61)$$

로 되므로, 상호 인덕턴스 M은

$$M = \frac{\Psi}{I} = \frac{\mu_o S N_1 N_2}{l} \cos\theta \,[\mathrm{H}] \qquad \cdots\cdots (6.62)$$

를 얻는다. 즉, 상호 인덕턴스는 양 코일의 권수의 곱에 비례함을 알 수 있다.

만일, 동축인 경우는 $\theta = 0^\circ$ 이므로

$$M = \frac{\mu_o S N_1 N_2}{l}[\text{H}] \qquad \cdots\cdots (6.63)$$

로 된다.

예제 6.11

그림 6.17과 같이 길이 l=20[cm], 단면 반지름 a=3[cm], 권수 N_1=500[회]인 단층 원통형 1차 솔레노이드의 중앙 부근에 권수 N_2=100[회]인 2차 코일을 밀착시켜 감았을 경우의 상호 인덕턴스를 구하시오. (단, μ_s=2이다.)

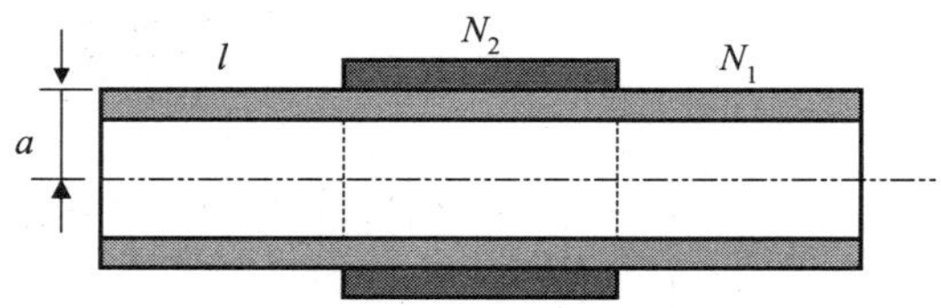

그림 6.17

☞ 식(6.63)으로부터

$$M = \frac{\mu S N_1 N_2}{l} = \frac{\pi a^2 \mu_o \mu_s N_1 N_2}{l}$$

이 되므로

$$M = \frac{\pi a^2 \mu_o \mu_s N_1 N_2}{l} = \frac{3.14\times(3\times10^{-2})^2\times4\pi\times10^{-7}\times2\times500\times100}{20\times10^{-2}}$$
$$\fallingdotseq 1.77\ [\text{mH}]$$

가 된다.

(2) 철심에 감은 두 코일간의 상호 인덕턴스

그림 6.18와 같이 투자율 μ[H/m], 단면적 S[m^2], 평균자로의 길이 l[m]의 자성체에 1차 코일과 2차 코일을 감았을 때의 상호 인덕턴스를 구해 보자.

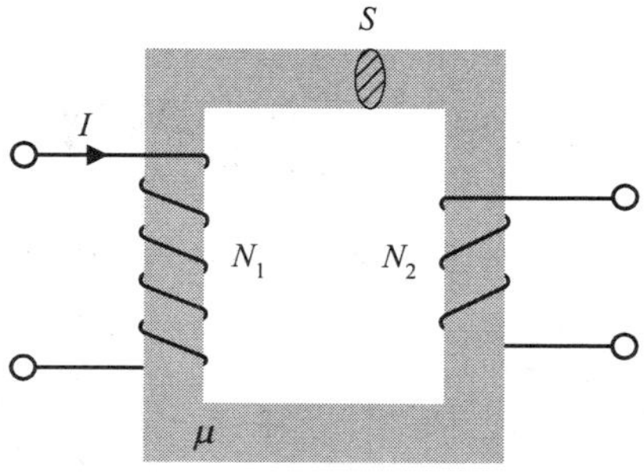

그림 6.18
철심에서의 상호 인덕턴스

1차 코일의 권수를 N_1[회], 2차 코일의 권수를 N_2[회]라 하고, 누설자속(leakage flux)은 없다고 가정하자.

1차 코일에 전류 I[A]를 흘릴 때의 기자력 $\mathcal{F}$은

$$\mathcal{F} = NI\ [\text{A}]$$

이고, 자기회로의 자기저항 R_m은

$$R_m = \frac{l}{\mu S}\ [\text{A/Wb}]$$

로 주어지므로, 자기회로에 흐르는 자속 ϕ는 자기회로의 Ohm의 법칙으로부터

$$\phi = \frac{\mathcal{F}}{R_m} = \frac{\mu S N_1 I}{l}\ [\text{Wb}] \quad \cdots\cdots (6.64)$$

이고, 누설자속이 없다고 가정했으므로, 코일 N_1에서 발생한 자속 ϕ는 모두 2차 코일과 쇄교한다. 따라서 자속쇄교수 Ψ는

$$\Psi = N_2 \phi = \frac{\mu S N_1 N_2 I}{l}\ [\text{Wb}] \quad \cdots\cdots (6.65)$$

이므로, 상호 인덕턴스 M은

$$M = \frac{\Psi}{I} = \frac{\mu S N_1 N_2}{l}\ [\text{H}] \quad \cdots\cdots (6.66)$$

로 된다.

(3) 동일면상에 배치된 도선과 코일간의 상호 인덕턴스

그림 6.19와 같이 동일면상에 무한장 직선 도선과 방형코일을 배치했을 때의 상호 인덕턴스를 구해 보자.

방형코일의 변의 길이를 b, c라 하고, 직선 도선과 거리 d[m]만큼 떨어져 있다고 하자.

암페어 주회적분법칙으로부터 거리 x만큼 떨어진 위치에서의 자계의 세기 H는

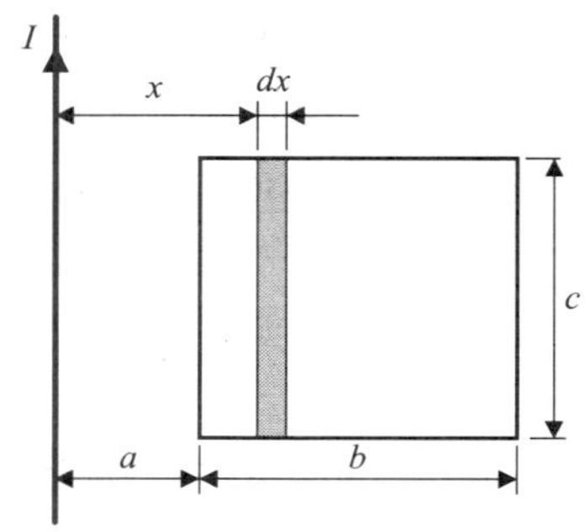

그림 6.19
무한장 도선과 방형코일

$$H = \frac{I}{2\pi x}$$

이고, 자속밀도 B는

$$B = \mu_o H = \frac{\mu_o I}{2\pi x}$$

로 되므로, 폭 dx, 길이 c의 미소 영역을 통과하는 자속 $d\phi$는

$$d\phi = B \cdot cdx = \frac{\mu_o Ic}{2\pi x} dx \text{ [Wb]} \quad \cdots\cdots (6.67)$$

로 된다. 따라서, 코일을 관통하는 전자속 ϕ는

$$\phi = \int_a^{a+b} \frac{\mu_o Ic}{2\pi x} dx = \frac{\mu_o Ic}{2\pi} \ln \frac{a+b}{a} \text{ [Wb]} \quad \cdots\cdots (6.68)$$

로 된다. 코일의 권수를 N이라고 하면, 자속쇄교수 Ψ는

$$\Psi = N\phi = \frac{\mu_o NIc}{2\pi} \ln \frac{a+b}{a} \text{ [Wb]} \quad \cdots\cdots (6.69)$$

으로 되므로, 상호 인덕턴스 M은

$$M = \frac{\Psi}{I} = \frac{\mu_o Nc}{2\pi} \ln \frac{a+b}{a} \text{ [H]} \quad \cdots\cdots (6.70)$$

로 된다.

예제 6.12

공기 내에 기다란 직선상 도선과 한변의 길이가 10[cm]인 정방형 루프가 있다. 이 때 직선상 전류와 루프는 동일 평면상에 있으며, 직선상 전류와 서로 10[cm] 떨어져 평행하게 있을 때 직선상 전류와 루프간의 상호 유도계수를 구하시오.

☞ 식(6.70)으로부터

$$M = \frac{\mu_o Nc}{2\pi} \ln \frac{a+b}{a} = \frac{4\pi \times 10^{-7} \times 1 \times 0.1}{2\pi} \ln \frac{0.1+0.1}{0.1}$$
$$\fallingdotseq 13.86 \times 10^{-9} = 13.86 \text{ [nH]}$$

가 된다.

(4) 2조 왕복도선

그림 6.20과 같이 왕복도선 A_1, A_2와 B_1, B_2의 2조인 왕복도선에 있어서 A_1, A_2의 전류 $\pm I$[A]에 의한 B_1, B_2 사이의 점 P의 자계는

$$H_+ = \frac{I}{2\pi r} \text{ [AT/m]} \quad (d_1 < r < d_2)$$

$$H_- = -\frac{I}{2\pi r} \text{ [AT/m]} \quad (d_3 < r < d_4)$$

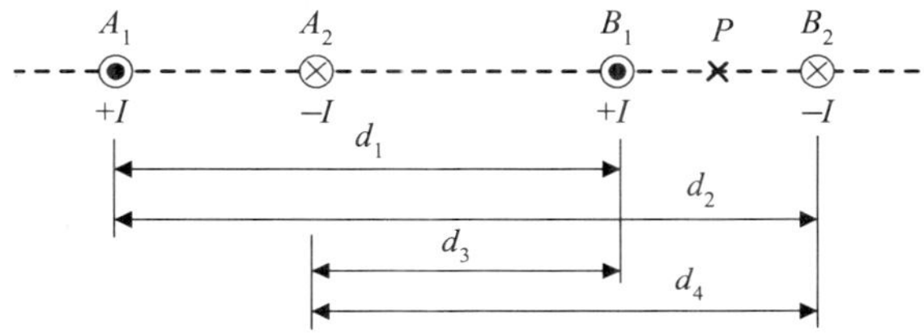

그림 6.20 2조의 왕복도선

가 되므로, B_1, B_2 사이의 단위・길이당 쇄교하는 자속은 각각

$$\Psi_+ = \mu_o \int_{d1}^{d2} \frac{I}{2\pi r} dr \times 1 = \frac{\mu_o I}{2\pi} \ln \frac{d_2}{d_1}$$

$$\Psi_- = -\mu_o \int_{d3}^{d4} \frac{I}{2\pi r} dr \times 1 = -\frac{\mu_o I}{2\pi} \ln \frac{d_4}{d_3}$$

로 된다. 따라서, $\pm I$[A]에 의한 B_1, B_2 사이의 자속쇄교수 Ψ_B는

$$\begin{aligned} \Psi_B &= \Psi_+ + \Psi_- \\ &= \frac{\mu_o I}{2\pi} \ln \frac{d_2}{d_1} - \frac{\mu_o I}{2\pi} \ln \frac{d_4}{d_3} = \frac{\mu_o I}{2\pi} \ln \frac{d_2 d_3}{d_1 d_4} \text{ [Wb/m]} \end{aligned}$$

가 되므로, 상호 인덕턴스 M은

$$M = \frac{\Psi_B}{I} = \frac{\mu_o}{2\pi} \ln \frac{d_2 d_3}{d_1 d_4} \text{ [H/m]} \qquad \cdots\cdots (6.71)$$

가 얻어진다. 이 경우 $d_2 d_3 = d_1 d_4$의 관계가 성립하면 $M = 0$가 되어 상호간 유도는 발생하지 않는다.

예제 6.13

그림 6.20에서 선간 거리 $\overline{A_1A_2}=\overline{B_1B_2}=30$[cm], $\overline{A_2B_1}=40$[cm]일 때 상호 인덕턴스를 구하시오.

☞ 식(6.71)에서

$$d_1 = d_4 = 70[\text{cm}], \quad d_2 = 100[\text{cm}], \quad d_3 = 40[\text{cm}]$$

이므로

$$M = 2\left(\ln\frac{100\times 40}{70\times 70}\right)\times 10^{-7} \fallingdotseq -0.041\ [\mu\text{H/m}]$$

가 되는데, 여기서 부(−)가 됨은 $-I_1$[A]의 영향이 크다는 것을 의미한다.

6.4 인덕턴스의 접속

6.4.1 직렬접속의 경우

그림 6.21과 같이 L_1, L_2, L_3의 3개의 자기 인덕턴스를 직렬로 접속했을 때의 등가 자기 인덕턴스를 구하도록 하자.

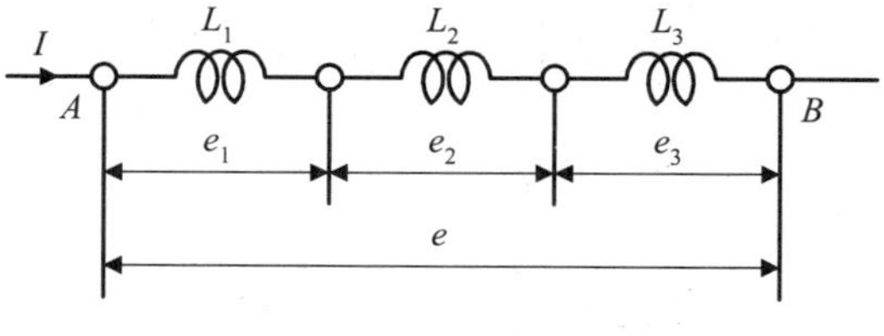

그림 6.21 자기 인덕턴스의 직렬 접속

회로에 전류 I[A]를 흘리면, 각 코일에 유도되는 기전력은

$$e_1 = -L_1\frac{dI}{dt}, \quad e_2 = -L_2\frac{dI}{dt}, \quad e_3 = -L_3\frac{dI}{dt}\ [\text{V}]$$

이다. 단자 A와 단자 B안에 생기는 기전력은

$$e = e_1 + e_2 + e_3 = -(L_1 + L_2 + L_3)\frac{dI}{dt}\,[\mathrm{V}] \quad \cdots\cdots (6.72)$$

이고, 등가 자기 인덕턴스를 L이라 하면 $e = -L\,dI/dt$가 성립하므로

$$L = L_1 + L_2 + L_3\ [\mathrm{H}] \quad \cdots\cdots (6.73)$$

를 얻는다. 즉, 자기 인덕턴스를 직렬로 접속했을 때의 등가 자기 인덕턴스는 각각의 자기 인덕턴스의 합임을 알 수 있다.

6.4.2 병렬접속의 경우

그림 6.22와 같이 L_1, L_2, L_3의 자기 인덕턴스를 병렬로 접속하고 단자 A에 전류 I[A]를 흘리면, 전류는 각 지로로 분류된다. 그것을 I_1, I_2, I_3라고 하면

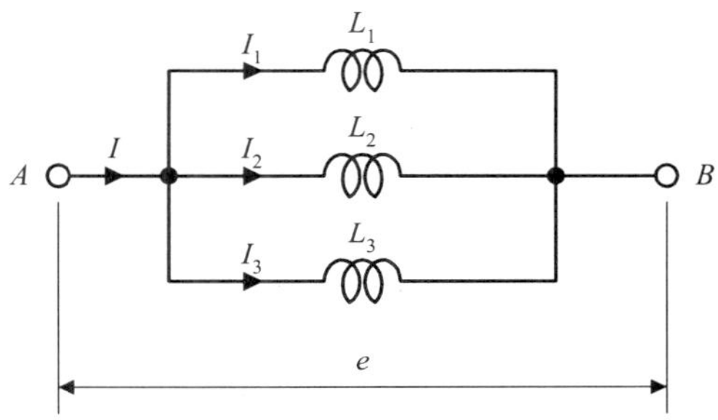

그림 6.22 자기 인덕턴스의 병렬 접속

$$I = I_1 + I_2 + I_3\ [\mathrm{A}]$$

가 성립한다. L_1, L_2, L_3가 병렬로 접속되었으므로, 각 코일에 유도되는 기전력은 모두 같다.

따라서

$$e = -L_1\frac{dI_1}{dt} = -L_2\frac{dI_2}{dt} = -L_3\frac{dI_3}{dt}\ [\mathrm{V}]$$

가 성립하므로

$$\begin{aligned} \frac{dI_1}{dt} &= -\frac{e}{L_1} \\ \frac{dI_2}{dt} &= -\frac{e}{L_2} \\ \frac{dI_3}{dt} &= -\frac{e}{L_3}\ [\mathrm{A/s}] \end{aligned} \quad \cdots\cdots (6.74)$$

를 얻는다. 등가 자기 인덕턴스를 L이라 하면, 단자 A−B간에 나타나는 기전력은

$$e = -L\frac{dI}{dt} = -L\left(\frac{dI_1}{dt} + \frac{dI_2}{dt} + \frac{dI_3}{dt}\right) \text{[V]}$$

로 구해진다. 따라서, 윗 식과 식(6.74)의 관계로부터

$$\frac{1}{L} = \frac{1}{L_1} + \frac{1}{L_2} + \frac{1}{L_3} \text{ [1/H]}$$

또는

$$L = \frac{1}{\dfrac{1}{L_1} + \dfrac{1}{L_2} + \dfrac{1}{L_3}} \text{[H]} \qquad \cdots\cdots (6.75)$$

를 얻는다. 즉, 자기 인덕턴스를 병렬로 접속했을 때의 등가 자기 인덕턴스는 각각의 자기 인덕턴스의 역수의 합의 역수와 같다.

특히, 2개의 자기 인덕턴스가 병렬로 접속되었을 경우

$$L = \frac{L_1 \cdot L_2}{L_1 + L_2} \text{ [H]}$$

로 된다.

6.4.3 자기적 결합을 갖는 자기 인덕턴스의 접속

그림 6.23에 나타낸 바와 같이, 그림(a)는 자기적으로 결합하고 있는 자기 인덕턴스를 직렬로 접속한 경우이고, 그림(b)는 병렬로 접속한 경우이다.

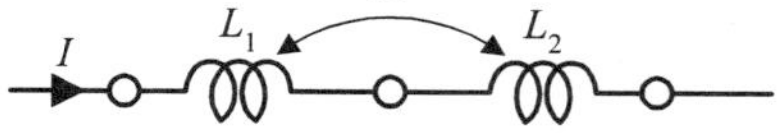

(a)

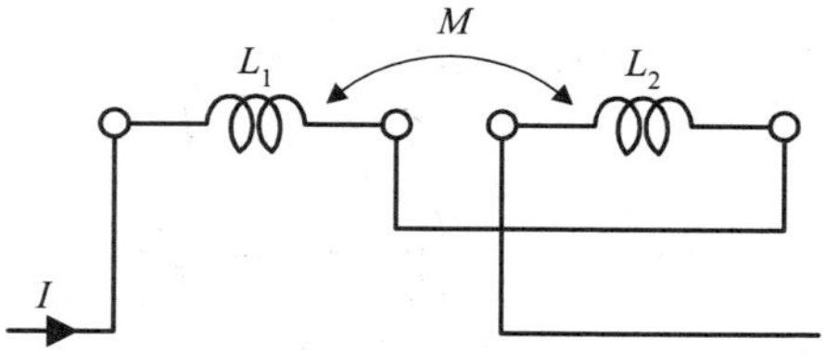

(b)

그림 6.23 자기 인덕턴스의 접속

그림(a)의 경우는 양 코일이 만드는 자속이 같은 방향으로 되는데 대하여 그림 (b)의 경우는 양 코일이 만드는 자속이 역방향으로 되어 자속이 서로 상쇄되도록 작용하므로, (a)와 (b)의 등가 자기 인덕턴스가 다르다.

우선, (a)의 경우에 대하여 고찰하도록 하자.

양 코일간의 상호 인덕턴스를 M이라 하면, L_1에는 자기유도에 의하여 생기는 역기전력 e_{11}과 상호 인덕턴스에 의허 생기는 기전력 e_{21}의 합이 나타나고, L_2에는 자기유도에 의하여 생기는 역기전력 e_{22}와 상호 인덕턴스에 의해 생기는 e_{21}의 합이 나타나므로, 단자간에 나타나는 기전력은

$$e = e_{11} + e_{21} + e_{22} + e_{12} \text{ [V]} \qquad \cdots\cdots (6.76)$$

이다. 따라서, 각 기전력은

$$e_{11} = -L_1\frac{dI}{dt}, \qquad e_{22} = -L_2\frac{dI}{dt}$$

$$e_{12} = e_{21} = -M\frac{dI}{dt} \text{ [V]} \qquad \cdots\cdots (6.77)$$

로 구해지므로

$$e = -(L_1 + L_2 + 2M)\frac{dI}{dt} \text{[V]} \qquad \cdots\cdots (6.78)$$

를 얻는다. 따라서, 등가 자기 인덕턴스를 L_a라 하면 $e=-L_a dI/dt$이므로

$$L_a = L_1 + L_2 + 2M \text{ [H]} \qquad \cdots\cdots (6.79)$$

를 얻는다.

그리고, (b)의 경우를 보면 발생하는 자속의 방향이 서로 반대이므로 L_1에 자기유도로 발생한 기전력 e_{11}을 상호유도에 의하여 생긴 기전력에 e_{21}이 약하게 작용한다. 이것은 L_2에도 나타나는 현상이므로, 이 때 단자간에 나타나는 기전력은

$$e = e_{11} - e_{21} + e_{22} - e_{12} \text{ [V]} \qquad \cdots\cdots (6.80)$$

로 된다. 따라서 각 기전력은

$$e_{11} = -L_1\frac{dI}{dt}, \quad e_{22} = -L_2\frac{dI}{dt}$$

$$e_{12} = e_{21} = -M\frac{dI}{dt}\,[\mathrm{V}] \qquad \cdots\cdots (6.81)$$

로 되므로

$$e = -(L_1 + L_2 - 2M)\frac{dI}{dt}\ [\mathrm{V}]$$

로 된다. 따라서, 접속시의 등가 자기 인덕턴스를 L_b라고 하면, $e=-L_b dI/dt$ 이므로

$$L_b = L_1 + L_2 - 2M\ [\mathrm{H}] \qquad \cdots\cdots (6.82)$$

를 얻는다.

예제 6.14

서로 결합하고 있는 두 코일을 직렬로 접속하면 합성 자기 인덕턴스가 36[mH]가 되고, 한편 코일의 접속을 반대로 하면 합성 자기 인덕턴스는 6[mH]가 되었다. 이 때의 상호 인덕턴스를 구하시오.

☞ 두 코일의 자기 인덕턴스를 L_1, L_2라 하면 식(6.79) 및 식(6.82)에 의하여

$$L_1 + L_2 + 2M = 36[\mathrm{mH}], \quad L_1 + L_2 - 2M = 6[\mathrm{mH}]$$

이므로, 상호 인덕턴스는

$$M = \frac{36-6}{4} = 7.5[\mathrm{mH}]$$

로 된다.

6.4.4 결합계수

자기적 결합을 갖는 자기 인덕턴스 L_1과 L_2 및 그들 사이에 존재하는 상호 인덕턴스 M의 관계를 생각해 보자.

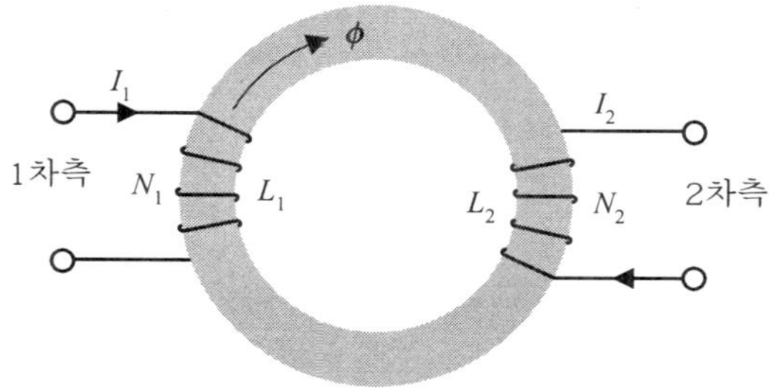

그림 6.24 환상 솔레노이드

그림 6.24와 같이 환상 철심에 2개의 코일을 감고, 누설자속이 완전히 없다고 가정하여 1차 코일에 전류 I[A]를 흘렸을 때 자속 ϕ_1이 발생한다면, 1차 코일의 자기 인덕턴스 및 상호 인덕턴스는 각각

$$L_1 = \frac{N_1 \phi_1}{I_1} \text{[H]}$$

$$M_1 = \frac{N_2 \phi_1}{I_1} \text{[H]}$$

로 된다.

다음에 2차 코일에 전류 I[A]를 흘렸을 때 자속 ϕ_2가 발생한다면, 2차 코일의 자기 인덕턴스 및 상호 인덕턴스는 각각

$$L_2 = \frac{N_2 \phi_2}{I_2} \text{[H]}$$

$$M_2 = \frac{N_1 \phi_2}{I_2} \text{[H]}$$

로 되고, $M_1 = M_2 = M$ 이므로

$$M^2 = M_1 \cdot M_2 = \frac{N_1 N_2 \phi_1 \phi_2}{I^2} = \frac{N_1 \phi_1}{I} \cdot \frac{N_2 \phi_2}{I} \qquad \cdots\cdots (6.83)$$

로 된다. 즉,

$$M^2 = L_1 \cdot L_2 \qquad \cdots\cdots (6.84)$$

가 성립한다. 이와 같이 누설자속이 완전히 없는 경우는

$$\frac{M}{\sqrt{L_1L_2}} = 1 \qquad \cdots\cdots (6.85)$$

이 성립하지만, 실제적으로는 누설자속이 있으므로

$$M^2 < L_1 \cdot L_2$$

이다. 그래서

$$k = \frac{M}{\sqrt{L_1L_2}} \qquad \cdots\cdots (6.86)$$

으로 정의한다. 그리고 k를 결합계수(coupling factor)라 하고, k는 0과 1 사이의 어떤 값으로서, $k=0$일 때는 양 코일이 자기적으로 완전히 결합되지 않았음을 의미하고, $k=1$일 때는 양 코일이 자기적으로 완전히 결합하고 있음을 의미한다.

예제 6.15

두 개의 코일이 있다. 각각의 자기 인덕턴스가 0.15[H], 0.2[H]이고, 상호 인덕턴스가 0.1[H]라 할 때 양 코일의 결합계수를 구하시오.

☞ 결합계수 k는 식(6.86)에 의해

$$k = \frac{M}{\sqrt{L_1L_2}} = \frac{0.1}{\sqrt{0.15\times 0.2}} = 0.578$$

이 된다.

예제 6.16

환상 철심에 A, B 코일이 감겨 있다. 전류가 150[A/s]로 변할 때 코일 A에 45[V], B에 30[V]의 기전력이 유도될 때의 B코일의 자기 인덕턴스를 구하시오. (단, $k=1$이다.)

☞ 코일 A에 전류 I_A[A]를 흘릴 때 코일 A, B에 유도되는 기전력을 각각 e_A, e_B라고

하면

$$e_A = L_A \frac{dI_A}{dt}, \quad e_B = M \frac{dI_A}{dt}$$

가 되므로,

$$L_A = \frac{45}{150} = 0.3\ [\text{H}], \quad M = \frac{30}{150} = 0.2\ [\text{H}]$$

가 된다. 따라서, 식(6.86)으로부터

$$L_B = \frac{M^2}{k^2 L_A} = \frac{0.2^2}{1^2 \times 0.3} = 0.133\ [\text{H}] = 133\ [\text{mH}]$$

가 된다.

연습문제

6.1 권수 N, 가로 a[m], 세로 b[m]이 구형 코일이 자속밀도 B[Wb/m^2]가 되는 평등 자계 내에서 각속도 ω[rad/sec]로 회전할 때 발생하는 기전력의 최대값은?

6.2 자계와 직각으로 놓인 6[m]의 도체가 0.2[s] 동안에 1[m]를 균일하게 이동했을 때 0.3[V]의 기전력이 발생하였다. 이 때의 자속밀도 B[Wb/m^2]은?

6.3 그림과 같은 1, 2차 코일이 각각 권수 N_1=100, N_2=500[회] 감겨진 환상 철심이 있다. 1차 코일에 $i=I_m \sin \omega t$[A]의 전류를 흘릴 때, 1차 코일과 2차 코일에 유기되는 기전력의 비를 구하시오.

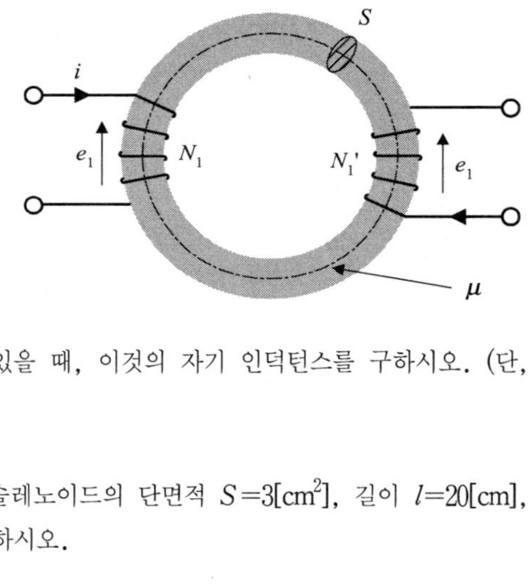

6.4 단면적 S=3[cm^2], 자로의 길이 $l=4\pi$[cm], 코일의 권수 N=1000[회]의 환상 솔레노이드가 있을 때, 이것의 자기 인덕턴스를 구하시오. (단, μ_s=500이다.)

6.5 코일의 권수 N=200[회]를 균일하게 감은 환상 솔레노이드의 단면적 S=3[cm^2], 길이 l=20[cm], 비투자율 μ_s=500이라 할 때 자기 인덕턴스를 구하시오.

6.6 길이 l=50[cm], 반지름 1[cm]인 원형 단면을 가진 공심 원통 솔레노이드의 자기 인덕턴스 L=10[mH]로 하기 위한 코일의 권수를 구하시오.

6.7 단면적 S[cm^2], 자로의 평균 길이 l[m], 비투자율 μ_s인 환상 철심에 균등하게 코일을 감아서 L[H]의 자기 인덕턴스를 얻었다. 이 자로에 a[m]의 공극을 만들었을 때, 자기 인덕턴스를 전과 동일하게 하기 위한 권수는 이전의 몇 배인가?

6.8 두 개의 코일을 직렬로 접속할 때 자속이 서로 같은 방향이 되도록 했을 때와 반대 방향의 자속일 때의 합성 자기 인덕턴스는 각각 L_+=20[mH], L_-=12[mH]이었을 때의 상호 인덕턴스를 구하시오.

6.9 서로 전자적으로 결합하고 있는 두 코일 A, B가 있을 때 그 자기 인덕턴스가 각각 4[mH], 16[mH]이었다. 두 코일을 직렬 연결하는 경우 자속이 서로 상쇄되도록 하면, 서로 가해지도록 할 때의 50[%]라면 코일간의 상호 유도계수를 구하시오. (단, 결합계수 $k=1$이다.)

6.10 한 코일의 자기 인덕턴스 $L_1=0.1$[H], 상호 인덕턴스 $M=0.1$[H]인 두 코일이 있다. 두 코일의 결합계수 $k=0.8$이라 할 때 다른 코일의 자기 인덕턴스 L_2를 구하시오.

6.11 길이 $l=100$[cm], 면적 $S=10$[cm^2], 비투자율 $\mu_s=100$, 권수 $N=1000$[회]인 환상형 솔레노이드에 전류 $I=10$[A]를 흘렸을 때 축적되는 에너지를 구하시오.

6.12 $L_1=5$[mH], $L_2=20$[mH]인 두 코일이 결합계수 $k=0.4$로 직렬접속되어 있다. 두 코일에 전류 5[A]를 흘렸을 때 축적되는 에너지를 구하시오.

6.13 그림과 같은 두 개의 코일 P와 S를 직렬로 연결했을 때의 합성 인덕턴스를 구하시오. (단, 철심의 투자율은 μ, 자로의 평균 길이는 l[m], 자로의 단면적은 S[m^2]이다.)

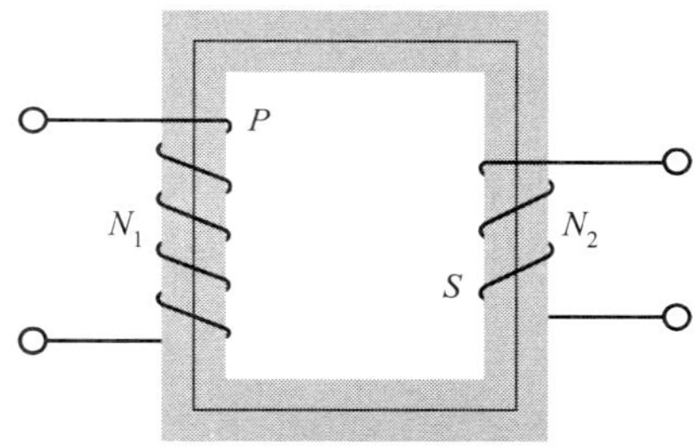

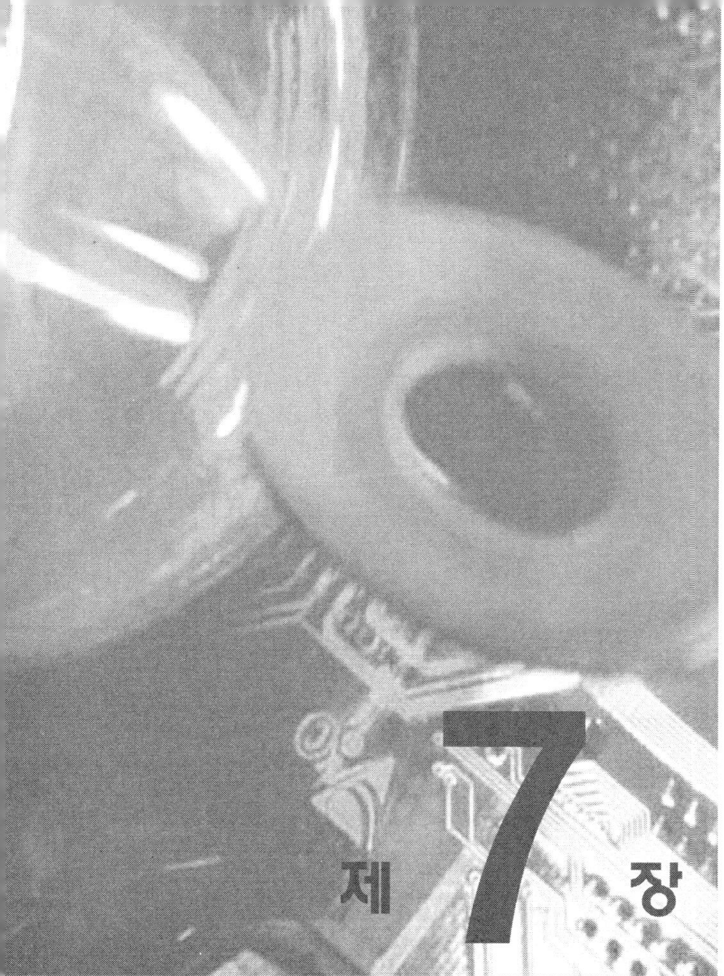

제 7 장 Maxwell 방정식과 전자기파

지금까지 취급해 왔던, 전계, 자계 및 전류는 독립적으로 존재하는 것만은 아니기 때문에 서로 분리할 수 없는 밀접한 상호관계를 유지하고 있는데, 이 상호관계는 Ampére, Biot−Savart, Faraday, Neumann과 Lenz 등 많은 사람들에 의하여 연구되어 왔음을 알게 되었으나, Maxwell이 전자장의 기본이론을 체계화 시킴으로써 그의 상호관계가 분명해진 것이다.

7.1 변위전류

도선에 전류를 흘리면 전류의 자기작용에 의하여 그 주위에 자계가 생긴다는 사실은 이미 알고 있는 것이다. 그러나 그림 7.1과 같이 유전체(절연체)를 끼운 콘덴서를 회로에 접속하여 교류를 흘리면 전도전류가 흐르지 않으나, 콘덴서 주위에 자계가 생긴다. 이것은 유전체내에 어떤 다른 전류가 흐르고 있다는 것을 의미한다. 즉, 어느 순간 콘덴서의 한 쪽의 전극에 나타나는 전하분포(전하밀도)를 $\rho_s(t)$라고 하고, 다른 쪽을 $-\rho_s(t)$라고 할 때, 유전체 내의 전속밀도는 전극의 전하분포와 같게 되므로, $D(t)=\rho_s(t)$로 된다.

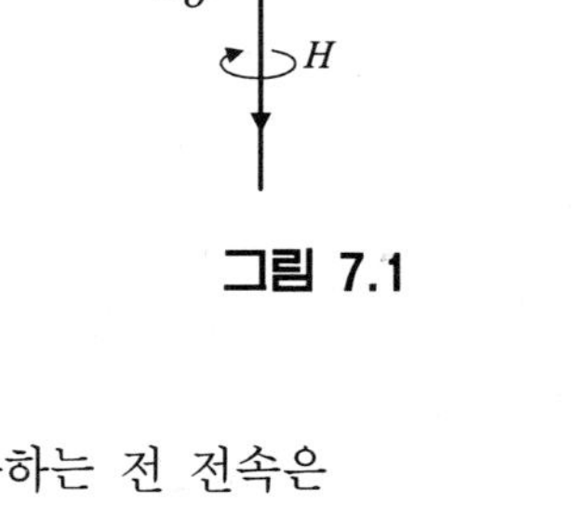

그림 7.1

따라서, 유전체 내를 통과하는 전 전속은

$$\phi = S \cdot D(t) = S\rho_S(t) = q(t)\,[\mathrm{C}] \qquad \cdots\cdots (7.1)$$

이다. 여기서, $q(t)$는 전극에 축적되는 전 전하이다.

전류의 정의에 의하면

$$I(t) = \frac{\partial q(t)}{\partial t} = S\frac{\partial \mathbf{D}(t)}{\partial t}[\mathrm{A}] \qquad \cdots\cdots (7.2)$$

를 얻을 수 있으며, 이것에 의하여 크기가 전도전류와 같은 어떤 다른 전류가 흐르고 있음을 알 수 있다. 따라서, 식(7.2)를 전극 면적 $S[\mathrm{m}^2]$로 나누면 콘덴서에 흐르는 전류 밀도 i_d를 구할 수 있으며, 식의 간략화를 위하여 $\mathbf{D}(t) = \mathbf{D}$라고 하면,

$$i_d = \frac{\partial \mathbf{D}}{\partial t}[\mathrm{A/m2}] \qquad \cdots\cdots (7.3)$$

로 표현할 수 있으며, 식(7.3)과 같이 주어지는 전류를 Maxwell의 **변위전류**라고 하며, 이는 1865년 Maxwell이 가정하였으며, 변위전류도 전도전류와 같은 자기작용이 있으나, 에너지 소비는 없다라고 주장하였다. 즉, 식(7.3)은 전속이 존재하는 매질에서 그 전속이 시간적으로 변화한다면 그 매질에 변위전류가 흐르고 있다는 사실을 의미한다.

예를 들면 진공 중에 시간적으로 그 값이 변화하는 전하 $q(t)$가 있다면, $q(t)$ 때문에 시간적으로 변화하는 전속이 방사되므로, 진공 중에도 변위전류가 흐르게 된다. 따라서, 매질의 유전율을 ε이라 놓으면, $D = \varepsilon E$이므로

$$i_d = \varepsilon\frac{\partial \mathbf{E}}{\partial t}\ [\mathrm{A/m2}] \qquad \cdots\cdots (7.4)$$

으로 된다. 즉, 이 식은 유전율이 ε인 매질내의 전계의 세기가 E로서, 그것이 시간적으로 변화하면, 그 매질에는 변위전류가 흐른다는 사실을 나타낸다. 즉, 변위전류의 주위에 자계가 생긴다는 사실과 식(7.4)로부터 전계가 시간적으로 변화하면 그 주위에 자계가 유도된다는 사실을 알 수 있다. 그리고, 변위전류의 크기와 방향은 Biot-Savart법칙이나 Ampére 주회적분법칙에 따른다.

예제 7.1

간격 1[㎝], 극판 면적 10[㎠], 매질의 비유전율 $\varepsilon_s = 2.3$인 평행판 콘덴서의 양극판 사이에 최대치 500[V], 주파수 100[㎑]의 정현파 전압을 가하였을 때 콘덴서 내부에 흐르는 변위전류를 구하시오.

☞ 유전체 내의 전속밀도 D는

$$D = \varepsilon E = \varepsilon \frac{V}{d}$$

이다. 여기서, 정현파 교류전압의 최대치를 V_m, 주파수를 f라 하면 콘덴서의 양극판 사이의 교류 전압 V는 $V = V_m \sin\omega t = V_m \sin 2\pi f t$이므로

$$D = \varepsilon \frac{V}{d} = \varepsilon \frac{V_m}{d} \sin 2\pi f t$$

가 된다. 따라서, 변위전류 i_d는

$$i_d = \frac{\partial D}{\partial t} = \frac{2\pi f \varepsilon V_m}{d} \cos 2\pi f t$$

로 되므로

$$i_d = \frac{2 \times 3.14 \times 10^5 \times 8.855 \times 10^{-12} \times 2.3 \times 500}{0.01} \cos(2 \times 3.14 \times 10^5 t)$$

$$= 0.639 \cos(6.28 \times 10^5 t)\,[\mathrm{A/m^2}]$$

가 된다.

예제 7.2

공기 중에서 1[V/m]의 전계를 1[A/㎡]의 변위전류로 흐르게 하기 위한 주파수를 구하시오.

☞ 변위전류밀도 i_d는

$$i_d = \varepsilon \frac{\partial E}{\partial t} = j\omega\epsilon E\,[\mathrm{A/m^2}]$$

이므로

$$\omega = \frac{i_d}{\varepsilon E}$$

이다. 여기서, $\omega = 2\pi f$이라면

$$f = \frac{i_d}{2\pi\varepsilon E} = \frac{1}{2\pi \times \frac{1}{36\pi} \times 10^{-9} \times 1 \times 1} \fallingdotseq 18 \text{ [GHz]}$$

가 된다.

7.2 Maxwell 방정식

변위전류는 자계를 만들므로 Ampére 주회적분 법칙에 의하여

$$\oint_C \mathbf{H} \cdot dl = I + \iint_S \frac{\partial \mathbf{D}}{\partial t} d\boldsymbol{S} \text{ [A]} \qquad \cdots\cdots (7.5)$$

로 된다. 여기서, $\iint_S ds$는 면적 적분이다.

전도전류밀도를 I 라고 하면

$$I = \iint_S i dS \text{ [A]} \qquad \cdots\cdots (7.6)$$

가 성립하므로

$$\oint_C \mathbf{H} \cdot dl = \iint_S \left(I + \frac{\partial \mathbf{D}}{\partial t} \right) d\boldsymbol{S} \text{ [A]} \qquad \cdots\cdots (7.7)$$

를 얻을 수 있으며, 식(7.7)의 좌변에 Stokes정리를 적용하면

$$\oint_C \mathbf{H} \cdot dl = \iint_S (\nabla \times \mathbf{H}) d\boldsymbol{S}$$

이므로

$$\iint_S (\nabla \times \mathbf{H}) d\boldsymbol{S} = \iint_S \left(I + \frac{\partial \mathbf{D}}{\partial t} \right) d\boldsymbol{S} \qquad \cdots\cdots (7.8)$$

로 된다. 따라서

$$\nabla \times \mathbf{H} = I + \frac{\partial \mathbf{D}}{dt} \qquad \cdots\cdots (7.9)$$

로 된다. 여기서, $\partial \mathbf{D}/\partial t$는 전속의 시간적 변화 즉, 변위전류가 증가하면 이와 직교하는 평면내에 기자력, 즉 자속이 생기게 되고, 전계의 시간적 변화가 있으면 반드시 변위 전류가 흐르게 된다는 사실을 의미한다.

Faraday－Neumann 법칙

$$e = -\frac{\partial \varnothing}{\partial t} \ [\mathrm{V}] \qquad \cdots\cdots (7.10)$$

에서, 자속분포가 코일면에 대하여 균일하지 않다면

$$\varnothing = \iint_S B dS \qquad \cdots\cdots (7.11)$$

로 하여야 한다. 그리고, 그 자속이 변화하면 그림 7.2에 나타낸 바와 같이 코일의 양단에 전압 e가 유도된다. 그것은 도체 내에 전계가 유도된다는 사실을 의미한다.

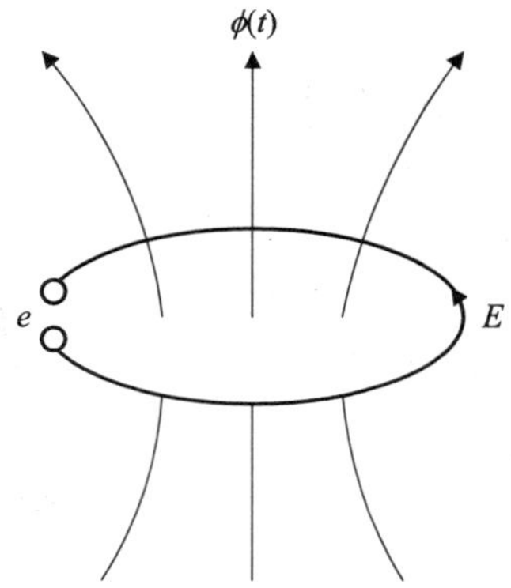

그림 7.2 폐회로를 관통하는 자속

따라서, 그 전계에 따라 적분하면 단자전압 e와 같게 되므로

$$e = \oint_C \mathbf{E} \cdot dl \qquad \cdots\cdots (7.12)$$

로 된다. 따라서, 식(7.11), 식(7.12) 및 식(7.10)의 관계로부터

$$\oint_C \mathbf{E} \cdot dl = -I \iint_S \frac{\partial \mathbf{B}}{\partial t} dS \text{ [V]} \qquad \cdots\cdots (7.13)$$

를 얻는다. 따라서, 식(7.3)의 좌변에 Stokes정리를 적용하면

$$\oint_C \mathbf{E} \cdot dl = \iint_S (\nabla \times \mathbf{E}) d\boldsymbol{S} \text{ [V]}$$

이므로

$$\iint_S (\nabla \times \mathbf{E}) d\boldsymbol{S} = -\iint_S \frac{\partial \mathbf{B}}{\partial t} \cdot d\boldsymbol{S} \qquad \cdots\cdots (7.14)$$

로 된다. 따라서,

$$\nabla \times \mathbf{E} = -\frac{\partial \mathbf{B}}{\partial t} \qquad \cdots\cdots (7.15)$$

로 된다. 즉, 자속이 시간적으로 변화하면 직교하는 평면 내에 기전력이 발생하여 전계가 나타난다.

그리고, Gauss의 정리에 의하여

$$\begin{cases} \mathrm{div}\,\mathbf{D} = \rho \\ \nabla \cdot \mathbf{D} = \rho \end{cases} \qquad \cdots\cdots (7.16)$$

이므로, 전류가 흐르는 도체 주위의 자계를 고찰하면, 자속은 항상 전류회로를 포함하는 폐곡선을 만든다. 이것은 자계가 전류에 의하여 만들어지므로, 전기력선의 원천이 전하인 경우와는 완전히 다르다.

유도자계에서는 전하에 해당하는 물질이 존재하지 않으며, 자속의 원천은 없다. 따라서,

$$\begin{cases} \mathrm{div}\,\mathbf{B} = 0 \\ \nabla \cdot \mathbf{B} = 0 \end{cases} \qquad \cdots\cdots (7.17)$$

으로 된다.

이상은 크기만을 논의할 때에 적용되는 관계식으로서 3차원 공간 내의 전자계에서는 적용되지 않는다.

따라서, 식(7.7)이나 식(7.13)은 3차원 공간에서 어떠한 형태로 되는가 알아 보도록 하자.

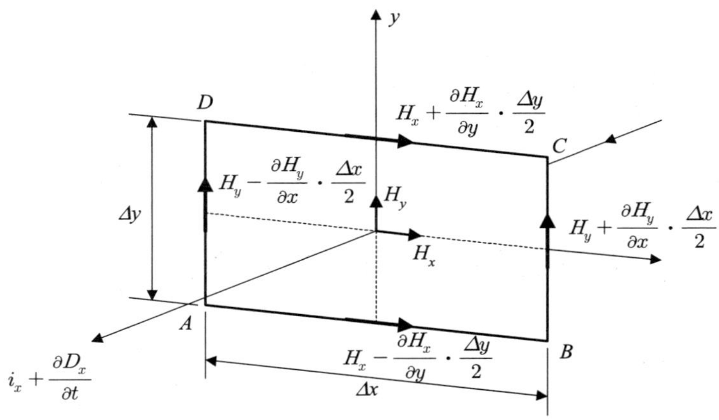

그림 7.3 전류 주위의 자계의 세기

그림 7.3과 같이 $x-y$평면에 수직하게 전도전류와 변위전류가 흐르고 있을 때 그 주위에 생기는 자계와 전류의 관계를 알아보도록 하자.

그림 7.3에 나타낸 폐곡면의 중심에서 x방향, y방향의 자계의 세기를 각각 H_x, H_y라고 하고, y방향으로 미소거리만큼 진행했을 때 자계 H_x의 변화분은 $\partial H_x/\partial y$로 되므로, $\Delta y/2$의 위치에서의 자계는

$$H_x + \frac{\partial H_x}{\partial y} \cdot \frac{\Delta y}{2} \text{ [A/m]} \qquad \cdots\cdots (7.18)$$

로 되고, $-\Delta y/2$의 위치에서의 자계는

$$H_x - \frac{\partial H_x}{\partial y} \cdot \frac{\Delta y}{2} \text{ [A/m]} \qquad \cdots\cdots (7.19)$$

로 된다. 자계 H_y에 대해서도 같을 것이므로

$$H_y + \frac{\partial H_y}{\partial x} \cdot \frac{\Delta x}{2} \text{ [A/m]} \qquad \cdots\cdots (7.20)$$

$$H_y - \frac{\partial H_y}{\partial x} \cdot \frac{\Delta x}{2} \text{ [A/m]} \qquad \cdots\cdots (7.21)$$

로 된다

적분의 방향이 자계의 방향과 같을 때, 그 적분은 정(+)으로 되며, 반대방향일 때는 부(−)로 되는데 주의하면서, 그림 7.3에 나타낸 폐곡선을 따라 A→B→C→D→A의 순으로 암페어 주회적분법칙을 적용하면

$$\begin{aligned}\oint_C Hdl = &\int_A^B \left(H_x - \frac{\partial H_x}{\partial y}\frac{\Delta y}{2}\right)dx + \int_B^C \left(H_y + \frac{\partial H_y}{\partial x}\frac{\Delta x}{2}\right)dy \qquad \cdots\cdots (7.22)\\ &- \int_C^D \left(H_x + \frac{\partial H_x}{\partial y}\frac{\Delta y}{2}\right)dx - \int_D^A \left(H_y - \frac{\partial H_y}{\partial x}\frac{\Delta x}{2}\right)dy\\ = &\left(H_x - \frac{\partial H_x}{\partial y}\frac{\Delta y}{2}\right)\Delta x + \left(H_y + \frac{\partial H_y}{\partial x}\frac{\Delta x}{2}\right)\Delta y\\ &- \left(H_x + \frac{\partial H_x}{\partial y}\frac{\Delta y}{2}\right)\Delta x - \left(H_y - \frac{\partial H_y}{\partial x}\frac{\Delta x}{2}\right)\Delta y\\ = &\left(\frac{\partial H_y}{\partial x} - \frac{\partial H_x}{\partial y}\right)\Delta x \cdot \Delta y \text{[A]}\end{aligned}$$

를 얻을 수 있고, 미소 면적 $\Delta S = \Delta x \cdot \Delta y$를 통과하는 전전류는

$$\iint_S \left(i_z + \frac{\partial D_z}{\partial t}\right)dS = \left(I_z + \frac{\partial D_z}{\partial t}\right)\Delta x \cdot \Delta y \text{ [A]} \qquad \cdots\cdots (7.23)$$

이므로

$$\left(\frac{\partial H_y}{\partial x} - \frac{\partial H_x}{\partial y}\right)\Delta x \cdot \Delta y = \left(I_z + \frac{\partial D_z}{\partial t}\right)\Delta x \cdot \Delta y$$

가 성립한다. 이것에 의하여

$$\frac{\partial H_y}{\partial x} - \frac{\partial H_x}{\partial y} = I_z + \frac{\partial D_z}{\partial t} \text{ [A/m}^2\text{]} \qquad \cdots\cdots (7.24)$$

를 얻는다. 또한, $y-x$평면 및 $z-x$평면에 대해서도 같은 결과가 얻어질 것이므로, 정리하면, 다음과 같게 된다.

$$\frac{\partial H_z}{\partial y} - \frac{\partial H_y}{\partial_z} = i_x + \frac{\partial D_x}{\partial t} \text{ [A/m}^2\text{] } (x\text{성분}) \qquad \cdots\cdots (7.25)$$

$$\frac{\partial H_x}{\partial z} - \frac{\partial H_z}{\partial x} = i_y + \frac{\partial D_y}{\partial t} \text{ [A/m}^2\text{] } (y\text{성분}) \qquad \cdots\cdots (7.26)$$

$$\frac{\partial H_y}{\partial x} - \frac{\partial H_x}{\partial y} = i_z + \frac{\partial D_z}{\partial t} \text{ [A/m}^2\text{] } (z\text{성분}) \qquad \cdots\cdots (7.27)$$

즉, 이들의 식으로부터 전류와 전속밀도가 시간적으로 변화하면, 그 주위에는 공간적으로 변화하는 자계가 유도된다는 사실을 알 수 있다.

Faraday−Neumann법칙에 관해서도 Ampére의 주회적분법칙과 같은 방법으로 적용하면, 다음의 결과가 얻어진다.

$$\frac{\partial E_z}{\partial y} - \frac{\partial E_y}{\partial_z} = -\frac{\partial B_x}{\partial t} \text{ [V/m}^2\text{] } (x\text{성분}) \qquad \cdots\cdots (7.28)$$

$$\frac{\partial E_x}{\partial z} - \frac{\partial E_z}{\partial x} = -\frac{\partial B_y}{\partial t} \text{ [V/m}^2\text{] } (y\text{성분}) \qquad \cdots\cdots (7.29)$$

$$\frac{\partial E_y}{\partial x} - \frac{\partial E_x}{\partial y} = \frac{\partial B_z}{\partial t} \text{ [V/m}^2\text{] } (z\text{성분}) \qquad \cdots\cdots (7.30)$$

즉, 이들의 식으로부터 자속밀도가 시간적으로 변화하면, 그 주위에 공간적으로 변화하는 전계가 유도된다는 사실을 알 수 있으므로, 따라서, 식(7.25)로부터 식(7.30)까지를 Maxwell의 기초 전자방정식이라 하고, 이들의 식들은 전계와 자계의 관계식으로서, 변동 전자계의 각 성분을 만족하지 않으면 안된다.

7.3 평면파

그림 7.4에 나타낸 바와 같이 전계가 $x-z$평면에 평행하게 x방향으로 진동하고, 자계가 $y-z$평면에 평행하게 y방향으로 진동하며 또, 파의 전파방향에 수직한 평면상의 어느 곳이든 전계와 자계가 균일한 파를 평면파(또는 평면 전자파)라고 한다. 즉, 파면이 전파 방향에 수직한 평면으로 되어 있는 파를 말한다.

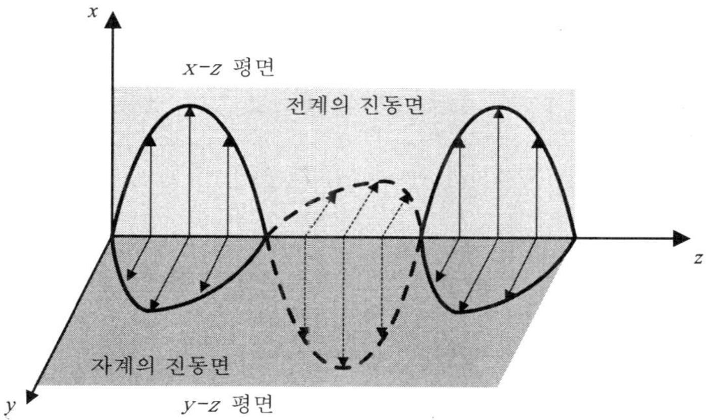

그림 7.4 평면파

평면 전자파의 전계가 대지에 대하여 수평으로 진동하고 있는 파를 수평편파라고 하고, 전계가 대지에 대하여 수직으로 진동하고 있는 파를 수직편파라고 한다. 그림 7.4에 나타낸 바와 같이 전계는 x성분, 자계는 y성분이므로 $E_y = E_z = 0$, $H_x = H_z = 0$로 되며, 이 때 기초 전자방정식은

$$\frac{\partial H_y}{\partial z} = -\varepsilon_o \frac{\partial E_x}{\partial t} \ [\mathrm{A/m^2}] \qquad \cdots\cdots (7.31)$$

$$\frac{\partial E_x}{\partial z} = -\mu_o \frac{\partial H_y}{\partial t} \ [\mathrm{V/m^2}] \qquad \cdots\cdots (7.32)$$

로 된다. 단, $D_x = \varepsilon_0 E_x$, $B_y = \mu_0 H_y$의 관계를 이용하고, 전도전류 i_x, i_y, i_z는 진공 중을 흐르지 않으므로 "0"으로 둔다.

식(7.32)를 z에 관하여 미분한 후, 식(7.31)을 대입하면

$$\frac{\partial^2 E_x}{\partial z^2} = \mu_o \varepsilon_o \frac{\partial^2 E_x}{\partial t^2} \qquad \cdots\cdots (7.33)$$

를 얻을 수 있다. 또한, 식(7.31)을 z에 관하여 미분한 후, 식(7.32)를 대입하면

$$\frac{\partial^2 H_y}{\partial z^2} = \mu_o \varepsilon_o \frac{\partial^2 H_y}{\partial t^2} \qquad \cdots\cdots (7.34)$$

를 얻을 수 있다. 이 미분방정식을 **파동방정식**이라 하고, 식(7.33)과 식(7.34)는 모두 같은 형태로 이루어져 있으므로, 그 해도 같은 형태로 된다.

평면파는 각주파수 ω로 정현 진동하고 있는 것으로서, 식(7.33)의 해를

$$E_x = E_m \sin(\omega t - \beta z) \text{ [V/m]} \quad \cdots\cdots (7.35)$$

로 가정하면

$$\frac{\partial^2 E_x}{\partial z^2} = -\beta^2 E_m \sin(\omega t - \beta z)$$
$$\frac{\partial^2 E_x}{\partial t^2} = -\omega^2 E_m \sin(\omega t - \beta z)$$

로 되므로, 이들을 식(7.33)에 대입하면

$$\beta = \omega\sqrt{\mu_o \varepsilon_o} \text{ [rad/m]} \quad \cdots\cdots (7.36)$$

를 얻는다. 여기서, β를 **파장정수** 또는 **위상정수**(phase constant)라고 한다. 즉, β가 식(7.36)의 관계를 만족하면, 식(7.35)는 파동방정식인 식(7.33)의 해가 된다. 그리고, 식(7.35)는 $+z$방향으로 진행하는 파를 나타내므로, **진행파**라고 한다.

만일, 파가 $-z$방향으로 전파할 때는 식(7.35)에서 z를 $-z$로 바꾸면

$$E_x = E_m \sin(\omega t + \beta z) \text{ [V/m]} \quad \cdots\cdots (7.37)$$

로 된다. 이것을 **역행파** 또는 **반사파**라고 한다.

한편, 자계를 지배하는 미분방정식은 전계를 지배하는 미분방정식과 같은 형태를 하고 있으므로, 그 해는

$$H_y = H_m \sin(\omega t - \beta z) \text{ [A/m]} \quad \cdots\cdots (7.38)$$

로 된다. 따라서, 식(7.35)와 식(7.38)을 식(7.33)에 대입하면

$$H_m = \frac{\omega \varepsilon_o}{\beta} E_m = \sqrt{\frac{\varepsilon_o}{\mu_o}} E_m \text{ [A/m]}$$

를 얻을 수 있으며, 이것에 의하여

$$H_y = \sqrt{\frac{\varepsilon_o}{\mu_o}}\,E_x = \sqrt{\frac{\varepsilon_o}{\mu_o}}\,E_m \sin(\omega t - \beta z)\ [\text{A/m}] \qquad \cdots\cdots (7.39)$$

로 된다. 즉, 자계는 전계에 $\sqrt{\varepsilon_0/\mu_0}$를 곱한 것과 같다.

$\sin(\omega t - \beta z)$는 주기함수이므로 주기적으로 같은 값으로 된다. 이제 파가 dt 동안 거리 dz만큼 진행하여도 최초의 값과 같게 된다. 즉,

$$\sin(\omega t - \beta z) = \sin\{\omega(t + dt) - \beta(z + dz)\}$$

로 된다. 이것이 성립하기 위해서는

$$\omega t - \beta z = \omega(t + dt) - \beta(z + dz)$$

가 성립하면 된다. 이것에 의하여 $\omega dt = \beta dz$를 얻을 수 있으므로

$$v = \frac{dz}{dt} = \frac{\omega}{\beta} = \frac{\omega}{\omega\sqrt{\mu_o \varepsilon_o}} = \frac{1}{\sqrt{\mu_o \varepsilon_o}}\ [\text{m/s}] \qquad \cdots\cdots (7.40)$$

를 얻을 수 있다. 이것을 **진공중 전자파의 위상속도(phase velocity)**라 한다. 즉, $\varepsilon_0 = 10^{-9}/36\pi$, $\mu_0 = 4\pi \times 10^{-7}$이므로

$$v = c = 3 \times 10^8\ [\text{m/s}] \qquad \cdots\cdots (7.41)$$

를 얻을 수 있다. 이것은 광속이므로 진공중 평면 전자파의 전파속도는 광속과 같다는 사실을 알 수 있다.

식(7.40)과 $v = f\lambda$(λ는 파장, f는 주파수)로부터

$$\beta = \frac{\omega}{v} = \frac{2\pi}{\lambda}\ [\text{rad/m}] \qquad \cdots\cdots (7.42)$$

를 얻을 수 있다. 이 식은 위상정수 β, 각진동수 ω 및 전파속도 v의 관계가 주어지는 중요한 관계식이다. 그리고, 전계와 자계의 비를 취하면

$$Z_o = \frac{E_x}{H_y} = \frac{E_x}{E_r\sqrt{\frac{\varepsilon_o}{\mu_o}}} = \sqrt{\frac{\mu_o}{\varepsilon_o}} = 120\pi \fallingdotseq 377[\Omega] \qquad \cdots\cdots (7.43)$$

을 얻는다. 여기서, Z_0를 **진공의 특성 임피던스** 또는 **파동 임피던스**라고 한다.

예제 7.3

진공 중에서 전자파의 진행 속도를 구하시오.

☞ 식(7.40)으로부터, $\varepsilon_o=8.855\times10^{-12}$, $\mu_o=4\pi\times10^{-7}$이므로

$$v=\frac{1}{\sqrt{\varepsilon_o\,\mu_o}}=\frac{1}{\sqrt{8.855\times10^{-12}\times4\pi\times10^{-7}}}=3\times10^{8}\ [\text{m/s}]$$

가 된다.

7.4 도체 내의 전자파

도체 내부에서는 도전율 $\sigma\neq0$인 경우이므로 전도전류를 포함해서 다루어야 한다. 따라서, 매질은 균일하고, D=εE, B=μH, I=σE라 놓으면

$$\begin{cases}\nabla\times\mathbf{H}=\boldsymbol{I}+\varepsilon\dfrac{\partial\mathbf{E}}{\partial t}=\sigma\mathbf{E}+\varepsilon\dfrac{\partial\mathbf{E}}{\partial t}\\ \nabla\times\mathbf{E}=-\mu\dfrac{\partial\mathbf{H}}{\partial t}\end{cases}\qquad\cdots\cdots(7.44)$$

가 된다. 따라서 식(7.44)에 회전을 취하면

$$\begin{aligned}\nabla\times\nabla\times\mathbf{H}=\nabla(\nabla\cdot\mathbf{H})-\nabla^2\mathbf{H}&=\sigma\nabla\times\mathbf{E}+\varepsilon\frac{\partial\nabla\times\mathbf{E}}{\partial t}\\&=-\sigma\mu\frac{\partial\mathbf{H}}{\partial t}-\mu\varepsilon\frac{\partial^2\mathbf{H}}{\partial t^2}\\&=-\left(\sigma\mu\frac{\partial\mathbf{H}}{\partial t}+\mu\varepsilon\frac{\partial^2\mathbf{H}}{\partial t^2}\right)\end{aligned}\qquad\cdots\cdots(7.45)$$

가 되고, $\nabla\cdot\mathbf{H}=0$이므로 식(7.45)는

$$\begin{cases}\nabla^2\mathbf{H}=\sigma\mu\dfrac{\partial\mathbf{H}}{\partial t}+\mu\varepsilon\dfrac{\partial^2\mathbf{H}}{\partial t^2}\\ \nabla^2\mathbf{E}=\sigma\mu\dfrac{\partial\mathbf{E}}{\partial t}+\mu\varepsilon\dfrac{\partial^2\mathbf{E}}{\partial t^2}\end{cases}\qquad\cdots\cdots(7.46)$$

인 일반적인 전자파 방정식을 얻을 수 있다. 여기서도 평면파를 생각하여 진행방

향을 z방향, 전계의 방향을 x방향으로 취하면 자계는 y방향 성분만 남는다. 따라서

$$\frac{\partial^2}{\partial x^2} = \frac{\partial^2}{\partial y^2} = 0$$

가 되므로, 식(7.45)는

$$\begin{cases} \dfrac{\partial^2 \mathbf{H}_y}{\partial z^2} = \sigma\mu \dfrac{\partial \mathbf{H}_y}{\partial t} + \mu\varepsilon \dfrac{\partial^2 \mathbf{H}_y}{\partial t^2} \\ \dfrac{\partial^2 \mathbf{E}_x}{\partial z^2} = \sigma\mu \dfrac{\partial \mathbf{E}_x}{\partial t} + \mu\varepsilon \dfrac{\partial^2 \mathbf{E}_x}{\partial t^2} \end{cases} \qquad \cdots\cdots (7.47)$$

로 표현할 수 있다.

이 경우 일반해를 구하자면 매우 곤란하므로 전계 및 자계 모두가 일정한 주파수 f를 갖는 전자계를 생각해 보자.

전계 $\mathbf{E}$를 $\mathbf{E}=E_o e^{j\omega t}$라 놓으면

$$\begin{cases} \dfrac{\partial \mathbf{E}}{\partial t} = j\omega E_o e^{j\omega t} = j\omega \mathbf{E} \\ \dfrac{\partial^2 \mathbf{E}}{\partial t^2} = -\omega^2 \mathbf{E} \end{cases}$$

가 되므로

$$\begin{cases} \dfrac{\partial^2 \mathbf{H}_y}{\partial z^2} = \omega^2 \varepsilon\mu \left(j\dfrac{\sigma}{\omega\epsilon} - 1 \right) H_y \\ \dfrac{\partial^2 \mathbf{E}_x}{\partial z^2} = \omega^2 \varepsilon\mu \left(j\dfrac{\sigma}{\omega\epsilon} - 1 \right) E_x \end{cases} \qquad \cdots\cdots (7.48)$$

가 된다. 따라서, 전계 $\mathbf{E}$와 자계 $\mathbf{H}$의 x, y, z성분은 식(7.47)과 같은 형태로 이루어질 것이므로

$$\begin{cases} \dfrac{\partial^2 \mathbf{H}}{\partial z^2} - \omega^2 \varepsilon \mu \left(j \dfrac{\sigma}{\omega \varepsilon} - 1 \right) \mathbf{H} \\ \qquad = \dfrac{\partial^2 \mathbf{H}}{\partial z^2} + \omega^2 \varepsilon \mu \left(\dfrac{\sigma}{j \omega \varepsilon} + 1 \right) \mathbf{H} = 0 \\ \dfrac{\partial^2 \mathbf{E}}{\partial z^2} - \omega^2 \varepsilon \mu \left(j \dfrac{\sigma}{\omega \varepsilon} - 1 \right) \mathbf{E} \\ \qquad = \dfrac{\partial^2 \mathbf{E}}{\partial z^2} + \omega^2 \varepsilon \mu \left(\dfrac{\sigma}{j \omega \varepsilon} + 1 \right) \mathbf{E} = 0 \end{cases} \quad \cdots\cdots (7.49)$$

으로 표현할 수 있으며, 이를 Helmholtz의 **방정식**이라 한다. 여기서

$$\varepsilon \left(\frac{\sigma}{j\omega\varepsilon} + 1 \right) = \varepsilon_e$$

로 표현하고, ε_e를 실효 유전율이라 한다. 여기서 $\omega^2 \varepsilon_e \mu = \gamma^2$이므로, 실효 유전율을 이용하면 식(7.49)는

$$\begin{cases} \nabla^2 \mathbf{H} + \gamma^2 \mathbf{H} = 0 \\ \nabla^2 \mathbf{E} + \gamma^2 \mathbf{E} = 0 \end{cases}$$

으로 표현된다. 따라서, 식(7.49)로부터 알 수 있는 바와 같이 도체의 영향은 $\sigma/\omega\epsilon$에 의하여 결정됨을 알 수 있다. 즉,

$$\nabla \times \mathbf{H} = \sigma \mathbf{E} + \varepsilon \frac{\partial \mathbf{E}}{\partial t} = (\sigma + j\omega\varepsilon)\mathbf{E} = j\omega\varepsilon \left(\frac{\sigma}{j\omega\varepsilon} + 1 \right) \mathbf{E}$$

로부터, $\sigma/\omega\varepsilon \ll 1$이면 전도전류의 성분이 없어지므로 완전 부도체에 가까워지고, $\sigma/\omega\varepsilon \gg 1$이면 식(7.49)에서 "1"이 무시되므로 변위전류의 영향을 무시하면

$$\nabla^2 \mathbf{E} = j\omega\sigma\mu \mathbf{E}$$

가 된다. 즉, $\omega\sigma\mu$가 크다는 것은 주파수가 매우 높거나, 또는 전도도가 매우 큰 경우, 즉 완전도체인 경우이다.

이러한 경우 도체 내부에는 전류 및 전하밀도는 존재하지 않으므로, 완전 도체를 흐르는 전류는 표피효과에 의하여 전부 도체 외부로 밀려나와 도체 내부로 들어가지 못한다. 따라서, 표면에서는 도체면에 수직성분의 자속은 없어지고, 표면에 평행한 자속만이 남게 된다.

7.5 완전 유전체 내의 전자파동

완전 유전체인 경우는 실효 유전율 ε_e에서 $\sigma/\omega\varepsilon \ll 1$일 때이고, 손실이 거의 없을 때에 해당하며, 도전성이 무시될 수 있는 경우이다. 따라서 실효 유전율 ε_e를 매질의 유전율 ε으로 볼 수가 있다.

헬름홀츠의 방정식인 식(7.49)에서 전계만 생각한 파동방정식

$$\nabla^2\mathbf{E} = \omega^2\mu\varepsilon_e\mathbf{E}$$

에서 z방향으로 진행하는 평면파의 E_x성분만 생각하면

$$\frac{\partial^2 E_x}{\partial z^2} = -\omega^2\mu\varepsilon E_x \qquad \cdots\cdots (7.50)$$

가 된다. 식(7.50)의 해를 직접 구하지 않고 더 일반적인 해를 가정한 뒤, 식(7.50)을 이용하여 이 해에 도입된 변수(parameter)들을 결정하도록 하자.

전계가 지수함수적으로 감쇄한다고 가정하면

$$E_x = E_{xo}e^{-\alpha z}\cos(\omega t - \beta z)$$

이고, 페이저(phasor)로 나타내면

$$E_x = E_{xo}e^{-\alpha z}e^{-j\beta z}$$

로 표현된다고 하자.

실수지수인자 α는 전자파가 $+z$방향으로 전파해 감에 따라 감쇠되는 특성을 나타내므로 α를 **감쇠정수**(attenuation constant)라 하고, 매질의 손실이 없다고 가정했으므로 $\alpha = 0$이다. 그리고, βz(β는 실수이다)의 단위는 라디안[rad]이며, β는 단위 · 길이당의 위상변이(phase shift)를 나타내므로 **위상정수**(phase constant)라 한다.

일반적으로 α와 β를 합하여 복소전파정수(complex propation constant) γ로 표현한다. 즉,

$$\gamma = \alpha + j\beta \qquad \cdots\cdots (7.51)$$

이다. 따라서

$$E_x = E_{xo} e^{-\gamma z}$$

로 쓸 수 있다. 이를 식(7.50)에 대입하면

$$\gamma^2 E_{xo} e^{-\gamma z} = -\omega^2 \mu \varepsilon E_{xo} e^{-\gamma z}$$

가 되므로

$$\begin{cases} \gamma^2 = -\omega^2 \mu \varepsilon \\ \gamma = \pm j\omega \sqrt{\mu \varepsilon} \end{cases}$$

이 성립해야 한다. 따라서, $+z$방향으로 전파하는 전파정수를 생각해 보면

$$\begin{cases} \alpha = 0 \\ \beta = \omega \sqrt{\mu \varepsilon} \end{cases} \qquad \cdots\cdots (7.52)$$

이 되므로

$$E_x = E_{xo} \cos(\omega t - \beta z)$$

가 된다. 이것은 위상속도

$$v = \frac{\omega}{\beta} \qquad \cdots\cdots (7.53)$$

로 $+z$방향으로 진행하는 전파를 의미한다. 완전 유전체에서 전파되는 균일 평면파에 대한 위상속도는

$$v = \frac{1}{\sqrt{\mu \varepsilon}} = \frac{c}{\sqrt{\mu_s \varepsilon_s}}$$

가 된다. 파장은 위상 2π[rad]의 변화를 일으키는 거리이므로

$$\beta\lambda = 2\pi$$

로 표현되어야 하며, 이로부터 파장에 대한 기본적인 정의인

$$\lambda = \frac{2\pi}{\beta}$$

를 얻는다. 따라서,

$$\lambda = \frac{2\pi}{\beta} = \frac{2\pi}{\omega\sqrt{\mu\varepsilon}} = \frac{1}{f\sqrt{\mu\varepsilon}} = \frac{c}{f\sqrt{\mu_s\varepsilon_s}} = \frac{\lambda_o}{\sqrt{\mu_s\varepsilon_s}} \quad \cdots\cdots (7.54)$$

가 되며, λ_o는 자유공간에서의 파장이다. 일반적으로, $\mu_s\varepsilon_s > 1$이므로, 모든 매질 내에서 파장은 자유공간에서보다 짧아지고, 속도는 감소한다.

예제 7.4

어떤 매질을 통하는 전자파의 위상속도가 5×10^7[m/s]이다. 이 매질의 투자율을 $\mu=\mu_o$라고 할 때 이 매질의 비유전율을 구하시오.

☞ 매질 중에서 전파속도 v는

$$v = \frac{1}{\sqrt{\varepsilon\mu}} = \frac{c}{\sqrt{\varepsilon_s\mu_s}}$$

이므로, 비유전율 ε_s는

$$\varepsilon_s = \frac{c^2}{v^2\mu_s} = \frac{(3\times10^8)^2}{(5\times10^7)^2\times1} = 36$$

이 된다.

예제 7.5

어떤 TV방송의 전자파의 주파수를 190[MHz]의 평면파로 보고, $\mu_s=1$, $\varepsilon_s=64$인 물 속에서의 전파속도와 파장을 구하시오.

☞ 예제 7.4에서와 같이 전파속도 v는

$$v = \frac{c}{\sqrt{\varepsilon_s \mu_s}} = \frac{3 \times 10^8}{\sqrt{64 \times 1}} = 0.375 \times 10^8 \ [\text{m/s}]$$

이므로, 파장 λ는

$$\lambda = \frac{v}{f} = \frac{0.375 \times 10^8}{190 \times 10^6} = 0.19 \ [\text{m}]$$

가 된다.

예제 7.6

9375[MHz]의 균일평면파가 폴리스티렌 내에서 전파되고 있다. 전계의 크기가 20[V/m]이고, 매질은 무손실인 경우, 다음을 구하시오.

(1) 위상정수 (2) 파장 (3) 전파속도

(4) 고유임피던스 (5) 전파정수 (6) 자계의 크기

☞ (1) 위상정수는 식(7.52)에서

$$\beta = \omega\sqrt{\mu\varepsilon} = 2\pi f \sqrt{\mu_s \varepsilon_s \varepsilon_o \mu_o}$$
$$= 2\pi \times 9375 \times 10^6 \sqrt{2.56 \, \mu_o \varepsilon_o} = 314[\text{rad/m}]$$

이며,

(2) 파장은 식(7.54)에서

$$\lambda = \frac{2\pi}{\beta} = \frac{2\pi}{314} = 0.02 \ [\text{m}]$$

이며,

(3) 전파속도는 식(7.53)에서

$$v = \frac{\omega}{\beta} = \frac{2\pi \times 9375 \times 10^6}{314} \fallingdotseq 1.88 \times 10^8 \ [\text{m/s}]$$

이며,

(4) 고유 임피던스는 식(7.43)에서 매질의 경우이므로

$$Z = \sqrt{\frac{\mu}{\varepsilon}} = \sqrt{\frac{\mu_o}{\varepsilon_o}}\sqrt{\frac{\mu_s}{\varepsilon_s}} = Z_o\sqrt{\frac{\mu_s}{\varepsilon_s}} = 377\sqrt{\frac{1}{2.56}} = 235.6[\Omega]$$

이며,

(5) 전파정수는 식(7.51)에서 무손실이므로 α=0이다. 따라서

$$\gamma = \alpha + j\beta = 0 + j314 = j314 \quad [\text{m}-1]$$

이며,

(6) 자계의 세기는 전계의 크기를 고유임피던스로 나누면 되므로, 만일 전계의 크기가 E_m [V/m]이라면

$$H_m = \frac{E_m}{Z} = \frac{20}{235.6} = \fallingdotseq 0.085 = 85 \times 10^{-3} \quad [\text{A/m}]$$

로 된다.

7.6 손실이 있는 유전체 내의 평면파

모든 유전체는 도전성을 가지고 있으며 많은 경우에 무시된다. 그러나 도전성을 무시할 수 없는 매질, 즉 $\sigma \neq 0$인 경우는

$$\begin{aligned}\nabla^2\mathbf{E} &= -\omega^2\mu\varepsilon_e\mathbf{E} = -\omega^2\mu\varepsilon\left(\frac{\sigma}{j\omega\varepsilon}+1\right) \\ &= j\omega\mu(\sigma + j\omega\varepsilon)\mathbf{E} = \gamma^2\mathbf{E}\end{aligned} \qquad \cdots\cdots (7.55)$$

가 된다. 즉, 도전율 σ가 고려되었을 때의 차이는 $j\omega\epsilon$이 $\sigma + j\omega\epsilon$으로 대치되었을 뿐이다. 따라서, 전파정수 γ는

$$\begin{cases}\gamma^2 = j\omega\mu(\sigma + j\omega\varepsilon) \\ \gamma = \pm\sqrt{j\omega\mu(\sigma + j\omega\varepsilon)} = \pm j\omega\sqrt{\mu\varepsilon}\sqrt{\dfrac{\sigma}{j\omega\varepsilon}+1}\end{cases} \qquad \cdots\cdots (7.56)$$

이 된다. 전파정수를 일반적으로 표시하면

$$\gamma = j\omega\sqrt{\mu\varepsilon}\sqrt{\frac{\sigma}{j\omega\varepsilon}+1} \qquad \cdots\cdots (7.57)$$

이 되며, 무손실 유전체의 경우와의 차이점은 두 번째 제곱근 항이 있다는 점이며, 이 제곱근 항은 σ가 0이 되면 "1"이 된다.

여기서, $|\sigma/j\omega\varepsilon| < 1$인 경우에는 두 번째 제곱근을 이항정리를 이용하여 전개

할 수 있다. 즉, $|x|<1$일 때

$$(1+x)^n = 1+nx+\frac{n(n-1)}{2!}x^2+\frac{n(n-1)(n-2)}{3!}x^3+\cdots$$

이므로, x대신 $\sigma/j\omega\varepsilon$을, n대신 1/2을 대입하면

$$\gamma = j\omega\sqrt{\mu\varepsilon}\left[1-j\frac{\sigma}{2\omega\varepsilon}+\frac{1}{8}\left(\frac{\sigma}{\omega\varepsilon}\right)^2+\cdots\right]$$

이 되므로, 근사적으로 α와 β는

$$\begin{cases}\alpha \fallingdotseq j\omega\sqrt{\mu\varepsilon}\left(-j\dfrac{\sigma}{2\omega\varepsilon}\right)=\dfrac{\sigma}{2}\sqrt{\dfrac{\mu}{\varepsilon}} \\ \beta \fallingdotseq \omega\sqrt{\mu\varepsilon}\left[1+\dfrac{1}{8}\left(\dfrac{\sigma}{\omega\varepsilon}\right)^2\right]\end{cases} \qquad \cdots\cdots (7.58)$$

인데, 대부분의 경우

$$\beta \fallingdotseq \omega\sqrt{\mu\varepsilon} \qquad \cdots\cdots (7.59)$$

이 된다.

한편, 매질의 고유 임피던스 Z는

$$Z=\sqrt{\frac{\mu}{\varepsilon_e}}=\sqrt{\frac{j\omega\mu}{\sigma+j\omega\varepsilon}}=\sqrt{\frac{\mu}{\varepsilon}}\sqrt{\frac{1}{1-j(\sigma/\omega\varepsilon)}}=\frac{\mathbf{E}}{\mathbf{H}}$$

로 표현되므로, 전계와 자계는 동위상이 되지 않는다는 사실을 알 수가 있으며, 근사적으로

$$Z=\sqrt{\frac{\mu}{\varepsilon}}\left\{1+j\frac{\sigma}{2\omega\varepsilon}-\frac{3}{8}\left(\frac{\sigma}{2\omega\varepsilon}\right)\right\}\fallingdotseq\sqrt{\frac{\mu}{\varepsilon}}\left(1+j\frac{\sigma}{2\omega\varepsilon}\right) \qquad \cdots\cdots (7.60)$$

가 된다.

예제 7.7

비유전율 $\varepsilon_s=2.25$ 및 도전도 $\sigma=10^{-4}$[℧/m]를 갖는 비자성체에 대해 주파수 2.5[MHz]에서 다음을 구하시오.

(1) 탄젠트 손실 (2) 감쇠정수 (3) 위상정수 (4) 고유 임피던스

☞ (1) 탄젠트 손실은 σ/ωε이므로

$$\tan\theta = \frac{\sigma}{\omega\varepsilon} = \frac{\sigma}{2\pi f\ \varepsilon_o\,\varepsilon_s}$$
$$= \frac{10^{-4}}{2\pi\times 2.5\times 10^6\times 2.25\times 8.855\times 10^{-12}} \fallingdotseq 0.32$$

이며,

(2) 감쇠정수는 식(7.58)로부터

$$\alpha = \frac{\sigma}{2}\sqrt{\frac{\mu}{\varepsilon}} = \frac{\sigma}{2}\sqrt{\frac{\mu_o}{\varepsilon_o}}\sqrt{\frac{\mu_s}{\varepsilon_s}}$$
$$= \frac{\sigma}{2}Z_o\sqrt{\frac{\mu_s}{\varepsilon_s}} = \frac{10^{-4}}{2}\times 377\sqrt{\frac{1}{2.25}} \fallingdotseq 0.013$$

이며,

(3) 위상정수는 식(7.59)로부터

$$\beta = \omega\sqrt{\mu\varepsilon} = 2\pi f\ \sqrt{\mu_o\,\mu_s\,\varepsilon_o\,\varepsilon_s}$$
$$= 2\pi\times 2.5\times 10^6\sqrt{2.25\,\mu_o\,\varepsilon_o} \fallingdotseq 0.079$$

이며,

(4) 고유 임피던스는 식(7.60)으로부터

$$Z = \sqrt{\frac{\mu}{\varepsilon}}\left(1 + j\frac{\sigma}{2\omega\varepsilon}\right) = Z_o\sqrt{\frac{\mu_s}{\varepsilon_s}}\,(1 + j\,0.5\tan\theta)$$
$$= 377\times\sqrt{\frac{1}{2.25}}\,(1 + j\,0.16) = 251.33 + j\,40.21 = 254.53\angle 9.09^\circ\ [\Omega]$$

가 된다.

7.7 양도체 내의 평면파 전파 : 표피효과

무한한 양도체 내에서 균일 평면파가 전파될 때 일어나는 현상에 대해서 고찰하기 위해서 도체와 접하고 있는 유전체 내의 전자계에 의해 도체 내에 형성되는 전자파에 대하여 생각하여야 하므로, 도체 내에 전파원이 있다고 생각하기보다는

외부에서 도체 내부로 전자파가 침투하는 경우를 고려하여야 한다. 이 때 시간적인 변화를 갖는 계는 도체 내에서 급속히 감쇠되기 때문에 대부분의 에너지 전송은 도체 밖에서 일어난다.

도체는 높은 도전도를 가지므로 큰 전도전류가 흐르게 되고, 도체 내부를 진행하는 전자파는 도전도로 인한 저항손실(ohm's loss)이 계속적으로 발생하여 에너지가 감소하게 된다. 따라서 유전체 내에서 전도전류밀도와 변위전류밀도인 $\sigma/\omega\varepsilon \gg 1$이 되며, 이 관계를 이용하여 도체에 대한 α, β 및 Z를 근사적으로 구할 수 있다.

일반적으로, 전파정수는

$$\gamma = j\omega\sqrt{\mu\varepsilon}\sqrt{\frac{\sigma}{j\omega\varepsilon}+1}$$

이며, $\sigma/\omega\varepsilon \gg 1$이므로

$$\gamma = j\omega\sqrt{\mu\varepsilon}\sqrt{-j\frac{\sigma}{\omega\varepsilon}} = j\sqrt{-j\omega\mu\sigma}$$

가 된다. 한편,

$$-j = 1\underline{/-90^\circ}$$

이므로

$$\sqrt{1\underline{/-90^\circ}} = 1\underline{/-45^\circ} = \frac{1}{\sqrt{2}} - j\frac{1}{\sqrt{2}}$$

이 된다. 따라서

$$\gamma = j\left(\frac{1}{\sqrt{2}} - j\frac{1}{\sqrt{2}}\right)\sqrt{\omega\mu\sigma} = (j+1)\sqrt{\pi f\mu\sigma} = \alpha + j\beta \quad \cdots\cdots (7.61)$$

를 얻으므로

$$\alpha = \beta = \sqrt{\pi f\mu\sigma} \quad \cdots\cdots (7.62)$$

가 된다. 즉, 도체의 μ, σ 및 인가된 계의 주파수와 관계없이 α와 β는 같은 값을 갖는다.

전자파가 $+z$방향으로 진행하면 전계는 x방향 성분인 E_x성분만 갖기 때문에

$$E_x = E_{xo} e^{-z\sqrt{\pi f \mu\sigma}} \cos(\omega t - z\sqrt{\pi f \mu\sigma}) \quad \cdots\cdots (7.63)$$

로 표현된다. 도체 내부의 전계는 도체 표면에서 외부 전계와 같기 때문에 $z>0$인 영역에는 양도체가 있고, $z<0$인 영역에는 완전 도체가 있다고 하면, $z=0$인 경계면에서 식(7.62)는

$$E_x = E_{xo} \cos\omega t$$

가 된다. 따라서, 이 전계에 의하여 도체 내에 전계가 발생된다고 볼 수 있으며, 도체 내에서는 변위전류를 무시할 수 있기 때문에 전체 전류밀도는

$$\mathbf{J} = \sigma \mathbf{E}$$

가 되고, 도체 내의 모든 점에서 전도전류밀도는 전계에 비례하며

$$J_x = \sigma E_x = \sigma E_{xo} e^{-z\sqrt{\pi f \mu\sigma}} \cos(\omega t - z\sqrt{\pi f \mu\sigma}) \quad \cdots\cdots (7.64)$$

가 된다. 즉, 식(7.63)과 식(7.64)의 음의 지수항으로부터 전류전도밀도와 전계의 세기가 도체 내부로 갈수록 지수함수적으로 감쇠함을 알 수 있다. 지수인자는 $z=0$에서 "1"이 되며

$$z = \frac{1}{\sqrt{\pi f \mu\sigma}}$$

에서 $e^{-1} = 0.368$로 줄어든다. 따라서 이 길이를 δ라고 표현하면

$$\delta = \frac{1}{\sqrt{\pi f \mu\sigma}} = \frac{1}{\alpha} = \frac{1}{\beta} [\mathrm{m}] \quad \cdots\cdots (7.65)$$

로 되며, δ를 **침투깊이**(depth of penetration) 또는 **표피두께**라 한다. 이것은 도체의 표면에 전자파의 전원이 있다면, 주파수가 높을 수록 식(7.65)에서 δ는 얇아지므로 도체의 표면 근처에 전자계가 모이게 된다. 이러한 표피효과로부터 도체에 시간적으로 변화하는 전자계가 존재하면 전류 또한 시간적으로 변화하는 전류가 흐르게 되고, 이 전류도 도체표면에 분포하게 된다. 여기서 이러한 양도체 내

의 전파속도와 파장은 식(7.65)에서

$$\alpha = \beta = \frac{1}{\delta} = \sqrt{\pi f \mu \sigma}$$

이며, $\beta = 2\pi/\lambda$이므로, 파장은

$$\lambda = 2\pi\delta \qquad \cdots\cdots (7.66)$$

가 되고, 전파속도는 식(7.53)으로부터

$$v = \omega\delta \qquad \cdots\cdots (7.67)$$

가 된다. 그리고, 표피효과를 고려한 저항을 **표피저항**이라 하며, 반지름 a, 표피두께 $\delta(\delta \ll a)$, 길이 l인 도체의 경우 도체저항은 근사적으로

$$R = \frac{l}{2\pi a\sigma\delta}$$

로 표현된다.

예제 7.8

도전도 $\sigma=5\times10^6$[℧/m], 비투자율 $\mu_s=200$ 및 반경이 8[mm]이고 길이가 80[m]인 원형 동선이 있다. 이 동선에 흐르는 전체 전류가 $2\cos10^4\pi t$[A]일 때 다음을 구하시오.

(1) 표피두께 (2) 실효저항 (3) 직류저항

☞ (1) $\omega=10^4\pi$이므로 주파수 $f=5\times10^3$[Hz]가 된다. 따라서 표피두께는 식(7.65)로부터

$$\delta = \frac{1}{\sqrt{\pi f \mu\sigma}} = \frac{1}{\sqrt{3.14\times5\times10^3\times200\times2\times10^6\ \mu_o}} \fallingdotseq 0.225\ \ [\text{mm}]$$

이며,

(2) 실효저항은

$$R = \frac{l}{2\pi a\sigma a\delta} = \frac{80}{2\pi\times8\times10^{-3}\times5\times10^6\times0.225\times10^{-3}} \fallingdotseq 1.42\ [\Omega]$$

이며,

(3) 직류저항은

$$R_{dc}=\frac{l}{\sigma a S}=\frac{l}{\pi a^2 \sigma a}=\frac{80}{3.14\times(8\times10^{-3})^2\times5\times10^6}\fallingdotseq 0.08[\Omega]$$

이 된다.

7.8 Poynting 정리

전계와 자계가 시간적으로 변동하는 전자파의 에너지에 관하여 알아보도록 하자.

전속밀도 D_x의 전계내에 축적되는 에너지 밀도는 $w_e=E_xD_x/2$이고, 자속밀도 B_y의 자계내에 축적되는 에너지 밀도는 $w_m=H_yB_y/2$이다. 전계와 자계가 동시에 존재는 전자계 에너지 밀도는

$$w=w_e+w_m=\frac{1}{2}(E_xD_x+H_yB_y)\ [\mathrm{J/m^3}] \qquad \cdots\cdots (7.68)$$

로 주어진다. 이것은 입방체 내의 단위·체적당 에너지 밀도를 나타낸다. 따라서, 입방체 내의 단위·시간당의 에너지 변화 비율은 식(7.68)을 t에 관하여 미분하면

$$\begin{aligned}\frac{\partial w}{\partial t}&=\frac{1}{2}\left\{\left(E_x\frac{\partial D_x}{\partial t}+\frac{\partial E_x}{\partial t}D_x\right)+\left(H_y\frac{\partial B_y}{\partial t}+\frac{\partial H_y}{\partial t}B_y\right)\right\}\\&=\frac{1}{2}\left\{\left(E_x\varepsilon_o\frac{\partial E_x}{\partial t}+\frac{\partial E_x}{\partial t}\varepsilon_oE_x\right)+\left(H_y\mu_o\frac{\partial H_y}{\partial t}+\frac{\partial H_y}{\partial t}\mu_oH_y\right)\right\}\\&=\varepsilon_oE_x\frac{\partial E_x}{\partial t}+\mu_oH_y\frac{\partial H_y}{\partial t}\ [\mathrm{W/m^3}] \qquad \cdots\cdots (7.69)\end{aligned}$$

로 된다.

x방향에 전계가 존재하고, y방향이 자계가 존재하는 평면 전자파인 경우는 식(7.31)과 식(7.32)로부터

$$\frac{\partial E_x}{\partial t} = -\frac{1}{\varepsilon_o}\frac{\partial H_y}{\partial z}, \qquad \frac{\partial H_y}{\partial t} = -\frac{1}{\mu_o}\frac{\partial E_x}{\partial z}$$

의 관계가 얻어지므로, 이것을 식(7.69)에 대입하면

$$\frac{\partial w}{\partial t} = -\left(E_x\frac{\partial H_y}{\partial z} + H_y\frac{\partial E_x}{\partial z}\right) = -\frac{\partial}{\partial z}(E_x \cdot H_y)[\mathrm{W/m^3}] \qquad \cdots\cdots (7.70)$$

를 얻을 수 있다. 이 식의 좌변은 단위·시간당 에너지 밀도의 변화비율을, 우변은 z방향으로 발산하는 에너지를 나타내므로, 식(7.70)의 물리적인 의미는 "**단위 공간으로부터 z 방향으로 발산되는 에너지는 그 공간 내의 에너지 밀도의 시간적 변화 비율과 같다**"라고 할 수 있다.

$E_x \cdot H_y$의 단위가 [W/m²]이므로, $E_x \cdot H_y$는 z방향으로 단위·면적당 통과하는 전력을 나타내므로, 그것을 P_z로 쓰면

$$P_z = E_x \cdot H_y\ [\mathrm{W/m^2}] \qquad \cdots\cdots (7.71)$$

를 Poynting **정리**라고 하고, P_z를 Poynting **전력**이라 한다. 만일, 전자파가 모든 방향으로 반사된다고 하면, x방향과 y방향으로 흐르는 Poynting 전력은 각각

$$P_x = E_y \cdot H_z, \qquad P_y = E_z \cdot H_x\ [\mathrm{W/m^2}] \qquad \cdots\cdots (7.72)$$

로 된다. 식(7.71)에 식(7.35)와 식(7.39)를 대입하면 평면 전자파의 운동에너지를 알 수 있다.

$$\begin{aligned} P_z &= E_o \sin(\omega t - \beta z) \cdot \sqrt{\frac{\varepsilon_o}{\mu_o}} E_o \sin(\omega t - \beta z) \\ &= \sqrt{\frac{\varepsilon_o}{\mu_o}} E_o^2 \sin^2(\omega t - \beta z) = \sqrt{\frac{\varepsilon_o}{\mu_o}} E_x^2\ [\mathrm{W/m^2}] \end{aligned} \qquad \cdots\cdots (7.73)$$

이 예와 같이 Poynting 벡터는 항상 정(+)의 값을 가지므로, 이것은 에너지의 흐름이 한쪽 방향인 사실을 나타내며, 구체적으로는 Poynting 전력은 전원(송신안테나)으로부터 부하(수신안테나)로 향하여 흐른다는 사실을 의미한다.

예제 7.9

지구는 태양으로부터 평균 1[kW/m^2]의 방사열을 받고 있다. 지구 표면에서의 전계의 세기와 자계의 세기를 각각 구하시오.

☞ Poynting전력

$$P = E \cdot H = \sqrt{\frac{\varepsilon_o}{\mu_o}} E^2 = \frac{E^2}{Z_c}$$

가 된다. 따라서,

i) 전계의 세기 E는

$$E = \sqrt{Z_o P} = \sqrt{377 \times 10^3} = 614 \text{ [V/m]}$$

이 되므로

ii) 자계의 세기 H는

$$H \qquad\qquad\qquad \text{[A/m]}$$

가 된다.

예제 7.10

공기 중에서 구방향으로 진행하는 전자파가 있다. 만일 y, z 방향의 전계가 각각 $E_y = 3 \times 10^{-2} \sin\omega(x - ct)$[V/m], $E_z = 4 \times 10^{-2} \sin\omega(x - ct)$[V/m] 일 때 Poynting 벡터의 크기를 구하시오.

☞ 전계의 세기 E는

$$E = \sqrt{E_y^2 + E_z^2} = \sqrt{3^3 + 4^2} \times 10^{-2} \sin\omega(x - Ct)$$
$$= 5 \times 10^{-2} \sin\omega(x - ct)[\text{V/m}]$$

이므로, 자계의 세기 H는

$$H = \sqrt{\frac{\varepsilon_o}{\mu_o}} E = \frac{E}{Z_o} = \frac{5 \times 10^{-2}}{377} \sin\omega(x - Ct)$$
$$= 1.33 \times 10^{-4} \sin\omega(x - Ct)[\text{A/m}]$$

가 된다. 따라서, Poynting 벡터는 전계와 자계가 직교하므로

$$P = EH = 6.63 \times 10^{-6} \sin^2 \omega (x - Ct)$$

가 된다.

7.9 전자파의 반사와 굴절

전자파는 매질의 경계면에 도달하면 반사와 굴절이 일어난다. 이것에 관하여 알아보도록 하자.

7.9.1 다른 경계면에 있어서의 반사와 굴절

(1) 전기적 수평편파의 경우

그림 7.5에 나타낸 바와 같이 전계가 경계면에 평행하게 진동하고 있는 파를 **전기적 수평편파**라고 한다. 입사파에 첨자 "i"를, 반사파에 첨자 "r"을, 그리고, 굴절파에 첨자 "b"를 붙여서 나타내도록 한다.

자계의 접선성분(경계에 평행한 성분)은 각각 $H_i \cos\theta_i - H_r \cos\theta_i$, $H_b \cos\theta_r$ 로서, 이들은 경계면에서 경계조건을 만족하지 않으면 안된다.
이들을 식으로 표현하면

$$H_i \cos\theta_i - H_r \cos\theta_i = H_b \cos\theta_r \text{ [A/m]} \qquad \cdots\cdots (7.74)$$

로 나타낼 수 있다.

전계는 경계면에 평행한 진동을 하고 있으므로, 그것이 그대로 접선성분으로 되어, 결국 경계면에서 경계조건을 만족하지 않으면 안된다. 즉,

$$E_i + E_r = E_b \text{ [V/m]} \qquad \cdots\cdots (7.75)$$

가 경계면에서 성립한다.

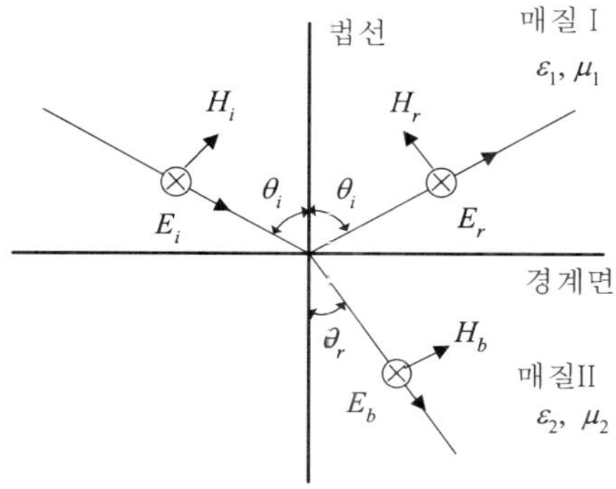

그림 7.5 전자파의 반사와 굴절(전기적 수평편파인 경우)

매질 I 의 특성임피던스는 $Z_1 = \sqrt{\mu_1/\varepsilon_1}$, 매질II의 특성임피던스는 $Z_2 = \sqrt{\mu_2/\varepsilon_2}$ 이므로, 이들을 이용하여 식(7.74)를 다시 쓰면

$$\frac{E_i - E_r}{z_1} cos\theta_i = \frac{E_b}{z_2} cos\theta_r \qquad \cdots\cdots (7.76)$$

로 된다. 식(7.74)와 식(7.76)을 연립하여 E_r, E_b에 관하여 풀면

$$E_r = \frac{\cos\theta_i / Z_1 - \cos\theta_r / Z_2}{\cos\theta_i / Z_1 + \cos\theta_r / Z_2} E_i \ [\text{V/m}]$$

$$E_b = \frac{2\cos\theta_i / Z_1}{\cos\theta_i / Z_1 + \cos\theta_r / Z_2} E_i \ [\text{V/m}] \qquad \cdots\cdots (7.77)$$

로 되므로, $(\cos\theta_i/Z_1) < (\cos\theta_r/Z_2)$일 때 반사 직후 E_r의 진동방향이 입사파의 전계 E_i의 진동방향과 역으로 된다는 사실은 주의해야 한다.

다음에, 입사각 θ_i와 반사각 θ_r의 관계를 조사하도록 하자.

자속밀도의 법선성분(경계면에 수직한 성분)은 각각 $B_i\sin\theta_i$, $B_r\sin\theta_i$ 및 $B_b\sin\theta$로 된다. 이들도 경계면에서 경계조건을 만족해야만 한다.

즉, $B = \mu H = \mu E/Z$의 관계를 이용하면

$$(B_i + B_r)\sin\theta_i = B_b\sin\theta_r$$

$$\therefore (E_i + E_r)\frac{\mu_1}{Z_1} sin\theta_i = E_b \frac{\mu_2}{Z_2} sin\theta_r \qquad \cdots\cdots (7.78)$$

로 된다.

식(7.75)와 식(7.78)의 비를 취하면

$$\frac{\sin\theta_i}{\sin\theta_r} = \frac{\mu_2 / Z_2}{\mu_1 / Z_1} \qquad \cdots\cdots (7.79)$$

를 얻는다. 그리고, $\mu_1/Z_1 = \sqrt{\mu_1 \varepsilon_1} = 1/v_1$ 및 $\mu_2/Z_2 = \sqrt{\mu_2 \varepsilon_2} = 1/v_2$($v_1$과 v_2는 매질 I 및 매질 II 내에서의 전자파의 전파속도)의 관계를 이용하면

$$\frac{\sin\theta_i}{\sin\theta_r} = \frac{v_1}{v_2} = \eta \qquad \cdots\cdots (7.80)$$

를 얻는다. 이것을 Snell의 법칙이라 한다. 여기서, η를 매질 I 에 대한 매질 II의 굴절률이다.

진공에 대한 굴절률을 구하기 위해서는 $v_1 = c$로 놓으면 구할 수 있다.

유전체에서는 $\mu = \mu_0$로 놓기 때문에 매질 I 이 진공인 경우는 식(7.80)은

$$\frac{\sin\theta_i}{\sin\theta_r} = \frac{c}{v_2} = \eta = \sqrt{\varepsilon_s} \qquad \cdots\cdots (7.81)$$

로 된다. 즉 진공에 대한 물질의 굴절률은 그 매질의 비유전율의 1/2승과 같다.

(2) 자기적 수평편파의 경우

그림 7.6에 나타낸 바와 같이 자계가 경계면에 평행하게 진동하고 있는 파를 자기적 수평편파라고 한다.

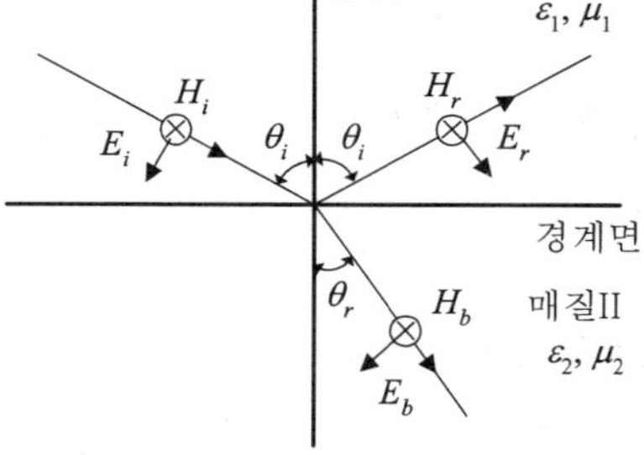

그림 7.6 전자파의 반사와 굴절(자기적 수평편파인 경우)

전계의 접선성분은 각각 $-E_i\cos\theta_i$, $E_r\cos\theta_i$ 및 $-E_b\cos\theta_r$로서, 이들은 경계면에서 경계조건을 만족해야만 하므로

$$-E_i\cos\theta_i + E_r\cos\theta_i = -E_b\cos\theta_r \text{ [V/m]} \qquad \cdots\cdots (7.82)$$

의 관계가 성립한다.

그리고, 자계는 경계면에 평행하게 진동하므로 그대로 접선성분으로 되며, 경계면에서

$$H_i + H_r = H_b \text{ [A/m]} \qquad \cdots\cdots (7.83)$$

의 관계를 만족하므로, $H_i = E_i/Z_i$, $H_r = E_r/Z_r$ 및 $H_b = E_b/Z_b$의 관계를 이용하여 E_r과 E_b에 관하여 풀면

$$\begin{cases} E_r = \dfrac{Z_r\cos\theta_i - Z_b\cos\theta_r}{Z_r\cos\theta_i + Z_b\cos\theta_r} E_i \text{[V/m]} \\ E_b = \dfrac{2Z_b\cos\theta_i}{Z_r\cos\theta_i + Z_b\cos\theta_r} E_i \text{[V/m]} \end{cases} \qquad \cdots\cdots (7.84)$$

를 얻을 수 있다.

그리고, 입사각과 굴절각의 관계는 전속밀도의 법선성분이 경계면에서 크기가 같고, 연속적이므로

$$\varepsilon_1(E_i + E_r)\sin\theta_i = \varepsilon_2 E_b \sin\theta_r \qquad \cdots\cdots (7.85)$$

이 성립한다. 따라서, 식(7.85)와 식(7.83)의 비를 취하면 결국, Snell의 법칙에 관한 식(7.81)을 얻는다.

다음으로 매질 내의 파장을 구해보자.

전자파의 진동수는 진공중이나 매질 내에서나 모두 같다. 진동수를 f, 진공 중의 전자파의 속도를 c, 파장을 λ_0, 그리고 매질체의 전파속도를 v, 파장을 λ라고 하면

$$f = \frac{c}{\lambda_o} = \frac{v}{\lambda} \text{ [Hz]} \qquad \cdots\cdots (7.86)$$

가 성립한다. 이것을 λ에 관하여 풀면

$$\lambda = \frac{v}{c}\lambda_o = \frac{\lambda_o}{\eta}\ [\mathrm{m}] \qquad \cdots\cdots (7.87)$$

로 되므로, 매질 내에서는 파장이 짧게 된다.

예를 들면, 물의 굴절률이 $\eta \fallingdotseq \sqrt{81} = 9$이므로 수중에서의 파장은 진공 중의 파장보다 1/9로 짧게 된다.

7.9.2 금속면에서의 반사

완전도체에 전자파가 도달하면 완전반사가 행해지고, 도체표면에서 전계의 접선성분은 0으로 되어야 한다. 이 조건으로부터 전기적 수평파인 경우는 그림 7.7에 나타낸 바와 같이 전계의 방향이 반사 직후에 반대로 되면 된다. 이 때문에 자계의 진동 방향도 역으로 된다. 즉, 반사파의 전계와 자계는

$$E_1 = -E_o\ [\mathrm{V/m}], \quad H_1 = H_o\ [\mathrm{A/m}] \qquad \cdots\cdots (7.88)$$

로 표현된다.

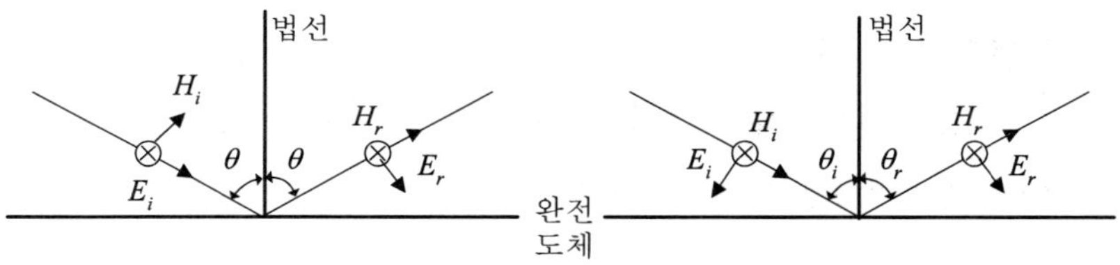

(a) 전기적 수평편파인 경우 (b) 자기적 수평편파인 경우

그림 7.7 완전한 도체에 의한 전자파의 반사

자기적 수평편파인 경우는 입사전계와 반사 전계의 접선성분의 합이 도체면상에서 "0"으로 되지 않기 때문에, 그림 7.7(b)에 나타낸 바와 같이 반사의 직후에 전계의 진동방향은 변하지 않는다. 따라서, 자계의 진동방향도 변하지 않는다. 이것을 식으로 표현하면

$$E_r = E_i\ [\mathrm{V/m}], \quad H_r = H_i\ [\mathrm{A/m}] \qquad \cdots\cdots (7.89)$$

로 된다.

전자파가 수직으로 입사할 때, 전기적 수평편파의 경우는

$$\begin{aligned} E_i - E_r &= E_m \sin(\omega t - \beta z) - E_m \sin(\omega t + \beta z) \\ &= -2E_m \cos\omega t \sin\beta z \,[\mathrm{V/m}] \end{aligned}$$

로 표현되는 정재파가 도체의 전면에 생긴다.

자기적 수평편파의 경우는

$$\begin{aligned} E_i + E_r &= E_m \sin(\omega t - \beta z) + E_m \sin(\omega t + \beta z) \\ &= 2E_m \sin\omega t \cos\beta z \,[\mathrm{V/m}] \end{aligned}$$

로 표현되는 정재파가 도체의 전면에 생긴다.

예제 7.11

그림 7.8과 같이 ε_1, μ_1의 매질 중을 진행하는 전자파 E_1, H_1이 ε_2, μ_2의 매질과 경계면에 직각으로 입사할 때 투과파 E_2, H_2와 반사파 E_3, H_3를 구하시오.

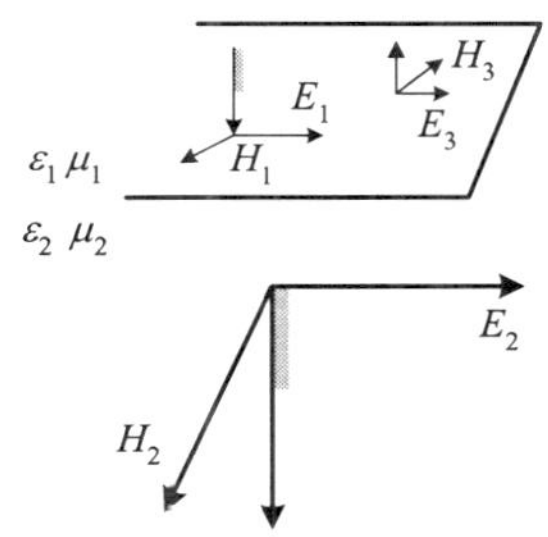

그림 7.8

☞ 계면의 양측에서 전계와 자계와의 접선성분은 각각 같으므로

$$\begin{cases} E_1 + E_3 = E_2 \\ H_1 - H_3 = H_2 \end{cases}$$

이 된다. 그리고, $E/H = \sqrt{\mu/\epsilon}$ 이므로

$$\begin{cases} \sqrt{\varepsilon_1}\, E_1 = \sqrt{\mu_1}\, H_1 \\ \sqrt{\varepsilon_2}\, E_2 = \sqrt{\mu_2}\, H_2 \\ \sqrt{\varepsilon_1}\, E_3 = \sqrt{\mu_1}\, H_3 \end{cases}$$

이 된다. 따라서, 투과파 E_2, H_2는 각각

$$E_2 = \frac{2\sqrt{\frac{\mu_2}{\varepsilon_2}}}{\sqrt{\frac{\mu_1}{\varepsilon_1}} + \sqrt{\frac{\mu_2}{\varepsilon_2}}} E_1, \qquad H_2 = \frac{2\sqrt{\frac{\mu_1}{\varepsilon_1}}}{\sqrt{\frac{\mu_1}{\varepsilon_1}} + \sqrt{\frac{\mu_2}{\varepsilon_2}}} H_1$$

이 되고, 반사파 E_3, H_3는 각각

$$E_3 = \frac{\sqrt{\frac{\mu_2}{\varepsilon_2}} - \sqrt{\frac{\mu_1}{\varepsilon_1}}}{\sqrt{\frac{\mu_1}{\varepsilon_1}} + \sqrt{\frac{\mu_2}{\varepsilon_2}}} E_1, \qquad H_3 = \frac{\sqrt{\frac{\mu_2}{\varepsilon_2}} - \sqrt{\frac{\mu_1}{\varepsilon_1}}}{\sqrt{\frac{\mu_1}{\varepsilon_1}} + \sqrt{\frac{\mu_2}{\varepsilon_2}}} H_1$$

이 된다.

연 습 문 제

7.1 유전체에 전도전류 i_c[A]와 변위전류 i_d[A]가 흐르고 있다. 양 전류의 크기가 같게 되는 주파수를 f_c[Hz]라 할 때, 임의의 주파수 f[Hz]에 있어서의 손실각 $\tan\delta$를 구하시오.

7.2 $\rho=1.8\times10^{-8}$[Ω · m]의 구리 중의 전자파 속도를 구하시오. (단, $f=1$[MHz], $\varepsilon_s=1$, $\mu_s=1$이라 한다.)

7.3 매질은 주파수에 따라 유전체로도 되고 도전체로도 된다. 도전율 $\sigma=4$[℧/m], 비유전율 $\varepsilon_s=80$인 바닷물은 몇 [Hz]까지 도체로 볼 수 있는가?

7.4 내경 1[mm], 외경 10[mm]이고, 폴리에틸렌을 충만한 동축케이블의 특성 임피던스를 구하시오. (단, 비유전율 $\varepsilon_s=2.3$, 비투자율 $\mu_s=1$이다.)

7.5 KBS TV 방송의 전자파를 주파수 190[MHz]의 평면파로 보았을 때 전계의 진폭을 10[mV/m]라 하면, 물속에서의 자계의 진폭을 구하시오. (단, 물속에의 비유전율은 80.7이다.)

7.6 $\varepsilon_s=\mu_s=4$, $\sigma=0$인 선형, 등방, 등질인 매질에서 $\mathbf{E}=120\pi\cos(106\pi t-\beta x)\mathbf{a}_x$[V/m] 및 $\mathbf{H}=A\cos(106\pi t-\beta x)\mathbf{a}_x$[A/m]가 맥스웰 방정식을 만족시키기 위한 A[A/m] 및 β[rad/m]를 구하시오.

7.7 전구에 공급한 전력이 전부 장사 에너지로 방사될 때 60[W] 전구에서 1[m]되는 점의 전계의 세기를 구하시오.

7.8 공기 중에서 x방향으로 진행하는 전자파가 있다. $E_y=3\times10^{-2}\sin k(x-ct)$[V/m], $E_z=4\times10^{-2}\sin k(x-ct)$[V/m]일 때 전자파가 x방향과 직교하는 면적 4[m^2]의 면을 매분 통과하는 에너지를 구하시오.

7.9 공기 중을 진행하는 평면파가 유리에 수직으로 입사되었을 때 유리를 투과하는 에너지와 입사에너지와의 비를 구하시오. (단, 유리의 비유전율 $\varepsilon_s=6$이다.)

7.10 평면 전자파가 공기 중에서 유전율 $\varepsilon=\varepsilon_0\varepsilon_s$, 투자율 μ_0인 유전체 표면에 수직으로 입사할 때 투과파 전력 P'의 입사파 전력 P에 대한 비 P'/P를 구하시오.

7.11 비유전율이 2.56인 폴리에틸렌을 채운 동축케이블의 단위·길이당 정전용량이 1.4×10^{-10}[F/m]일 때의 단위·길이당 인덕턴스를 구하시오.

7.12 간격 d[m]인 2개의 평행판 전극 사이에 유전율 ε의 유전체가 있다. 전극 사이에 전압 $V_m\cos\omega t$ [V]를 가했을 때의 변위 전류밀도를 구하시오.

7.13 어떤 매질속의 전자파의 전파속도가 2×10^8[m/s]일 때 비투자율이 1이라면 매질의 비유전율을 구하시오.

7.14 정전용량 2[μF]인 콘덴서를 충전하여 4[mH]인 코일을 통해서 방전할 때 전기 진동이 공간에 전파되는 경우의 파장을 구하시오.

7.15 100[kW]의 전력을 전자파의 형태로 사방에 균일하게 방사하는 전원이 있다. 전원에서 10[km] 거리인 곳에서의 전계의 세기를 구하시오.

7.16 주파수 f=100[μHz]일 때 도전율이 $\sigma=5.8\times10^7$[Ω/m], 비투자율이 1인 구리의 표피 두께를 구하시오.

제 8 장 전송선로의 기초

전송선로(Transmision Line)는 그림 8.1과 같이 송신기의 출력단자 또는 수신기의 입력단자와 안테나를 연결하여 고주파 전력을 전송하기 위해 사용되는 선로로서, 급전방법, 급전전압, 급전전류, 급전위상 및 주파수에 따라 선로의 특성과 종류는 다르게 된다.

따라서, 본 장에서는 송신기와 송신안테나 사이 또는 수신기와 수신안테나 사이의 급전선(Feeder Line)에 고주파전력을 전송할 경우, 전송선로의 전압, 전류 및 임피던스의 기본식과 전송특성 등에 대하여 알아본다.

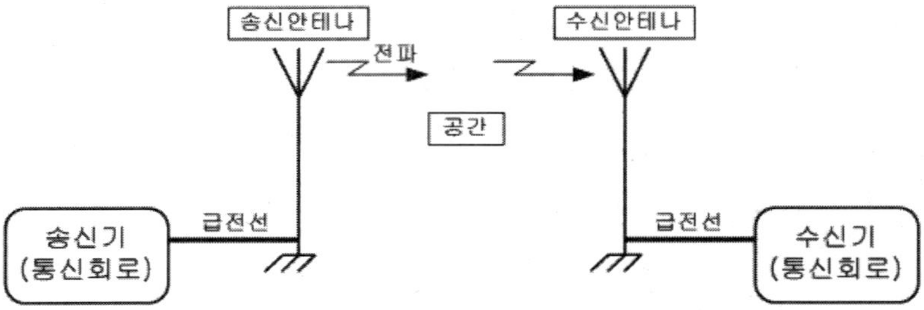

그림 8.1 무선통신 시스템

8.1 분포정수회로

일반적으로 전송선로 중 전자회로에서와 같이 저항, 콘덴서, 코일 등이 소자에 집중되어 있는 회로를 집중정수회로라 하며, 이에 대하여 R, L, C, G가 회로 각 부분에 분포되어 있을 때 이를 분포정수회로라 하고, 전송선로를 1차 정수에 의하여 등가적으로 표시하면 그림 8.2와 같다.

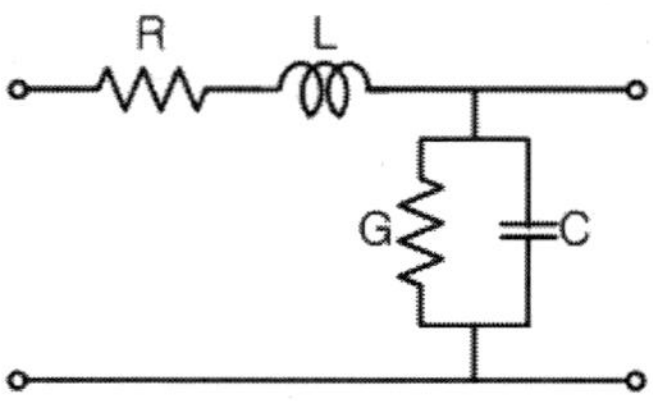

그림 8.2 분포정수 등가회로

전송선로에서 전파의 전파현상은 선로에 분포되어 있는 R, L, C, G의 주파수에 따른 특성에 의하여 좌우된다. 즉, 상용 주파수와 같이 전송 주파수가 낮은 경우는 그다지 문제가 되지 않지만, 통신에서와 같이 사용 주파수가 높은 경우는 L과 C에 의한 영향이 증대되고, 선로의 표피작용이나, 근접작용 등으로 저항은 증가하고, 유전체 손실로 인한 누설 콘덕턴스도 증가 하게되어 실제 전파현상은 주파수에 따라 크게 영향을 받는다. 이러한 R, L, C, G를 선로의 1차 정수라 하며 선로의 길이가 짧은 경우는 그다지 문제가 되지 않지만 선로의 길이가 최저 주파수의 파장의 1/10 이상 되면 선르의 각 지점에서의 전압, 전류의 크기와 위상이 달라진다.

따라서, 전송선로 중 급전선회로나 안테나회로 등과 같이 동작주파수가 높아서 선로의 길이를 무시할 수 없는 고주파회로의 경우, 다음과 같은 요소가 포함되어 있다.

(1) 고주파 저항

고주파 전류는 표피효과에 의하여 도선의 저항이 증가되므로, 고주파 저항은 도선의 단면적이 좁을 수록 크며, 사용주파수가 높을 수록 커지게 되므로 전류의 손실이 증가한다.

(2) 고주파 리액턴스

대지에 수평으로 놓인 평행도선에 고주파 전류가 흐르면 도선 주위에 자계가 생기므로, 도선은 인덕턴스를 갖게 되고, 도선과 대지사이에는 정전용량이 존재한다. 즉, 도선의 단위 길이당 인덕턴스 L[H/m]에 의한 리액턴스를 X_L, 단위 길이당 정전용량 C[F/m]에 의한 리액턴스 X_C라 하면, X_L, X_C는 다음과 같이 나타낼 수 있다.

$$\begin{cases} X_L = j\omega L = j2\pi f L \\ X_C = \dfrac{1}{j\omega C} = \dfrac{1}{j2\pi f C} \end{cases}$$

이들은 도선에 고주파 전류가 흐르고 있을 때 고주파회로를 설계할 경우 무시할 수 없는 중요한 요소이다.

(3) 누설콘덕턴스

도선 사이에는 유전체 손실에 의한 누설저항이 존재하는데 이 역수를 누설콘덕턴스 G[℧/m]라 하며, 주파수의 증가와 더불어 커진다. 도선의 단위길이당 누설 콘덕턴스는 단위 길이당 정전용량 C[F/m]와 병렬로 이루어진다.

8.2 전송선로의 전압과 전류

그림 8.3(a)와 같은 평행도선회로에서 송전단에 전압을 가했을 때 도선상에서 전압과 전류가 어떻게 변화하는가를 조사하기 위해 점 P에서의 길이가 dx되는 도선의 분포정수 등가회로를 그림 8.3(b)에 나타내었다.

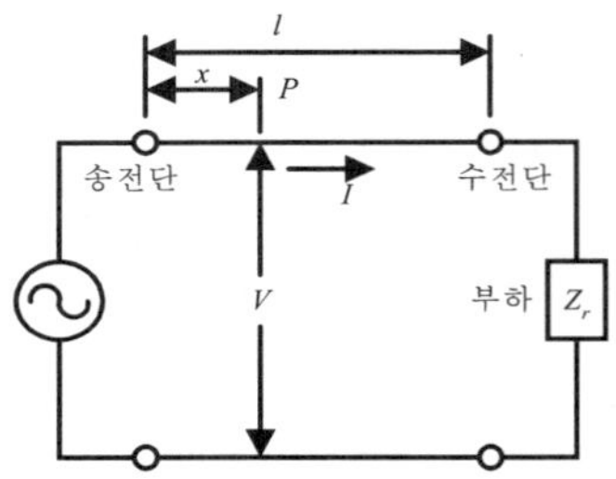

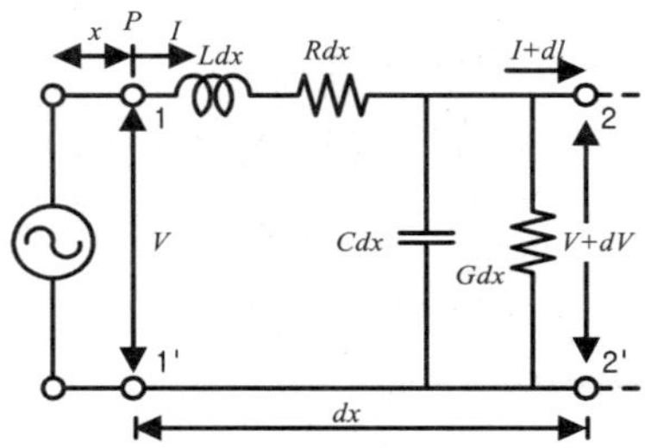

그림 8.3 전송선로

그림과 같이 분포정수 회로로 표시된 선로의 미소구간 dx에 대하여 전압, 전류를 살펴보면, 2와 2′에서 전압, 전류는 $V+dV$, $I+dI$가 된다. 미소구간 dx에서의 전압강하 dV는

$$V-(V+dV)=(R+j\omega L)\,dx\cdot I \quad \cdots\cdots (8.1)$$

$$I-(I+dI)=(G+j\omega C)\,dx\cdot V \quad \cdots\cdots (8.2)$$

이다. dx는 미소량이므로 미분형태이며, 양변을 dx로 나누면 전압, 전류의 감소분은 다음과 같이 표현된다.

$$\frac{V-(V+dV)}{dx}=-\frac{dV}{dx}=(R+j\omega L)I=ZI \quad \cdots\cdots (8.3)$$

$$\frac{I-(I+dI)}{dx}=-\frac{dI}{dx}=(G+j\omega C)V=YV \qquad \cdots\cdots (8.4)$$

$$단, \begin{cases} Z=R+j\omega L \ [\Omega/\text{m}] \\ Y=G+j\omega C \ [\mho/\text{m}] \end{cases}$$

따라서, 도선의 단위 길이당 전압의 감소분은 단위 길이당 임피던스 Z와 전류 I의 곱으로, 누설전류의 감소분은 단위 길이당 어드미턴스 Y와 전압 V의 곱으로 표현된다.

선로의 전압 및 전류의 미분방정식은 식(8.3)과 식(8.4)의 양변을 x에 대하여 미분하여 식(8.5)와 식(8.6)과 같이 얻을 수 있다. 즉,

$$\frac{d^2V}{dx^2}=Z\left(-\frac{dI}{dx}\right)=ZVY \qquad \cdots\cdots (8.5)$$

$$\frac{d^2I}{dx^2}=Y\left(-\frac{dV}{dx}\right)=YIZ \qquad \cdots\cdots (8.6)$$

로 표현되며, 식(8.5), 식(8.6)를 풀면 선로상의 전압 및 전류의 분포상태를 알 수 있다.

따라서, 두 회로방정식의 해는 전계방정식의 해로부터 구할 수 있다. 즉, $E_x=E_oe^{-\gamma x}$로부터 회로방정식의 해인 $+x$방향으로 전파되는 전압파

$$V=V_oe^{-\gamma x} \qquad \cdots\cdots (8.7)$$

를 구할 수 있다. 따라서, 균일 평면파에 대한 전파정수

$$\gamma=\sqrt{j\omega\mu(\sigma+j\omega\varepsilon)}$$

으로부터

$$\gamma=\sqrt{(R+j\omega L)(G+j\omega C)}=\sqrt{ZY}=\alpha+j\beta \qquad \cdots\cdots (8.8)$$

를 얻는다. 파장은 위상변이가 2π[rad]이 되는 거리로 정의되므로

$$\lambda = \frac{2\pi}{\beta} \qquad \cdots\cdots (8.9)$$

이다. 위상속도는 균일 평면파 및 전송선로의 경우 모든

$$v = \frac{\omega}{\beta} \qquad \cdots\cdots (8.10)$$

로 정의된다.

손실이 없는 선로($R = G = 0$)에 대해서는

$$\gamma = j\beta = j\omega\sqrt{LC} \qquad \cdots\cdots (8.11)$$

이고,

$$v = \frac{1}{\sqrt{LC}} \qquad \cdots\cdots (8.12)$$

이다. 균일 평면파의 자계

$$H_z = \frac{E_{yo}}{Z} e^{-\gamma x} \qquad \cdots\cdots (8.13)$$

로부터 $+x$방향으로 진행하는 전류파는

$$I = \frac{V_o}{Z_o} e^{-\gamma x} \qquad \cdots\cdots (8.14)$$

로 된다. 즉, $+x$방향으로 진행하는 전압파를 특성임피던스(characteristic impeadance) Z_0로 나누어 구할 수 있다. 여기서 Z_0는 Z에 대응하며

$$Z = \sqrt{\frac{j\omega\mu}{\sigma + j\omega\varepsilon}} \qquad \cdots\cdots (8.15)$$

에서

$$Z_o = \sqrt{\frac{R + j\omega L}{G + j\omega C}} \qquad \cdots\cdots (8.16)$$

을 얻을 수 있다. 따라서, 식을 이용하면 식(8.3)과 식(8.4)는 다음과 같이 된다.

$$-\frac{dV}{dx} = \gamma Z_0 I \qquad \cdots\cdots (8.17)$$

$$-\frac{dI}{dx} = \frac{\gamma}{Z_0} V \qquad \cdots\cdots (8.18)$$

식(8.17)을 x에 대하여 미분하면,

$$-\frac{d^2 V}{dx^2} = \gamma Z_0 \frac{dI}{dx} \qquad \cdots\cdots (8.19)$$

식(8.18)을 대입하면 다음과 같이 전압에 대한 이차 미분 방정식이 되며

$$\frac{d^2 V}{dx^2} = \gamma^2 V \qquad \cdots\cdots (8.20)$$

이 미분 방정식을 풀면

$$V = Ae^{-\gamma x} + Be^{\gamma x} \qquad \cdots\cdots (8.21)$$

가 된다. A, B는 적분상수이며, 초기조건을 이용하여 구할 수 있고, 식(8.17)을 전류 I에 대하여 정리하고 식(8.21)의 전압을 대입하면 다음과 같이 구할 수 있다.

$$I = \frac{1}{Z_0}(A\,e^{-\gamma x} - B\,e^{\gamma x}) \qquad \cdots\cdots (8.22)$$

8.2.1 무한장선로인 경우 전압과 전류

전송선로의 길이가 무한히 긴 무한장 선로($x \to \infty$)인 경우, $x = \infty$에서 V 및 I는 “0”이 되므로 송전단에서 x거리에 있는 선로상의 전압, 전류는 식(8.21), 식(8.22)로부터

$$V = Ae^{-\gamma x} \qquad \cdots\cdots (8.23)$$

$$I = \frac{1}{Z_0} A e^{-\gamma x} \qquad \cdots\cdots (8.24)$$

을 얻을 수 있으며, $x = 0$에서 송전단의 전압, 전류를 V_s, I_s라 하면 $A = V_s$

가 되므로

$$V = V_s e^{-\gamma x} \qquad \cdots\cdots (8.25)$$

$$I = \frac{V_s}{Z_0} e^{-\gamma x} \qquad \cdots\cdots (8.26)$$

으로 표현된다. 즉, 송전단으로부터의 거리 x가 증가함에 따라 전압, 전류의 진폭은 지수함수적으로 감소하고, 위상은 늦어진다.

8.2.2 유한장선로인 경우 전압과 전류

선로의 길이가 유한한 경우 식(8.21), 식(8.22)로부터 송전단(x=0)에서 $V = V_s$, $I = I_s$라 하면,

$$V_s = A + B, \quad Z_0 I_s = A - B \qquad \cdots\cdots (8.27)$$

로 되고, 이를 정리하여 적분상수 A, B는 각각

$$A = \frac{V_s + Z_0 I_s}{2}, \qquad B = \frac{V_s - Z_0 I_s}{2} \qquad \cdots\cdots (8.28)$$

로 되어, 이를 식(8.21), 식(8.22)에 대입하여 전압, 전류 방정식을 다음과 같이 얻는다.

$$V = \frac{V_s + Z_0 I_s}{2} e^{-j\gamma x} + \frac{V_s - Z_0 I_s}{2} e^{j\gamma x} = V^+ + V^- \qquad \cdots\cdots (8.29)$$

$$I = \frac{V_s + Z_0 I_s}{2Z_0} e^{-j\gamma x} - \frac{V_s - Z_0 I_s}{2Z_0} e^{j\gamma x} = I^+ + I^- \qquad \cdots\cdots (8.30)$$

여기서 식(8.29), 식(8.30)의 제 1항은 송전단으로부터 수전단($+x$방향)으로 향하는 진행파(V^+, I^+)를 의미하며, 제 2항은 수전단에서 송전단($-x$방향)으로 향하는 반사파(V^-, I^-)를 의미하며, 전압, 전류는 이들 모두의 합으로 표현된다.

또한, 수전단에서의 전압, 전류를 V_R, I_R이라 하고, 선로의 길이를 l이라 놓으면, $x = l$에서 $V = V_R$, $I = I_R$이 되므로

$$V=\frac{V_R+Z_0I_R}{2}e^{j\gamma(l-x)}+\frac{V_R-Z_0I_R}{2}e^{-j\gamma(l-x)}=V^++V^- \quad \cdots\cdots (8.31)$$

$$I=\frac{V_R+Z_0I_R}{2Z_0}e^{j\gamma(l-x)}-\frac{V_R-Z_0I_R}{2Z_0}e^{-j\gamma(l-x)}=I^++I^- \quad \cdots\cdots (8.32)$$

대부분의 유한장 선로에서 사용 주파수가 높기 때문에 $R \ll \omega L$, $G \ll \omega C$의 조건이 성립하므로 무손실 선로의 특성임피던스는 다음과 같다.

$$Z_o=\sqrt{\frac{R+j\omega L}{G+j\omega C}}=\sqrt{\frac{L}{C}} \quad \cdots\cdots (8.33)$$

이러한 조건하에서 식(8.8)로부터 전파정수를 구하면

$$\begin{aligned}\gamma &= \sqrt{(R+j\omega L)(G+j\omega C)}=\{-\omega^2LC+RG+j\omega(RC+LG)\}^{1/2}\\ &=\{-\omega^2LC+j\omega(RC+LG)\}^{1/2}=\frac{1}{2}\sqrt{LC}\left(\frac{R}{L}+\frac{G}{C}\right)+j\omega\sqrt{LC}\\ &=\alpha+j\beta\end{aligned} \quad \cdots\cdots (8.34)$$

$$\alpha=\frac{R}{2}\sqrt{\frac{C}{L}}+\frac{G}{2}\sqrt{\frac{L}{C}}=\frac{1}{2}\left(\frac{R}{Z_0}+GZ_0\right)[\text{Nep/m}] \quad \cdots\cdots (8.35)$$

$$\beta=\omega\sqrt{LC}=\frac{2\pi}{\lambda}[\text{rad/m}] \quad \cdots\cdots (8.36)$$

α는 단위길이당 전압, 전류가 $e^{-\alpha}$의 비율로 감쇠하는 양을 의미하므로 감쇠정수라 하고, β는 위상변화를 나타내는 양으로 위상정수라 한다.

예제 8.1

특성임피던스가 50[Ω]인 급전선이 있다. 이 선로의 감쇠정수가 0.03[dB/m]인 경우, 급전선의 단위길이당 도선저항을 구하시오(단, 도선간의 콘덕턴스는 "0"이라 가정하며, 1[Nep]=8.6[dB]이다).

☞ 식(8.35)에서 $G=0$라고 가정했으므로

$$\alpha = \frac{R}{2Z_0} + \frac{GZ_0}{2} = \frac{R}{2Z_0}$$

가 되고,

α의 단위가 [Nep/m]이므로, 단위를 환산하면

$$\alpha = \frac{0.03}{8.6} = 34 \times 10^{-4} \quad [\text{Nep/m}]$$

이 되므로

$$R = 2\alpha Z_0 = 2 \times 34 \times 10^{-4} \times 50 = 34 \times 10^{-2} \ [\Omega]$$

이 된다.

예제 8.2

단위길이당 인덕턴스가 20[H], 정전용량이 5[μF]인 선로의 특성임피던스를 구하시오.

☞ 식(8.33)에서

$$Z_0 = \sqrt{\frac{L}{C}} = \sqrt{\frac{20}{5 \times 10^{-6}}} = 2 \quad [\text{k}\Omega]$$

이 된다.

8.3 송전단에서 본 임피던스

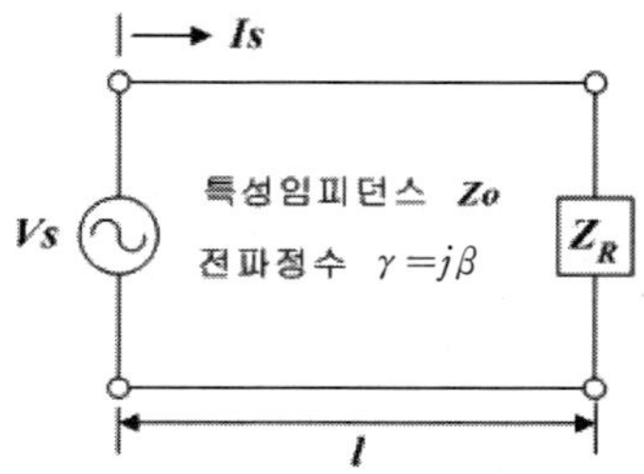

그림 8.4 송전단 임피던스

그림 8.4와 같이 선로길이가 l, 송전단 전압, 전류를 V_s, I_s, 수전단에서 부하 Z_R에 흐르는 전압, 전류를 V_R, I_R이라 하고, 선로상의 감쇠가 없다고($\alpha=0$) 가정하면 식(8.31)과 식(8.32)에 $x=0$를 대입하여 V_s, I_s를 구하면 다음과 같다.

$$
\begin{aligned}
V_s &= \frac{V_R+Z_0I_R}{2}e^{j\beta l}+\frac{V_R-Z_0I_R}{2}e^{-j\beta l} \\
&= \frac{V_R+Z_0I_R}{2}(\cos\beta l+j\sin\beta l)+\frac{V_R-Z_0I_R}{2}(\cos\beta l-j\sin\beta l) \\
&= V_R\cos\beta l+jZ_0I_R\sin\beta l
\end{aligned}
\qquad \cdots\cdots (8.37)
$$

$$
\begin{aligned}
I_s &= \frac{V_R+Z_0I_R}{2Z_0}e^{j\beta l}-\frac{V_R-Z_0I_R}{2Z_0}e^{-j\beta l} \\
&= \frac{V_R+Z_0I_R}{2Z_0}(\cos\beta l+j\sin\beta l)-\frac{V_R-Z_0I_R}{2Z_0}(\cos\beta l-j\sin\beta l) \\
&= I_R\cos\beta l+j\frac{V_R}{Z_0}\sin\beta l
\end{aligned}
\qquad \cdots\cdots (8.38)
$$

송전단에서 수전단을 본 임피던스는 Z_s는

$$
\begin{aligned}
Z_s &= \frac{V_s}{I_s} = \frac{V_R\cos\beta l-jZ_0I_R\sin\beta l}{I_R\cos\beta l+j\dfrac{V_R}{Z_0}\sin\beta l} \\
&= \frac{V_R+jZ_0I_R\tan\beta l}{I_R+j\dfrac{V_R}{Z_0}\tan\beta l} = Z_0\,\frac{Z_R+jZ_0\tan\beta l}{Z_0+jZ_R\tan\beta l}
\end{aligned}
\qquad \cdots\cdots (8.39)
$$

따라서, 송전단 임피던스 Z_s는 수전단까지의 길이 l과 부하 Z_R에 따라서 다음과 같이 변화한다.

(1) 수전단이 단락된 경우는 $V_R=0$, $Z_R=0$이므로

$$
Z_s=\frac{V_s}{I_s}=jZ_0\tan\beta l \qquad \cdots\cdots (8.40)
$$

로 되며, $\beta=2\pi/\lambda$에서 길이 l을 변화했을 때의 임피던스 변화는 그림 8.5와 같다. 즉, Z_s의 특성은 다음 상태에 따라 변화한다.

① $l=\lambda/4$일 때에 선로는 병렬공진($Z_s=\infty$)

② $l<\lambda/4$일 때에 선로는 유도성 리액턴스(순인덕턴스 L)

③ $\lambda/4<l<\lambda/2$일 때에 선로는 용량성 리액턴스(순캐패시턴스 C)

④ $l=\lambda/2$일 때에 선로는 직렬공진($Z_s=0$)

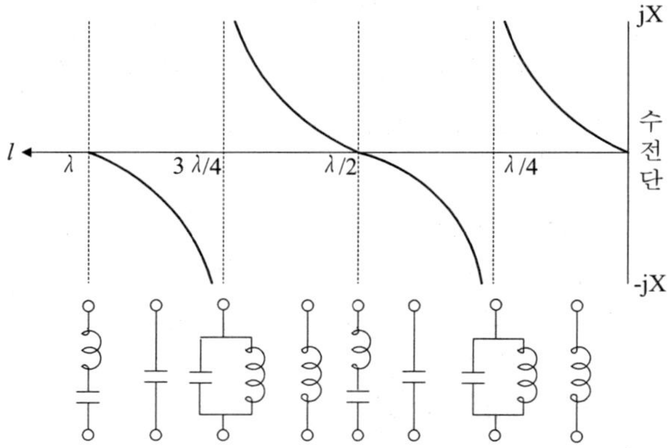

그림 8.5 수전단 단락인 경우 임피던스

(2) 수전단이 개방된 경우는 $Z_2=\infty$, $I_R=0$이므로

$$Z_s=\frac{V_s}{I_s}=-jZ_0\ \cot\beta l \qquad \cdots\cdots (8.41)$$

로 되고, 입력임피던스의 변화는 그림 8.6과 같이 그 특성은 단락선로와 반대로 유도성 리액턴스는 용량성 리액턴스로, C는 L로, 직렬공진은 병렬공진으로, 병렬공진은 직렬공진으로 특성이 변화되며, 대부분의 안테나 선로는 수전단 개방회로에 해당된다.

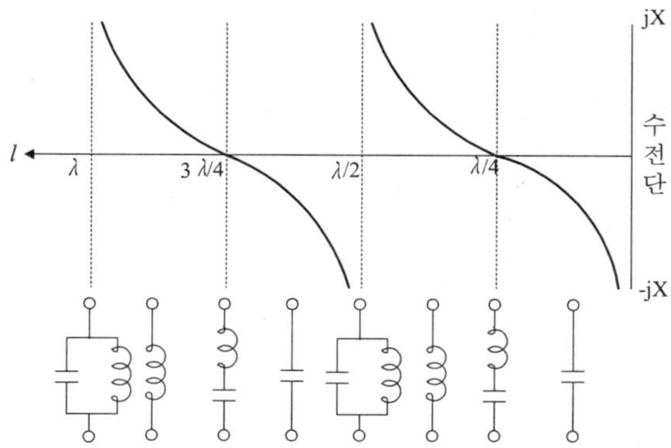

그림 8.6 수전단 개방인 경우 임피던스

(3) 수전단이 Z_R인 임피던스로 종단된 경우 임피던스는 $V_R = I_R Z_R$로 놓으면

$$\begin{aligned} Z_s &= \frac{V_s}{I_s} = Z_0 \frac{(Z_R \cos\beta l + jZ_0 \sin\beta l)}{(Z_R \sin\beta l + jZ_0 \cos\beta l)} \\ &= Z_0 \frac{(Z_R + jZ_0 \tan\beta l)}{(Z_0 + jZ_R \tan\beta l)} \end{aligned} \quad \cdots\cdots (8.42)$$

(4) 부하 임피던스가 특성 임피던스와 같은 경우, 즉, $Z_R = Z_0$인 경우 $Z_s = Z_0$가 되어 가장 이상적이다. 즉, Z_s는 일반적으로 순리액턴스이고, $Z_R = Z_0$인 경우 도선상의 임의의 점에서 부하측을 본 임피던스는 항상 특성임피던스와 같다. 무한장 선로의 경우도 동일하게 취급할 수 있으므로 특성임피던스와 동일한 임피던스의 부하가 접속된 선로는 무한장 선로와 등가가 된다.

수전단 단락인 경우 임피던스를 Z_s, 수전단 개방인 경우 임피던스를 Z_f라 하면

$$Z_s \times Z_f = Z_0^2$$

임를 알 수 있고 따라서, 선로의 특성 임피던스는

$$Z_0 = \sqrt{Z_s \times Z_f}$$

이다.

수전단이 단락된 경우와 개방된 경우에 대하여 선로의 길이에 따른 임피던스는 그림과 같고, 안테나는 수전단이 개방된 선로와 같게 볼 수 있으므로, 특히 수전단 개방인 경우는 안테나 개념에 중요하게 적용된다.

예제 8.3

특성임피던스가 50[Ω]인 길이 λ/4의 선로에 25[Ω]의 부하가 접속되었을 때 송전단에서 본 임피던스를 구하시오.

☞ 식(8.42)에서

$$Z_s = 50 \times \frac{25 + j50\tan\left(\frac{2\pi}{\lambda} \times \frac{\lambda}{4}\right)}{50 + j25\tan\left(\frac{2\pi}{\lambda} \times \frac{\lambda}{4}\right)} = 100\ [\Omega]$$

이 된다.

예제 8.4

어떤 급전선에서 개방했을 때 임피던스가 100[Ω]이었고, 단락했을 때 임피던스가 200[Ω]이었다. 이 때의 특성 임피던스를 구하시오.

☞ 수전단 단락인 경우 임피던스를 Zs, 수전단 개방인 경우 임피던스를 Zf라 하면 선로의 특성 임피던스는 $Z_0 = \sqrt{Z_s \times Z_f}$ 이므로

$$Z_0 = \sqrt{100 \times 200} \fallingdotseq 141$$

이 된다.

8.4 반사계수와 투과계수

선로의 수전단에 접속한 부하임피던스 Z_R이 선로의 특성임피던스 Z_0와 서로 다른 경우에는 수전단에서 진행파의 일부가 반사되어 선로상에는 진행파와 반사파가 공존하게 되므로 식(8.21)과 식(8.22)에서 $x=0$에서 전압, 전류를 V_s, I_s라 하면

$$V_s = A + B, \; I_s = \frac{A-B}{Z_0}$$

가 되며,

$$A = \frac{V_s + Z_0 I_s}{2}, \; B = \frac{V_s - Z_0 I_s}{2}$$

이므로, 적분상수 A, B를 식(8.21)과 식(8.22)에 대입하면 전압, 전류는 다음과 같이 된다.

$$V = \frac{V_s + I_s Z_0}{2} e^{-\gamma x} + \frac{V_s - I_s Z_0}{2} e^{\gamma x} = V^+ + V^-$$

$$I = \frac{1}{Z_0}\,\frac{V_s + I_s Z_0}{2}\,e^{-\gamma x} - \frac{1}{Z_0}\,\frac{V_s - I_s Z_0}{2}\,e^{\gamma x} = I^+ + I^-$$

V^+, I^+는 송전단에서 수전단으로 향하는 진행파의 전압과 전류를, V^-, I^-는 수전단에서 송전단으로 향하는 반사파의 전압과 전류를 나타내며, 선로상에는 진행파와 반사파가 동시에 존재하는데, 부하 및 수전단에서 반사되는 정도를 나타내기 위하여 반사계수(Γ)를 이용한다.

$$\text{전압반사계수 } \Gamma_v = \frac{\text{수전단의 반사전압}}{\text{수전단의 입사전압}} = \frac{V^-}{V^+} = \frac{Z_R - Z_0}{Z_R + Z_0}$$

$$\text{전류반사계수 } \Gamma_i = \frac{\text{수전단의 반사전류}}{\text{수전단의 입사전류}} = \frac{I^-}{I^+} = \frac{Z_0 - Z_R}{Z_R + Z_0}$$

투과성분은 수전단에 임피던스가 다른 부하 또는 다른 종류의 선로를 접속하였을 때에 입사파 성분 중 일부가 수전단에서 반사하고, 남은 것이 접속점을 통해 투과하는 성분이며, 투과계수(Transmission Coefficient)는 입사파와 반사파의 비를 나타내며, 부하에 흘러 들어오는 에너지의 양을 표시하기 위하여 이용한다.

$$\text{투과전압계수 } \gamma_v = \frac{\text{투과전압}}{\text{입사(진행)전압}} = \frac{V^+ + V^-}{V^+} = I + \Gamma_v = \frac{2Z_R}{Z_R + Z_0}$$

$$\text{투과전류계수 } \gamma_i = \frac{\text{투과전류}}{\text{입사(진행)전류}} = \frac{I^+ + I^-}{I^+} = 1 + \Gamma_i = \frac{2Z_0}{Z_R + Z_0}$$

예제 8.5

그림과 같이 선로의 특성 임피던스 Z_0=300[Ω]의 급전선에 부하 Z_r=100[Ω]를 연결하였을 때 반사계수를 구하시오.

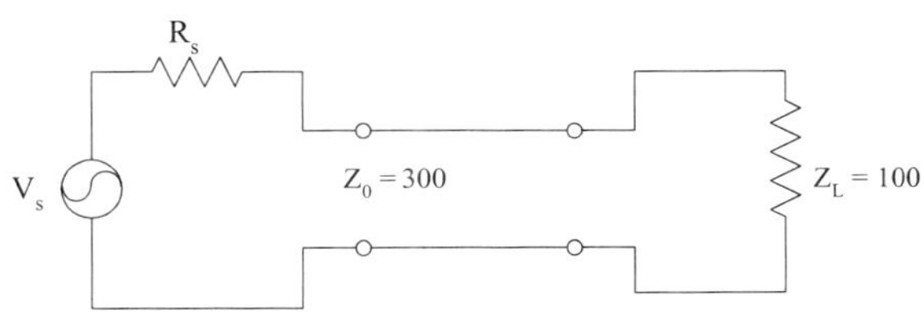

☞

$$\text{전압반사계수} = \Gamma_v = \frac{\text{수전단의 반사전압}}{\text{수전단의 입사전압}}$$

$$= \frac{V^-}{V^+} = \left| \frac{Z_R - Z_0}{Z_R + Z_0} \right| = \left| \frac{100-300}{100+300} \right| = 0.5$$

8.5 진행파와 정재파 및 정재파비

무한장 긴 선로에 고주파 전원을 연결하면 전압과 전류는 선로의 1차 정수에 의하여 감소하면서 한쪽 방향으로만 진행할 것이다. 이와 같이, 한쪽 방향으로만 진행하는 파를 진행파라 한다. 그러나 실제로는 무한장 선로가 없으므로 인위적으로 무한장 선로를 만들어 진행파만 존재하도록 할 수 있다. 즉, 특성 임피던스 개념이 선로가 무한장인 경우에 선로자체의 임피던스이므로 선로종단에 선로의 특성 임피던스와 같은 저항을 연결하게 되면 선로에는 진행파만 존재하게 된다. 그러나, 선로종단에 연결된 저항이 임피던스가 정합이 안되거나 개방되어 있으면 선로종단에서 반사파가 발생되어 선로상에는 진행파와 반사파가 모두 존재한다. 두 파가 동위상인 곳에서는 최대점, 역위상인 곳에서는 최소점을 가지게 되며, 그림과 같이 파가 외관상 정지하고 있는 것처럼 보이게 된다. 이러한 파를 정재파(standing wave)라 한다.

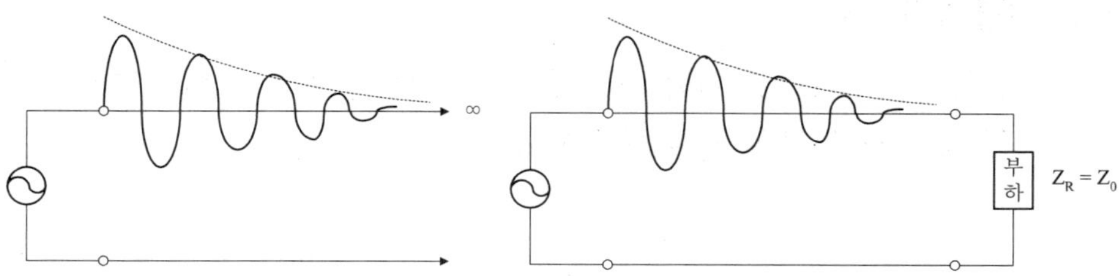

그림 8.7 진행파

정재파는 그림과 같이 진폭의 최대점과 최대점, 최소점과 최소점 사이거리는 λ/2이며, 최대점과 최소점 사이는 λ/4가 된다. 최대점을 파복, 최소점을 파절이라 칭한다.

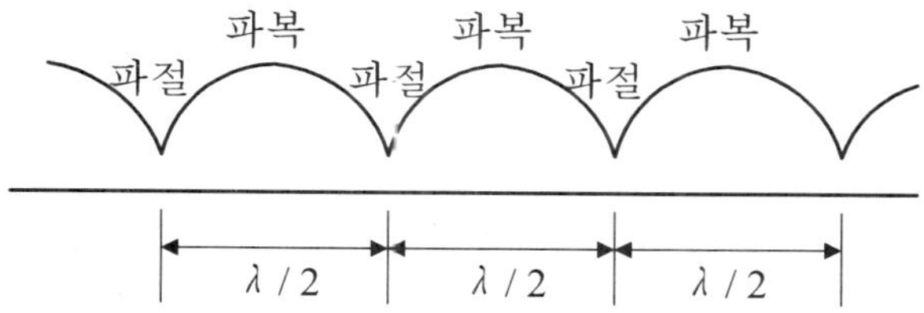

그림 8.8 정재파

표 8.1 진행파와 정재파의 특성 비교

구 분	진 행 파	정 재 파
발생원인	– 무한장선로 – 임피던스 정합이 $Z_0=Z_R$의 경우	– 임피던스 정합이 $Z_0 \neq Z_R$의 경우
정 의	– 파의 진행방향으로만 진행하는 파	– 진행파와 반사파의 합성파
전압, 전류의 분포	– 선로성 어디에서나 같다.	– 전압 또는 전류의 • 최대(소)치와 최대(소)치 사이의 거리 λ/2 • 최대치와 최소치 사이의 거리 λ/4 – 전압 또는 전류의 최대(소)치와 최대(소)치 사이의 거리 λ/4
전압, 전류의 위상	– 선로상의 각 점에 따라 다르다.	– 선로성 어디에서나 같다.
전송손실 / 효율	– 적다 / 크다	– 크다 / 적다
안테나의 지향성	– 단방향	– 쌍방향

정재파는 선로의 특성 임피던스와 부하의 저항값의 정합정도에 따라서 정재파의 최대점과 최소점의 비가 다르게 되는데 이를 정재파비라 하며, Z_R과 Z_0의 정합정도를 표시하는데 사용되며 다음과 같이 정의한다.

$$\text{정재파비(SWR)} = \frac{\text{최대전압}}{\text{최소전압}} = \frac{|V^+| + |V^-|}{|V^+| - |V^-|}$$

$$= \frac{\text{최대전류}}{\text{최소전류}} = \frac{|I^+| + |I^-|}{|I^+| - |I^-|}$$

특히, 전압 정재파비인 경우는 VSWR이라 하며, 일반적으로 정재파비라 하면 전압 정재파비를 뜻한다.

정재파비를 반사계수와 임피던스를 이용하여 표시하면

$$정재파비(S) = \frac{1+\left|\frac{V^-}{V^+}\right|}{1-\left|\frac{V^-}{V^+}\right|} = \frac{1+|\Gamma|}{1-|\Gamma|} = \frac{1+\left|\frac{Z_R-Z_0}{Z_R+Z_0}\right|}{1-\left|\frac{Z_R-Z_0}{Z_R+Z_0}\right|}$$

$$= \frac{Z_0}{Z_R} \quad (Z_0 > Z_R)인\ 경우$$

$$= \frac{Z_R}{Z_0} \quad (Z_0 < Z_R)인\ 경우$$

그러므로, 정재파비는 항상 "1"보다 크거나 같다.

만일 $S=1$인 경우 송전단에서 공급한 전력은 부하에서 모두 소모됨을 뜻하며 (가장 이상적), $1 \le S \le 1.5$인 경우는 공급전력의 96[%] 이상이 부하에 전달되므로 선로의 정합이 이루어졌다고 할 수 있다.

예제 8.6

임피던스가 50[Ω]인 급전선의 입력전력과 반사전력이 각각 50[W] 및 8[W]일 때 전압 정재파비를 구하시오.

☞ 전압반사계수 $\Gamma_v = \frac{반사전압}{입사전압} = \frac{V_R}{V_i}$

전력반사계수 $= \frac{반사전력}{입사전력} = \frac{P_R}{P_i} = \frac{V_R^2/R_L}{V_i^2/R_L} = \frac{V_R^2}{V_i^2} = \Gamma_v^{\ 2}$

정재파비 $S = \frac{1+|\Gamma|}{1-|\Gamma|}$ 이므로 이 식들을 이용하면 된다.

주어진 문제에서 전력반사계수는 $\frac{P_R}{P_i} = \frac{8}{50} = 0.16$이므로 전압반사계수는 $\Gamma_v = \sqrt{0.16}$ $= 0.4$이므로 정재파비는

$$S = \frac{1+|\Gamma|}{1-|\Gamma|} = \frac{(1+0.4)}{(1-0.4)} = 2.333$$

8.6 반사파와 정재파의 생성

반사파는 수전단이 단락, 개방 또는 부하가 수단에 연결되어 있을 때 정합이 이루어지지 않은 경우에 발생하는데 이를 반사계수식을 이용하여 고찰한다.

$$\text{전압반사계수}(\Gamma_v) = \frac{Z_R - Z_0}{Z_R - Z_0} \qquad \cdots\cdots (8.43)$$

$$\text{전류반사계수}(\Gamma_i) = \frac{Z_0 - Z_R}{Z_R + Z_0} \qquad \cdots\cdots (8.44)$$

(1) 수전단을 단락시킨 경우는 Z_R이 "0"이므로 식(8.43)과 식(8.44)에 의하여 $\Gamma_v = -1$, $\Gamma_i = 1$이다. 즉, 전압파는 진행파와 반사파의 크기가 같고 반사파의 위상이 180도 지연되며, 전류파는 진행파와 반사파의 크기와 위상이 모두 같다. 따라서 전압파는 수전단에서 최소, 전류는 수신단에서 최대인 정재파가 발생한다. 그림 8.9(a)는 수전단 단락시 반사파 및 정재파가 발생하는 것을 나타낸 그림이다.

(2) 수전단을 개방시킨 경우는 Z_R이 ∞이므로 식(8.43)과 식(8.44)에 의하여 $\Gamma_v = 1$, $\Gamma_i = -1$이다. 즉 전압 파는 진행파와 반사파의 크기와 위상이 모두 같으며, 전류파는 진행파와 반사파의 크기가 같고 반사파의 위상이 180도 지연된다. 즉, 전압파는 수전단에서 최대, 전류파는 수전단에서 최소인 정재파가 발생하며, 이를 그림 8.9(b)에 나타냈다.

(3) 선로의 특성 임피던스와 다른 부하가 수전단에 접속된 경우는 식(8.43)과 식(8.44)에서와 같이 Z_R, Z_0에 따라서 전압반사계수와 전류반사계수 값이 다르게 된다. 이를 그림 8.9(c)에 나타냈다.

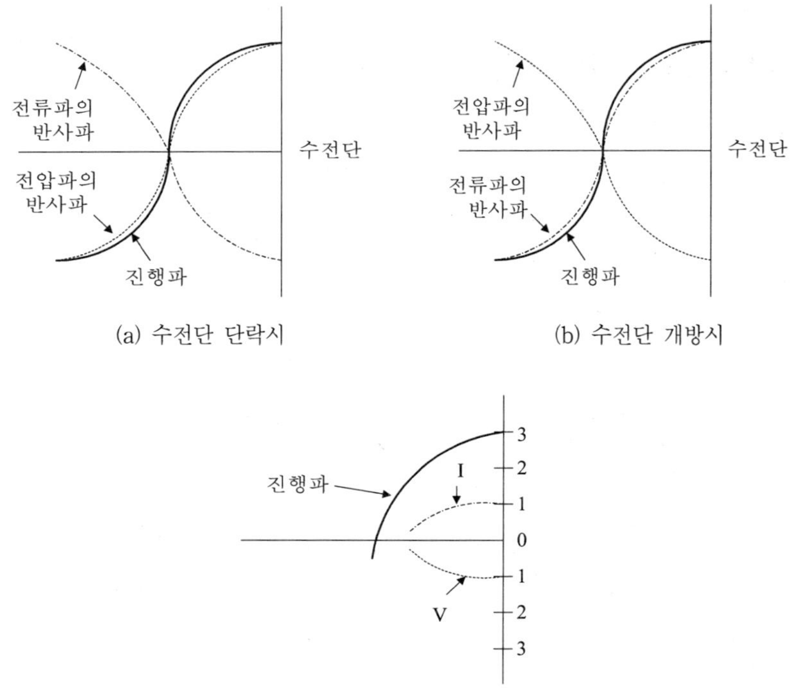

(c)

그림 8.9 반사파

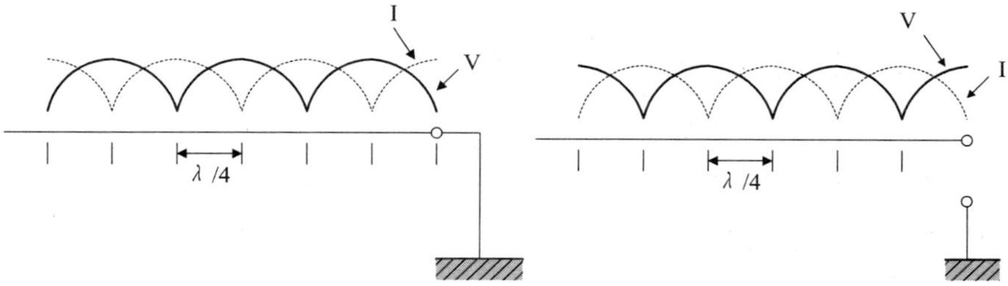

(a) 수전단 단락시 (b) 수전단 개방시

그림 8.10 정재파

예제 8.7

특성 임피던스가 Z_o인 무손실 전송선로에 180[Ω]인 부하저항 Z_L을 연결했을 때 선로상의 정재파비가 3이었다. 이 때의 특성 임피던스 Z_o를 구하시오.

☞ 반사계수 Γ는 $\Gamma=(Z_L-Z_o)/(Z_L+Z_o)$에서 Z_L, Z_o가 모두 실수이므로 실수의 값으로 된다.

$$|\Gamma| = \frac{S-1}{S+1} = \frac{3-1}{3+1} = \frac{1}{2}$$

이므로 Γ=±1/2이다. 그리고,

$$Z_o = \frac{1-\Gamma}{1+\Gamma} Z_L$$

이 된다. 따라서, Γ=1/2일 때

$$Z_o = \frac{1-\frac{1}{2}}{1+\frac{1}{2}} \times 180 = 60[\Omega]$$

이 되고, Γ=−1/2일 때

$$Z_o = \frac{1+\frac{1}{2}}{1-\frac{1}{2}} \times 180 = 540[\Omega]$$

이 된다.

예제 8.8

특성임피던스 50[Ω], 길이 9.5[m]인 무손실 선로의 수전단을 개방했을 때 75[MHz]에 대한 입력 어드미턴스를 구하시오.

☞ 특성임피던스가 Z_o일 때 입력 임피던스 Z_{in}은

$$Z_{in} = -jZ_o \cot \beta l$$

이므로

$$\begin{aligned} Y_{in} &= \frac{1}{Z_{in}} = \frac{1}{-jZ_o \cot \beta l} = jY_o \tan \beta l = jY_o \tan \frac{2\pi l}{\lambda} \\ &= j\frac{1}{50} \tan \frac{2\pi \times 9.5}{4} = j0.02 \tan\left(4\pi + \frac{3\pi}{4}\right) = j0.02(-1) \\ &= -j0.02 = -j20\ [\mathrm{m℧}] \end{aligned}$$

이 된다.

연습문제

8.1 단위·길이당 선로용량, 직렬 인덕턴스가 각각 25[pF/m], 1[μH/m]인 무손실 전송선로의 위상정수를 구하시오. (단, 주파수는 100[MHz]이다.)

8.2 특성 임피던스가 50[Ω]인 전송선로에 100[Ω]인 부하를 걸어준다. 입사 전압파의 크기가 100[V]인 경우 부하에 걸리는 전압의 크기를 구하시오. (단, 선로는 무손실이다.)

8.3 길이가 1/4 파장, 특성 임피던스가 50[Ω]인 무손실 선로에 200[Ω]인 부하를 걸어줄 때 입력 임피던스를 구하시오.

8.4 고주파의 분포정수회로에서 $R \ll L$, $G \ll C$라고 할 경우 위상정수 β에 대하여 설명하시오.

8.5 평행 2선식 선로에서 단위길이당 인덕턴스 L이 12[μH], 정전용량 C가 500[pF]이라 할 때, 이 선로의 특성 임피던스를 구하시오.(단, 선로의 저항과 누설 콘덕턴스는 무시)

8.6 분포정수회로에서 수전단을 단락 또는 개방하였을 때 송전단에서 본 임피던스를 각각 Z_{ss}, Z_{so}이다. 이 선로의 특성 임피던스 Z_0를 구하시오.

8.7 특성 임피던스가 300[Ω]인 급전선에 100[Ω]의 부하를 연결하였을 때 부하에서의 반사손실을 구하시오(단, 전원측의 내부 임피던스와 전송선로와는 정합되어 있다).

8.8 그림과 같이 특성 임피던스가 50[Ω]의 선로에 저항 100[Ω]의 부하가 연결되었을 때 부하단에서의 전압반사계수를 구하시오.

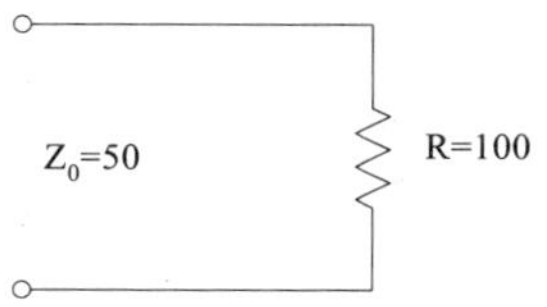

8.9 전압 정재파비가 S인 급전선에서 부하에의 입사전력 P_i와 부하에 공급되는 전력 P_L과의 비 P_i/P_L에 대하여 논하시오.

8.10 특성 임피던스 100[Ω]인 급전선에 부하 임피던스 200[Ω]이 연결되었을 때 수전단에서의 반사계수를 구하시오.

8.11 그림과 같은 무손실 급전선에서 전압반사계수를 구하시오.

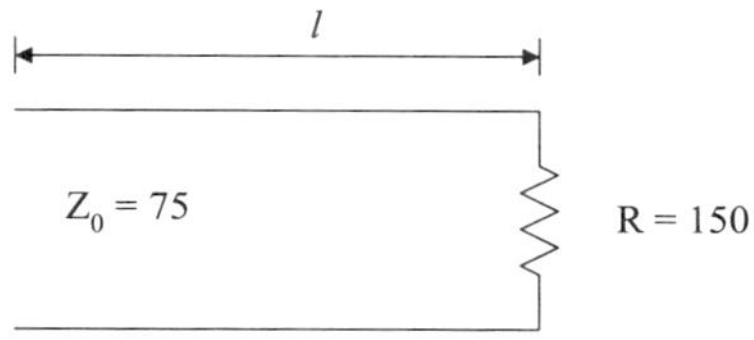

8.12 임피던스가 50[Ω]인 급전선의 진행파 전압과 반사전압이 각각 50[V] 및 20[V]일 때 전압반사계수를 구하시오.

8.13 송신기에서 급전선으로 공급되는 전력이 100[W]일 때 반사되어 들어오는 전력은 4[W]이었다. 이때의 전압 정재파비를 구하시오.

8.14 300[Ω]의 TV 급전선에 75[Ω]의 공중선을 접속하면 전압 정재파비를 구하시오.

8.15 특성 임피던스가 50[Ω]의 선로의 부하측에 75[Ω]의 임피던스를 접속한 경우에 전압 정재파비를 구하시오.

8.16 특성 임피던스가 300[Ω]의 급전선에 75[Ω]의 순저항을 접속하면 전압 정재파비는?

8.17 특성 임피이던스가 50[Ω]인 선로에 부하를 걸어줄 때 전압 정재파의 실효치의 최대치는 50[V] 최소치가 20[V]이다. 정재파비를 구하시오.

8.18 그림과 같은 무손실 급전선에서 정재파 전압의 최대치가 600[V]라면 최소치 전압을 구하시오.

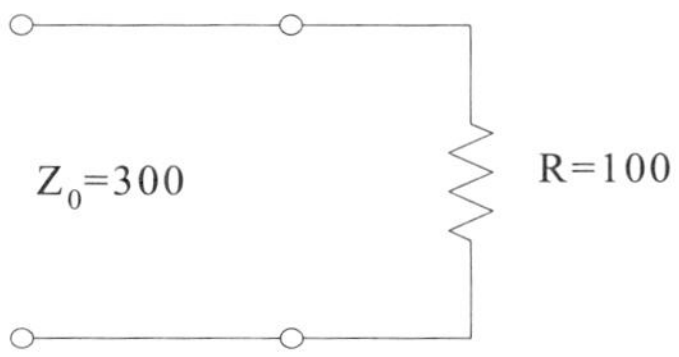

8.19 임피던스가 50[Ω]인 급전선의 입사전력, 반사전력을 측정하니 각각 4.5[W], 0.5[W]를 얻었다고 하면 이러한 전송계통의 전압 정재파비를 구하시오.

8.20 파동 임피던스가 75[Ω]인 급전선상의 전압 정재파비가 4라면 전압 정재파의 파복에서 부하측을 본 임피던스를 구하시오.

8.21 특성 임피던스가 Z_0인 전송선로가 $Z_L=(0.5+j\ 0.9)Z_0$인 부하로 종단된 경우 정재파비를 구하시오.

8.22 임피던스가 75[Ω]인 급전선의 입력전력 및 반사전력이 각각 150[W] 및 75[W]일 때의 정재파비를 구하시오.

8.23 특성 임피던스가 50[Ω]인 송전선이 100+j 100[Ω]의 부하로 종단된 경우의 전압 정재파비를 구하시오.

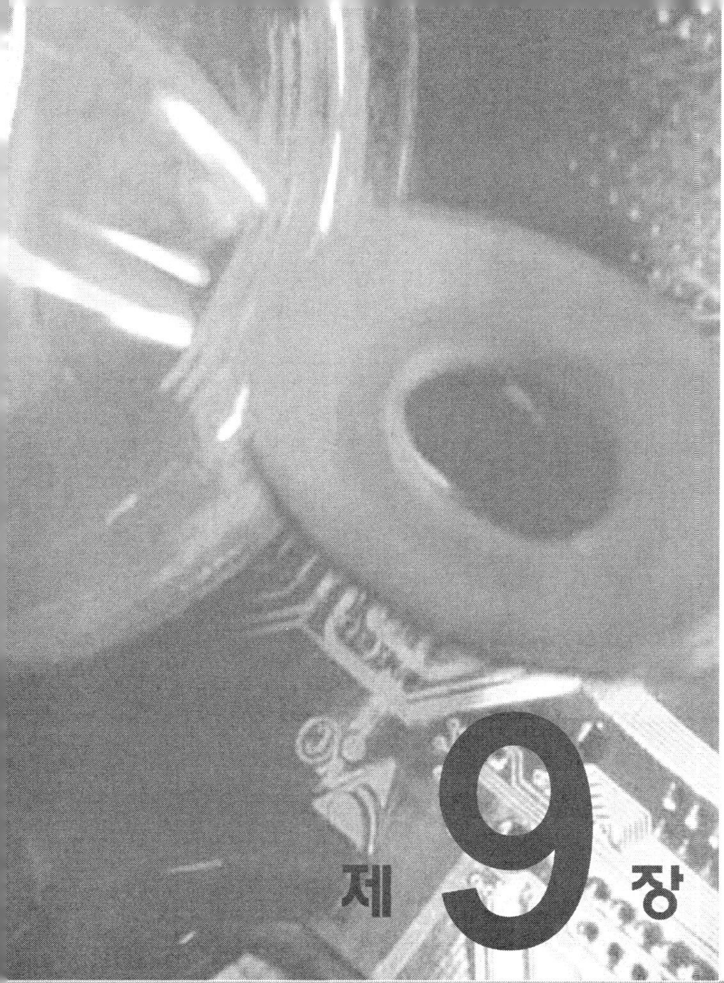

제 9 장 급전선

9.1 급전선의 성질

급전선(Feeder)은 송신기의 출력단자 또는 수신기의 입력단자와 안테나를 연결하여 고주파 전력을 공급하는 선로로서, 고주파 전력을 공급하기 때문에 급전선 자체에서 전력손실이나 전력흡수가 없어야 하며, 다른 통신로에 유도방해를 주거나 받지 말아야 하고, 전송효율이 좋고 급전선의 특성 임피던스가 정합이 용이하도록 적당해야 한다. 또한 송신 안테나에서 사용할 때는 절연내력이 커야 한다.

9.2 급전선의 종류와 특성

급전선은 평행 2선식, 평행 4선식, 동축 케이블, 단선식, 평행 3선식, 도파관 등으로 구조에 따라 분류할 수 있고, 동작특성에 따라 동조 급전선과 비동조 급전선으로 분류할 수 있으며, 평행 2선식과 4선식은 동조 급전선에 해당하고, 동축 케이블과 도파관은 비동조 급전에 해당한다.

9.2.1 평행 2선식 급전선

평행 2선식 급전선은 그림 9.1과 같이 평행한 2개의 도선을 가설하여 사용하는 급전선으로 그림과 같이 두 도선의 직경 d[m], 두 도선 사이의 간격 D[m], 두 도선 주위의 매질의 비유전률에 따라 전기적 특성은 다음과 같다.

$d \ll D$인 경우, 단위길이당 정전용량 및 인덕턴스는

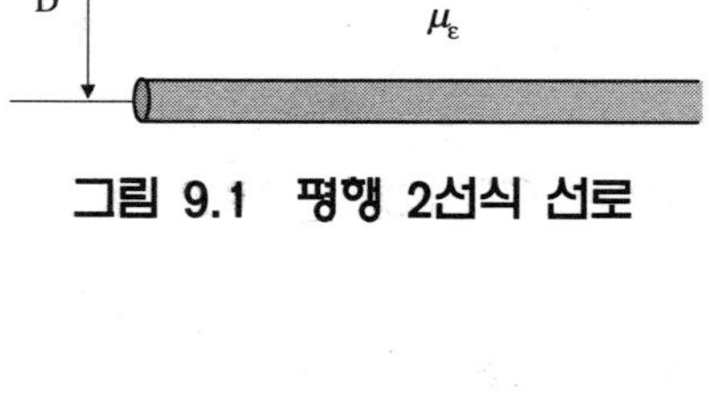

그림 9.1 평행 2선식 선로

$$C = \frac{\pi \varepsilon_0 \varepsilon_s}{\ln \frac{2D}{d}} \text{ [F/m]} \qquad \cdots\cdots (9.1)$$

$$L = \frac{\mu_0}{\pi} \ln \frac{2D}{d} \text{ [H/m]} \qquad \cdots\cdots (9.2)$$

가 되며, 특성 임피던스는 다음과 같이 구할 수 있다.

$$Z_0 = \sqrt{\frac{L}{C}} = \frac{120}{\sqrt{\varepsilon_s}} \ln \frac{2D}{d} = \frac{276}{\sqrt{\varepsilon_s}} \log_{10} \frac{2D}{d} \text{ [Ω]} \qquad \cdots\cdots (9.3)$$

공기중에서는 비유전율 ε_s=1이므로, 특성임피던스는

$$Z_0 = 276 \log_{10} \frac{2D}{d} \text{ [Ω]} \qquad \cdots\cdots (9.4)$$

가 된다. 즉, 평행 2선식 급전선의 특성 임피던스는 도선의 직경(굵기)과 도선간 거리에 의하여 결정된다.

평행 2선식 급전선의 단위길이당 고주파 저항은 다음과 같다.

$$R = \frac{2}{d}\sqrt{\frac{\mu_0 f \rho}{\pi}} = 16.88 \times 10^{-6} \times \frac{\sqrt{f}}{d} \text{ [Ω/m]} \qquad \cdots\cdots (9.5)$$

상식에서 ρ는 도체의 저항률로, 동선인 경우 1.73×10^{-8}[Ω/m]이며, 감쇠정수 α는 유전체 손실을 무시하면

$$\alpha = \frac{1}{2}\left(\frac{R}{Z_0} + GZ_0\right) = 732\times10^{-9} \cdot \frac{\sqrt{f}}{dZ_0} \text{ [dB/m]} \qquad \cdots\cdots (9.6)$$

이 급전선은 동축급전선과 비교하면 특성임피던스(200~600[Ω])가 높고, 공기중에 나선상태로 설치하므로 외부로부터 유도방해를 받을 수 있으나, 송신에는 지장이 없으므로 송신용으로 많이 사용된다. 반면에 내압이 높으므로 대전력에 사용할 수 있으며, 건설비가 싸고, 고장수리가 용이하다. 또한, 중단파대의 간단한 송신용, 흑백 TV수신용으로 사용된다.

예제 9.1

지름 3[mm], 선 간격 30[cm]인 평행 2선식 급전선의 특성 임피던스를 구하시오.

☞ 평행 2선식 급전선의 특성 임피던스는

$$Z_0 = 276 \log_{10} \frac{2D}{d} = 276 \log_{10} \frac{2 \times 300}{3} = 635\,[\Omega]$$

9.2.2 동축 케이블 급전선

동축 케이블은 광섬유 케이블이 발명되기 이전에 통신선로에 많이 사용되던 전송로로 전기적 특성이 우수하여 급전선으로도 많이 사용되고 있으며, 그림과 같이 내부도체와 외부도체로 구성된 불평형 선로이며, 내부도체와 외부도체 사이에 비유전률이 ε_s인 유전체로 채워져 있을 때 단위길이당 정전용량과 인덕턴스는 다음과 같다.

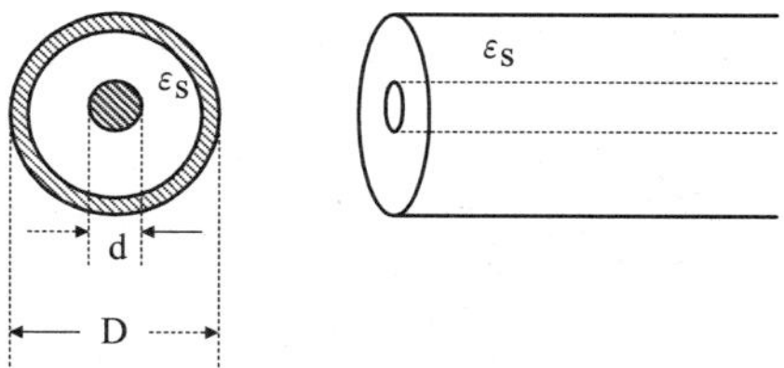

그림 9.2 동축 케이블

$$C = \frac{2\pi\,\varepsilon_0 \varepsilon_s}{\ln \frac{D}{d}}\,[\mathrm{F/m}] \qquad \cdots\cdots (9.7)$$

$$L = \frac{\mu_0}{2\pi} \ln \frac{D}{d}\,[\mathrm{H/m}] \qquad \cdots\cdots (9.8)$$

특성 임피던스는 다음과 같다.

$$Z_0 = \sqrt{\frac{L}{C}} = \frac{60}{\sqrt{\varepsilon_s}} \ln \frac{D}{d} = \frac{138}{\sqrt{\varepsilon_s}} \log \frac{D}{d}\,[\Omega] \qquad \cdots\cdots (9.9)$$

동축 케이블의 단위길이당 R은

$$R = \frac{1}{2}\sqrt{\frac{\rho f \mu}{\pi}}\left\{\frac{1}{d} + \frac{1}{D}\right\} = 8.4 \times 10^{-6}\sqrt{f}\left(\frac{1}{d} + \frac{1}{D}\right) \ [\Omega/\text{m}] \quad \cdots\cdots (9.10)$$

주파수 단위는 [㎒], d와 D의 단위는 [㎝]이다.

감쇠정수 α는

$$\alpha = \frac{R}{2Z_0} + \frac{GZ_0}{2} \quad \cdots\cdots (9.11)$$

가 되며 도선의 저항 손실에 의한 감쇠정수는 $\alpha = R/2Z_0$가 된다.

이 급전선은 평행 2선식 급전선과 비교하면 특성임피던스(50[Ω] 혹은 75[Ω])는 낮고, 외부도체와 접지하여 사용하므로 외부로부터 유도방해가 없으며, 송신시 불필요한 전파방사는 거의 없다. 반면에 대전력용으로 사용하기 위해서는 내압을 증가시켜야 하는 문제점이 있다. 또한, 유전체 충전물인 경우 약 1[㎓]대까지 사용되며, 공기 절연체인 경우 긴 급전선에는 약 3[㎓]대까지, 짧은 급전선에는 약 1[㎓]대까지 사용된다.

예제 9.2

다음 그림과 같은 동축 케이블의 임피이던스를 구하시오(단, D=10 [mm], d=2[mm], ε_s= 4이다).

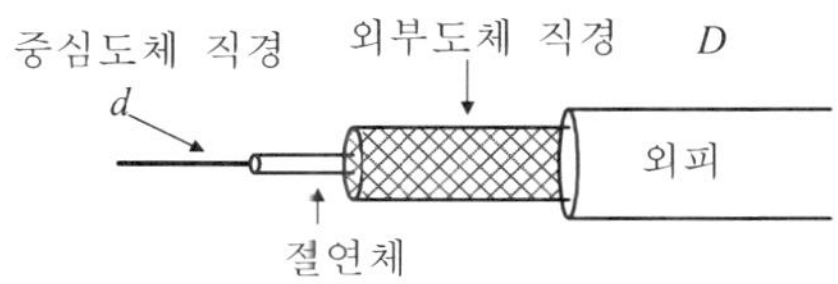

☞

$$Z_0 = \frac{138}{\sqrt{\varepsilon_s}} \log_{10}\frac{D}{d} = 69\log_{10}5 = 48[\Omega]$$

9.3 급전방식

급전선의 전력전송은 형식에 따라 동조식과 비동조식으로 분류되며, 동조식에 사용된 급전선을 동조급전선, 비동조식에 사용된 급전선을 비동조급전선이라 하며, 평행 2선식의 경우 동조급전선, 동축케이블과 도파관의 경우 비동조급전선에 해당된다.

9.3.1 동조 급전과 비동조 급전

(1) 동조급전

동조급전 방식은 급전선의 길이와 파장과의 사이에 일정한 관계를 갖도록 하여 급전선상에 정재파가 실려서 급전되는 방식이며, 그의 특징은 급전선상에 정재파가 흐르기 때문에 정합장치는 필요 없으며, 반사파에 의한 손실때문에 전송효율은 비동조 급전선보다 좋지 않다. 또한 송신기와 안테나 사이의 거리가 가까울 때 사용하며, 급전선상의 정재파 위상은 역위상으로 왕복 전송로의 전류크기가 같으므로 상쇄되어 전파방사가 없다.

일반적으로 정재파가 생기면 급전선의 전파손실이 증가하는 동시에 송전단에서 본 입력임피던스가 급전선의 길이에 따라 변화하는 결점이 있으므로 선로가 짧은 특별한 경우를 제외하고는 동조급전을 사용하지 않는다.

(2) 비동조급전

비동조급전 방식은 급전선 길이가 길 때 반사파에 의하여 전송효율이 나빠지므로 정합장치를 사용하여 급전선에 진행파가 실리도록 하는 방식이며, 그의 특징은 임피던스 매칭을 위한 정합장치가 필요하며, 이에 따라 급전선에는 진행파만 존재하며, 반사파에 의한 손실이 없기 때문에 동조 급전방식보다 전송효율이 좋다. 또한 송신기와 안테나 사이의 거리가 멀 때 사용된다.

표 9.1 동조급전선과 비동조급전선의 특성 비교

구 분	동조급전선	비동조급전선
급전선 상의 전송파	정재파	진행파
정합장치	불필요	필요
전송손실	크다	작다
전송효율	나쁘다	좋다
송신기와 안테나간의 거리	단거리용으로 가까울 때	장거리용으로 멀 때
급전선 길이와 파장 관계	유	무

9.3.2 전압급전과 전류급전

동조급전방식에서 급전방식은 급전형식에 따라 전압급전과 전류급전으로 분류할 수 있다.

(1) 전압급전

전압급전방식은 정재파 전압의 파복점(정재파 전류의 파절점)에서 급전하는 방식이며, 전류급전방식은 정재파 전류의 파복점(정재파 전압의 파절점)에서 급전하는 방식이다. 이때 송신기와의 결합회로는 급전점과 송신기사이의 거리에 따라 직렬공진 또는 병렬공진회로가 사용된다.

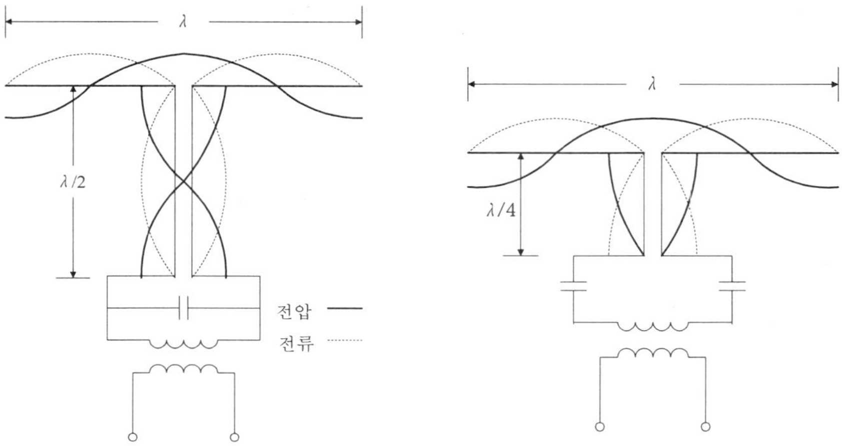

(a) 병렬공진회로 (b) 직렬공진회로

그림 9.3 전압급전

(2) 전류급전

전류급전인 경우에는 급전선 길이가 그림 a와 같이 λ/4의 짝수배인 경우 직렬공진회로를, 급전선 길이가 λ/4의 홀수배인 경우는 병렬공진회로를 사용한다.

전압급전인 경우에는 전류급전인 경우와 반대로 하면 된다. 즉, 그림 b와 같이 λ/4의 짝수배인 경우 병렬공진회로를, 급전선 길이가 λ/4의 홀수배인 경우는 직렬공진회로를 사용한다.

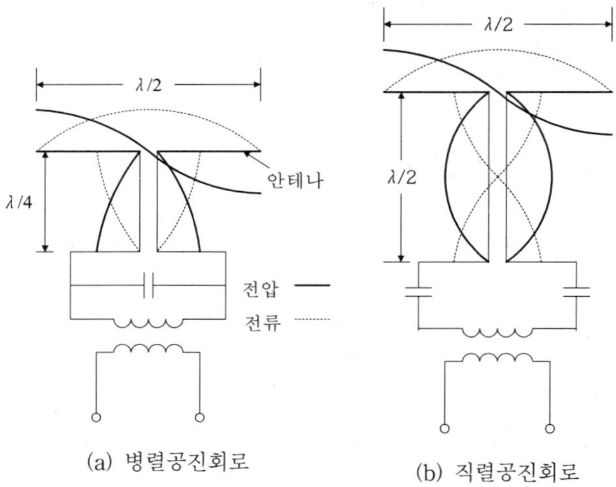

(a) 병렬공진회로 (b) 직렬공진회로

그림 9.4 전류급전

표 9.2 전압급전과 전류급전의 특성 비교

구 분		전압급전	전류급전
안테나 길이		λ	λ/2
급전점		전압정재파의 파복점(최대점)	전류정재파의 파복점(최대점)
급전선 길이	직렬공진회로	λ/4의 기수배	λ/4의 우수배(λ/2의 정수배)
	병렬공진회로	λ/4의 우수배(λ/2의 정수배)	λ/4의 기수배

예제 9.3

그림과 같은 반파장 안테나에서 급전선의 최소 길이를 구하시오(단, 파장은 40[m]이고 동조 급전방식이다).

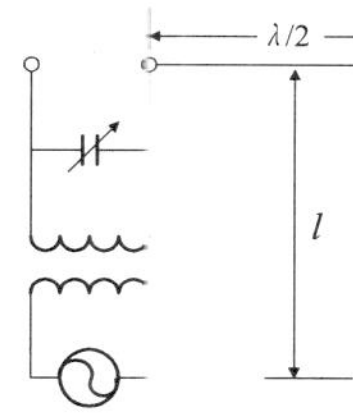

☞

이와 같이 공진회로가 주어지고 급전선의 길이를 구하는 문제가 종종 출제되고 있으며, 전압, 전류급전에 관계없이 간단히 급전선 길이를 구하는 방법은 다음과 같다.
안테나 길이 + 급전선 길이가 λ/4의 짝수배인 경우는 LC 병렬공진회로, λ/4의 홀수배인 경우는 직렬공진회로가 연결되는 점을 이용하면 된다.
주어진 문제에서는 병렬공진회로가 사용되므로

안테나 길이(λ/2)+급전선 길이(l)=4λ/4

$\therefore l = (\lambda/2) = 20[m]$

9.4 임피던스 정합

임피던스 정합문제는 전자통신 분야에서 중요한 위치를 차지한다. 특히 통신계통도에서 신호원에서 발생한 신호를 손실없이 수신점까지 신호원이 전달되기 위해서는 송신기와 결합되어지는 급전선, 급전선과 연결되는 안테나 사이에 정합이 이루어져야만 최대전력이 공급된다.

9.4.1 정합조건

전원을 포함하는 회로망으로부터 전원을 포함하지 않는 회로망에 최대전력을 공급하기 위하여 정합회로를 사용하며, 그림과 같이 전원에 부하가 연결된 회로를 생각하자.

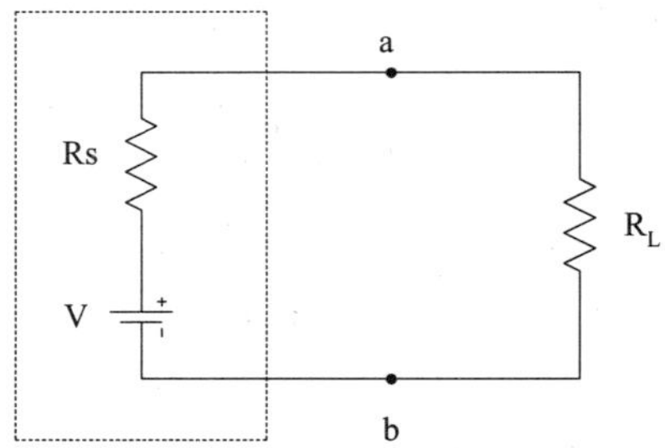

그림 9.5 임피던스 정합

우선 부하가 저항성분만으로 구성되어 있을 때 전류는

$$I = \frac{V}{R_S + R_L} \qquad \cdots\cdots (9.12)$$

이 되며, 이때 부하에서 소비되는 전력 P는 다음과 같다

$$P = I^2 R_L = \frac{V^2}{(R_S + R_L)^2} R_L \qquad \cdots\cdots (9.13)$$

소비전력 P는(소비전력을 부하에 대하여 1차 미분한 것이 "0"이 되는 점에서 최대가 되는 것을 이용하면) $R_S = R_L$일 때 최대가 됨을 알 수 있고, 이를 정합 조건이라 한다.

이때 부하에서 소비하는 최대전력은 P_{max}은

$$P_{max} = \frac{V^2}{4R_S} = \frac{V^2}{4R_L} \qquad \cdots\cdots (9.14)$$

이 된다. 또한, 리액턴스 성분이 존재하는 경우 $Z_S = R_S + jX_S$, $Z_L = R_L + jX_L$인 경우 전력은

$$P = \frac{V^2 R_L}{(R_S + R_L)^2 + (X_S + X_L)^2} \qquad \cdots\cdots (9.15)$$

가 되며 P가 최대로 되기 위한 정합조건은 $R_S = R_L$, $X_S = X_L$이 된다.

9.4.2 정합회로

최대전력을 공급하기 위하여 사용되는 정합회로는, 크게 집중정수를 이용하여 회로를 구성하는 방법과 분포정수를 이용하여 구성하는 방법으로 구분할 수 있으며, 실제 안테나의 급전선으로 많이 사용되는 평행 2선식과 동축 케이블 급전선에 대한 정합회로에 대하여 알아본다.

(1) 집중정수회로를 사용하는 방법

① 평행 2선식 급전선

안테나의 임피던스와 급전선의 특성 임피던스가 같지 않는 경우에 안테나의 임피던스와 급전선 임피던스의 크기에 따라 공중선과 급전선 사이에 L과 C로 구성된 정합회로를 사용한다. 즉, 안테나의 임피던스가 급전선의 특성 임피던스보다 큰 경우($R > Z_0$)는 단자 a-b점에서 안테나 쪽을 바라본 임피던스 Z_{ab}와 급전선의 특성임피던스 Z_0와 같아야 하므로

$$Z_0 = Z_{ab} = 2j\omega L + \frac{1}{\frac{1}{R} + j\omega C} = 2j\omega L + \frac{R}{1 + j\omega CR}$$

$$Z_0(1 + j\omega CR) = 2j\omega L(1 + j\omega CR) + R$$

$$Z_0 + jZ_0\omega CR = (R - 2\omega^2 LCR) + j2\omega L \quad \cdots\cdots (9.16)$$

이 된다. 따라서,

$$\begin{cases} Z_0 = R - 2\omega^2 LCR \\ L = \frac{1}{2} Z_0 CR \end{cases} \quad \cdots\cdots (9.17)$$

이 되므로

$$\begin{cases} L = \frac{1}{2\omega}\sqrt{Z_0(R - Z_0)} \\ C = \frac{1}{\omega R}\sqrt{\frac{(R - Z_0)}{Z_0}} \end{cases} \quad \cdots\cdots (9.18)$$

로 된다.

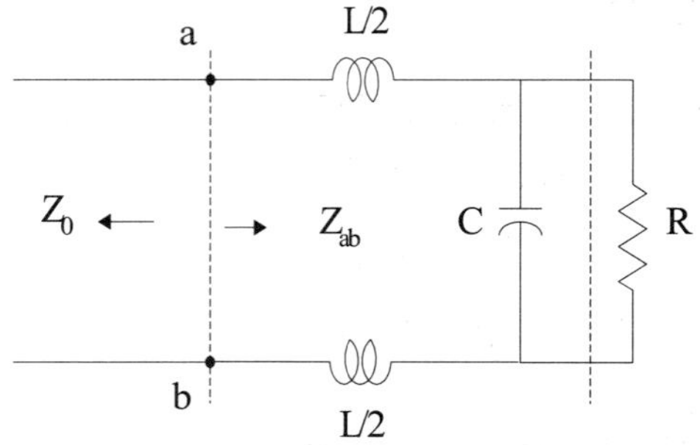

그림 9.6 집중정수회로로 구성된 정합회로

또한, 급전선의 특성 임피던스가 안테나의 임피던스보다 큰 경우($R < Z_0$)는

$$Z_0 = Z_{ab} = \frac{(R + j\omega L)\left(\frac{1}{j\omega C}\right)}{R + j\omega L + \frac{1}{j\omega C}} = \frac{R + j\omega L}{1 - \omega^2 LC + j\omega CR} \quad \cdots\cdots (9.19)$$

정리하면,

$$R + j\omega L = Z_0 - Z_0 \omega^2 LC + jZ_0 \omega CR \quad \cdots\cdots (9.20)$$

이 된다. 따라서

$$\begin{cases} Z_0 = R + Z_0 \omega^2 LC \\ L = Z_0 CR \end{cases} \quad \cdots\cdots (9.21)$$

이 되므로

$$\begin{cases} L = \dfrac{1}{\omega}\sqrt{R(Z_0 - R)} \\ C = \dfrac{1}{\omega Z_0}\sqrt{\dfrac{(Z_0 - R)}{R}} \end{cases} \quad \cdots\cdots (9.22)$$

로 된다.

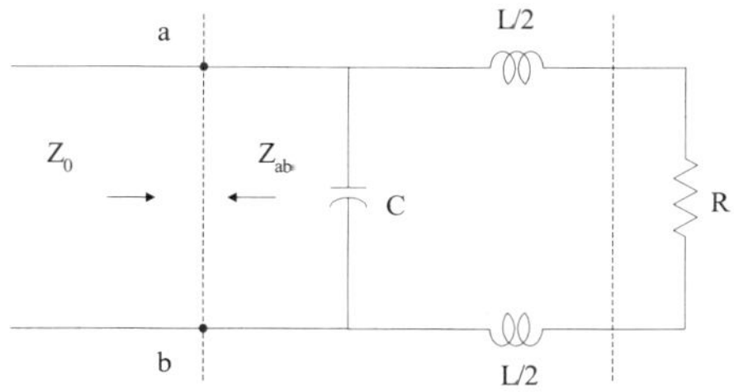

그림 9.7 집중정수회로로 구성된 정합회로

평행형 급전선인 경우에는 같은 크기의 인덕턴스 L이 양쪽으로 있어야 하고, 임피던스가 큰 쪽에 정전용량 C가 들어간다.

② 동축케이블 급전선

안테나의 임피던스가 동축 케이블 급전선의 특성 임피던스보다 큰 경우($R > Z_0$)는 다음의 L, C로 구성된 정합회로를 그림과 같이 삽입한다.

$$\begin{cases} L = \dfrac{1}{\omega}\sqrt{Z_0(R - Z_0)} \\ C = \dfrac{1}{\omega Z_0}\sqrt{\dfrac{(R - Z_0)}{Z_0}} \end{cases} \quad \cdots\cdots \ (9.23)$$

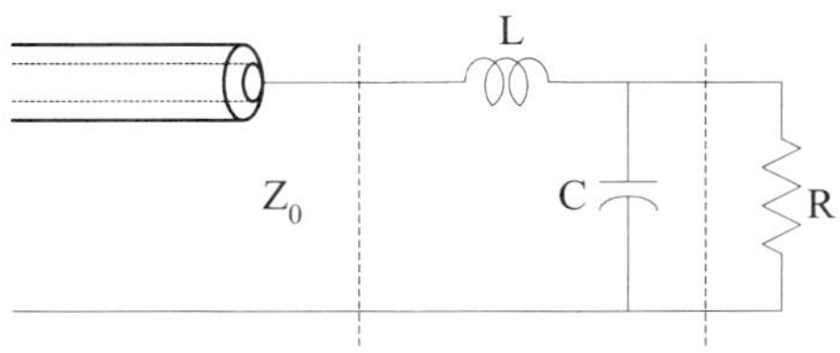

그림 9.8 동축 케이블의 정합회로

또한, 급전선의 특성 임피던스가 안테나의 임피던스보다 큰 경우($R < Z_0$)는 다음과 같은 L, C로 구성된 정합회로를 삽입한다.

$$\begin{cases} L = \dfrac{1}{\omega}\sqrt{R(Z_0 - R)} \\ C = \dfrac{1}{\omega R}\sqrt{\dfrac{(Z_0 - R)}{R}} \end{cases} \quad \cdots\cdots \ (9.24)$$

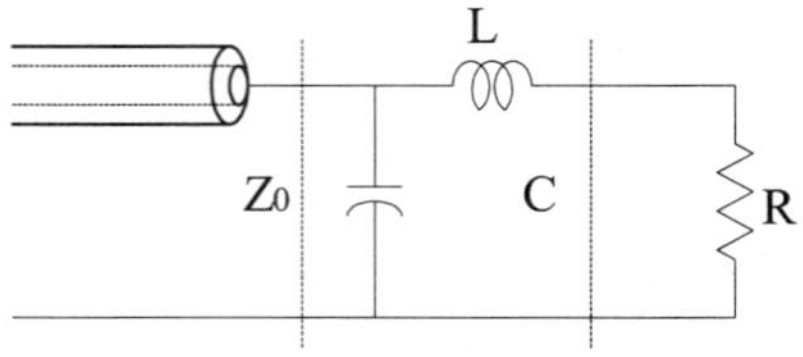

그림 9.9 동축 케이블의 정합회로

예제 9.4

그림과 같은 정합회로에서 정합시 C의 값을 구하시오(단, 주파수는 1[MHz]이다).

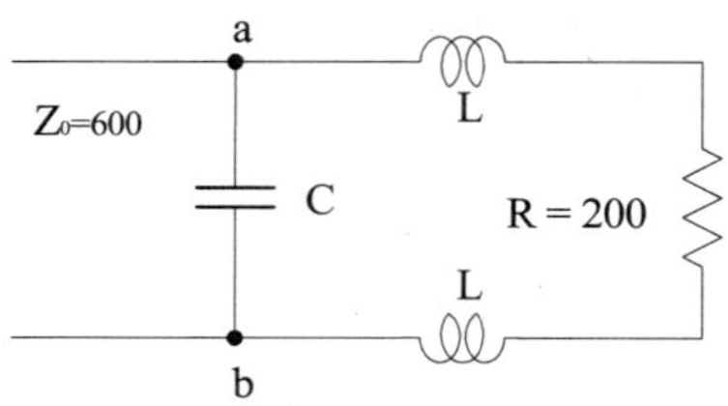

☞ 평행 2선식 선로에서 급전선의 특성 임피던스가 안테나의 임피던스보다 큰 경우(R<Z0)는 다음과 같은 L, C로 구성된 정합회로를 삽입한다.

$$L = \frac{1}{\omega}\sqrt{R(Z_0 - R)},\quad C = \frac{1}{\omega Z_0}\sqrt{\frac{(Z_0 - R)}{R}}$$

$$C = \frac{1}{2\times 3.14\times 1\times 10^6\times 600}\sqrt{\frac{600-200}{200}}$$

$$= 375\times 10^{-12}[\mathrm{F}] = 375[\mathrm{pF}]$$

(2) 분포정수회로에 의한 정합

도선의 분포정수를 이용하여 정합 시키는 방법이며, 대표적인 방법으로는 스터브를 이용하는 방법, Q 변성기, 테이퍼를 이용하는 방법 등이 있다

① Stub를 이용하는 방법

그림과 같이 선단을 단락한 길이가 l'인 도선(stub 또는 단락 trap이라함)을 부하(안테나)에서 거리 l만큼 떨어진 점에 연결하는 방법으로 이때 l'과 l은 다음과 같이 스터브의 임피던스와 안테나의 특성 임피던스에 따라 다음과 같이 결정할 수 있다.

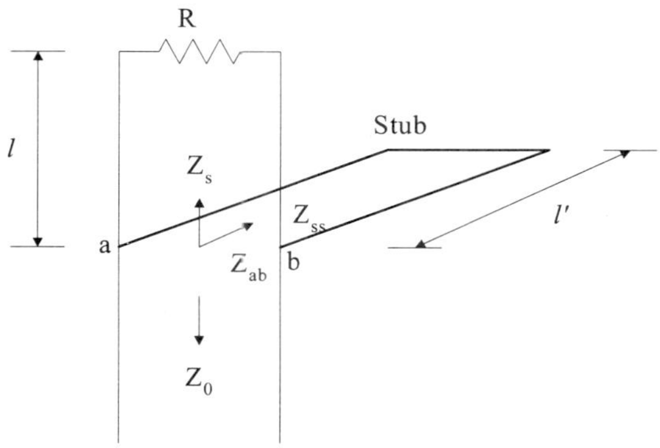

그림 9.10 스터브를 이용한 정합회로

그림 2.17에서 스터브를 설치할 급전상의 위치 l과 스터브의 길이 l'을 구하기 위해서는 a, b점에 스터브를 설치하지 않은 경우의 부하 R쪽을 바라본 임피던스 Z_s와 스터브를 설치한 경우의 입력임피던스 Z_{ss}를 각각 구하면

$$Z_s = Z_0 \frac{R + jZ_0 \tan \beta l}{Z_0 + jR \tan \beta l} \quad \cdots\cdots (9.25)$$

$$Z_{ss} = jZ_0 \tan \beta l' \quad \cdots\cdots (9.26)$$

이 되므로, 스터브의 접속점 a, b에서 Z_s와 Z_{ss}가 병렬로 들어가 있으므로 점속점에서의 임피던스 Z_{ab}가 선로의 특성임피던스와 같아지도록 하여야 정합이 이루어지므로

$$\frac{1}{Z_{ab}} = \frac{1}{Z_s} + \frac{1}{Z_{ss}} = \frac{1}{Z_0} \quad \cdots\cdots (9.27)$$

이 되며, 식(9.27)에 식(9.25), 식(9.26)을 대입하여 실수부와 허수부를 "0"으로 놓고 정리하면

$$\tan \beta l \cdot \tan \beta l' \left(\frac{R}{Z_0} - 1 \right) = \frac{R}{Z_0} \quad \cdots\cdots (9.28)$$

$$\tan \beta l = \left(\frac{R}{Z_0} - 1 \right) \tan \beta l' \quad \cdots\cdots (9.29)$$

이므로

$$\tan\beta l = \pm\sqrt{\frac{R}{Z_0}} \qquad \cdots\cdots (9.30)$$

$$\tan\beta l' = \pm\sqrt{\frac{RZ_0}{R-Z_0}} \qquad \cdots\cdots (9.31)$$

된다. 따라서, $R > Z_0$인 경우, 식(9.25)와 식(9.30)에서 $\lambda/8 < l < \lambda/4$일 때 급전선은 용량성이 되어야 하므로, 식(9.26)에 의하여 스터브의 길이는 $0 < l' < \lambda/4$가 되어야 한다.

$$\frac{\lambda}{8} < l < \frac{\lambda}{4} \text{인 경우 : } \frac{l}{\lambda} = \frac{1}{2\pi}\tan^{-1}\sqrt{\frac{R}{Z_0}} \qquad \cdots\cdots (9.32)$$

$$0 < l' < \frac{\lambda}{4} \text{인 경우 : } \frac{l'}{\lambda} = \frac{1}{2\pi}\tan^{-1}\frac{\sqrt{\frac{Z_0}{R}}}{1-\frac{Z_0}{R}} \qquad \cdots\cdots (9.33)$$

이 된다. 즉, 식(9.32)와 식(9.33)로부터 $l + l' \fallingdotseq \lambda/4$가 되므로 $\lambda/4$ 스터브를 붙여 놓고 주어진 위치에 급전선을 접속하는 방법을 사용할 수있다.

l 및 l'은 전류의 최소점으로부터 송신기측으로 l을 취하고, 이 점에 길이 l'의 단락 스터브를 붙이는 것을 의미한다. 또한, $R > Z_0$인 경우 정재파비는 R/Z_0이므로 $R \gg Z_0$인 경우

$$\begin{aligned} l + l' &= \frac{\lambda}{2\pi}\left(\tan^{-1}\sqrt{\frac{R}{Z_0}} + \tan^{-1}\frac{\sqrt{RZ_0}}{1-\frac{Z_0}{R}}\right) \\ &= \frac{\lambda}{2\pi}\left(\tan^{-1}\sqrt{\frac{R}{Z_0}} + \tan^{-1}\sqrt{\frac{Z_0}{R}}\right) \qquad \cdots\cdots (9.34) \\ &= \frac{\lambda}{2\pi}\cdot\frac{\pi}{2} = \frac{\lambda}{4} \end{aligned}$$

가 되므로 $\lambda/4$의 스터브를 붙여놓고 주어진 위치에 급전선을 접속하는 방법이다.

또한, $R < Z_0$인 경우, 식(9.25)와 식(9.30)에서 $0 < l < \lambda/8$일 때 급전선은 유도성이 되어야 하므로, 식(9.26)에 의하여 스터브의 길이는 $\lambda/4 < l' < \lambda/2$가 되어야 한다. 따라서,

$$0 < l < \frac{\lambda}{8} \text{인 경우 : } \frac{l}{\lambda} = \frac{1}{2\pi}\tan^{-1}\sqrt{\frac{R}{Z_0}} \quad \cdots\cdots (9.35)$$

$$\frac{\lambda}{4} < l' < \frac{\lambda}{2} \text{인 경우 : } \frac{l'}{\lambda} = \frac{1}{2\pi}\left(\pi - \tan^{-1}\frac{\sqrt{\frac{R}{Z_0}}}{1-\frac{R}{Z_0}}\right) \cdots\cdots (9.36)$$

이 된다. 즉, 식(9.35)와 식(9.36)로부터 $l + l' \fallingdotseq \lambda/2$가 되므로 $\lambda/4$ 스터브를 연장하여 급전선의 접속점을 정하여 사용할 수있다.

② Q 변성기에 의한 정합

특성 임피던스 Z_0'를 갖는 길이가 λ/4인 급전선(Q 변성기 또는 λ/4 정합기)을 회로에 접속하여 정합시키는 방법으로, 급전선의 특성 임피던스는 안테나의 임피던스와 Q 변성기의 임피던스의 합과 같아야 하기 때문에 이를 이용하여 정합조건을 구할 수 있으며. 다음과 같이 3가지 형태로 분류할 수 있다.

그림과 같이 Q 변성기를 회로에 접속하는 경우 정합조건은 다음과 같다.

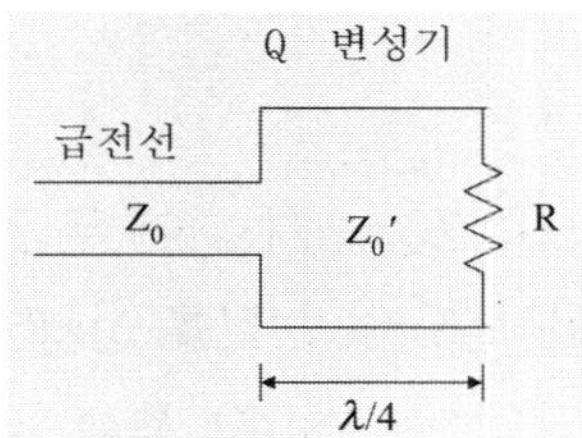

$$Z_0' = \sqrt{R\,Z_0}$$

급전선을 정합시키는 경우 정합조건은 다음과 같다.

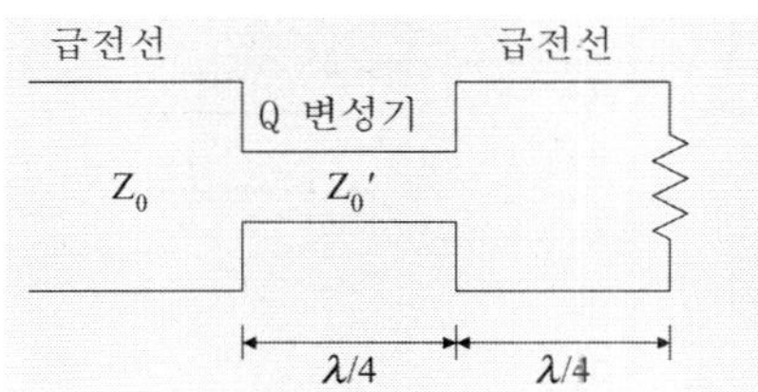

$$Z_0' = Z_0\sqrt{\frac{Z_0}{R}}$$

부하 임피던스와 특성 임피던스의 차가 큰 경우의 정합조건은 다음과 같다.

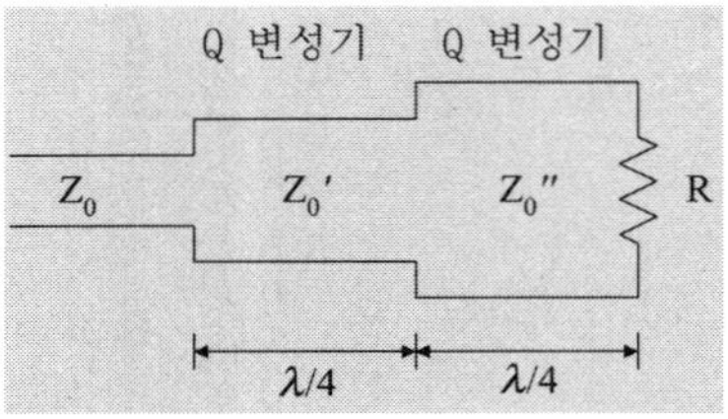

$$\frac{Z_0'}{Z_0''} = \sqrt{\frac{Z_0}{R}}$$

③ 테이퍼를 이용하는 방법

테이퍼 선로는 도선의 특성 임피던스를 테이퍼 부분에서 서서히 변화시켜 부하와 급전선의 임피던스를 정합시키는 방법이며 테이퍼 부분의 모양에 따라 그림과 같이 지수함수, 직선, 가우스함수 테이퍼로 분류할 수 있다.

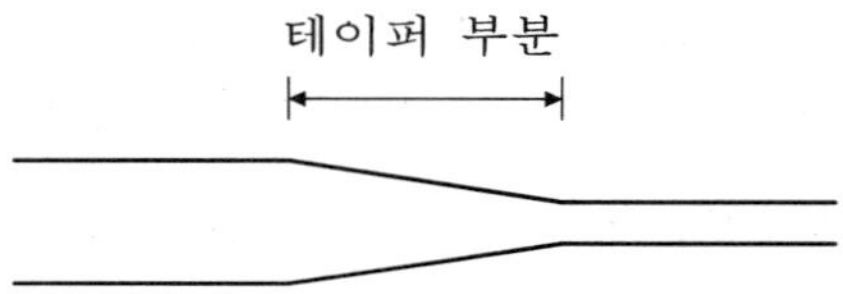

그림 9.11 테이퍼를 이용한 정합회로

예제 9.5

특성 임피던스가 각각 $Z_{01}=50[\Omega]$, $Z_{02}=200[\Omega]$인 두 전송선로를 연결할 때 그림과 같이 두 선로 사이에 1/4 파장길이의 선로를 삽입하여 정합을 취함으로써 반사파를 제거할 수 있다. 이 때 삽입하는 선로의 특성 임피던스 Z_{om}을 구하시오.

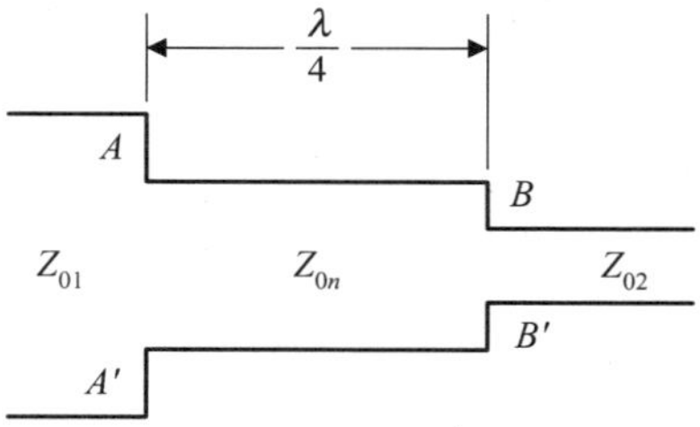

☞ 그림에서 BB'의 반사계수 $\rho_L=(Z_{02}-Z_{om})/(Z_{02}+Z_{om})$이며, 입사 및 반사파의 페이저를 고려하면, AA'에서 우측을 바라본 임피던스 $Z_{AA'}$은 AB 사이의 거리가 L인 경우

$$Z_{AA'} = Z_{om}\frac{1+\rho_L e^{-j2\beta l}}{1-\rho_L e^{-j2\beta l}} = Z_{om}\frac{1+\dfrac{Z_{02}-Z_{om}}{Z_{02}+Z_{om}}e^{-j2\beta l}}{1-\dfrac{Z_{02}-Z_{om}}{Z_{02}+Z_{om}}e^{-j2\beta l}}$$

$$= Z_{om}\frac{(Z_{02}+Z_{om})e^{j\beta l}+(Z_{02}-Z_{om})e^{-j\beta l}}{(Z_{02}+Z_{om})e^{j\beta l}-(Z_{02}-Z_{om})e^{-j\beta l}}$$

$$= Z_{om}\frac{Z_{02}\cos\beta l + jZ_{om}\sin\beta l}{Z_{om}\cos\beta l + jZ_{02}\sin\beta l} = Z_{om}\frac{Z_{02}+jZ_{om}\tan\beta l}{Z_{om}+jZ_{02}\tan\beta l}$$

이 된다. 그리고, l=λ/4로 취하면 βl=βλ/4=π/2이므로,

$$\tan\beta l = \tan(\pi/2) = \infty$$

가 된다. 따라서,

$$Z_{AA'} = \frac{{Z_{om}}^2}{Z_{02}}$$

가 되고, AA'에서 임피던스 정합이 이루어지기 위해선 $Z_{AA'}=Z_{01}$이 되어야 하므로

$$Z_{01} = \frac{{Z_{om}}^2}{Z_{02}}$$

$$\therefore\ Z_{om} = \sqrt{Z_{01}Z_{02}} = \sqrt{50\times200} = 100[\Omega]$$

이 된다.

9.4.3 평형 불평형회로(balun회로)

평형 불평형회로는 불평형 전류를 저지하고 평형전류만 흐르게 하는 평형(balunced) 급전선과 불평형(unbaluneced) 급전선을 접속하여 정합시키는 회로로서, 초단파대 이상의 정합회로로 사용되며, 스페르토프(sperrtopf), 분기도체, U형 balun, L과 C에 의한 balun등이 있다.

(1) 스페르토프

스페르토프는 그림 (a)와 같이 동축 케이블과 평행 2선식 선로와 결합할 때, 동축 케이블의 내부도체와 접속하는 평행선로에는 전류 I_1이 흐르지만 동축 케이블 종단의 외부도체 외측에 i_2의 전류가 흐르게 되어 여기에 접속하게 된 평행선로에 흐르는 전류 i_1는 I_1-i_2로 되어 불평형을 이루고 전파의 방사가 일어나므로, 이를 방지하기 위해 그림 (b)와 같이 동축 케이블 외측에 선단이 개방된

$\lambda/4$ 길이의 도체 원통을 씌우고 동축 케이블의 내부도체와 외부도체를 평행선로에 접속하는 방법이며, 이와 같이 접속하면 동축 케이블과 평행선로와의 접속점에서 동축 케이블의 외측을 바라본 임피던스는 무한대가 되어 전류가 흐르지 않는다.

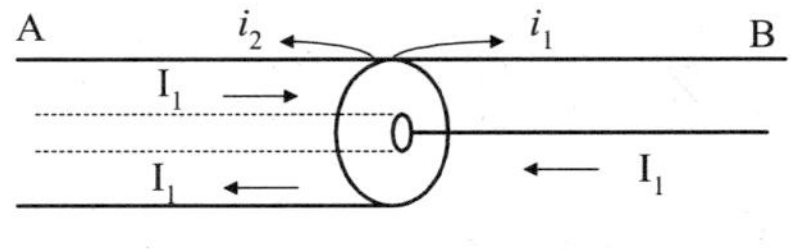

(a)

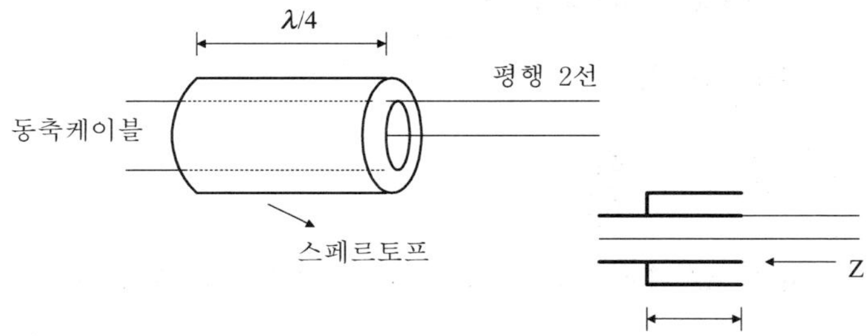

(b)

그림 9.12 스페르토프

(2) 분기도체(평형부하)

분기도체는 그림과 같이 동축 케이블 외부도체에 동축 케이블의 외부도체 직경과 같은 지름을 가진 길이가 $\lambda/4$인 분기도체를 접속하고 종단을 종단시키는 방법으로, 평행선로에서 본 임피던스가 스페르토프와 같이 무한대가 되어 불평형 전류는 흐르지 않게 된다.

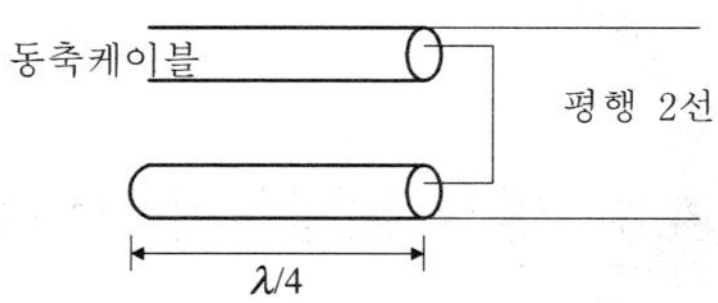

그림 9.13 분기도체

(3) U형 balun

반파장 길이의 선로를 그림과 같이 U자형으로 만들어 평행선로에 접속시키면 평행선로와의 접속점에서 대지와의 전압은 크기가 같고 위상이 반대인 E와 $-E$가 되어 접속점간의 전압은 $2E$가 되어 동축 케이블에 흐르는 전류는 I이지만, 평행선로에 흐르는 전류는 $I/2$가 된다. 따라서 전압이 $2E$이고, 전류는 $2I$이므로 임피던스 변환비는 1/4이 되어 75[Ω]의 동축 케이블과 300[Ω]의 평행 2선식 급전선을 정합시킬 수 있다.

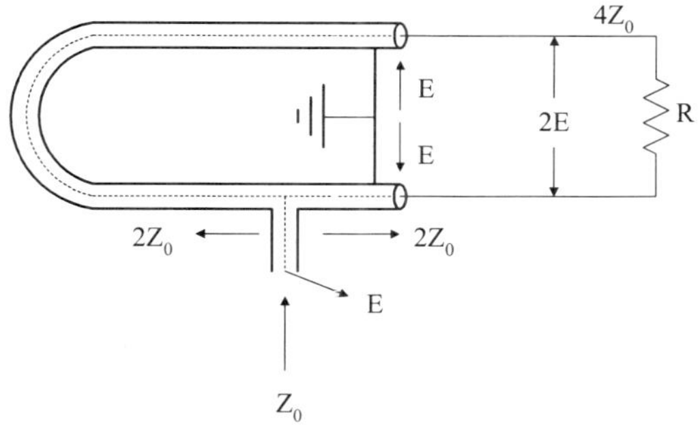

그림 9.14 U형 Balun

(4) L과 C에 의한 balun

동축 케이블과 평행 2선식 선로를 결합하는 방법으로, 그림과 같이 L과 C로 구성된 집중정수회로를 이용하는 방법이다. 1차 측 코일의 중심에서 상하로 반대 방향인 코일에 의해 2차측에 평행전류가 흐르도록 한다. 1차 측은 L_1, L_1', C_1에 의하여 사용 주파수에 공진시키고 2차 측은 L_2, C_2에 의하여 공진시킨다. 이때 정합시키기 위한 조건은 다음과 같다.

$$\omega M = \sqrt{Z_0 R},\ \ \omega = \frac{1}{\sqrt{L_1 C_1}} = \frac{1}{\sqrt{L_2 C_2}} \qquad \cdots\cdots (9.37)$$

그림(b)는 1차 코일과 2차 코일 사이에 정전 평행판을 넣어 불평형 결합성분을 제거하도록 된 것이다. 즉, 불평형 전압이 2차 코일에 발생되는 것을 경감시키고, 2차측에서는 LC직렬공진에 의하여 블평형분을 제거시키는 방법이다. 이를 정전 차폐형이라고도 한다.

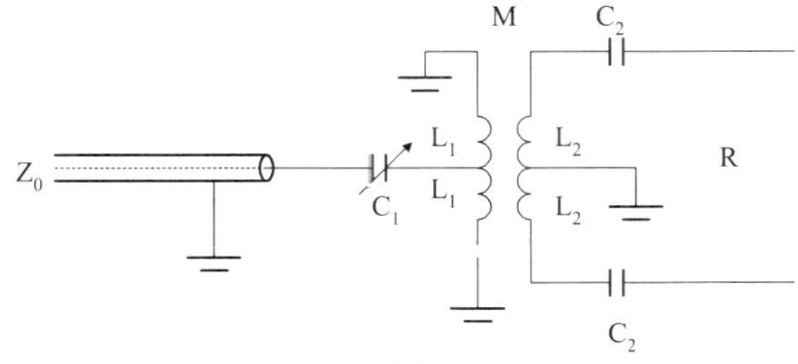

(a)

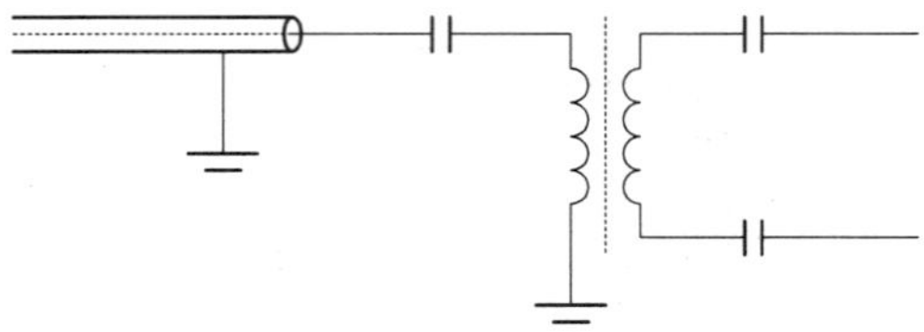

(b)

그림 9.15 L과 C에 의한 Balun

9.5 도파관

도파관은 평행 2선식 급전선과 동축케이블 급전선을 UHF 이상에서 사용하면 발생되는 손실을 방지하기 위해 구형이나 원형의 빈 금속관 매로 전자파를 전송하는 일종의 관모양으로 되어 있다. 즉, 평행 2선식 급전선과 동축 케이블 급전선을 UHF 이상에서 사용하면 유전체 손실이 커지고, 200[W] 이상의 전력을 전송할 때는 중심도체의 Joule열 때문에 유전체가 연화되어 손실이 커지게 된다. 또한 동축 케이블은 내외 도체간격이 λ/4 이상되면 전송특성이 악화되며, 외부도체 직경이 1.7λ이상이면 내부도체가 없어도 전자파가 전송되며, 주파수가 높아짐에 따라 손실이 감소되므로, 3[㎓] 이상의 마이크로파 대에서는 중심도체를 제거한 빈 금속관으로 전자파를 전송하며 이 빈 금속관을 도파관이라 한다.

도파관은 단면 모양에 따라 구형 도파관, 원형 도파관, 타원형 도파관으로 분류된다. 또한 도파관은 일정한 파장보다 긴 파는 통과시키지 못하는 고역통과 특성 즉, 고역필터 특성이 있으며, 이때의 일정한 파장과 주파수를 차단파장, 차단 주파수라 하며 도파관에서 전송이 가능한 주파수 범위는 단면의 형상, 길이, 모드에 의하여 결정된다.

이러한 도파관의 특징은 도체의 오옴 손실이 적고, 유전체 손실이 적다. 또한 방사 손실이 없고, 전송전력은 크며 차단파장이 있다.

9.5.1 도파관내의 전자계 분포

자유공간을 전파하는 전자파는 횡 전자파(TEM) 파지만, 도파관내를 전자파가 전파할 때는 일직선으로 전파하지 못하고 관 벽에서 반사되면서 지그재그로 진행하는데, 이는 도파관을 통해서 나오는 파는 자유공간을 전파하는 파보다 시간이 많이 걸리는 사실로부터 알 수 있다.

도파관 내에서 반사를 반복하면서 전파하는 전자파는 도파관 내에서 도파관 특유의 전자계 분포를 형성하며, 전계나 자계의 하나는 도파관의 축방향 성분을 갖게 된다. 이때 도파관에 나타나는 전자계 분포를 mode(자태)라 하며 도파관 축 방향에 전계의 성분을 가질 때는 자기적 횡파(Transverse magnetic wave : TM) 또는 E파라고 하며, 반대로 도파관 축방향에 자계의 성분을 가질 때에는 전기적 횡파(Transverse electric wave : TE) 또는 H파라고 한다.

· TEM : 자유공간을 전파하는 전자파는 전계와 자계가 상호 직각을 이루면서 진행하는 모드 횡 전자계(Transverse electric magnetic wave)

$$E_z = H_z = 0$$

· TE(H파) : 전계 E는 전파의 진행방향에 직각인 면내에 존재하고 자계는 진행방향 성분이 있는 모드(Transverse electric wave)

$$E_z = 0, \quad H_z \neq 0$$

· TM (E파) : 자계 H는 전파의 진행방향에 직각인 면내에 존재하고 전계는 진행방향 성분이 있는 모드(Transverse magnetic wave)

$$E_z \neq 0, \quad H_z = 0$$

그림 9.16과 같이 도파관의 x, y, z축을 결정하고, a, b 길이를 변화시키면 여러가지 모드가 나타나며 각 방향에 생기는 반파의 수를 l, m, n이라 할 때 전파의 진행방향은 수를 셀 수 없기 때문에 l, m을 사용하여 모드를 TE_{lm}, TM_{lm}이라 표시한다. 즉 TE 모드에서는 도파관의 긴 변에 나타나는 전계분포가 반주기의 몇 배인가에 따라 l을 결정하고 짧은 변에 나타나는 전계분포가 반주기의 몇 배인가에 따라 m을 결정한다. TM 모드에서는 자계분포에 따라 같은 방법으로 l, m을 결정한다.

(a) TE파(H파)　　　(b) TM파(E파)

그림 9.16 구형도파관의 전자계 분포도

9.5.2 도파관의 특성

(1) 차단파장

도파관의 크기와 전송하고자 하는 전파모드에 따라 도파관의 고유파장이 결정되며, 이를 차단파장이라 한다. 차단파장이 가장 긴 모드를 기본 모드라 하며, TE파의 기본 모드는 TE_{10}이다.

도파관은 전송하고자 하는 파의 파장이 도파관의 차단파장보다 긴 파(차단 주파수보다 낮은 주파수)는 전파할 수 없는 일종의 고역통과 여파기이며 차단파장은 다음과 같다.

$$\lambda_c = \frac{2}{\sqrt{\left(\frac{m}{a}\right)^2 + \left(\frac{n}{b}\right)^2}} \qquad \cdots\cdots (9.38)$$

a, b는 도파관의 폭과 높이이며 m, n은 전송하고자 하는 전파의 모드이다. 예를들어 TE_{10}에서 $m=1$, $n=0$이며, 기본 모드 TE_{10}에서의 차단파장은 $\lambda_c=2a$이다.

(2) 관내파장, 위상속도, 군속도

도파관 내에서의 전파의 위상속도, 즉 전파속도는 자유공간 내에서의 속도보다 빠르다. 따라서 도파관 내에서의 파장 λ_g는 자유공간에서의 파장 λ보다 크다. 관내파장 λ_g는

$$\lambda_g = \frac{\lambda}{\sqrt{1-\left(\frac{\lambda}{\lambda_c}\right)^2}} \qquad \cdots\cdots (9.39)$$

이며, 자유공간에서의 전파속도를 c라 할 때 관내의 위상속도 v_g는 $v_g=f\lambda_g$, $c=f\lambda$이므로 v_g는

$$v_g = \frac{c}{\sqrt{1-\left(\frac{\lambda}{\lambda_c}\right)^2}} \qquad \cdots\cdots (9.40)$$

가 된다.

실제로 에너지를 전파하는 속도인 군속도를 μ라 하면 군속도 μ는 다음과 같다.

$$\mu = c\sqrt{1-\left(\frac{\lambda}{\lambda_c}\right)^2} \quad \cdots\cdots (9.41)$$

이며 $v_g\mu = c^2$인 관계를 갖는다.

TE_{10} 모드의 구형 도파관의 특성 임피던스(Z_0)는 다음과 같으며, 도파관 종단의 임피던스가 도파관의 특성 임피던스와 같지 않으면 반사파가 존재한다.

$$Z_0 = \frac{377}{\sqrt{1-\left(\frac{\lambda}{2a}\right)^2}} \quad \cdots\cdots (9.42)$$

예제 9.6

가로 10[cm], 세로 5[cm]의 구형 도파관을 TE10 모드에 사용할 때 차단 주파수를 구하시오.

☞ 구형 도파관의 차단파장은 다음과 같다.

$$\lambda_c = \frac{2}{\sqrt{\left(\frac{m}{a}\right)^2 + \left(\frac{n}{b}\right)^2}}$$

TE10 모드에서 m=1, n=0 이므로 차단파장 λc= 2a=20[cm]

따라서, 차단 주파수는 $f_c = \frac{c}{\lambda_c} = \frac{3\times10^8}{20\times10^{-2}} = 1500[\text{MHz}]$

9.5.3 도파관의 여진

도파관에서의 파는 여러 가지 모드의 진동이므로 한 개 모드로서 전파를 전송하고자 할 때는 도파관의 여진방법에 주의를 해야 한다. 그림에 구형 도파관의 여러 가지 모드의 여진방법을 표시하였으며, 일반적으로 직선 공중선으로 여진할 때는 필요한 모드의 최대 전계위치에서 전계와 공중선의 방향이 일치하도록 여진한다.

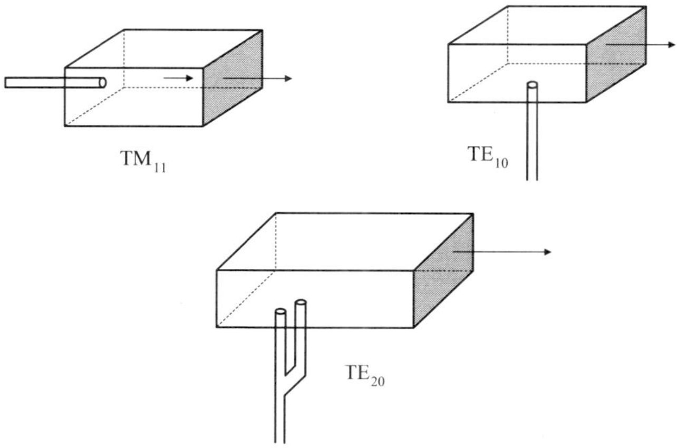

그림 9.17 도파관의 여진

9.5.4 도파관의 정합

도파관에서 반사파에 의한 정재파를 방지하기 위하여 정합회로가 필요하며, 도파관으로 공중선에 급전하는 경우 다음과 같은 여러 가지 방법으로 정합시켜 준다.

(1) $\lambda/4$ 길이의 도파관(Q 변성기)에 의한 정합

특성 임피던스가 다른 2개의 도파관을 정합시키기 위하여 그림과 같이 특성 임피던스가 $Z_0 = \sqrt{Z_{01} Z_{02}}$인 길이가 $\lambda/4$인 도파관을 삽입하면 된다.

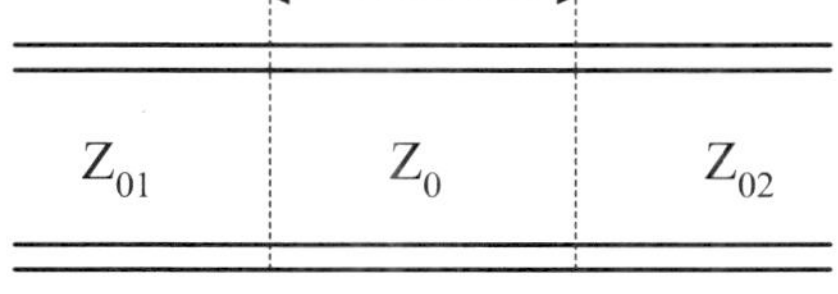

그림 9.18 Q 변성기에 의한 정합

(2) stub에 의한 정합

선로에 병렬로 스터브를 삽입하여 부하로부터의 거리와 스터브 길이를 조정하여 정합을 취한다. E면 스터브와 H면 스터브 정합방법이 있다.

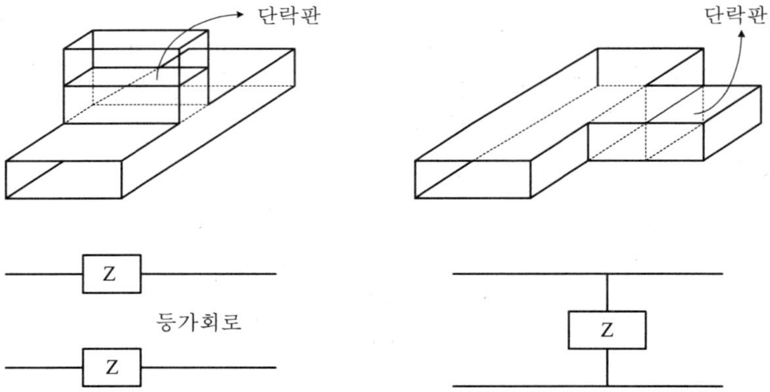

그림 9.19 스터브에 의한 도파관의 정합

(3) 창 삽입에 의한 정합

그림과 같이 가늘고 긴 홈이 있는 도체관은 도파관 축에 수직으로 삽입하면 도파관과 병렬로 임피던스가 접속된 것과 같이 된다. 이때 사용한 도체판을 창이라 하며, 이 창의 모양과 크기를 변화시키면 임피던스가 변화되어 임피던스가 정합이 된다.

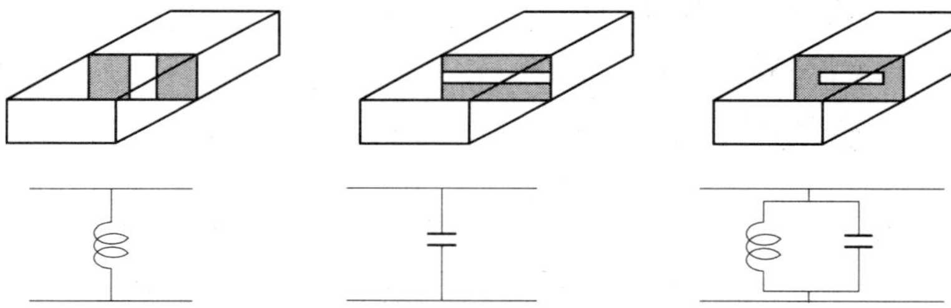

그림 9.20 창 삽입에 의한 도파관의 정합

(4) 도체봉에 의한 정합

그림과 같이 도파관의 넓은 면에 도체봉이나 나사 등을 삽입하면 전계분포가 흩어지게 되는데, 이때 봉의 깊이와 두께를 변화시키면 임피던스가 변화하게 되어 임피던스 정합이 가능하게 된다. 관내에 삽입된 도체봉의 길이가 $\lambda/4$보다 작을 때는 용량성, $\lambda/4$보다 길 때는 유도성이 되며 $\lambda/4$와 같을 때는 공진이 된다.

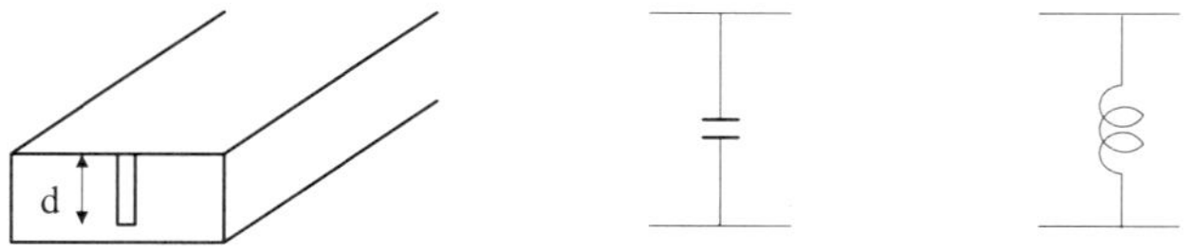

그림 9.21 도체봉에 의한 도파관의 정합

(5) 무반사 종단기에 의한 정합

도파관 종단에 특성 임피던스와 같은 부하를 접속하여 반사파를 방지하는 방법이다.

9.5.5 여러 가지 도파관

(1) 도파관의 분기

그림 (a)와 같이 도파관의 측면에 눈기로가 나와있는 T분기는 H와 평행한 면에 있기 때문에 H면 분기라 하고 (a)그림과 같이 넓은 면에 분기로가 나와 있는 것을 E면 분기라 한다.

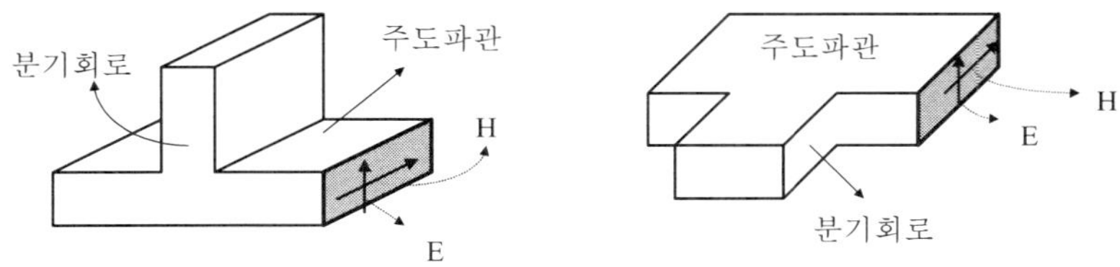

그림 9.22 도파관의 분기

(2) Magic T

그림과 같이 E분기와 H분기를 한 분기점에서 합한 형식이다. 도파관 A와 B가 각각 동일한 임피던스로 종단되어 있다면 D로 들어온 전파는 A와 B로 균등하게 나누어 나가지만 C에는 나오지 않는다. C로 들어온 전파는 A와 B로 나누어지지만 D로는 나오지 않는다. 이것은 Hybrid coil과 같은 성질이므로 Hybrid T라고도 한다.

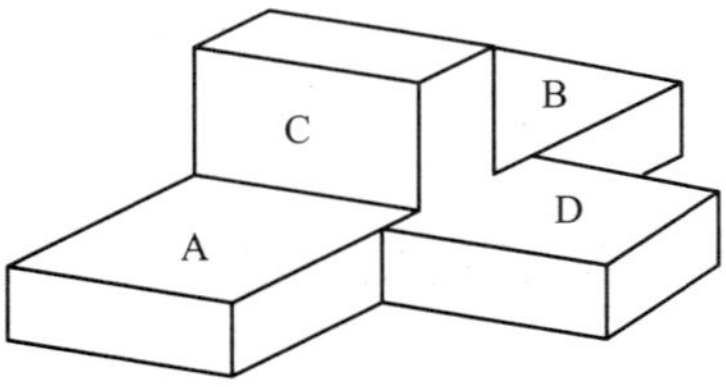

그림 9.23 매직 T

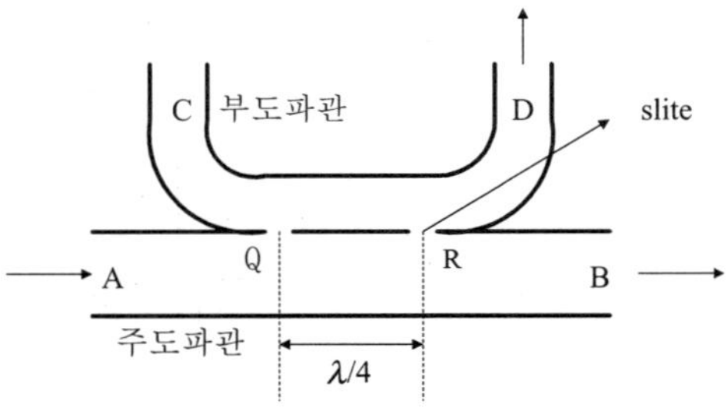

그림 9.24 방향성 결합기

(3) 방향성 결합기

그림과 같이 주 도파관에 전파를 전송시킬 때 $\lambda_g/4$ 간격으로 홈(slite)를 만들어 부 도파관에 결합시킨다. 이때 부 도파관에 입사된 파는 한 방향으로만 전파되는 성질을 갖고 있으며 이를 방향성 결합기라 한다. 즉 A로 들어온 전파는 B와 D쪽으로, B로 들어온 전파는 A와 C쪽으로 전송된다. 역으로 C로 들어온 전파는 B와 D쪽으로, D로 들어온 전파는 A와 C쪽으로만 전송된다.

연습문제

9.1 동축 급전선의 정전용량 성분이 50[pF/m], 인덕턴스 성분이 0.5[uH/m]일 때 VHF 주파수대의 특성 임피던스를 구하시오.

9.2 그림과 같이 λ/2 안테나의 끝에서 전압급전을 하고자 한다. 급전선의 최소길이를 구하시오(단, 주파수는 6[MHz]이다).

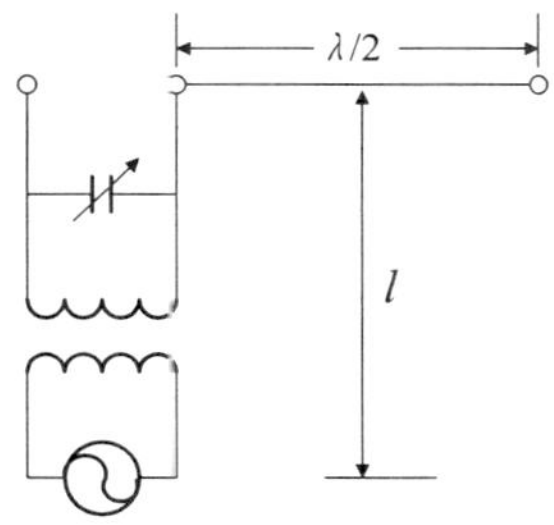

9.3 그림과 같은 반파장 안테나에서 급전선의 최소 길이 l 을 구하시오(단, 파장은 10[m]이고 동조 급전 방식이다).

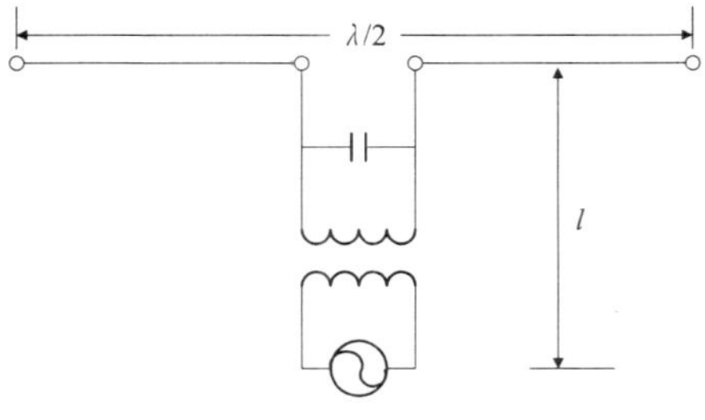

9.4 복사저항 300[Ω]인 두 개의 안테나를 λ/4 임피던스 변환기를 사용하여 300[Ω]의 평행 2선식 급전선에 정합시키고자 할 때 변환기의 임피던스를 구하시오.

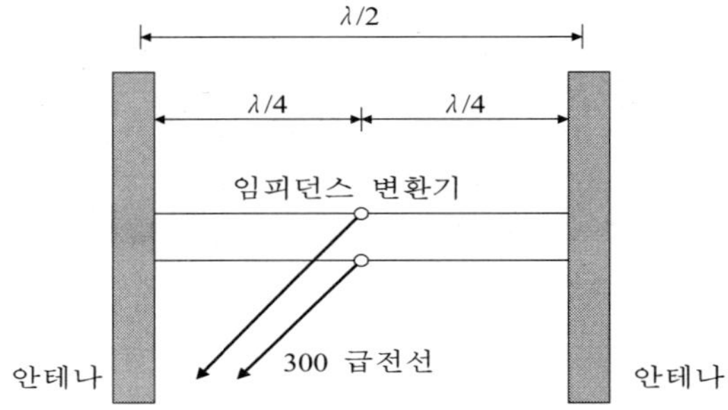

9.5 특성 임피던스가 50[Ω]인 동축 케이블에 140[Ω]의 부하를 접속하였다. 정합시키기 위하여 λ/4 길이의 동축 케이블을 삽입하고자 한다면 삽입 케이블의 임피던스를 구하시오.

9.6 특성 임피던스가 50[Ω]인 동축 케이블에 150[Ω]의 부하를 접속하였다. 정합시키기 위하여 λ/4 길이의 동축 케이블을 삽입하고자 한다면 삽입 케이블의 임피던스를 구하시오.

9.7 그림과 같이 서로 다른 특성 임피던스를 갖는 도파관 A와 C를 B로 정합하려면 B의 특성 임피던스를 구하시오.

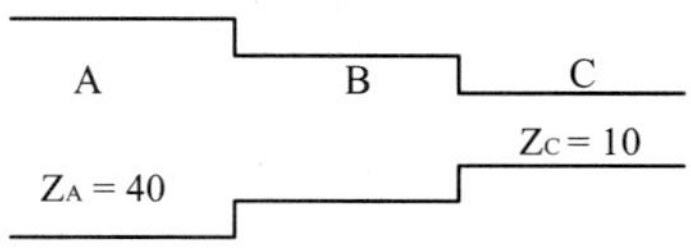

9.8 특성 임피던스가 50[Ω]인 동축선로와 부하저항 40[Ω]을 λ/4 파장 선로를 써서 임피던스를 정합하고자 할 때 1/4 파장 선로의 특성 임피던스를 구하시오.

9.9 차단파장 λ_c가 10[cm]인 구형 도파관에 5,000[MHz]의 전파를 전송할 때 관내 파장 λ_g를 구하시오.

9.10 구형 도파관의 장변과 단변의 길이가 그림과 같을 때 기본 모드의 차단 주파수를 구하시오(단, a =6[cm], b=3[cm]).

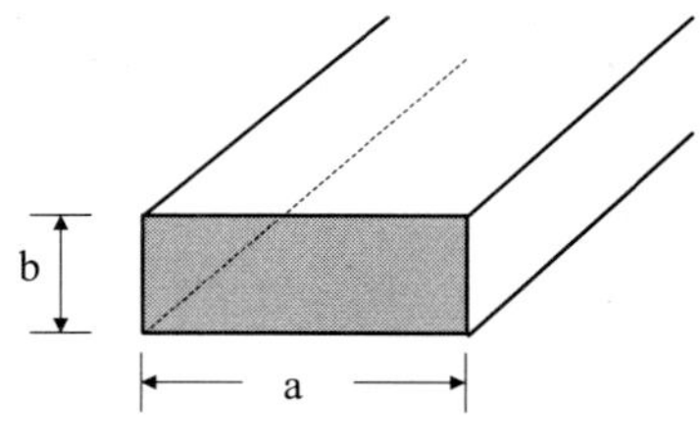

9.11 차단파장이 10[cm]인 구형 도파관에 6[GHz]의 전파를 전송하고자 한다. 이의 관내파장을 구하시오.

9.12 그림에 표시된 구형 도파관에 TE_{10}파가 진행할 때 차단 주파수를 구하시오.

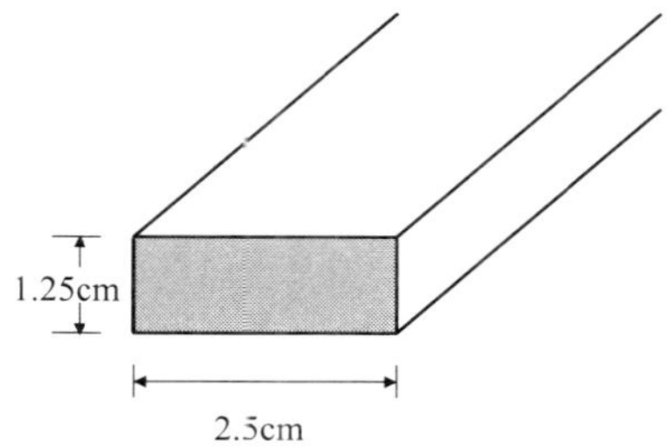

제 10 장 안테나 이론 및 전파전파 현상

안테나는 일종의 에너지 변환기로서, 발진회로를 가진 고주파 회로에 접속하여 고주파전력을 공간에 방사하는 전기회로소자이며, 일반적인 전기회로와 다른 성질을 가지고 있다. 즉, 집중정수회로에 큰 전력을 공급할 경우 그 전력의 대부분은 회로의 구성소자에 의해 소비가 일어나기 때문에 공간으로 방사되는 전자파 에너지는 매우 적으며, 반대로 전자파 에너지가 존재하는 공간에 일반적인 전기회로를 놓으면 회로에 유기되는 에너지가 매우 적기 때문에 효율적이지 못하므로 고주파 전력을 전자파 에너지로 변환하는 송신 안테나와 반대로 자유공간을 전파해온 전자파 에너지를 원래의 전기적 에너지로 변환시켜주는 수신 안테나는 변환효율이과 이득이 좋고, 견고한 구조와 보다 양호한 특성이 요구된다.

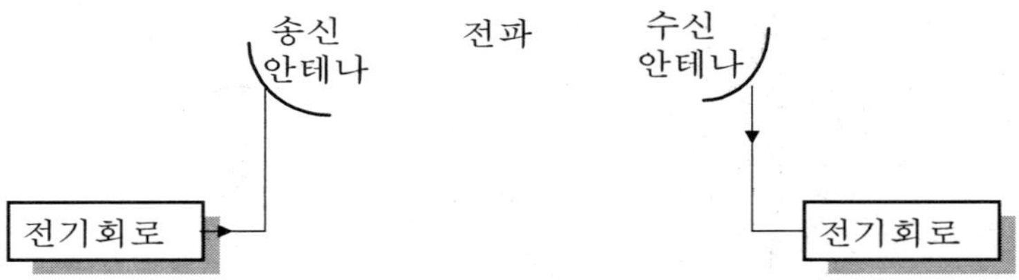

그림 10.1 안테나의 역할

맥스웰은 맥스웰 방정식에서 전계와 자계에 대한 파동 방정식을 만들어 그 해를 구하여 전계와 자계가 시간에 따라 변화하며 공간에 전파하는 것을 예언하였으며, 헤르츠는 이를, 안테나를 만들어 실험적으로 확인하였다. 안테나와 전자파를 상업적으로 응용이 본격화된 것은 1897년 마르코니가 무선전송 관련특허를 내고 1901년 대서양을 가로지른 통신에 성공하면서 발전하기 시작하였다.

전자파가 자유공간에 전파되는 원리는 그림 10.2(a)와 같이 도선에 있어서 어느 순간에 전류가 위에서 아래로 흐르면 도선의 둘레에는 오른나사의 법칙에 의하여 자계와 전계가 발생하며, 그림 10.2(b)와 같이 반대로 전류가 아래에서 위로 흐르는 경우 (a) 그림과 반대방향의 전계와 자계가 발생한다. 이때 (a)의 상태에서 (b) 상태로의 변함이 아주 빠르다면 처음 발생된 전계와 자계가 소멸되기 전에 다음의 전계와 자계가 발생되기 위하여는 전력선 및 자력선이 도체에서 분리되어 폐곡선을 형성하면서 공간으로 밀려나가게 되며 이와 같은 현상이 반복되면 그림 10.2(c)와 같이 계속 생성된 전계와 자계가 먼저 발생된 것을 밀어내어 자유공간에 전자파가 퍼져나가게 되며, 전류방향 변환이 빠를수록 멀리 떨어진 곳에서도 강한 전계가 나타나며 자유공간으로 효율적으로 에너지를 방사하기 위하여는 안테나의 형상이나 크기를 여러 가지 형태로 적절하게 설계해야 한다.

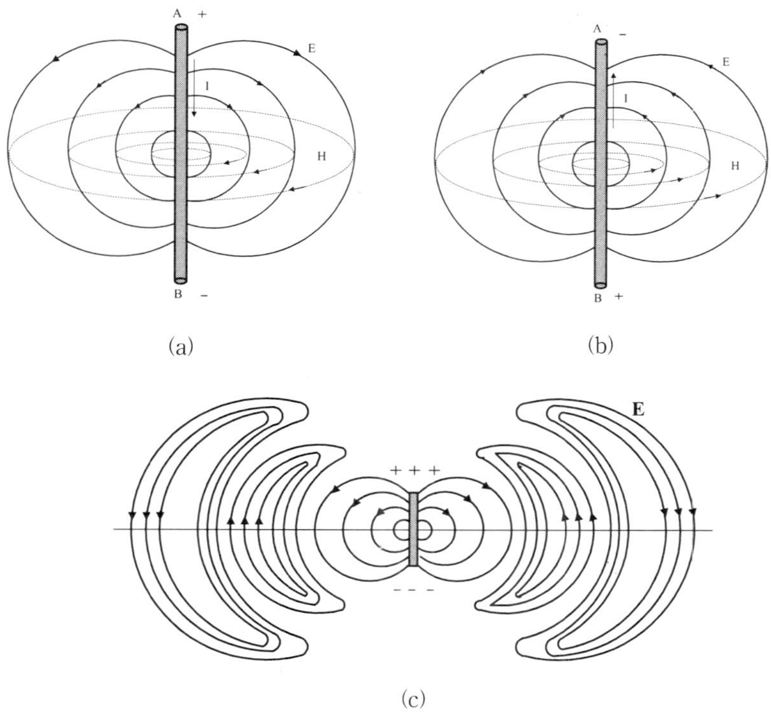

그림 10.2 전지파가 자유공간에 방사되는 원리

10.1 미소 다이폴

헤르쯔의 미소 다이폴은 공중선 중에서 가장 간단한 것이며, 보통 여진 전류의 파장보다 길이가 짧기($L \ll \lambda$)때문에 선형도체로 생각할 수 있으므로 도선상의 전류분포는 같다고 볼 수 있다. 또한 이 미소 다이폴을 여러 개로 구성하여 일반적인 선형 안테나로 해석되므로 미소 다이폴 안테나의 특성을 먼저 해석하는 것이 다른 안테나를 해석하는데 도움이 된다.

그림 10.3 미소 다이폴

10.1.1 미소 다이폴의 전파복사

미소 다이폴에 정현파 전류 i가 흐를 때 거리 r만큼 떨어진 점에서의 전계는 다음과 같은 과정에 의하여 구할 수 있다.

다이폴에 흐르는 전류에 의하여 r점에서의 벡터 포텐셜 A를 구한다.

$$A = \mu_0 \frac{I}{4\pi} \int \frac{1}{r} dl \quad \cdots\cdots (10.1)$$

$B = \nabla \times A = \mu_0 H$식을 이용하여 자계를 구하고, 맥스웰 방정식을 이용하여 자계에서 전계를 구한다.

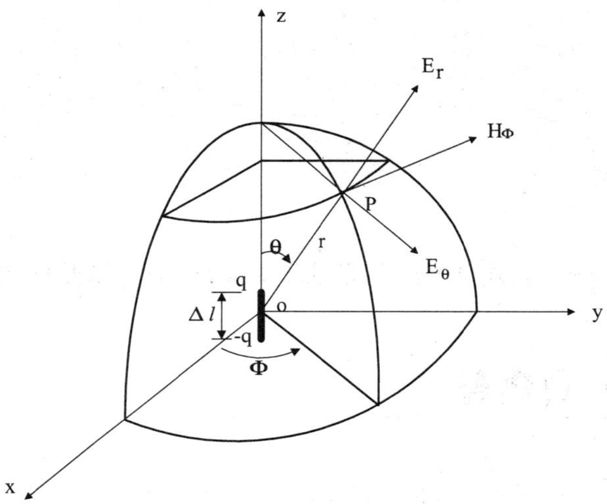

그림 10.4 미소 다이폴에서의 전파복사

그림과 같이 길이가 Δl인 도체를 z축 방향으로 놓고 $i = I_0 e^{j\omega t}$인 전류가 흐른다고 하자.

이때 원점에서 r인 점 P에서의 벡터 퍼텐셜은 다음과 같다.

$$dA = \frac{\mu_0 J}{4\pi r} dv = \frac{\mu_0}{4\pi r} I_0 e^{j\omega t} dl \quad \cdots\cdots (10.2)$$

식에서 J는 전류밀도, dv는 미소체적이다.

$$A = \frac{\mu_0}{4\pi r} I_0 e^{j\omega t} \Delta l \ [\text{Wb/m}] \qquad \cdots\cdots (10.3)$$

안테나에서 멀리 떨어진 곳으로 전파될 때 시간지연을 고려하면

$$A = \frac{\mu_0}{4\pi r} I_0 e^{j\omega(t-r/c)} \Delta l \ [\text{Wb/m}] \qquad \cdots\cdots (10.4)$$

전류의 방향이 z방향이므로 $e^{j\omega t}$를 제거한 복소진폭을 A_z라 하면

$$A_z = \frac{\mu_0}{4\pi} \frac{I_0 \Delta l e^{-j\omega\frac{r}{c}}}{r} \quad [\text{Wb/m}] \qquad \cdots\cdots (10.5)$$

A_z를 구좌표로 변환하여 표시하면

$$\begin{cases} A_r = A_z \cos\theta \quad [\text{Wb/m}] \\ A_\theta = A_z \sin\theta \quad [\text{Wb/m}] \\ A_\phi = 0 \ (\text{축대칭}) \end{cases} \qquad \cdots\cdots (10.6)$$

이렇게 구한 벡터 퍼텐셜을 회전시키면 즉, $B = \nabla \times A = \mu_0 H$의 관계에서 자계를 구한다.

$$B = \nabla \times A = \begin{vmatrix} \dfrac{a_r}{r^2 \sin\theta} & \dfrac{a_\theta}{r\sin\theta} & \dfrac{a_\phi}{r} \\ \dfrac{\partial}{\partial r} & \dfrac{\partial}{\partial \theta} & \dfrac{\partial}{\partial r} \\ A_r & rA_\theta & rA_\phi \sin\phi \end{vmatrix} = \mu_0 (a_r H_r + a_\theta H_\theta + a_\phi H_\phi)$$

상식에 A_r, A_θ, A_ϕ를 대입하여 양변을 비교하면

$$\begin{cases} H_r = H_\theta = 0 \\ H_\phi = \dfrac{I_0 \Delta l}{4\pi} \sin\theta \cdot e^{-j\beta r}\left(j\dfrac{\beta}{r} + \dfrac{1}{r^2} \right) \quad [\text{AT/m}] \end{cases} \qquad \cdots\cdots (10.7)$$

다음에 전계 E를 구하기 위하여 맥스웰 방정식 $\nabla \times H = \varepsilon_0 (dE/dt) = j\omega\varepsilon_0 E$

를 이용하면(※ 우리가 취급하는 것은 주파수 f의 정현파형 전자계이므로 $e^{j\omega t}$의 인수를 갖기 때문에 $\partial/\partial t = j\omega$로 놓는다.)

$$\nabla \times H = \begin{vmatrix} \dfrac{a_r}{r^2 \sin\theta} & \dfrac{a_\theta}{r \sin\theta} & \dfrac{a_\phi}{r} \\ \dfrac{\partial}{\partial r} & \dfrac{\partial}{\partial \theta} & \dfrac{\partial}{\partial r} \\ H_r & rH_\theta & rH_\phi \sin\phi \end{vmatrix} = j\omega\varepsilon_0(a_r E_r + a_\theta E_\theta + a_\phi E_\phi)$$

상식에 식(10.7)을 대입하여 양변을 비교하면

$$\begin{cases} E_r = Z_0 \dfrac{I_0 \Delta l \cos\theta}{2\pi r^2}\left(1 + \dfrac{1}{j\beta r}\right) e^{-j\beta r} \quad [\mathrm{V/m}] \\ E_\theta = jZ_0 \dfrac{\beta I_0 \Delta l \sin\theta}{4\pi r}\left(1 + \dfrac{1}{j\beta r} - \dfrac{1}{(\beta r)^2}\right) e^{-j\beta r} \quad [\mathrm{V/m}] \\ E_\phi = 0 \end{cases} \quad \cdots\cdots (10.8)$$

여기서 $\beta = \omega / c = \omega\sqrt{\varepsilon_0 \mu_0}$인 자유공간에서의 전파상수이며,

$$Z_0 = \frac{k}{\omega\varepsilon_0} = \sqrt{\frac{\mu_0}{\varepsilon_0}} = 120\pi \quad \cdots\cdots (10.9)$$

인 자유공간의 파동 임피던스이다.

미소 다이폴에서 거리 r이 파장에 비하여 커지면 $1/r^2$, $1/r^3$에 비례하는 항은 무시할 수 있으므로 보통 원거리에서는 E_θ, H_ϕ성분만 고려한다. 즉, 자유공간에 세운 미소 다이폴에서 r 떨어진 점에서의 전계강도는

$$E_\theta = j\frac{60\pi}{\lambda r} I_0 \Delta l \sin\theta \, e^{j(\omega t - \beta r)}\left[1 + j\frac{1}{\beta r} - j\frac{1}{(\beta r)^2}\right] \cdots\cdots (10.10)$$

이 된다.

식에서 j는 위상관계만을 표시하는 것이다. 이는 전류 I가 최대로 되는 순간보다 전계, 자계의 최대로 되는 순간이 90도 앞선다는 것을 의미하므로 전계나 자계의 크기만을 구할 때 j는 고려하지 않아도 된다. 크기만을 고려하면 전계는 다음과 같다.

$$E=\frac{60\pi I_0 l}{\lambda r}\sin\theta \quad \cdots\cdots (10.11)$$

식(10.10)에서 첫 번째 항은 복사전계로 원거리통신에 이용되며, 둘째 항은 유도전계로서 근거리 통신에 이용되며, 세 번째 항은 정전계를 의미한다. 즉 미소 다이폴에 의한 전계는 이들의 합으로 구성되며 $\beta r \gg 1$인 원거리에서는 다음과 같은 복사계만 존재한다.

$$E_{\theta 1}=\frac{60\pi I_0 l}{\lambda r}\sin\theta \quad \cdots\cdots (10.12)$$

$\beta r = 1$인 점 즉, 정전계와 유도전계 복사전계가 같아지는 거리에서는

$$E_{\theta 2}=\frac{30 I_0 l}{r^2}\sin\theta \quad \cdots\cdots (10.13)$$

이때

$$r=\frac{1}{\beta}=\frac{1}{2\pi/\lambda}=\frac{\lambda}{2\pi}=0.16\lambda \quad \cdots\cdots (10.14)$$

인 관계가 있다. 즉 0.16λ보다 거리가 가까우면 정전계와 유도전계 성분이 강하고, 0.16λ보다 거리가 멀면 복사전계가 지배적이며, $\beta r < 1$인 안테나 부근의 근거리에서는 정전계가 지배적이다.

10.1.2 미소 다이폴의 복사전력과 복사저항

미소 다이폴에서 r만큼 떨어진 임의의 점 p에서의 poynting 전력 p_0

$$p_0=\frac{E^2}{120\pi}=\frac{1}{120\pi}\left(\frac{60\pi I l}{\lambda r}\right)^2\sin^2\theta \ [\mathrm{W/m^2}] \quad \cdots\cdots (10.15)$$

미소 다이폴에서 방사되는 전 방사전력 P_r은 그림과 같이 미소 다이폴을 포함하는 구의 전 표면에 대하여 적분을 취하면 구할 수 있으므로

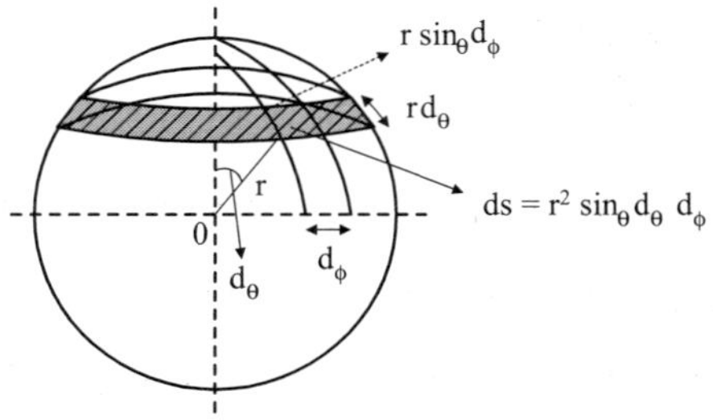

그림 10.5 미소 다이폴에서 복사전력을 구하는 방법

$$P_r = \int_0^{2\pi}\int_0^{\pi} p_0 \cdot ds = \int_0^{2\pi}\int_0^{\pi} p_0 \cdot r^2 \cdot \sin\theta\ d\theta\ d\phi$$

$$= \int_0^{\pi} p_0 \cdot 2\pi r \cdot \sin\theta \cdot rd\theta$$

$$= 60\pi^2 \frac{Il^2}{\lambda^2}\int_0^{\pi} \sin^3\theta d\theta = 80\,\pi^2\left(\frac{Il}{\lambda}\right)^2 \qquad \cdots\cdots (10.16)$$

즉, 미소 다이폴의 전 방사전력은 다음과 같이 된다

$$P_r = 80\pi^2\left(\frac{Il}{\lambda}\right)^2 \qquad \cdots\cdots (10.17)$$

안테나가 전파를 방사하면 안테나를 포함한 전기회로에서 에너지가 감소한다. 이는 안테나와 공간은 전력을 소비하는 회로소자로 취급할 수 있으므로 미소 다이폴에서 방사전력이 이와 같은 회로소자에 의하여 소모된다고 생각할 수 있다.

안테나에서 전파로 방사되는 전력을 P_r이라 하면 $P_r = I_0^2 R_r$에서 방사저항 R_r은 다음과 같이 된다.

$$R_r = \frac{P}{I_0^{\ 2}} = 80\pi^2\left(\frac{l}{\lambda}\right)^2 \qquad \cdots\cdots (10.18)$$

이때 I_0는 안테나 전류이다.

$P_r = I_0^2 R_r$을 이용하여 방사전계와 방사전력 사이의 관계를 구하면 다음과 같다.

$$E = \frac{\sqrt{45P_r}}{r}\ \text{[V/m]} \qquad \cdots\cdots (10.19)$$

예제 10.1

자유공간에 있는 길이 5[m]인 안테나에 파장 100[m]의 전류를 공급할 경우 최대 전류가 10[A]일 때 최대방사방향으로 100[km] 떨어진 곳의 전계강도를 구하시오.

☞ 식(10.19)를 이용하여 전계강도를 구하기 위하여 식(10.17)을 이용하여 방사전력을 구하면

$$P_r = 80\pi^2\left(\frac{Il}{\lambda}\right)^2 = 80\pi^2\left(\frac{10\times5}{100}\right)^2 = 197 \quad [\mathrm{W}]$$

이므로, 최대방사방향($\theta = 90^\circ$)에서 전계강도는 식(10.19)로부터

$$E = \frac{\sqrt{45P_r}}{r} = \frac{\sqrt{45\times197}}{100\times10^3} \fallingdotseq 942\times10^{-6} \quad [\mathrm{V/m}]$$

을 얻을 수 있다.

예제 10.2

길이 3[cm]의 미소다이폴에 주파수 1,000[MHz], 전류 5[A]를 흘렸다. 이 때 방사전력을 구하시오.

☞ 파장은

$$\lambda = \frac{c}{f} = \frac{3\times10^8}{1000\times10^6} = 0.3$$

이 되므로, 헤르츠 다이폴 안테나의 방사전력 Pr은 식(10.17)로부터

$$P_r = 80\pi^2\left(\frac{Il}{\lambda}\right)^2 = 80\pi^2\left(\frac{5\times0.03}{0.3}\right)^2 = 197 \quad [\mathrm{W}]$$

10.2 접지 안테나

대지상에 수직인 도선을 세우고 이 도선의 하단에 고주파 전력을 공급하는 안테나를 접지안테나 또는 수직접지 안테나라고도 한다.

미소 다이폴 안테나인 경우는 도선에서의 전류분포는 같다고 볼 수 있지만, 접지 안테나나 더블렛 안테나 등은 도선에서의 전류분포가 다르기 때문에 도선상에서의 전류분포와 전압분포를 파악하는 것이 이들 안테나의 특성을 해석하는데 도움이 된다.

10.2.1 접지 공중선의 전압, 전류 분포식

그림과 같은 수직접지 안테나에서 도선의 길이 l이 $\lambda/4$라고 할 때, 안테나는 수전단이 개방된 도선이라 간주할 수 있으므로 급전점에서 본 임피던스는 직렬공진이 되어 임피던스는 최소가 된다. 그러므로 급전점에서의 전류는 최대, 전압은 최소가 되며, 급전점에서 $\lambda/4$떨어진 선단에서의 전류는 최소, 전압은 최대가 되므로 이를 식으로 표시하면 다음과 같다.

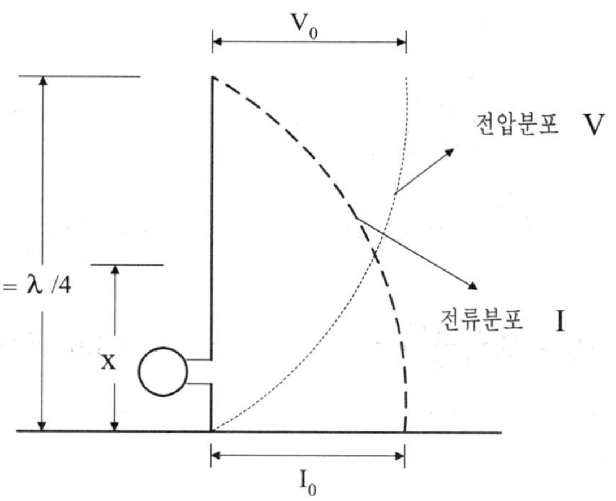

그림 10.6 접지 안테나의 전압 전류분포

도선상의 전류 I 는

$$I = I_0 \cos\frac{2\pi}{\lambda}x \text{ [A]} \qquad \cdots\cdots (10.20)$$

도선상의 전압 V는

$$V = V_0 \sin\frac{2\pi}{\lambda}x \text{ [V]} \qquad \cdots\cdots (10.21)$$

I_0는 급전점에서의 전류이며, V_0는 선단에서의 전압이다.

10.2.2 접지 안테나의 실효고

접지 안테나의 각 부분에서의 전류크기가 다르므로 방사전계 및 전력 등을 구하기가 곤란하다. 이러한 접지 안테나를 전류분포가 동일한 안테나로 대치하였을 때의 높이를 실효고(h_e)라 한다. 즉, 그림에서 빗금친 실제 전류분포와 면적 $ABDE$가 동일하도록 하였을 때 AE의 길이가 접지 안테나의 실효고가 된다.

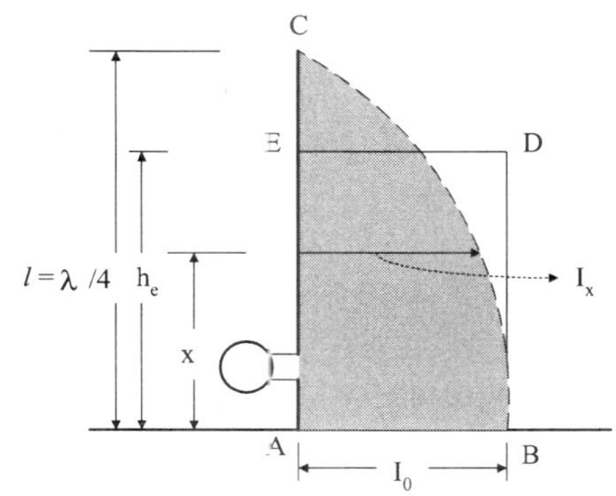

그림 10.7 접지 안테나의 실효고

그림에서 대지에서 x[m] 지점의 전류를 I_x라 하면

$$I_0\overline{AE} = I_0 h_e = \int_0^l I_x dx \qquad \cdots\cdots (10.22)$$

따라서, 실효고 h_e를 구하는 일반적인 식은

$$h_e = \frac{1}{I_0}\int_0^l I_x\, dx \qquad \cdots\cdots (10.23)$$

상식에서 길이가 λ/4인 접지 공중선의 실효고를 구하면

$$h_e = \frac{1}{I_0}\int_0^{\lambda/4} I_0 \cos\frac{2\pi}{\lambda}x\,dx$$

$$= \frac{\lambda}{2\pi} = \frac{2l}{\pi} \qquad \cdots\cdots (10.24)$$

이며, 또한, 그림에서 실효고와 급전점 전류와의 곱($h_e \times I_0$)을 미터-암페어(Meter-Ampere)라 하며, 이는 장,중파용 공중선의 방사효과를 나타내며 이 값이 클수록 공중선의 방사전력은 커진다.

10.2.3 접지 안테나의 복사전계

접지 공중선의 방사전계는 미소 다이폴 안테나의 전계를 구하는 식에서 안테나의 길이 l 대신 실효고 h_e를 적용한다. 단, 반사파를 고려하여 $l=2h_e$를 대입한다.

$$E = \frac{60\pi I_0 l}{\lambda r}\sin\theta = \frac{60\pi I_0(2h_e)}{\lambda r}\sin\theta = \frac{120\pi I_0 h_e}{\lambda r}\sin\theta \text{ [V/m]} \qquad \cdots\cdots (10.25)$$

$l=\lambda/4$인 접지 공중선의 방사전계는, 상식에서 $l=\lambda/4$인 경우 실효고 $h_e=\lambda/2\pi$와 최대 방사방향인 경우를 고려하면

$$E = \frac{60 I_0}{r} \text{ [V/m]} \qquad \cdots\cdots (10.26)$$

가 되며, $l=\lambda/4$인 접지 공중선의 방사전력과 저항과의 관계는 다음과 같다.

$$E = \frac{60 I_0}{r} = \frac{9.8\sqrt{P}}{r} \qquad \cdots\cdots (10.27)$$

또한, 안테나의 효율을 고려하면

$$E = \frac{9.8\sqrt{\eta P_i}}{r} \qquad \cdots\cdots (10.28)$$

여기서, P_i는 공급전력, η는 안테나의 효율을 의미한다.

$$\eta = \frac{P_r}{P_i} \qquad \cdots\cdots (10.29)$$

10.2.4 접지 안테나의 복사전력 및 복사저항

방사전력 P_r은 영상 안테나에서 실제로 전파가 방사되는 것이 아니기 때문에 지상의 반구면 내에서 복사된 것만 유효하므로 방사전력은 다음과 같다.

$$P_r = \frac{1}{2} 80\pi^2 I_0^2 \left(\frac{2h_e}{\lambda}\right)^2 = 160\pi^2 \left(\frac{I_0 h_e}{\lambda}\right)^2 \qquad \cdots\cdots (10.30)$$

방사 저항 R_r은 다음과 같다

$$R_r = \frac{P_r}{I_0^{\,2}} = 160\,\pi^2 \left(\frac{h_e}{\lambda}\right)^2 [\Omega] \qquad \cdots\cdots (10.31)$$

$l=\lambda/4$인 접지 안테나의 방사저항은 상식에 $l=\lambda/4$인 접지 안테나의 실효고 $h_e = \lambda/2\pi$를 대입하면 40[Ω]이 되지만, 상식은 실효고가 파장에 비하여 충분히 짧고 수평부가 없는 안테나에서만 사용되므로 모든 접지 안테나의 방사저항은 상식에 적용하지 않으며, 보통 $l=\lambda/4$인 접지 안테나의 방사저항은 36.56[Ω]으로 본다.

예제 10.3

λ/4 파장의 수직접지 공중선에서 20[km] 떨어진 점의 전계강도가 10[mV/m]이었다. 방사전력을 구하시오.

☞ λ/4 파장의 수직접지 안테나에서 방사전계와 전력의 관계식은 다음과 같다.

$$E = \frac{9.8\sqrt{P}}{r}$$

그러므로 방사전력은

$$P=\left(\frac{Er}{9.8}\right)^2=\left(\frac{10\times10^{-3}\times20\times10^3}{9.8}\right)^2 \fallingdotseq 416[\mathrm{W}]$$

예제 10.4

950[kHz]용 λ/4 수직접지 안테나의 실효높이를 구하시오.

☞ 파장은 λ=c/f=3×108/(950×103)=315이고, 길이가 λ/4인 접지 공중선의 실효고는

$$\frac{\lambda}{2\pi}=\frac{315}{2\times3.14}=50.3[\mathrm{m}]$$

예제 10.5

수직접지 안테나의 길이가 λ/4이면 복사저항을 구하시오.

☞ 접지 안테나의 방사저항은

$$R_r=160\,\pi^2\left(\frac{h_e}{\lambda}\right)^2[\Omega]$$

이므로, l =λ/4인 접지 안테나의 방사저항은, 상식에 l =λ/4인 접지 안테나의 실효고 λ/2π를 대입하면 40[Ω]이 되지만, 상식은 실효고가 파장에 비하여 충분히 짧고, 수평부가 없는 안테나에서만 사용된다. 따라서, 모든 접지 안테나의 방사저항은 상식에 적용하지는 못하며, 보통 l=λ/4인 접지안테나의 방사저항은 36.56[Ω]으로 본다.

10.3 반파장 다이폴 안테나

반파장 다이폴 안테나는 비접지 안테나의 대표적인 안테나로서, 그림과 같이 λ/4의 도체봉을 2개 축방향으로 일치시켜 만든 안테나를 말하며, 반파장 더블렛이라고도 한다.

반파장 다이폴 안테나의 전류분포는 $l=\lambda/4$ 길이인 접지 안테나와 같이 선단에서 "0", 급전점에서 최대가 되고, 전압분포는 전류분포와 반대로 선단에서 최대, 급전점에서 최소가 된다. 즉, 반파장 다이폴 안테나의 전압, 전류 분포식은 중앙의 급전점을 기준으로 할 때 다음과 같다.

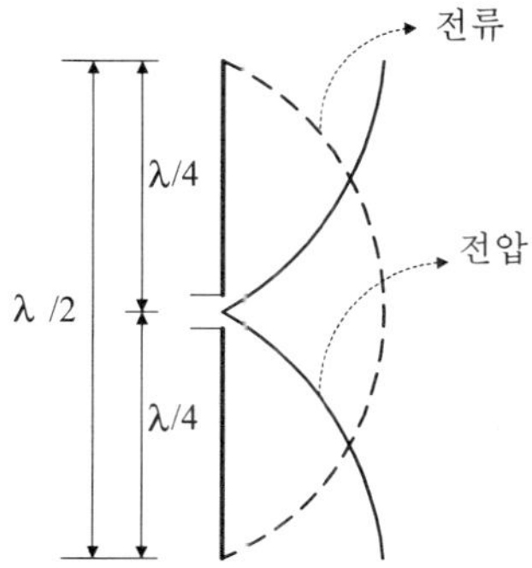

그림 10.8 반파장 안테나

전류분포는

$$I = I_0 \cos\frac{2\pi}{\lambda}x \quad \cdots\cdots (10.32)$$

전압분포는

$$V = V_0 \sin\frac{2\pi}{\lambda}x \quad \cdots\cdots (10.33)$$

I_0는 급전점에서의 전류이며, V_0는 선단에서의 전압이다.

공중선 길이가 반파장보다 긴 경우, 전류 분포식은 중앙의 급전점을 원점으로 하고, 이곳으로부터 x되는 점의 전류를 $I(x)$라 하면 $(I-x)=0$에서 $I(x)=0$, $(I-x)=\lambda/4$에서 $I(x)=I_m$이므로

$$I_x = I_m \sin\beta(l-x) \quad \cdots\cdots (10.34)$$

이므로, 급전점에서 전류가 I_0는

$$I_0 = I_m \sin\beta l \qquad \cdots\cdots (10.35)$$

되므로, 전류 분포식은

$$I_x = \frac{I_0}{\sin\beta l} \sin\beta(l-x) \qquad \cdots\cdots (10.36)$$

가 된다.

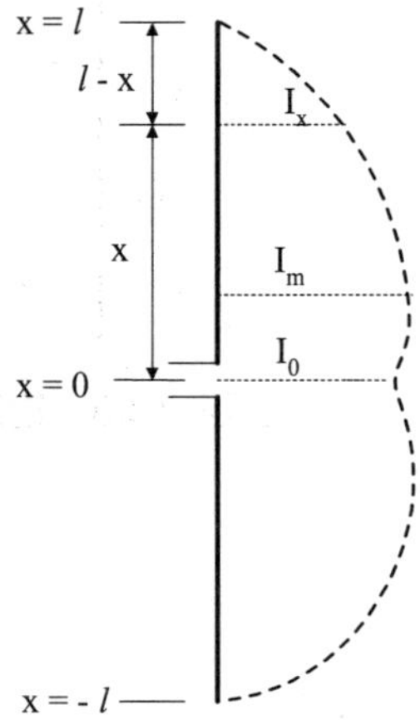

그림 10.9 다이폴 안테나의 전류분포

10.3.1 반파장 다이폴 안테나의 복사전계

반파장 다이폴 안테나에서 충분히 떨어진 P점에서의 전계강도는 미소 다이폴 안테나에서 구한 전계식을 이용하여 구할 수 있다. 즉, 반파장 다이폴 안테나의 미소구간에 대한 전류분포는 미소 다이폴 안테나의 경우와 같이 전류분포가 같다고 간주할 수 있기 때문에 미소 다이폴의 전계를 구하는 식을 이용하여 전계 dE를 먼저 구하고, 이 전계를 반파장 다이폴의 전 구간에 대하여 적분을 취하여 전계를 구하면 다음과 같다.

그림 10.10과 같이 급전점에서 고주파 전류를 가하였을 때 dx부분에 의한 P점에서의 전계를 dE라 하면 미소 다이폴에서 전계를 구하는 식

$$E = \frac{60\pi I_0 l}{\lambda r} \sin\theta \qquad \cdots\cdots (10.37)$$

을 이용하면

$$dE = \frac{60\pi I_x \cdot dx}{\lambda r} \sin\theta \cdot e^{-j\beta r} \qquad \cdots\cdots (10.38)$$

이 되며, 전류 I_x대신에

$$I_x = I_0 \cos\frac{2\pi}{\lambda} x \qquad \cdots\cdots (10.39)$$

를 대입하여 안테나 전체 길이에 대하여 적분하면 안테나 전체 길이에 의한 P점에서의 전계를 구할 수 있다.

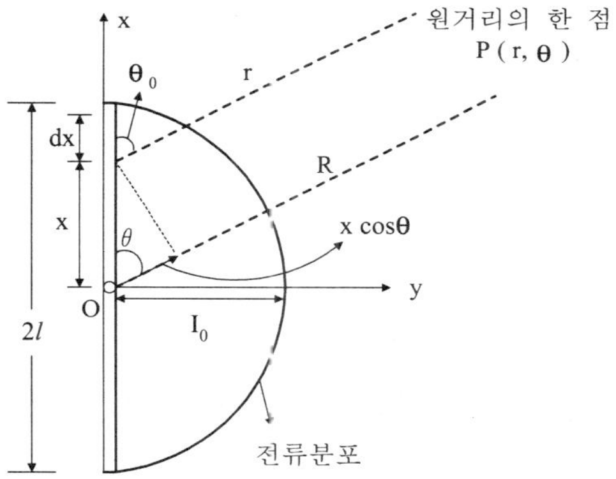

그림 10.10 반파장 다이폴 안테나의 전파방사

$$E = \int_{-l}^{l} dE = \frac{60\pi I_0 \sin\theta_0}{\lambda r} \int_{-\frac{\lambda}{4}}^{\frac{\lambda}{4}} e^{-j\beta r} \cdot \cos\beta x \; dx \qquad \cdots\cdots (10.40)$$

그러나, 점 P가 원거리에 있는 점이므로 $\theta_0 \fallingdotseq \theta$, $r = R - x\cos\theta$에서 r과 R의 차가 전계의 크기에 미치는 영향은 무시할 수 있으나(즉, $r \fallingdotseq R$) 위상에 미치는 영향은 무시할 수 없다. 따라서 $e^{j\beta r} = e^{j\beta R} \cdot e^{-j\beta x\cos\theta}$로 하면 상식은 다음과 같이 된다.

$$E = \frac{60\pi I_0 \sin\theta_0}{\lambda R} e^{-j\beta R} \int_{-\frac{\lambda}{4}}^{\frac{\lambda}{4}} e^{j\beta x \cos\theta} \cdot \cos\beta x \; dx \qquad \cdots\cdots (10.41)$$

적분공식

$$\int e^{ax}\cos bx\ dx = \frac{1}{a^2+b^2}\ e^{ax}(a\ \cos bx + b\ \sin bx) \qquad \cdots\cdots (10.42)$$

를 이용하면

$$E = \frac{60I_0}{R}\frac{\cos\left(\frac{\pi}{2}\cos\theta\right)}{\sin\theta}e^{-j\beta R} \qquad \cdots\cdots (10.43)$$

상식에서 $e^{-j\beta R}$은 위상정수, $\cos\theta(\pi/2\cdot\cos\theta)/\sin\theta$는 지향계수이며, 최대 방사방향에서 반파장 더블렛에 의한 전계강도의 크기만 고려하면 전계는

$$E = \frac{60\,I_0}{R} \qquad \cdots\cdots (10.44)$$

가 된다.

10.3.2 반파장 다이폴 안테나의 복사전력과 복사저항

안테나의 입력 임피던스를 Z_f 라 했을 때 안테나의 등가회로는 그림과 같다.

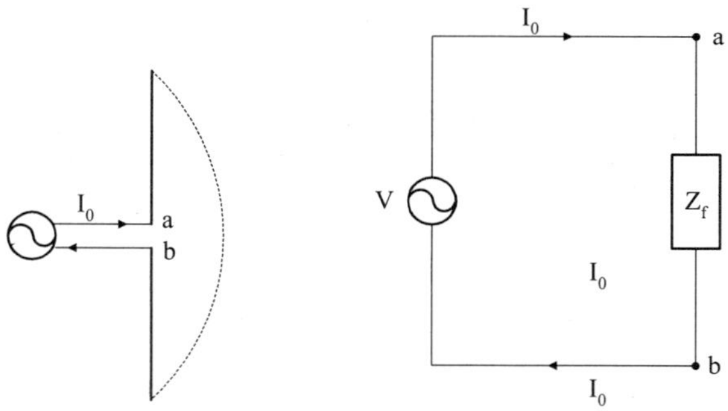

그림 10.11 안테나의 입력 임피던스

그림에서 안테나의 입력 임피던스는 다음과 같다.

$$Z_f = \frac{V}{I_0} = R_e + jX_e \qquad \cdots\cdots (10.45)$$

상식에서 R_e는 입력저항이며, X_e는 입력 리액턴스 성분이다.

입력저항 R_e는 방사저항과 손실저항의 합으로 구성되며, 입력 리액턴스 X_e는 방사 리액턴스와 공중선 자신의 리액턴스의 합으로 구성된다.

$$R_e = R_r \text{ (방사저항)} + R_l \text{ (손실저항)}$$
$$X_e = X_r \text{ (방사 리액턴스)} + X_a \text{ (공중선 자신의 리액턴스)}$$

로 되므로 공중선의 방사임피던스(Z_r)는 $Z_r = R_r + jX_r$이 된다.

또한, 공급전력은

$$I_0^2 Z_f = I_0^2 R_e + jI_0^2 X_e = I_0^2 R_r + I_0^2 R_l + j(I_0^2 X_a + I_0^2 X_r) \qquad \cdots\cdots (10.46)$$

이되며, 반파장 다이폴 안테나의 경우 방사저항과 방사전력은 다음과 같다.

$$\begin{cases} Z_r = 73.13 + j42.55 \\ P_r = 73.13\ I_0^2 \end{cases} \qquad \cdots\cdots (10.47)$$

최대 방사전계와 방사전력과의 관계는 다음과 같다.

$$E = \frac{60 I_0}{R} = \frac{7\sqrt{P_r}}{R} \qquad \cdots\cdots (10.48)$$

10.3.3 반파장 다이폴 안테나의 실효길이

반파장 다이폴 안테나의 실효길이는 접지 공중선의 실효고 개념과 같으며, 실효고를 구하는 일반적인 식을 이용할 수 있다.

$$h_e = \frac{1}{I_0} \int_{-\frac{\lambda}{4}}^{\frac{\lambda}{4}} I_0 \cos \frac{2\pi}{\lambda} x\ dx = \frac{\lambda}{\pi} = \left(\frac{2l'}{\pi}\right) \qquad \cdots\cdots (10.49)$$

l'는 공중선의 전 길이로서 λ/2가 되며, 반파장 다이폴의 실효길이는 λ/4 접지 공중선의 실효고의 2배가 됨을 알 수 있다.

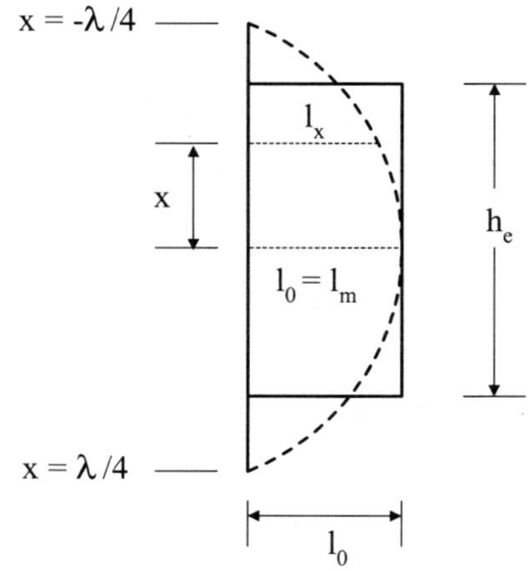

그림 10.12 반파장 안테나의 실효길이

10.3.4 반파장 다이폴 안테나의 단축률

공중선이 공진하기 위하여는 반파장 다이폴 안테나인 경우 공중선의 전체 길이가 λ/2보다 짧아야 하는데, 이때 단축하는 비율을 단축률이라 한다.

단축률 δ는

$$\delta = \frac{42.55}{\pi Z_0} \qquad \cdots\cdots (10.50)$$

이며, 공중선의 특성 임피던스 Z_0는

$$Z_0 = 138 \log_{10} \frac{2l}{d} \qquad \cdots\cdots (10.51)$$

이므로, 단축률 δ는 도선의 지름에 따라 달라진다.

예제 10.6

자유공간에 있는 반파장 다이폴 안테나에서 최대 방사방향으로 10[km]지점에서 전계강도가 5[mV/m]일 때 안테나의 방사전력을 구하시오.

☞ 반파장 다이폴 안테나에서 전계와 전력에 관계된 문제이므로 다음 식(10.48)을 이용하여

$$E = \frac{60I_0}{R} = \frac{7\sqrt{P_r}}{R}$$

상식에서

$$P = \left(\frac{E \cdot R}{7}\right)^2 = \left(\frac{5\times10^{-3}\times10\times10^3}{7}\right)^2 = 51[\mathrm{W}]$$

예제 10.7

반파장 안테나의 실효면적을 구하시오.

☞ 실효면적(Ae)은 공중선의 수신 최대 유효전력(Pa)을 입사전력밀도(W)로 나눈값으로 다음과 같다.

$$A_e = \frac{P_a}{W} = \frac{V_0^2/4R_r}{E^2/120\pi} = \frac{30\pi}{R_r}\ h_e^2$$

반파장 안테나의 방사저항과 실효길이는 Rr=73.13, he=λ/π이므로 반파장 안테나의 실효면적은

$$A_e = \frac{30\pi}{R_r}\ h_e^2 = \frac{30\pi}{73.13}\left(\frac{\lambda}{\pi}\right)^2 = 0.13\lambda^2$$

예제 10.8

주파수 3[MHz]의 전파에 사용하는 반파장 다이폴 안테나의 길이를 구하시오.

☞ 파장은

λ=c/f=3×108/(3×106)=100[m]

반파장 다이폴 안테나이므로 안테나의 길이는 50[m]

10.4 안테나 정수

10.4.1 안테나의 공진과 고유파장

안테나는 선단이 개방된 도선이기 때문에 반사파가 생기므로 안테나의 길이를 변화하면 공진되어 정재파가 생긴다. 그림 10.4와 같이 도선의 길이가 λ/4의 홀수배 되는 곳에서 안테나는 직렬공진하게 되며, 공중선에서 직렬공진하는 파장 중에서 파장이 가장 긴 것을 공중선의 고유파장(λ_0)이라 하며, 이때의 주파수를 고유 주파수(f_0)라 한다.

접지 공중선의 고유파장과 고유 주파수는 각각

$$\lambda_0 \fallingdotseq 4l, \qquad f_0 = \frac{c}{\lambda_0} = \frac{3\times10^8}{4l}$$

이 되며, 고유 주파수는 공진 주파수 중에서 가장 낮은 주파수가 된다.

안테나는 분포정수를 가지고 있으므로 단위길이당 인덕턴스를 L, 용량을 C, 저항을 R이라 할 때 안테나의 전체 길이에 대하여 각각 $L_A = LI$, $C_A = CI$, $R_A = RI$가 된다. 따라서 안테나의 등가회로는 그림과 같이 된다.

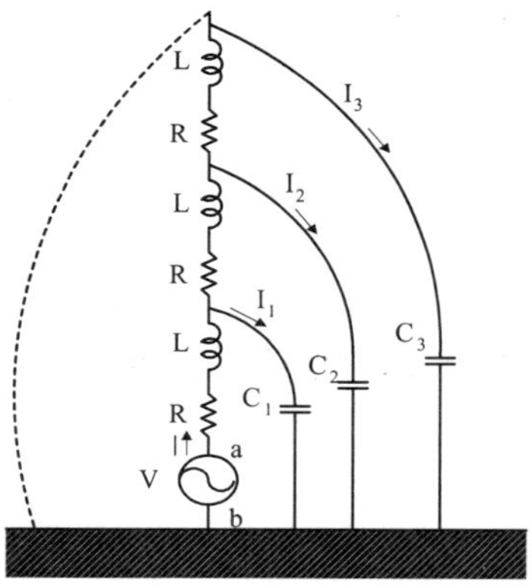

(a)

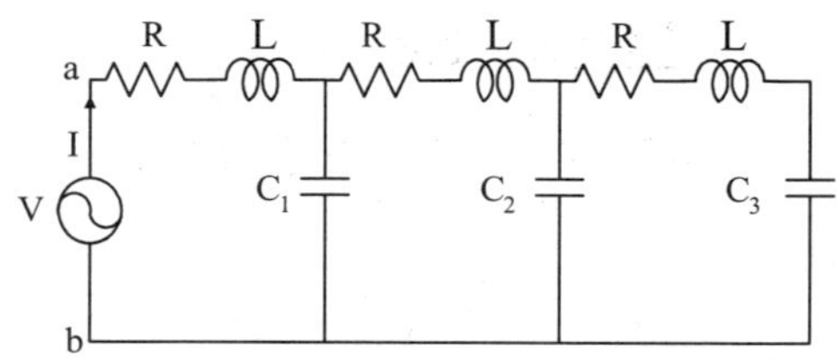

(b)

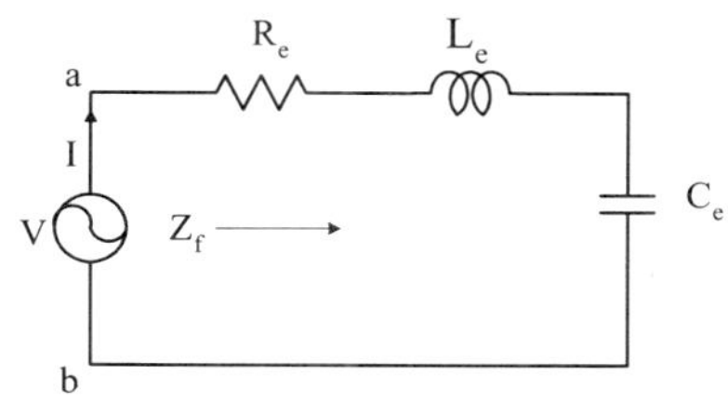

(c)

그림 10.13 접지 안테나의 등가회로

그러나 안테나가 고유파장 부근에서 여진되고 있을 경우에는 직렬 공진형의 집중정수회로로 그림 (c)와 같이 대치하여 등가회로를 그릴 수 있다. 이때 L_e, C_e, R_e를 각각 안테나의 실효 인덕턴스, 실효 정전용량, 실효저항이라 하며 이들은 안테나의 구조 및 크기에 따라 정해지는 정수이며, 실험에 의하여 이 값들을 구할 수 있다. 안테나의 급전점 a, b에서 본 임피던스를 안테나의 입력 임피던스 Z_f라 하면 안테나의 입력 임피던스 Z_f는 다음과 같다.

$$Z_f = R_e + j\left(\omega L_e - \frac{1}{\omega C_e}\right) \qquad \cdots\cdots (10.52)$$

집중정수 등가회로에서 실효정수로서 안테나의 고유 주파수를 표시하면 안테나의 고유 주파수 f_0는

$$f_0 = \frac{1}{2\pi\sqrt{L_e C_e}} \qquad \cdots\cdots (10.53)$$

이 된다.

10.4.2 안테나의 Q

집중정수로 구성된 직렬공진회로에서 회로의 특성을 나타내는데 사용되는 공진첨예도 Q는 안테나가 직렬공진된 경우에 마찬가지로 정의될 수 있다. 이것을 안테나의 Q라 하며 안테나의 특성을 나타내는데 사용된다.

$$Q = \omega_0 \frac{P_m\ (\text{공진회로에 축적되는 전력의 최대치})}{P\ (\text{공진회로의 손실전력의 평균치})}$$

ω_0는 공진 각주파수이며, 실효정수로 표시하면

$$Q = \frac{\omega_e L_e}{R_e} = \frac{1}{\omega_e C_e R_e} = \frac{1}{R_e}\sqrt{\frac{L_e}{C_e}} \qquad \cdots\cdots (10.54)$$

안테나의 손실저항을 무시할 수 있는 경우 공진회로에서의 손실전력은 방사저항과 같다.

반파장 다이폴 안테나의 Q는

$$Q_{\frac{\lambda}{2}} = \frac{2\pi Z_0}{292.8} = \frac{Z_0}{46.5} \qquad \cdots\cdots (10.55)$$

안테나의 Q는 Z_0에 비례하므로 Q가 큰 안테나는 Z_0가 큰(도선의 지름이 가는 안테나) 경우이며 주파수 특성은 협대역이다.

반면에 Q가 작은 안테나는 Z_0가 작은(도선의 지름이 굵고, 표면적이 넓은 안테나) 경우이며 주파수 특성은 광대역이다. 즉, Q가 커짐에 따라 공진곡선은 첨예하며 주파수 선택성이 좋아진다.

10.4.3 안테나의 로딩

안테나를 효율적으로 사용하기 위해서는 공진 주파수로 여진시켜 안테나의 전류가 최대가 되도록 해야 한다. 안테나가 안테나의 고유 주파수 이외에서 사용될 때는 공진이 되지 않고 리액턴스 성분이 많아져 전류가 감소하고 전파의 방사가 적어진다. 따라서, 안테나의 입력 리액턴스가 "0"이 되도록 코일이나 콘덴서를 넣어 동조를 취하는 것을 안테나의 로딩이라 하며 베이스 로딩(base loading)방법과 탑 로딩(top loading)방법이 있다

(1) base loading

공중선이 기저부에 리액턴스 Xb를 삽입하여 동조를 취하며 로딩을 한 경우 등가회로는 그림과 같다.

로딩하는 방법은 L, C, 가변 LC를 넣어 공진시킨다.

그림 10.14 베이스 로딩 등가회로

◎ L을 넣어 공진시키는 방법($l<\lambda/4$)

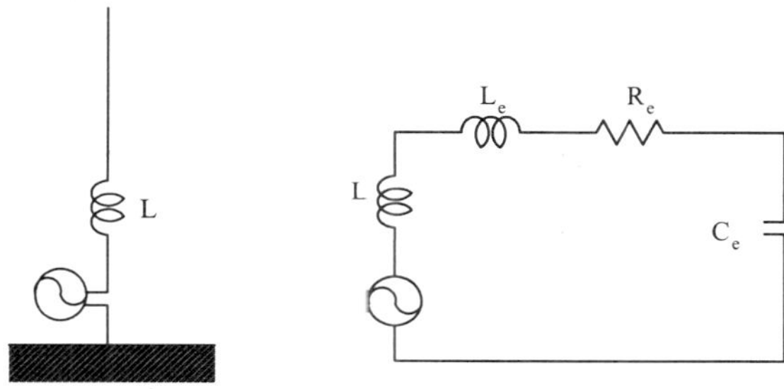

그림 10.15 인덕턴스 로딩

$l<\lambda/4$인 경우 안테나의 리액턴스 X_a는

$$X_a = -Z_0 \cot \beta\ l = -Z_0 \cot\left(\frac{2\pi}{\lambda} \cdot l\right) < 0 \qquad \cdots\cdots (10.56)$$

용량성이 되므로, 인덕턴스가 L_b인 코일을 직렬로 넣어 공진시킨다.

이때, 공진조건은 $\omega L_b - Z_0 \cot(2\pi/\lambda \cdot l) = 0$이므로

$$L_b = \frac{Z_0}{\omega} \cot \frac{2\pi}{\lambda} l = \frac{\lambda}{2\pi} L \cot \frac{2\pi}{\lambda} l \qquad \cdots\cdots (10.57)$$

로딩을 하기 전 고유 주파수는

$$f_0 = \frac{1}{2\pi \sqrt{L_e C_e}} \qquad \cdots\cdots (10.58)$$

L_b를 넣어 로딩시킨 경우 고유 주파수는

$$f = \frac{1}{2\pi\sqrt{(L_e + L_b)C_e}} \quad \cdots\cdots (10.59)$$

이므로 고유 주파수는 낮아지고, 파장은 길어지므로 안테나가 연장된 것과 같으므로 L_b를 연장코일이라 한다.

◎ C를 넣어 공진시키는 방법($l>\lambda/4$)

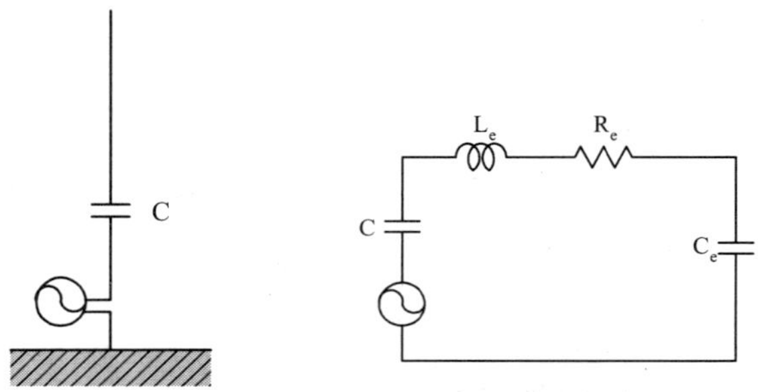

그림 10.16 정전용량 로딩

$l>\lambda/4$인 경우 안테나의 리액턴스가 유도성이 되므로 정전용량 C_b인 콘덴서를 안테나의 기저부에 직렬로 넣어 공진시킨다.

로딩을 하기 전 고유 주파수는

$$f_0 = \frac{1}{2\pi\sqrt{L_e C_e}} \quad \cdots\cdots (10.60)$$

직렬로 C_b를 넣어 로딩시킨 경우, 고유 주파수는

$$f = \frac{1}{2\pi\sqrt{L_e\left[\dfrac{C_e \cdot C_b}{C_e + C_b}\right]}} \quad \cdots\cdots (10.61)$$

이므로, 고유 주파수는 높아지고 파장은 짧아지므로 안테나가 단축된 것과 같으므로 C_b를 단축 콘덴서라 한다.

$$C_b = -\frac{\lambda}{2\pi} C \tan \frac{2\pi}{\lambda} l \qquad \cdots\cdots (10.62)$$

(2) Top loading

정상부에 정관 또는 수평도선을 설치하여 용량부하 c_t가 $c_e$ce와 병렬로 합쳐지게 함으로서 공진 주파수를 낮추는 방법이다.

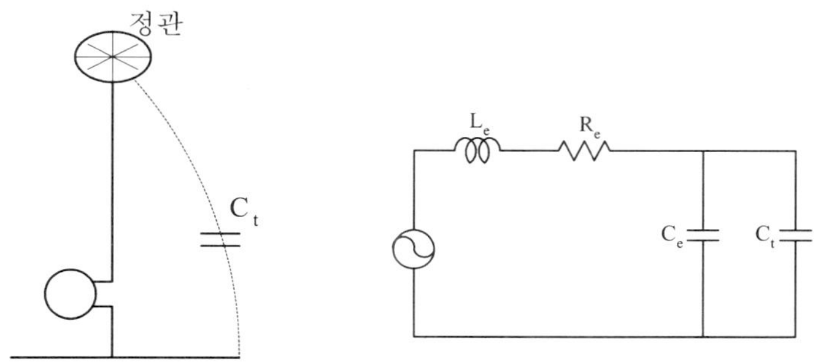

그림 10.17 탑 로딩

10.4.4 안테나의 효율과 손실

안테나의 효율은 안테나에서 방사하는 전력과 입력전력의 비를 말하며, 안테나의 방사효과를 나타낸다.

입력저항을 R_e, 방사저항을 R_r, 손실저항을 R_l이라 하면 $R_e = R_r + R_l$, 안테나에 흐르는 전류를 I_0라 하면 입력전력 $P_i = I_0^2(R_r + R_l) = I_0^2 R_e$, 출력전력 $P_r = I_0^2 R_r$이므로

$$\text{안테나의 효율 } \eta = \frac{P_r}{P_i} = \frac{R_r}{R_e} = \frac{R_r}{R_r + R_l} \qquad \cdots\cdots (10.63)$$

안테나 자체의 손실저항은 다음과 같이 분류할 수 있다.

① 접지저항 : 대지와 안테나 사이의 접촉저항으로서 접지형 안테나의 손실의 대부분을 차지한다

② 도체저항 : 도선의 표피효과에 의한 고주파저항 및 연장코일의 저항

③ 유전체 손실 : 안테나의 지지물, 이자 등에서 발생되는 고주파 손실

④ 와류손실 : 안테나에 인접되어 있는 통신선로, 지선 등의 도체에 유기되는 기전력에 의하여 발생되는 손실

⑤ 코로나 손실 : 안테나 선단의 고전압에 의하여, 기체중에서 발생되는 코로나 방전에 의한 손실

예제 10.9

길이 20[m]의 수직 공중선의 고유파장과 고유 주파수를 구하시오.

☞ 수직접지 공중선의 고유파장과 고유 주파수는 각각

$$\lambda_0 \fallingdotseq 4l,\ \ f_0 = \frac{c}{\lambda_0} = \frac{3\times10^8}{4l}$$

이므로

$$\lambda_0 \fallingdotseq 4\times20 = 80[\mathrm{m}]$$

$$f_0 = \frac{c}{\lambda_0} = \frac{3\times10^8}{4\times20} = 3750[\mathrm{kHz}]$$

예제 10.10

주파수 600[kHz], 안테나 출(입)력이 800[W]의 λ/4 수직접지 안테나에서 방사되고 있는 전파의 전계강도를 3[km] 떨어진 점에서 측정하였더니 80[mV/m]이었다. 이 안테나의 방사효율을 구하시오.

☞ λ/4 수직접지 안테나에서 3[km] 떨어진 점에서의 방사효율은 다음 식에서 구할 수 있다.

$$E = \frac{9.9\sqrt{\eta P_i}}{r}\,[\mathrm{V/m}]$$

이고, r=3[km], E=80[mV/m]이므로

$$\eta = \left(\frac{Er}{9.9}\right)^2 / P = \left(\frac{80\times10^{-3}\times3\times10^3}{9.9}\right)^2 / 800 = 0.734$$

그러므로, 안테나의 효율은 73[%]

10.4.5 안테나의 복사패턴

안테나로부터 주위공간에 방사되는 전계의 분포상태를 각도의 함수로 표시한 것을 복사패턴 또는 지향성이라 한다. 지향특성은 구좌표계를 이용하며, 지향성 계수는 최대 방사방향의 전계값을 "1"로 하였을 때 어떤 지점의 상대적인 전계강도를 표시할 때 사용된다. 즉, 지향성 계수 $D(\theta)$는

$$D(\theta) = \frac{E_\theta(\theta \text{ 방향의 전계강도})}{E\ (\text{최대 방사방향의 전계강도})}$$

(1) 수평면 지향성 : $D(\phi)$, $\theta = 0$

구좌표계에서 θ는 "0"이고, 전계강도가 ϕ에 따라서 변화한다. 즉 전계강도가 수평면에 존재한다.

$$D(\phi) = \frac{E_\phi}{E}\ (\theta = 0) \qquad \cdots\cdots (10.64)$$

(2) 수직면 지향성 : $D(\theta)$, $\phi = 0$

구좌표계에서 ϕ는 "0"이고 전계강도가 θ에 따라서 변화한다. 즉 전계강도가 수직면에 존재한다.

$$D(\theta) = \frac{E_\theta}{E}\ (\phi = 0) \qquad \cdots\cdots (10.65)$$

미소 다이폴 안테나인 경우 $D(\theta) = \sin\ \theta$, $D(\phi) = 1$이며, 반파장 다이폴인 경우

$$D(\theta) = \frac{\cos\left(\frac{\pi}{2}\cos\theta\right)}{\sin\theta},\quad D(\phi) = 1 \qquad \cdots\cdots (10.66)$$

이며, 지향성 계수가 "1"인 것은 모든 방향의 전계강도가 같음을 의미하므로 무지향성임을 뜻한다.

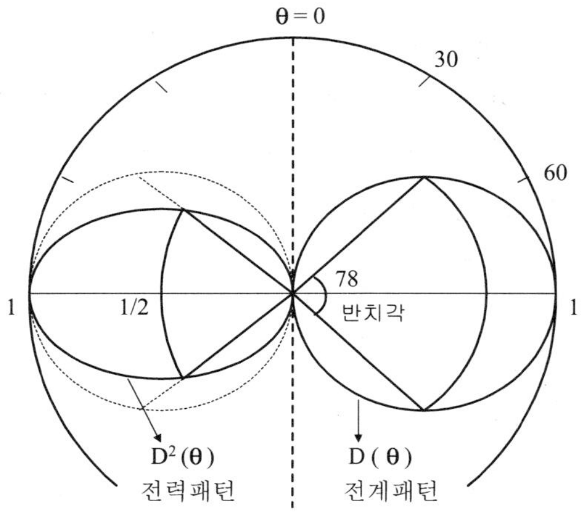

(a) 반파장 안테나의 수평, 수직 지향성

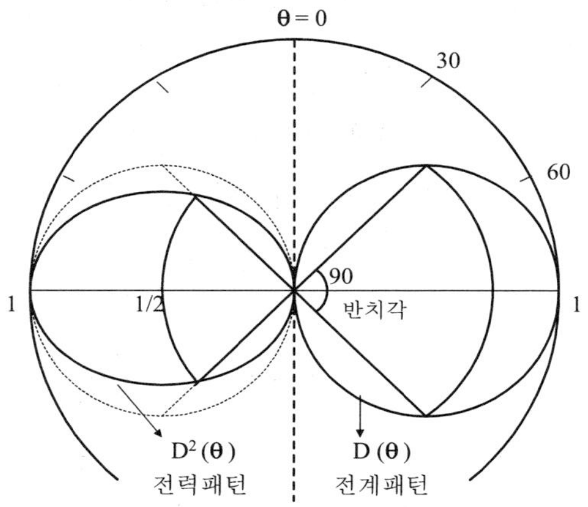

(b) 미소 다이폴 안테나의 수평, 수직 지향성

그림 10.18 미소다이폴과 반파장 안테나의 수평, 수직 지향성

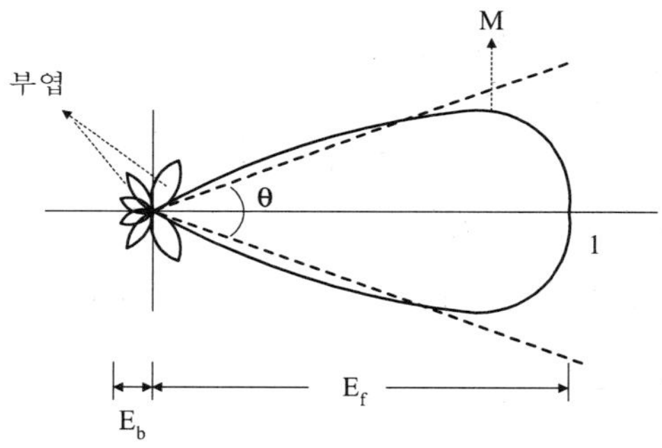

그림 10.19 빔과 빔폭

그림과 같은 복사패턴에서 단향성 빔의 지향특성에서 방사가 최대로 되는 방향의 빔을 주빔이라 하고, 그 이외의 작은 빔들을 부엽이라 하며, 지향성 안테나라는 것은 주빔이 부엽에 비하여 매우 큰 지향특성을 갖고있는 안테나를 말한다. 지향성의 특성을 나타내는 것으로 빔폭과 전방대 후방비가 있다.

빔폭은 반치각 또는 빔각이라 하며 주 빔이 최대 방사방향에서 −3dB(전계강도로는 $1/\sqrt{2}$, 전력은 1/2)되는 두 점 사이의 각도를 빔폭이라 하고, 지향특성의 첨예도를 나타낸다. 즉 빔폭이 작을수록 예리한 지향성을 갖는다. 예를 들어 반파장 다이폴인 경우 빔폭은 78°이다.

전방대 후방비(Front to Back ratio : FB)는 전방의 전계강도와 후방 전계강도의 비를 뜻한다

$$FB = 20\log \frac{E_f(\text{전방 전계강도})}{E_b(\text{후방 전계강도})}$$

FB가 클수록 불필요한 전파를 목적이외의 방향으로 적게 방사한다. 즉 지향성이 좋다.

10.4.6 안테나의 이득

안테나의 이득(G)은 임의의 안테나와 기준 안테나에 동일한 전력을 공급하였을 때 각각의 안테나가 동일한 방향에 방사하는 전력의 비를 의미한다. 또는 각각의 안테나의 동일한 방향에서의 전계강도가 같을 때 안테나에 공급되는 전력의 비로도 이득을 측정할 수 있다.

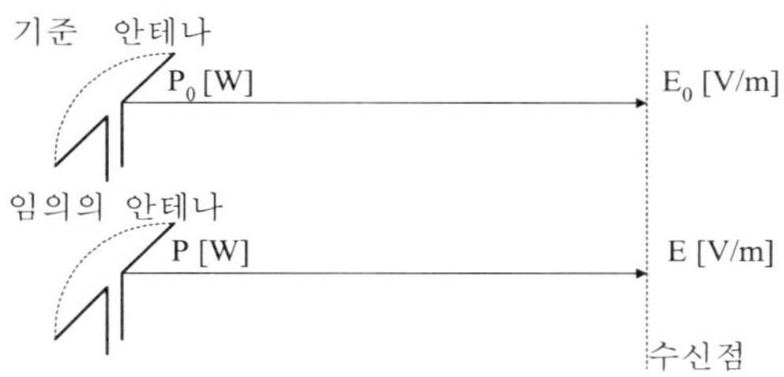

그림 10.20 안테나 이득의 측정

$$G = \frac{\frac{W}{P}}{\frac{W_0}{P_0}} = \frac{\frac{E^2}{P}}{\frac{E_0^2}{P_0}} \qquad \cdots\cdots (10.67)$$

상식에서 P, W는 각각 임의의 안테나의 방사전력과 급전전력이며, P_0, W_0는 각각 기준 안테나의 방사전력과 급전전력이다.

이득의 정의에서 각각의 안테나에 동일한 전력을 공급한 경우 또는 수신 안테나에서 수신전계가 동일한 경우는

$$G = \left(\frac{E}{E_0}\right)^2_{P=P_0} = \left(\frac{P_0}{P}\right)^2_{E=E_0} \qquad \cdots\cdots (10.68)$$

이다. 즉, 공중선의 이득은 임의의 공중선과 기준공중선에 동일 전력을 공급하였을 때에 일정 지점에서의 기준 공중선과 임의의 공중선의 전계강도의 제곱비 혹은 동일 전계강도를 수신점에서 얻었을 경우 급전전력의 역비로 나타낼 수 있다. 또한, 수신점에서 전계강도가 동일한 경우, 이득이 큰 공중선은 적은 전력으로 급전하여도 큰 전계강도를 수신점에서 얻을 수 있다.

식(10.68)을 [dB]로 표시하면

$$G\,[\mathrm{dB}] = 10\log_{10} G = 20\log_{10}\frac{E}{E_0} + 10\log\frac{P_0}{P} \quad \cdots\cdots (10.69)$$

$$G\,[\mathrm{dB}] = 10\log_{10} G = 20\log_{10}\frac{E}{E_0}\Bigg|_{p=p_0} = 10\log\frac{P_0}{P}\Bigg|_{E=E_0} \quad \cdots\cdots (10.70)$$

기준 안테나에 따라 이득을 분류하면 절대이득, 상대이득, 지상이득으로 분류할 수 있다

① 절대이득(G_a) : 가상인 등방성 안테나를 기준으로 한 이득으로 마이크로파용으로 사용하는 입체 안테나의 이득을 표시하는데 사용된다.

② 상대이득(G_h) : 반파장 다이폴을 기준으로 한 이득으로 비접지용 선상 안테나의 이득을 나타내는데 사용된다.

③ 지상이득(G_v) : 수직접지 안테나를 기준으로 한 이득으로 접지 안테나의 이득을 표시하는데 이용된다.

10.4.7 안테나의 이득과 전계강도

(1) 절대이득

절대이득은 등방성 안테나를 기준 안테나로 하였을 때 이득이며, 절대이득이 G_a인 안테나에서 r[m] 떨어진 점에서의 전계강도는

$$E = \frac{\sqrt{30 G_a P}}{r} = \frac{\sqrt{30 G_a P_r}}{r} \quad \cdots\cdots (10.71)$$

이며, 유도과정은 등방성 안테나에서 입력전력을 P_0라 하면 이 안테나로부터 r[m]

되는 구면상에서의 전계강도 E_0는 항상 동일하므로, 구면상의 한 점에서의 포인팅 전력(w)과 전계강도는 각각

$$\left\{\begin{array}{l} w=\dfrac{E_0^2}{120\pi} \\ E_0=\dfrac{\sqrt{30P_0}}{r} \end{array}\right. =\frac{P_0}{4\pi r^2} \qquad \cdots\cdots (10.72)$$

이득의 정의에서

$$G_a=\left|\frac{P_0}{P}\right|_{E=E_0}, \quad P_0=G_a P_r$$

그러므로

$$E=\frac{\sqrt{30G_a P}}{r}=\frac{\sqrt{30G_a P_r}}{r} \qquad \cdots\cdots (10.73)$$

(2) 상대이득

상대이득은 반파장 다이폴 안테나를 기준 안테나로 하였을 때 이득을 말한다.

반파장 다블렛에서 방사전력이 P_r일 일 때, 안테나에서 r[m]되는 곳에서의 전계강도 E_0는

$$E_0=\frac{60}{r}\sqrt{\frac{P_r}{73.5}}=\frac{7\sqrt{P_r}}{r} \quad [\mathrm{V/m}] \qquad \cdots\cdots (10.74)$$

가 되므로, 상대이득이 G_h인 안테나에서 r[m] 떨어진 곳에서의 전계강도는

$$E=\frac{7\sqrt{G_h P_r}}{r} \qquad \cdots\cdots (10.75)$$

이 된다.

(3) 지상이득

지상이득은 수직접지 안테나를 기준 안테나로 하였을 때 이득을 말한다.

$\lambda/4$ 접지안테나에서 방사전력이 P_r일 때 안테나에서 r[m]되는 곳의 전계강도 E_0는

$$E_0 = \frac{60}{r}\sqrt{\frac{P_r}{36.56}} = \frac{7\sqrt{P_r}}{r} \times \sqrt{2} \quad [\mathrm{V/m}] \qquad \cdots\cdots (10.76)$$

가 된다. 즉, 동일전력의 반파장 다블렛의 전계강도에 $\sqrt{2}$배가 되므로, $l<\lambda/4$인 수직접지안테나의 전계강도와 방사전력 사이의 관계는 미소다이폴의 경우를 이용하면

$$E_0 = \frac{\sqrt{45P_r}}{r} \times \sqrt{2} \ [\mathrm{V/m}] \qquad \cdots\cdots (10.77)$$

이므로, 지상이득이 G_v인 임의의 안테나의 방사전력이 P_r일 때 이 안테나에서 r[m] 떨어진 곳에서의 전계강도는

$$E = \frac{\sqrt{90G_v P_r}}{r} \qquad \cdots\cdots (10.78)$$

절대이득, 상대이득, 지상이득은 기준 안테나에 따른 이득이므로 방사전력이 Pr인 임의의 안테나에서 r[m]떨어진 곳에서의 전계강도는 다음과 같이 각 이득을 이용하여 나타낼 수 있으며

$$E = \frac{\sqrt{30G_a P_r}}{r} = \frac{7\sqrt{G_h P_r}}{r} = \frac{\sqrt{90G_v P_r}}{r} \qquad \cdots\cdots (10.79)$$

각 이득사이에는 $G_a = 1.64G_h = 3G_v$

$$G_a\ [\mathrm{dB}] = G_h\ [\mathrm{dB}] + 2.15\ [\mathrm{dB}] = G_v\ [\mathrm{dB}] + 4.77\ [\mathrm{dB}] \qquad \cdots\cdots (10.80)$$

10.4.8 이득과 실효길이 관계

실효고 h_e[m], 방사저항 R_r[Ω]인 임의의 비접지 안테나의 최대 방사방향에서의 전계강도는 식(10.11)을 이용하여

$$E = \frac{60\pi I_0 h_e}{\lambda r} = \frac{60\pi h_e}{\lambda r}\sqrt{\frac{P_r}{R_r}}\ \text{[V/m]} \qquad \cdots\cdots (10.81)$$

이 되며, 반파장 다블렛에서의 전계강도는

$$E_0 = \frac{60 I_0}{r} = \frac{60}{r}\sqrt{\frac{P_0}{73.13}}\ \text{[V/m]} \qquad \cdots\cdots (10.82)$$

가 되므로, 실효고와 상대이득과의 관계는

$$G_h = \left(\frac{E}{E_0}\right)^2_{P=P_0} = \frac{\left(\frac{60\pi h_e}{\lambda r}\right)^2 \sqrt{\frac{P_r}{R_r}}}{\left(\frac{60}{r}\right)^2 \frac{P_0}{73.13}} = \left(\frac{\pi h_e}{\lambda}\right)^2 \frac{73.13}{R_r} \qquad \cdots\cdots (10.83)$$

$$h_e = \frac{\lambda}{\pi}\sqrt{G_h}\sqrt{\frac{R_r}{73.13}} \qquad \cdots\cdots (10.84)$$

로 되며, 절대이득은

$$h_e = \frac{\lambda}{\pi}\ \sqrt{G_a}\ \sqrt{\frac{R_r}{120}} \qquad \cdots\cdots (10.85)$$

로 표현할 수 있다.

예제 10.11

입력 전력이 30[W], 효율이 80%인 반파장 다이폴 안테나로부터 최대 복사방향 10[km] 지점의 자유공간에서의 전계강도가 10^{-2}[V/m]였을 때 안테나의 이득을 구하시오.

☞ 반파장 다이폴 안테나를 기준 안테나로 하였을 때 이득은 상대이득이며, 상대이득이Gh 인 안테나에서 r[m] 떨어진 점에서의 전계강도를 구하는 식을 이용한다.

$$E = \frac{7\sqrt{G_h P_r}}{r}$$

이고, 입력전력이 30[W], 효율이 80%이므로 방사전력 Pr은

$$30[W]\times 0.8=24[W], \quad G_h=\frac{(r\times E)^2}{49\,P_r}=\frac{(10\times 10^3\times 10^{-2})^2}{49\times 24}=8.5$$

예제 10.12

어떤 안테나의 복사전력이 100[W]이고, 최대 복사방향으로 거리 r인 점의 전계강도가 300[μV/m]이었고, 같은 송신점에 반파장 다이폴 안테나를 세워 복사전력 200[W]일 때 r점에서 100[μV/m]의 전계강도가 측정되었다면 피측정 안테나의 상대이득은 몇 [dB]인가?

☞

$$G=\frac{\dfrac{E^2}{P}}{\dfrac{E_0^2}{P_0}}=\frac{P_0}{P}\times\left(\frac{E}{E_0}\right)^2=\frac{200}{100}\times\left(\frac{300\times 10^{-6}}{100\times 10^{-6}}\right)^2=18$$

dB로 환산하면 $10\ \log_{10}18=12.55[dB]$

10.4.9 안테나의 실효개구면적

안테나의 방사효과를 표시할 때 장, 중파 안테나는 미터－암페어를 이용하고, 단파 안테나는 이득을, 그리고 초단파 이상의 안테나는 실효개구면적을 이용한다.

실효개구면적이란 수신 안테나로 도래전파를 수신하여 부하에 공급하는 경우, 실제로 안테나가 에너지를 흡수할 수 있는 면적을 말하며 개구면을 갖는 마이크로파대의 공중선 또는 선상 안테나에 적용하여 수신 안테나의 특성을 나타낸다.

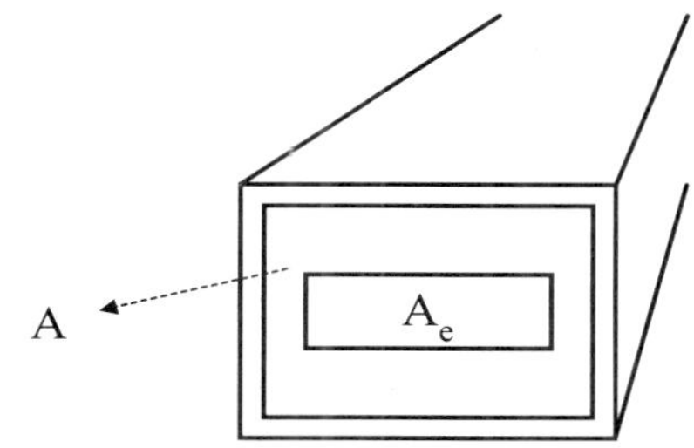

그림 10.21 전자 혼의 개구면적과 실효개구면적

그림에서 보는 바와 같이 전자혼의 개구면적을 A[㎡]라 하고, 자유공간의 Poynting 전력을 P_0[W/㎡]라고 하면, 개구면 전체에서 흡수하는 수신 최대 전력 P_r은

$$P_r = A P_0 = A \frac{E^2}{120\pi} \qquad \cdots\cdots (10.86)$$

이 되나, 실제 개구면상의 전계분포는 균일하지 않으므로 상식은 정확한 것이 못된다. 만일수신 최대 유효전력을 P_a가 균일한 전계분포를 갖는 가상의 도래전파를 단면적 A_e[㎡] 내로 운반되는 전력과 동일하다고 하면 $A_e < A$가 되며, 실효 개구면적 또는 수신 유효면적을 A_e라 하면 $P_r = A_a \times P_0$이므로 수신유효면적은 다음과 같다.

$$A_e = \frac{P_a}{P_0} \qquad \cdots\cdots (10.87)$$

실효개구면적과 개구면적의 비를 개구효율 η_a라 한다.

$$\eta_a = \frac{A_e}{A} \qquad \cdots\cdots (10.88)$$

마이크로파 안테나에서 $\eta_a = 0.4 \sim 0.8$ 정도이다.

실효면적과 실효고 사이의 관계 그리고 이득과의 관계는 다음과 같다.

$$\begin{cases} A_e = \dfrac{30\pi}{R} h_e^2 \\ A_e = \dfrac{\lambda^2}{4\pi} G_a = 0.13\, G_h \lambda^2 \end{cases} \qquad \cdots\cdots (10.89)$$

반파장 다블렛의 경우, $G_h = 1$이므로

$$A_e = 0.13\, G_h \lambda^2 \fallingdotseq \frac{\lambda}{2} \cdot \frac{\lambda}{4} [\mathrm{m}^2] \qquad \cdots\cdots (10.90)$$

이 된다. 이는 반파장 다블렛의 최대 수신전력은 가로 $\lambda/2$[m], 세로 $\lambda/4$[m] 정도되는 직사각형의 면적을 통과하는 전파에너지와 등가의 에너지를 흡수한다는 것을 나타낸다.

10.4.10 수신 안테나

그림은 부하를 접속한 수신 안테나와 등가회로이다.

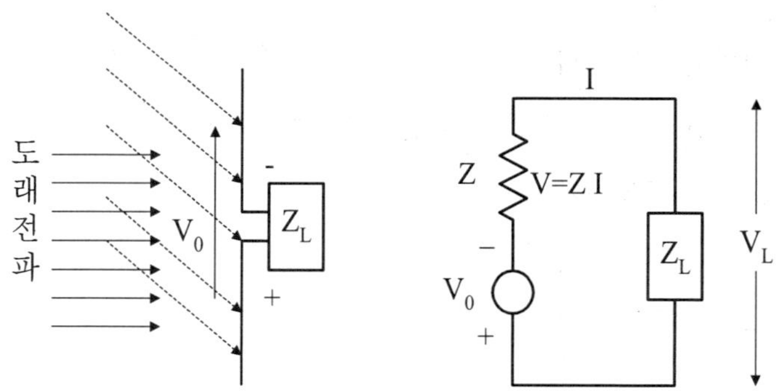

그림 10.22 부하를 접속한 수신 안테나의 등가회로

그림에서 수신 개방전압은

$$V_0 = h_e E \sin\theta \qquad \cdots\cdots (10.90)$$

테브난 등가회로에서 부하에 흐르는 전류는

$$I = \frac{V_0}{Z + Z_L} \qquad \cdots\cdots (10.91)$$

Z는 입력 임피던스로서 $R+jX$, Z_L은 부하 임피던스로 R_L+jX_L이다. 부하에 공급되는 전력 P는

$$P=I^2R_L=\frac{V_0^2\ R_L}{(R+R_L)^2+(X+X_L)^2} \qquad \cdots\cdots (10.92)$$

부하에 전달되는 최대전력 P_a는

$$P_a=\frac{{V_0}^2}{4R}=\frac{{V_0}^2}{4R_L}=\frac{(h_eE)^2}{4R_L} \qquad \cdots\cdots (10.93)$$

부하 단자전압 V_L은

$$V_L=\sqrt{R\ P_a}=\frac{V_0}{2} \qquad \cdots\cdots (10.94)$$

로 된다.

예제 10.13

고주파 3[MHz] 전계강도가 2.3[mV/m]인 지점에서 λ/4 수직접지 안테나로 수신 시 유기되는 전압을 구하시오.

☞

$$\lambda=\frac{c}{f}=\frac{3\times10^8}{3\times10^6}=100[\mathrm{m}]$$

λ/4 수직접지 안테나의 실효길이 $h_e=\frac{\lambda}{2\pi}=\frac{100}{2\times3.14}=15.9[\mathrm{m}]$

유기전압 $V=E\cdot h_e=2.3\times10^{-3}\times15.9=0.03657[\mathrm{V}]=36.57[\mathrm{mV}]$

10.5 전파의 분류

전자파 중 통신용으로 이용되는 범위를 전파라 하며, 국제전기통신조약 및 전파법에 의하여 3,000[GHz]까지의 전자파를 말한다.

보통 무선통신에 사용되는 전파의 주파수는 30[㎑]~9,000[㎒] 정도이며, 표 10.1과 같이 분류하지만, 국제적으로는 1947년 미국 Atalantic city회의에서 규정된 분류방법(표 10.2)을 사용하고 있다.

표 10.1 전파의 실용상 분류

명 칭	주파수	파장
장파	100 [㎑] 이하	3,000[m] 이상
중파	100～1,500[㎑]	3,000～200[m]
중단파	1.5～6[㎒]	200～150[m]
단파	6～30[㎒]	50～10[m]
초단파	30～300[㎒]	10～1[m]
극초단파	300[㎒] 이상	1[m] 이하

표 10.2 전파의 국제적 분류

구 분	주파수의 분류	주파수범위	미터의 구분	번호
VLF	Very Low Frequency	30[㎑] 이하	miliameter 파	4
LF	Low Frequency	30～300[㎑]	kirometer 파	5
MF	Medium Frequency	300～3,000[㎑]	hectometer 파	6
HF	High Frequency	3～30[㎒]	decameter 파	7
VHF	Very High Frequency	30～300[㎒]	meter 파	8
UHF	Ultra High Frequency	300～3,000[㎒]	decimeter 파	9
SHF	Super High Frequency	3～30[㎓]	centimeter 파	10
EHF	Extreme High Frequency	30～300[㎓]	milimeter 파	11

또한, 송신 안테나에서 복사된 전파가 자유공간을 통하여 수신 안테나에 도달하는 경로는 여러 가지가 있으므로, 수신 안테나에서 전계강도를 구하는 것은 복잡하지만, 물리적 현상이나 전파경로에 따라 전파를 분류하면 쉽게 설명할 수 있다. 일반적인 전파통로에 의한 전파의 분류방법에 대하여 고찰한다.

송신 안테나로부터 방사된 전파는 지구표면을 퍼지는 지상파와 공중을 퍼지는 공간파로 크게 구분할 수 있으며, 지상파는 다음과 같이 분류할 수 있다.

① 직접파 : 송신 안테나에서 방사된 파가 전리층을 거치지 않고 직접 수신 안테나에 도달하는 파

② 지면 반사파(대지 반사파) : 지면에서 한 번 반사한 다음 수신 안테나에 도달하는 파
③ 지표파 : 지표면을 따라서 수신점에 이르는 파
④ 회절파 : 산악이나 전파 장애물을 넘어서 수신 안테나에 도달하는 파
⑤ 시계파 : 직접파와 지면 반사파를 합한파

또한, 공간파는 다음과 같이 대류권파와 전리층파로 분류할 수 있다.

① 대류권파(대류권 : 지상 약 12[㎞] 이하의 대기의 대류현상이 행하여지는 영역)
- 대류권 굴절파 : 대기에 의해서 굴절되는 파
- 대류권 반사파 : 대기에 의해서 반사되는 파
- 대류권 산란파 : 대기에 의해서 산란되는 파

② 전리층 파
- 전리층 반사파 : 전리층에 의하여 반사되는 파
- 전리층 산란파 : 전리층에 의하여 산란되는 파

이와 같이 전파경로에 따라서 전파를 분류하였지만, 실제로 송신 안테나에서 방사된 전파가 수신 안테나에 도달하는 경로는 각각 단독으로 존재하지 않고, 2개 이상의 전파경로가 존재하는 것이 보통이므로 주전파를 고려하여 수신전계강도를 구해야 한다. 즉, 사용 주파수, 송수신 거리, 통신 시간대 등을 고려해야 하며, 또한, 전파가 전파하는 경로는 변화가 적은 요인과 계절시간에 따라 변화하는 대기상태, 전리층 등을 고려하여 수신전계강도를 산출해야 한다.

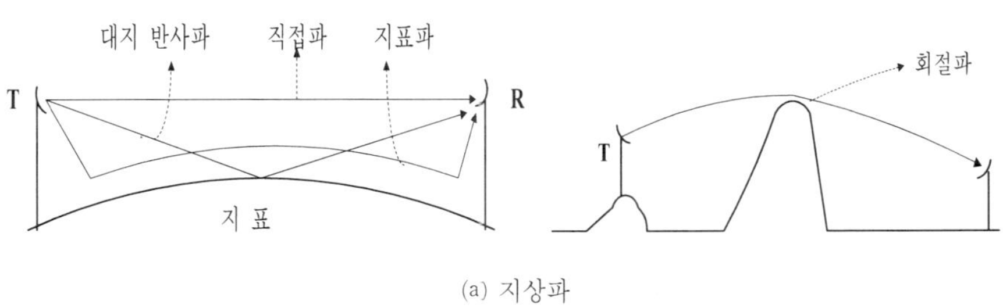

(a) 지상파

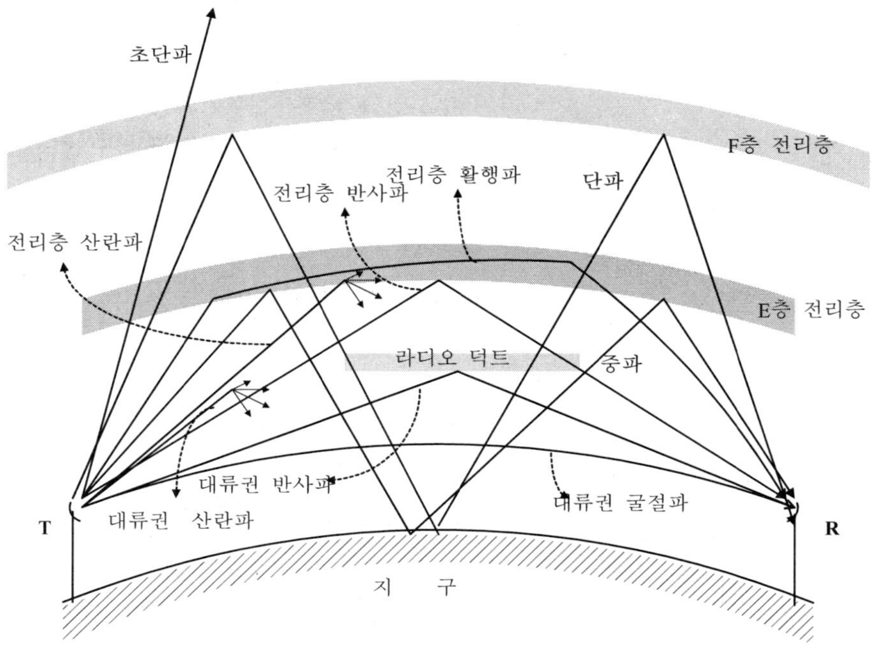

(b) 공간파

그림 10.23 전파통로에 따른 전파의 분류

10.6 대류권의 페이딩

대류권이란 대기의 대류현상이 일어나서 구름, 비, 안개 등의 기상변화가 일어나는 영역을 말하며, 일반적으로 대기의 온도는 지표면에서 상공으로 올라갈수록 낮아지지만, 어떤 높이에 도달하면 온도가 더 이상 낮아지지 않고, 일정한 온도를 유지하는데 이때 이 면을 지대류면 또는 대류정이라 하고, 지표면과 대류정 사이를 대류권이라 한다. 이러한 대류권의 두께는 위도나 계절에 따라 다르지만 평균적으로 적도지방에서는 16[㎞], 온대지방에서는 10~12[㎞], 극지방에서는 9[㎞] 정도이며 대류가 늘 행해지므로 기상의 3요소인 온도, 기압, 습도에 변화를 준다.

기상 3요소의 변화는 대류권을 전파하는 대류권파의 전파에 영향을 준다. 기압은 온도가 일정하면 높이에 따라 지수 함수적으로 감소하며, 기압은 시간에 따른 변화가 적어 대류권 전파에 영향은 거의 없지만, 온도와 습도는 변화가 커서 대류권내를 전파하는 전파의 전파상태에 영향을 준다. 온도는 높이에 따라 보통

6.5[° /㎞]로 낮아지며, 온난, 한랭전선 등이 있을 때는 그 경계면에서 온도의 급격한 변화를 보여 기온의 역전층을 형성하기도 하여 라디오 덕트 내의 초굴절과 같은 현상을 만들 수도 있다.

가시거리내의 송수신점에서 수신전계는 직접파와 대지 반사파의 합성으로 이루어지지만 송수신 사이 거리가 멀리 떨어져 있는 경우에는 전파는 직진하지 않고 그림 10.24와 같이 느리게 만곡되어 진입된다. 이와 같은 현상을 대류권 굴절이라 하며, 실제로는 근거리에서도 약간 구부러져 진입되고, 주파수가 높을수록 곡률은 커진다.

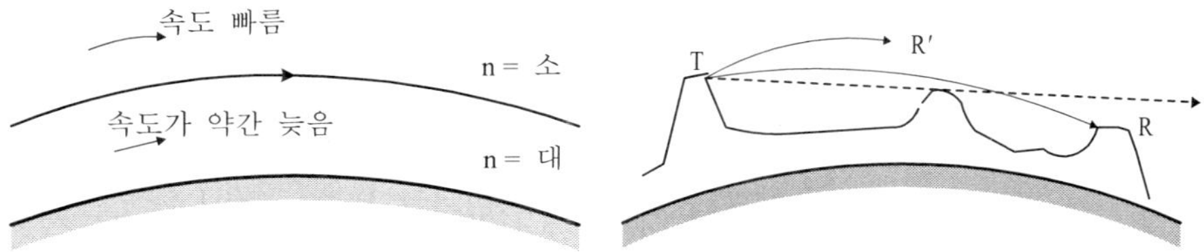

그림 10.24 전파의 굴절

이와 같이 전파가 굴절하면서 전파하는 것은, 대기중에 포함된 수증기의 양이 기온에 따라 달라지기 때문에 지상에서의 높이에 따라 유전율이 변하며, 이에 따라 굴절률이 달라지기 때문이다.

전파속도 v_p는

$$v_p = \frac{c}{\sqrt{\varepsilon\mu}}$$

이므로, 전파속도는 높이에 따른 대기중의 유전율 변화는 전파속도를 변화시킨다. 따라서 그림과 같이 굴절률이 큰 지표쪽을 통과하는 전파보다 굴절률이 작은 고공을 통과하는 전파속도가 빨라지게 된다. 즉 상공에 발사한 전파는 거리가 멀어짐에 따라 아래 쪽을 향하게 되어 수신점에 도달하며, 이로 인하여 대류권을 전파하는 전파는 가시거리외까지 전파한다.

페이딩이란 전파통로의 상태변화 및 둘 이상의 전파통로가 다른 전파간의 간섭현상에 의하여 수신점에서의 수신전계가 시간에 따라 변동하는 현상을 말한다. 대류권 전파에서도 전파통로의 감쇠량의 변화, 산란상태의 변화, 전파의 상호간섭 및 회절상태가 시간에 따라 변하므로 페이딩이 존재한다. 이를 변동현상에 따라 분류하면 다음과 같다.

10.6.1 덕트형 페이딩

전파통로상에 덕트가 발생할 때 주전파는 덕트내에 제한되어 수신점보다 멀리 전파되어 수신점에서의 수신전계가 극히 약해지거나, 덕트가 수신점을 포함하여 강한 수신전계를 주기도 하므로 변동폭이 크고 불규칙적인 변화를 하므로 실용상 문제가 되는 페이딩이다. 또한 덕트에 의하여 여러 개의 전파가 서로 간섭하여 페이딩이 발생하기도 하며 이런 경우는 변동폭이 크고 (±10[dB]) 주기가 수분에서 수 십분 정도로 마이크로파대 통신에 큰 장해를 주기도 한다. 덕트형 페이딩의 방지책으로는 합성 수신법 등이 이용된다.

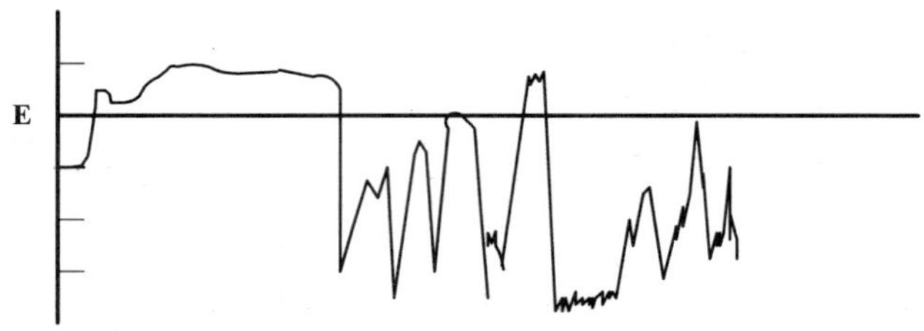

그림 10.25 덕트형 페이딩

10.6.2 감쇠형 페이딩

전파가 대기중에서 비, 구름, 안개 등에 의한 흡수, 또는 산란현상이 발생하여 수신전계가 변동하게 되며, 특히 10[㎒] 주파수 부근에서 심하게 발생된다. 방지책은 AGC(Automatic Gain Control) 또는 AVC(Automatic Volume Control) 등을 이용한다.

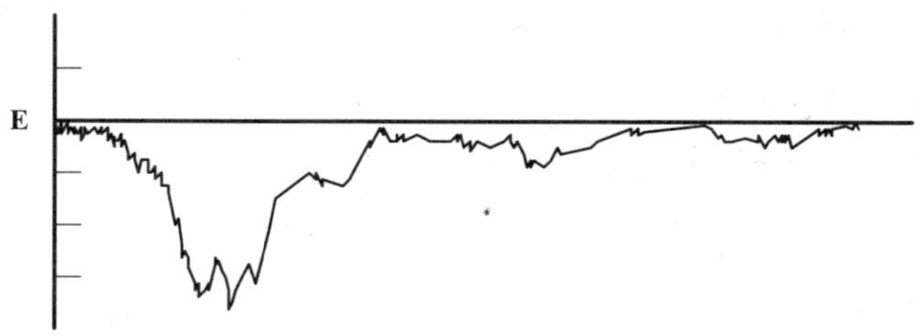

그림 10.26 감쇠형 페이딩

10.6.3 신틸레이션(Scintillation) 페이딩

대기층의 동요, 강풍에 의한 기단의 변화, 강한 주전파에 대한 약한 굴절파의 간섭 등에 의해서 발생하며 전계강도 평균레벨의 변화는 그림과 같이 수 [dB]이하로 변동폭이 작으며 수 초 이하의 짧은 주기를 갖는다. 방지책으로는 AGC (Automatic Gain Control) 또는 AVC(Automatic Volume Control) 등을 이용한다.

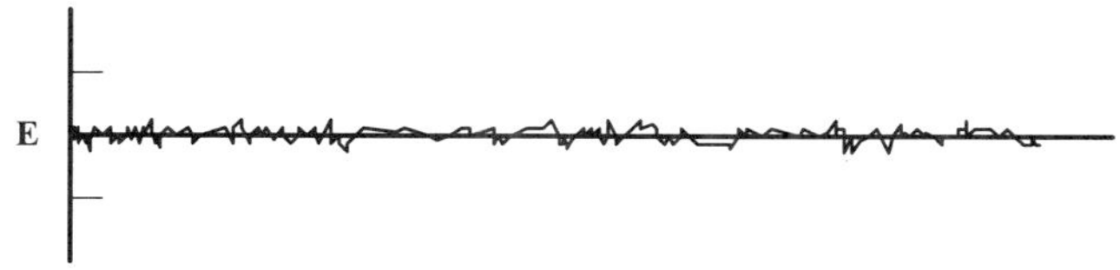

그림 10.27 신틸레이션 페이딩

10.6.4 K형 페이딩

대기의 굴절률 분포변화에 따라 등가지구 반지름 계수 K의 변화가 발생하고 이에 따라 수신전계강도가 변동하는 페이딩이며 간섭성 K형 페이딩과 회절성 K형 페이딩으로 구분되며, AGC 또는 AVC를 이용하여 경감시킬 수 있다.

(1) 간섭성 K형 페이딩

등가반지름 계수 K가 변화함에 따라 직접파와 대지 반사파의 통로차가 변하며 이에 따라 위상차가 발생하여 수신전계강도가 변하게 된다. 간섭성 K형 페이딩은 마이크로파대에서 문제가 되며 주파수가 높을수록 변동주기가 짧으며 시계내 지상파 전파일 때 발생하면 전계값이 평균치에서 6[dB] 이내까지 상승하며 감쇠량은 매우 커질 수도 있다.

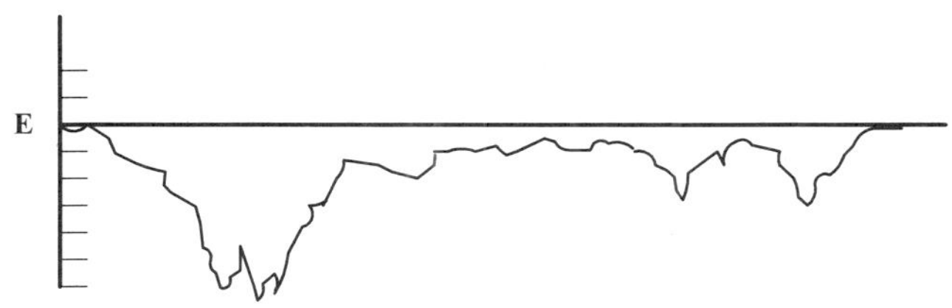

그림 10.28 간섭성 K 페이딩

(2) 회절성 K형 페이딩

등가반지름 계수 K가 변함에 따라 가시거리가 변화하거나 또는 외견상 산악의 높이가 변하면 이에 따라 회절손실이 변화하여 수신전계가 변동하게 된다. 등가반지름 계수 K의 변화는 보통 완만하므로 변동주기는 길고 간섭에 의하여 발생하는 것이 아니기 때문에 전계 변화량은 20~30[dB] 정도이며, 주파수에는 무관하다.

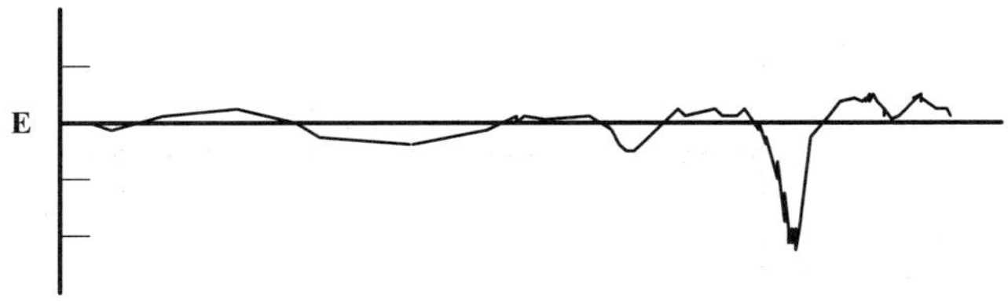

그림 10.29 회절성 K형 페이딩

10.6.5 산란형 페이딩

대기의 소기단군, 난류 등에 의하여 발생된 산란파는 복수파원으로 되며 수신된 산란파는 여러 간섭파의 합성이기 때문에 진폭은 시시각각으로 변하여 페이딩이 발생된다. 시계외 전파에서 짧은 주기의 페이딩이 연속되어 발생한다.

그림 10.30 산란형 페이딩

10.7 전리층 전파에서 발생하는 여러 가지 현상

전리층은 지상에서부터 높이의 순으로 D, E, F1 및 F2층으로 구성되어 있으며 각 전리층의 전자밀도는 그림 10.31과 같이 층에 따라 다르며 주, 야 및 계절에 따라 다르다. 이러한 전리층의 전자밀도와 높이는 일정하지 않고 시간, 일,

월, 계절에 따라 변화한다.

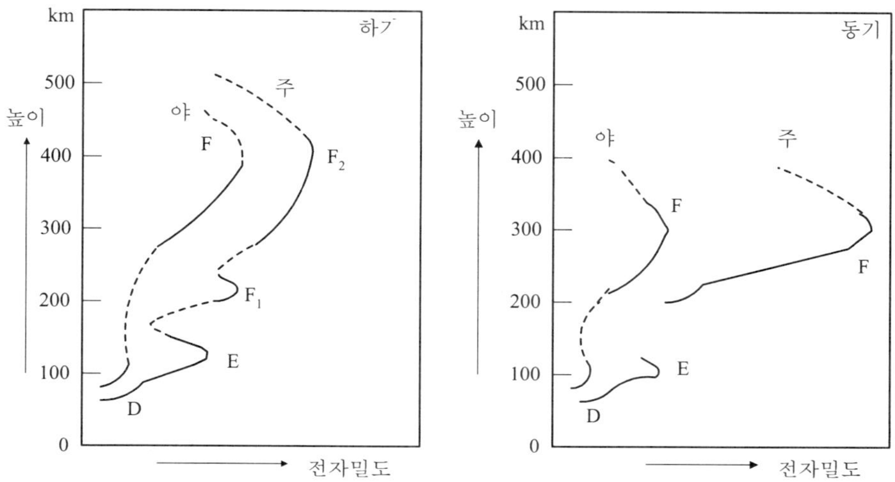

그림 10.31 전리층의 개략도

(1) D층

지면에서 50~90[㎞] 사이에 존재하며 전자밀도가 낮은 층으로서, 주간에만 존재하다가 야간에는 소멸되어 존재하지 않는다. D층에서 장파대는 반사하지만 중파대 이상의 주파수는 모두 투과해버린다. 그러므로 중파대 이상의 주파수에 대해서는D층 통과시에 많은 감쇠가 발생하므로 전파를 약화시키는 흡수층이 된다. D층은 태양고도와 밀접한 관계가 있으므로 일출과 더불어 생성되고 정오경에 전자밀도가 가장 커졌다가 일몰과 함께 전자밀도가 감쇠하기 시작하여 사라진다.

(2) E층

지상 약 100[㎞]의 높이에 존재하며 층 높이는 계절에 따라 약간 변화하는데 태양에 가까울 때 좀 낮아진다. E층은 공기밀도가 크므로 재결합이 많이 발생하지만 D층보다는 공기밀도가 적어, 야간에도 주간보다는 전자밀도가 작지만 E층이 존재한다. 주간에는 전자밀도가 크기 때문에 약 10[㎒]의 전파도 반사시키며, 야간에는 장파 및 중파대 전파는 반사시키지만 단파대 전파는 투과한다. E층 전리층 반사파는 약 1,000[㎞] 이내의 통신에 있어서 중요한 역할을 한다.

(3) F층

지상 약 200~400[㎞]의 높이에 존재하며 전자밀도가 다른 전리층보다 훨씬 크다. F층의 공기밀도는 대단히 적어서 일단 전리된 전자들은 쉽게 재결합하거나 다른 원자에 부착되지 않으므로 야간에도 큰 전자밀도를 유지하고 있으므로 단파대의 전파를 반사시킨다. 주간에는 F1층이 약 200[㎞]에서부터 나타나며, F2층은 약 250~400[㎞]사이에 나타난다. 야간에는 F1층과 F2층이 합쳐져 구분할 수 없으며 지상 약 280[㎞]에 존재한다.

(4) 스포래딕 E층(Sporadic E—layer)

E층과 거의 같은 지상 약 100[㎞]에 존재하지만 E층보다 전자밀도가 훨씬 커서 80[㎒] 정도의 초단파도 반사시킨다. 이 층은 5~8월중에 야간보다도 주간에 많이 발생하며 발생지역은 국부적이고 발생주기도 불규칙하다. 이 층의 발생원인은 명백히 밝혀지지 않고 있다.

10.7.1 페이딩

수신 안테나의 수신전계강도가 시간에 따라 항상 일정하지 않고 시간에 따라 수신전계강도가 변동하는 현상을 페이딩이라 하며, 이는 둘 이상의 전파경로를 달리하는 전파간의 간섭, 전파통로의 상태변화 등에 의하여 수신전계강도가 변동하기 때문에 발생하는 현상이다. 이러한 페이딩은 단파대의 전리층 전파에서 현저하게 나타나는 현상으로 실용통신에 영향을 주므로 항상 고려해야 한다.

페이딩의 변동폭은 0[dB]에서 수 십[dB] 이상 되는 것도 있으며, 페이딩의 주기는 단파대에서 가장 짧고 장, 중파대로 가면 길어져 약 1초에서 수 분에 달하는 것도 있지만 긴 것은 수 시간에 이르기도 한다.

공간파를 이용하는 단파대의 페이딩과 지상파를 이용하는 초단파대 이상의 페이딩(대류권 페이딩 참조)은 발생원인과 성격이 다르다.

전리층 페이딩의 발생원인은 전파통로가 다른 지표파와 전리층 파의 상호간섭 또는 전파통로가 다른 공간파 상호간의 간섭, 전리층의 상태변화에 따른 반사 및 흡수 상태변동, 전리층 전자밀도 변동에 따른 도약거리 변동, 반송파의 측파대 또는 상,하측파대의 감쇠특성 등이 페이딩이 발생원인이며 실제로 이들중 둘 이상이 동시에 일어나는 경우가 많다.

(1) 간섭성 페이딩

일반적으로 자유공간을 전파해온 전파는 둘 이상의 전파통로를 가지며, 수신점에서는 전파통로의 길이에 따라서 위상차가 발생한다. 전리층 반사파는 전리층의 불균일 때문에 통로차를 갖게되고 위상차를 갖는 전리층파가 수신점에 도달하면 페이딩을 발생시킨다.

중파 방송에서는 지표파도 상당한 거리까지 전파되므로 이 지상파와 전리층 반사파의 전계가 같아지는 거리 부근(약 100㎞)에서 지상파와 전리층 반사파의 간섭에 의한 페이딩을 근거리 페이딩이라 한다. 이에 대하여 전리층의 불균일성 및 전리층의 상태변동에 따라 전리층 반사의 정도가 변동하기 때문에 전리층 반사파의 위상이 변하게 되어 전리층 반사파 상호간에 간섭에 의한 페이딩이 발생하는데 이를 원거리 페이딩이라 한다. 또한 VHF대의 전리층 산란파에서, 전리층 산란파의 상호간섭에 의한 페이딩을 플러터 페이딩이라 한다.

근거리 간섭성 페이딩은 페이딩 방지용 안테나를 사용하여 방지할 수 있으며, 원거리 간섭성 페이딩은 공간합성 수신법(space diversity)과 주파수 합성 수신법(frequency diversity) 또는 MUSA 방식에 의하여 방지할 수 있다.

(2) 편파성 페이딩

전리층에서 전파가 반사될 때 지구자계의 영향을 받게 되면 타원편파로 되어 편파면이 시간에 따라 회전하기 때문에 전파의 세기가 일정하더라도 수신 안테나의 유기 기전력은 변화한다. 즉 타원의 장축이 수신 안테나의 축과 일치할 때 수신전계는 최대가 되며 직각일 때 최소가 된다. 이와 같이 편파면의 변동에 따른 페이딩을 편파성 페이딩이라 하며 단파대에서 심하며 주기도 빠르다. 이러한 편파성 페이딩은 편파 합성법으로 방지할 수 있다.

(3) 흡수성 페이딩

전파가 전리층을 통과하거나 또는 반사할 때 전자와 공기분자와의 충돌로 인하여 전파 에너지의 일부가 흡수되므로 전파 에너지는 감쇠를 받게 된다. 따라서 전리층의 전자밀도가 항상 일정하지 않고 시간적으로 변화하게 되면 수신전계강도가 변하게 되어 발생하는 페이딩을 흡수성 페이딩이라 한다. 전리층의 전자밀도가 급격하게 변하지 않기 때문에 페이딩 주기는 비교적 길게 되며, 수신기에 자동이득 조절장치(AGC) 회로를 부가하여 방지할 수 있다.

(4) 선택성 페이딩

전리층에 의한 전파의 감쇠는 주파수에 따라 변화하기 때문에 통신방식중 반송파와 양 측파대를 모두 사용하는 경우, 반송파와 각 측파대가 받는 감쇠의 정도가 다르며, 또한 전리층이 변동하였을 때 각 주파수 성분마다 미치는 영향이 다르기 때문에 수신전계의 진폭이 변동하게 되어 발생하는 페이딩을 선택성 페이딩이라 한다. 선택성 페이딩은 주파수 합성법을 사용하여 방지할 수 있으며 단측파대 통신방식에서는 선택성 페이딩의 영향을 받지 않는다.

(5) 도약성 페이딩

전리층의 상태변동에 따라 도약거리 부근의 수신전계가 급격하게 변한다. 즉, 수신점이 도약거리 안쪽으로 들어오거나 바깥쪽으로 나가면 수신이 불가능해 진다. 이와 같이 도약거리 부근에서 발생하는 페이딩을 도약성 페이딩이라 하며, 전리층의 전자밀도가 변화율이 큰 일출, 일몰시간에 많이 나타난다. 이러한 도약성 페이딩은 주파수 합성법으로 방지할 수 있다.

(6) 페이딩 방지법

① 자동이득 조절장치 (Automatic Gain Control : AGC)를 이용하는 방법

반송파의 강도가 변화하는 것을 이용하여 반송파의 정류출력을 중간 주파 증폭단에 귀환시켜 수신 전파의 세기가 변동하여도 수신기의 출력을 일정한 크기로 유지시켜 주는 방법으로 흡수성 페이딩을 방지할 수 있다.

② 자동음량 조절장치(Automatic Volume Control : AVC)를 이용하는 방법

수신된 전계의 세기가 변화해도 수신기의 출력이 변하지 않고 일정하게 자동적으로 조정하는 장치로서 원리는 AGC와 같으나 검파출력의 직류성분을 전단 증폭기의 바이어스에 역극성으로 포개어 음량을 자동적으로 조절한다.

③ 주파수 합성법(Frequency Diversity)

한 개의 안테나에 주파수가 다른 두 개의 고주파 장치를 이용하는 방법으로 동일 송신점에서 동시에 주파수가 다른 둘 이상의 주파수를 발사하여 수신측에서 합성 또는 선택하여 수신하는 방법이다. 주파수가 다르므로 감쇠정도가 다르며, 수신출력이 매우 나쁜 상태가 되는 확률이 적으므로 페이딩의 영향을 적게 할 수 있다.

④ 공간 합성법(Space Diversity)

한 개의 송신 안테나에 대하여 두 개 이상의 수신 안테나를 서로 다른 장소(2파장 이상 떨어진 장소)에 설치하고, 각 수신 안테나의 출력을 합성 또는 양호한 출력을 선택, 수신하여 페이딩의 영향을 감소시키는 방법으로 경제적 효과가 큰 합성법이다.

⑤ 편파 합성법(Polarization Diversity)

전리층 반사파는 일반적으로 지구자계의 영향을 받아 타원편파로 된다. 이 때 전계는 수직성분과 수평성분을 갖게 되어 편파성 페이딩을 발생시킨다. 따라서 수신측에서 수직편파 안테나와 수평편파 안테나를 따로 설치하여 각 편파성분을 분리 수신하여 합성하면 페이딩의 영향을 줄일 수 있다.

⑥ MUSA(Multiple Unit Steerable Antenna)

수신 안테나에 수신되는 전파는 여러 전파경로를 거치게 되므로 실제로 나타나는 페이딩은 거의 간섭현상에 의한 것이다. 따라서 지향성이 예민한 빔 안테나를 사용하여 최대 전계강도가 도래하는 방향으로 안테나의 지향성이 되도록 하여 간섭에 의한 페이딩을 경감시킬 수 있다. 이러한 수신방식을 입사각 합성 수신법 또는 가변 지향성 수신방식이라 한다. 단파대에서는 지향성이 예리한 안테나는 대형이며 이것을 여러 개 설치하기 위하여는 넓은 공간을 필요로 하는 결점이 있다.

10.7.2 에코

송신 안테나에서 방사된 전파가 수신 안테나에 도달하는 경로는 여러 가지가 있기 때문에 각각의 경로를 거쳐 수신점에 도달된 전파들은 약간의 위상차를 갖는다. 즉 송신 안테나에서 발사된 전파가 여러 통로를 거쳐서 수신된 전파중 최초로 수신된 전파는 전파통로가 짧고 전계의 강도도 크다. 이를 주전파라 하며, 그 이외의 통로로 전파된 전파는 통로가 길기 때문에 어느 정도 시간차를 갖고 수신점에 도달된다. 이와 같이 동일 신호가 여러 번 되풀이되면서 수신된 전파를 반향전파라 한다. 즉 동일특성의 신호가 일정한 시간간격으로 되풀이되는 현상을 에코라 하며 다음과 같이 발생원인이 따라 분류할 수 있다.

(1) 근거리 에코

송신점 근처에서 나타나는 현상으로 주전파는 지표파이며, 전리층 산란파가 에코파가 된다. 이는 고속통신이나 사진전송에 악영향을 준다.

(2) 역회전 에코

지구는 한 개의 구이므로 송수신점을 연결하는 대원경로중 거리가 가까운 쪽으로 전파되는 전파를 주전파라 하며, 주전파와 반대방향인 먼 거리로 전파되어 전파가 에코신호가 된다. 이러한 역회전 에코는 지향성 안테나를 사용하여 방지할 수 있다.

(3) 지구일주 에코

대원통로에서 주전파 방향으로 전파하여 지구를 일주한 후에 수신점에 도달한 전파가 에코신호가 되는 경우이다. 지구를 일주하는 데 소요되는 시간은 0.138초 정도이므로 에코파는 주전파보다 0.138정도 늦어진다.

(4) 지자극 에코

극지방 부근을 통과하는 단파대의 전파는 지자극에 의하여 독특한 왜곡을 받아 에코와 같은 현상을 나타내는데 이를 지자극 에코라 한다.

(5) 장시간 지연 에코

일반적으로 에코는 주전파에 대하여 지연시간이 0.3초 이하인데 경우에 따라서는 주전파보다 수 초에서 1분 정도 늦게 도달되는 경우도 있다. 이를 장시간 지연 에코라 하며 원인은 아직 밝혀지지 않았다. 에코파는 주전파보다 아주 미약하기 때문에 진폭 제한회로를 사용하여 제거할 수 있다.

(6) 다중 에코

송수신 사이의 거리가 멀 때 송신 안테나에서 발사된 전파는 대지와 전리층사이를 여러 번 반사되어 수신점에 도달하는데 반복횟수에 따라 전파통로의 길이가 달라져 에코가 발생한다.

10.7.3 델린저 현상

델린저 현상은 소실현상이라고도 하며, 이는 단파통로에 있어서 수신전계가 갑자기 저하하여 수신불능 상태로 되었다가 수 분 내지 수 시간이 지난 다음 점차로 회복되는 현상이다. 델린저 현상은 주간에만 나타나고 야간에는 나타나지 않기 때문에 태양의 조사(照射)와 관련이 있는 것으로 생각되며, 태양폭발과 밀접한 관계가 있다. 즉 태양폭발 현상이 관측되면 수신전계가 급히 저하한다. 즉 태양폭발에 의하여 다량의 자외선이 방출되고 이에 따라 E층의 전자밀도가 증가하고, 이로 인하여 임계 주파수가 상승하여 전리층내의 감쇠가 증가하기 때문에 델린저 현상이 발생한다.

델린저 현상은 1.5~20[㎒] 정도의 단파통신에 영향을 주며, 이보다 높거나 낮은 주파수에서는 영향을 받지 않는다. 태양폭발과 밀접한 관계는 있지만 반드시 태양폭발이 있는 경우에만 나타나는 것은 아니며 돌발적으로 때때로 발생하기도 하며 명확한 발생주기는 갖고 있지 않다.

델린저 현상의 특징을 정리하면 다음과 같다.

① 자외선의 이상증가에 의한 E층에서의 감쇠증가
② 발생지역은 태양의 조사구역인 주간구역으로 저위도 지방에서 발생
③ 돌발적으로 종종 발생하며 수 십분 정도가 보통이며 길어도 수 시간 후에는 점차 회복된다.
④ 태양폭발이 선행되는 경우도 있으나 불확실하다.
⑤ 델린저 현상이 발생할 때 E층 또는 D층의 전자밀도가 증가한다.
⑥ 주파수가 낮을수록 영향을 많이 받는다.

10.7.4 자기폭풍(자기람)

태양활동이 활발해지면 전기를 띤 대전입자가 다량으로 방출되며, 이들이 지구자계의 영향때문에 진로가 구부러져 남극과 북극지방에 모여 원형으로 이동하여 지자기가 산란되는 현상을 자기폭픙 또는 자기람이라 한다. 자기폭풍에 의하여 지구자계의 세기가 급속하게 이상 변화하면 단파통신이 불가능하게 되며 수 시간 내지 수 일 후에 점차 회복하게 된다. 이를 전리층 폭풍이라고도 한다.

자기폭풍의 발생원인은 태양면 폭발로 인하여 방출된 다량의 대전입자가 지구

에 도달되기 때문이며 대전입자의 운동속도가 자외선보다 늦으므로 태양폭발 후 수 시간 내지 수 십 시간이 지난 다음에 자기폭풍이 발생한다. 대전입자의 운동경로는 지구에 접근할수록 지구자계의 영향을 받아 자극을 중심으로 환상으로 흐르며, 속도가 빠른 대전입자는 극 근처에, 속도가 느린 것일수록 극으로부터 멀어져 적도까지 미친다. 우리나라와 같은 중위도 지방에서는 태양폭발이 관측된 다음 반나절이나 하루 정도 지나서 자기폭풍이 발생한다. 자기폭풍이 발생하면 F2층의 임계 주파수가 저하되고 단파중에서도 20[MHz] 이상의 주파수에 많은 영향을 미치므로 자기폭풍이 발생되면 주파수를 20[MHz]보다 낮은 주파수로 바꾸는 것이 좋다. 자기폭풍의 발생주기는 태양자전의 1주기인 27.3일 간격으로 되풀이되기는 하지만 대체로 불규칙하게 발생한다.

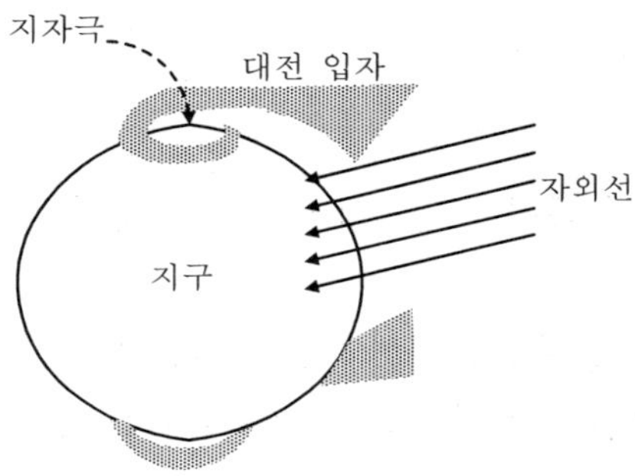

그림 10.32 대전입자의 운동경로

자기폭풍의 특징을 알아보면 다음과 같다.

① 원인은 태양폭발로 발생된 대전입자가 극지방의 지구자계의 급격한 변동을 발생시키기 때문이다.
② 발생구역은 주야 구별없이 전 세계의 고위도 지방
③ 드물게 발생하며 수 시간에서 수일동안 발생하며 지구의 극지방에서 발생하여 점차 저위도 지방으로 확산된다.
④ F2층의 임계 주파수가 저하되고 흡수도 심해진다.
⑤ 20[MHz] 이상의 주파수에 많은 영향을 미친다.
⑥ 태양폭발이 선행된다.

10.7.5 대척점 효과

대척점은 지구상의 한 지점에 대하여 정반대의 위치(약 2,000㎞)에 있는 지구상의 점이다. 지구를 원이라 생각하던 대척점 관계에 있는 두 지점간의 대원통로는 무수히 존재한다. 따라서 수신점을 향하는 전파통로는 무수히 많아 모든 방향에서 전파가 도달하게 되어 거리가 먼데도 불구하고 수신전계가 크게 되는 효과를 대척점 효과라 한다. 그러나 실지는 전파의 주된 도래방향이 있으며 두 지점간의 통신에서는 전리층의 상태에 따라서 여러 가지 대원코스가 예상되지만 전파전파 특성에 의하여 주간코스(일조통로)와 야간코스로 나눌 수 있다.

낮은 주파수에서는 전리층의 감쇠가 커서 야간코스를 전파한다. 즉, 야간코스는 비교적 낮은 주파수가 잘 전파하며, 비교적 높은 주파수는 야간코스에서는 전파가 전리층을 통과하기 때문에 주간코스를 취한다.

10.7.6 룩셈부르그 효과

전리층내에서 주파수가 다른 두 전파가 진행할 때 전파간의 간섭현상이다. 즉 방사전력이 강한 전파 근처에 약한 전파가 존재하면 약한 전파는 강한 전파에 의하여 변조되어, 강한 전파를 수신하면 약한 전파가 나타나는 현상을 룩셈부르그 효과라 한다.

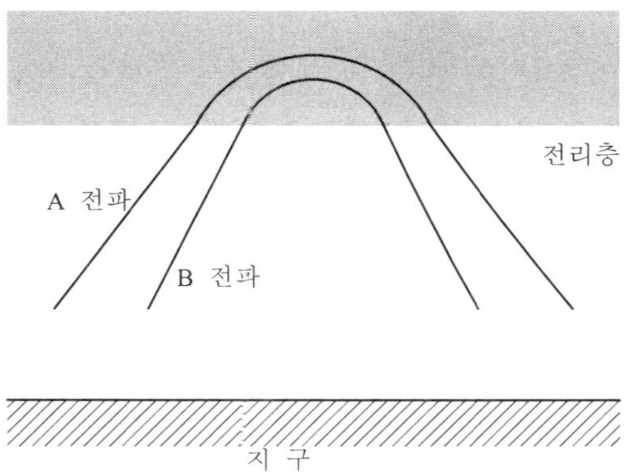

그림 10.33 룩셈부르그 효과

그림 10.33과 같이 B전파의 방사전력이 강하면 그 근처를 통과하는 A전파는 B전파에 의하여 재변조되어 A전파를 수신하면 B전파가 혼입된다. 이러한 현상은

Tellegen에 의하여 독일의 룩셈부르그 방송국과 네덜란드의 페로뮨스타 방송국 사이에서 발견되었다.

자유전자의 평균 충돌횟수는 전계의 세기에 비례하므로 강력한 전계가 있을 때는 전자의 평균속도가 증가하여 그 곳을 통과하는 전파에 감쇠를 준다. 이 때 감쇠의 정도는 강력 전파의 변조도에 비례하므로 약한 전파는 강력 전파에 의하여 변조되는 것으로 생각되고 있다. 이 현상은 일출전에 크고 일출과 동시에 감소한다.

10.8 각 파장대의 전리층 전파

전리층의 각 파장대에 주는 영향은 여러 가지 이론적 방법과 실측에 의하여 다음과 같은 일반적인 결론이 얻어졌다. 즉 장,중파대의 전파는 보통 E층에서 반사되며 단파대의 전파는 E층을 통과하고 F층에서 반사되는 경우가 많다. 초단파 및 그 이상의 높은 주파수대에의 전파는 보통 전리층을 통과하여 반사되지 않는다. 단, 초단파 중에서도 100[MHz] 정도 이하의 낮은 주파수대의 전파는 F2 또는 Sporadic E층의 반사에 의하여 약 1,000[km] 이상의 먼 거리까지 도달되는 경우가 있다.

10.8.1 장파의 전리층 전파

장파의 전리층 전파는 E층의 하면에서 반사로 이루어지므로 반사에 수반된 제2종 감쇠는 매우 적으며, D층에 의한 제1종 감쇠는 장파대에서 파장이 길수록 적다. 장파는 E층과 대지사이를 반사하면서 원거리까지 전파되지만 D층에 의한 감쇠는 겨울에 적고 야간에는 없어지므로 장파의 신호는 여름보다 겨울에, 야간보다 주간에 수신상태가 좋다.

200[kHz] 이하의 주파수대에서 일출과 일몰시 전계강도가 급격히 약해지는 현상을 장파의 일몰효과라 하며 원인은 다음과 같다. 즉 장파의 전리층 반사는 E 층 하면에서 복소 굴절률의 불연속에 의한 것이 있는데, 굴절률은 전리도의 크기가 주간에는 금속적, 야간에는 유전체적으로 되어 일출과 일몰시에 반사가 급변하게 발생하는 것이다.

10.8.2 중파의 전리층 전파

중파는 보통 E층에서만 반사되므로 제1종 감쇠는 D층에 의한 것만 고려하면 되며 제1종 감쇠는 500~2,000[㎑] 부근에서 최대가 된다. 이는 이 대역의 전파가 D층에 완전히 흡수되기 때문이다.

중파의 주간전파는 지상파만을 고려하며, 반면에 야간전파는 D층이 소멸되므로 제1종 감쇠는 없다. f/MUF는 일반적으로 작기 때문에 2종 감쇠는 매우 적게 되므로 야간에는 E층에 의한 전리층 반사파가 전파된다. 야간에 지상파와 전리층파가 동시에 수신되는 지점에서는 각파의 상호간섭에 의한 수신전계가 변동되어 페이딩(근거리 페이딩)이 발생된다. 중파방송에서는 이러한 근거리 페이딩을 방지하기 위하여 방송 안테나의 고각도 방사를 억제시킨다.

10.8.3 단파의 전리층 전파

단파대에서는 지상파의 감쇠가 크기 때문에 전리층 반사파가 주전파 성분이 된다. 단파대의 전리층 전파는 보통 F층에서 반사된다.

전리층의 전자밀도는 주간에 크고, 야간에는 작아지기 때문에 주간에는 MUF가 높다. 따라서 낮은 주파수에서의 제1종 감쇠는 커지며 LUF도 올라간다. 야간에는 MUF는 낮아짐과 동시에 제1종 감쇠가 감쇠하고 LUF도 낮아진다. 따라서 주간에는 높은 주파수가 적당하고 야간에는 낮은 주파수가 적당하다.

단파통신은 동일 주파수를 고정하여 사용하기가 곤란하므로 계절, 주야간, 및 태양의 활동도에 따라 주파수를 적당히 선택하여 사용해야 한다.

10.8.4 초단파대 이상의 전리층 전파

초단파대 이상의 전파는 일반적으로 전리층을 통과하므로 전리층 반사를 이용한 전파는 불가능하지만 전리층 산란파를 이용하여 원거리 통신회선을 구성할 수는 있다.

연습문제

10.1 주파수 1[MHz]에 대한 전기적 미소 다이폴의 방사전계가 정전계보다 커지는 곳을 구하시오.

10.2 길이 3[cm]의 헤르츠 다이폴에 주파수 1000[MHz]의 전류가 흐른다. 방사 저항을 구하고, 이 쌍극자에 5[A]의 전류를 흘렸을 때 방사전력을 구하시오.

10.3 미소 다이폴 안테나의 실효 면적을 구하시오.

10.4 실효고가 20[m]인 수직접지 안테나에서 흐르는 전류가 5[A]일 때 30[km]지 점의 전계강도 E는를 구하시오.

10.5 λ/4 파장의 수직접지 안테나에 200[W]의 전력이 공급되고 있을 때, 최대방사방향으로 1[km]떨어진 점의 전계강도를 구하시오(단, 공중선 효율은 100%, 대지는 완전도체이다).

10.6 주파수 1.5[MHz]용인 1/4파장 수직접지 안테나의 실효고를 구하시오.

10.7 주파수 30[MHz]인 전파를 방사하는 1/4 파장 수직접지 안테나의 실효고를 구하시오.

10.8 주파수 7.5[MHz]용인 λ/4 수직접지 안테나가 있다. 급전점 전류가 5[A]일 때 지상 5[m]인 점에서의 전류를 구하시오.

10.9 수직접지 안테나의 실효높이가 25[m]인 안테나로 주파수 1[MHz]로 송신할 때, 이 안테나의 기저부 전류가 4[A]라고 하면 12[km]떨어진 곳에서의 최대 수신전계를 구하시오.

10.10 미소 다이폴과 반파장 다이폴 안테나에 같은 크기의 복사전력을 공급하였을 때 최대 복사방향으로 수신점의 전력의 비를 구하시오.

10.11 주파수 200[MHz]에 대한 반파장 다이폴 안테나에서 10[kW]의 전력을 복사할 경우 그 직각방향으로 10[km] 떨어진 점에서의 전계의 세기를 구하시오.

10.12 반파장 안테나에 5[A]의 전류가 흐를 때 300[km] 점에서의 복사전계강도를 구하시오.

10.13 수직접지 안테나의 길이가 15[m]일 때 고유 주파수를 구하시오.

10.14 방사저항이 30[Ω], 손실저항이 5[Ω] 및 도치저항이 5[Ω]인 안테나의 효율을 구하시오.

10.15 방사저항이 100[Ω]이고 손실저항이 25[Ω]이라고 할 때 안테나의 방사효율을 구하시오.

10.16 방사저항 45[Ω], 손실저항 5[Ω]인 안테나에 100[W]의 전력이 공급되고 있을 때 방사전력을 구하시오.

10.17 복사저항 20[Ω], 손실저항 5[Ω]인 안테나데 100[W]의 전력이 공급되고 있을 때의 복사전력을 구하시오.

10.18 복사저항이 75[Ω]이고 손실저항이 25[Ω]이라고 할 때 이 안테나의 복사효율을 구하시오.

10.19 $\lambda/4$ 수직접지 안테나의 급전점에 있어서의 방사저항을 20[Ω], 도체저항 기타 손실로 되는 저항을 5[Ω], 방사전력을 490[W]로 할 때 안테나르부터 98[km]떨어진 점의 전계강도를 구하시오(단, 대지는 완전도체 평면으로 한다).

10.20 효율이 90[%], 상대이득이 2인 $\lambda/4$ 수직접지 공중선에 10[kW]의 전력을 공급했을 때 거리 20[km] 떨어진 점에서의 전계강도를 구하시오.

10.21 A, B 두 공중선에 같은 전력을 공급하고 최대 방사방향의 동일지점의 전계강도를 측정하니 각각 10[mV/m] 및 5[mV/m]이었다. A 공중선의 상대이득을 구하시오(단, B 공중선은 반파장 다이폴 공중선이다).

10.22 자유공간에서 공중선 전력1[kW], 공중선 효율이 90[%], 상대이득이 4인 반파 송신 공중선에서 100[km] 떨어진 점에서의 전계강도를 구하시오.

10.23 반파장 다이폴 공중선과 피측정 공중선에 동일 방사전력으로 방사시킨 전파 의 최대 방사방향에서의 전계강도가 각각 100[μV/m], 500[μV/m]이었다면 피측정 공중선의 상대이득은 약 몇 dB인가?

10.24 100[MHz]용 반파장 공중선에 유기되는 기전력을 구하시오(단, 전계강도는 5[mV/m]라 한다).

10.25 주파수 600[kHz], 전계강도 8[mV/m]인 전파를 $\lambda/4$ 수직접지 공중선으로 수신했을 때 공중선에 유기되는 전압을 구하시오.

10.26 반파장 다이폴 안테나를 사용하여 송신할 때, 안테나 기저부 전류가 10[A]이었다. 거리 100[km]떨어진 지점에서 실효고 10[m]인 안테나로 수신하였을 때 안테나에 유기되는 전압을 구하시오.

10.27 전계강도가 50[μV/m]인 지점에서 1/4 파장의 수직접지 공중선으로 수신했을 때의 공중선에 유기되는 전압을 구하시오(단, 수신 주파수는 10[MHz]라고 한다).

10.28 파장 5[m], 전계강도 10[mV/m]의 전파를 반파장 다이폴 안테나로 수신하였을 때 최대 수신 단자 전압을 구하시오.

10.29 전계강도가 10[mV/m]인 전파를 실효길이 1.5[m]인 안테나로 수신했다. 수신 안테나의 복사저항 및 수신기 입력 임피던스가 각각 300[Ω]일 때 수신전력을 구하시오.

10.30 주파수 3000[KHz], 실효높이 50[m]인 안테나에 20[A]의 전류가 흐를 때 이로부터 복사되는 전 전력을 구하시오.

10.31 어느 안테나에 5[A]의 전류를 흘렸더니 300[W]의 방사전력이 생겼다. 이때 방사저항을 구하시오.

부 록

부록 1.

1. 단위의 승수

p	피코	(pico)	10^{-12} = 0.000 000 000 001
n	나노	(nano)	10^{-9} = 0.000 000 001
μ	마이크로	(micro)	10^{-6} = 0.000 001
m	밀리	(mili)	10^{-3} = 0.001
c	센티	(centi)	10^{-2} = 0.01
d	데시	(deci)	10^{-1} = 0.1
k	킬로	(kilo)	10^{3} = 1 000
M	메가	(mega)	10^{6} = 1 000 000
G	기가	(giga)	10^{9} = 1 000 000 000
T	테라	(tera)	10^{12} = 1 000 000 000 000

2. 희랍문자

A	α	알파	(alpha)	N	ν	뉴	(nu)
B	β	베타	(beta)	Ξ	ξ	크사이	(xi)
Γ	γ	감마	(gamma)	O	o	오미크론	(omicron)
Δ	δ	델타	(delta)	Π	π	파이	(pi)
E	ε	입시론	(epsilon)	P	ρ	로우	(rho)
Z	ζ	제타	(zeta)	Σ	σ	시그마	(sigma)
H	η	에타	(eta)	T	τ	타우	(tau)
Θ	θ	세타	(theta)	Υ	υ	읍실론	(upsilon)
I	ι	이오타	(iota)	Φ	ϕ	프아이	(phi)
K	κ	카파	(kappa)	X	χ	카이	(chi)
Λ	λ	람다	(lamda)	Ψ	ψ	프사이	(psi)
M	μ	뮤	(mu)	Ω	ω	오메가	(omega)

3. 물리정수

전자파(광)의 속도 : $c = 2.997925 \times 10^{8}$ [m/c]

전자의 전하 : $e = -1.60219 \times 10^{-19}$ [C]

전자의 정지질량 : $m = 9.10955 \times 10^{-31}$ [kg]

전자의 비전하 : $\dfrac{e}{m} = 1.758802 \times 10^{11} \left[\dfrac{\text{C}}{\text{kg}}\right]$

양자의 질량 : $m_p = 1.67252 \times 10^{-27}$ [kg]

1[kg] 분자의 분자수 : $N = 6.064 \times 10^{26}$

아보가드로수 : $N_a = 6.02216 \times 10^{23}\,[\text{mole}^{-1}]$

플랭크정수 : $h = 6.62619 \times 10^{-34}\,[\text{J} \cdot \text{S}]$

볼츠만정수 : $k = 1.38062 \times 10^{-23}\,[\text{J} \cdot \text{deg}^{-1}]$

중력의 가속도 : $g = 9.80665\,[\text{m/s}^2]$

진공의 유전율 : $\varepsilon_o = \dfrac{65^7}{4\pi c^2} = 8.85419 \times 10^{-12}\left[\dfrac{\text{F}}{\text{m}}\right]$

정공의 유자율 : $\mu_o = 4\pi \times 10^{-7} = 1.256637 \times 10^{-6}\,[\text{H/m}]$

4. MKS 단위와 CGS 단위의 관계

양	MKS 단위	CGS 전자단위	CGS 정전단위
역학적 양			
길이	1 [m]	$= 10^2$ [cm]	$= 10^2$ [cm]
질량	1 [kg]	$= 10^3$ [gr]	$= 10^3$ [gr]
시간	1 [s]	= 1 [s]	= 1 [s]
힘	1 [N] (Newton)	$= 10^5$ [dyne]	$= 10^5$ [dyne]
일	1 [J] (Joule)	$= 10^7$ [erg]	$= 10^7$ [erg]
전력	1 [W]	$= 10^7$ [erg/s]	$= 10^7$ [erg/s]
전기적 양			
		[e. m. u.]	[e. s. u.]
기전력, 전위	1 [V]	10^8	$1/3\ (3\times10^2)$
전계의 세기	1 [V/m]	10^6	$1/\ (3\times10^4)$
전류	1 [A]	10^{-1}	3×10^9
전류 밀도	1 [A/m^2]	10^{-5}	8×10^5
저항	1 [Ω]	10^9	$1/\ (9\times10^{11})$
고유저항	1 [Ω·m]	10^{11}	$1/\ (9\times10^9)$
컨덕턴스	1 [℧]	10^{-9}	9×10^{11}
전기량	1 [C] (coulomb)	10^{-1}	3×10^9
전기적 양			
		[e. m. u.]	[e. s. u.]
유전속	1 [C]	$4\pi/10$	$4\pi\times3\times10^9$
유전속 밀도	1 [C/m^2]	$4\pi/10^5$	$4\pi\times3\times10^5$
정전용량	1 [F] (farad)	10^{-9}	9×10^{11}
유전율	1 [F/m]	$4\pi/10^{11}$	$4\pi\times9\times10^9$
자기적 양			
			[e. s. u.]
기자력, 자위	1 [AT]	$4\pi/10$ [gilbert]	$4\pi\times3\times10^9$
자계의 세기	1 [AT/m]	$4\pi/10^3$ [oersted]	$4\pi\times3\times10^7$
자속	1 [Wb]	10^3 [maxwell]	$1/(3\times10^2)$
자속 밀도	1 [Wb/m^2]	10^4 [gauss]	$1/(3\times10^6)$
자계의 세기	1 [Wb]	$10^3/4\pi$ [e. m. u.]	$1/(4\pi\times3\times10^2)$
자화의 세기	1 [Wb/m^2]	$10^2/4\pi$ [e. m. s.]	$1/(4\pi\times3\times10^6)$
인덕턴스	1 [H] (henry)	10^9 [e. m. u.]	$1/(9\times10^{11})$
자기저항	1 [AT/Wb]	$4\pi/10^9$ [e. m. u.]	$4\pi\times9\times10^{11}$
유자율	1 [H/m]	$10^7/4\pi$ [e. m. u.]	$1/(4\pi\times9\times10^{13})$
자화율	1 [H/m]	$10^7/(4\pi)^2$[e. m. u.]	$1/(16\pi\times9\times10^{13})$

부록 2. 수학공식

1. 벡터해석 방법

1. 和, 差, 積

1) 단위벡터 ; x, y, z축 방향의 단위(기본)벡터를 $\boldsymbol{i}$, $\boldsymbol{j}$, $\boldsymbol{k}$ 및 임의의 벡터 $\mathbf{A}$의 x, y, z 성분을 A_x, A_y, A_z라 하면

$$\mathbf{A} = \boldsymbol{i}A_x + \boldsymbol{j}A_y + \boldsymbol{k}A_z$$

2) 벡터 $\mathbf{A}$와 $\mathbf{B}$의 합 또는 차를 $\mathbf{C}$라 하면

$$\mathbf{C} = \mathbf{A} \pm \mathbf{B}$$

이며 성분은 각각

$$C_x = A_x \pm B_x, \quad C_y = A_y \pm B_y, \quad C_z = A_z \pm B_z$$

3) $\mathbf{A} + \mathbf{B} = \mathbf{B} + \mathbf{A}$, $\mathbf{A} + (\mathbf{B} + \mathbf{C}) = (\mathbf{A} + \mathbf{B}) + \mathbf{C}$

4) scalar적 : $\mathbf{A} \cdot \mathbf{B} = (\mathbf{AB}) = A_xB_x + A_yB_y + A_zB_z = |\mathbf{A}||\mathbf{B}|\cos\theta$

여기서 θ는 $\mathbf{A}$, $\mathbf{B}$의 교각, 따라서 $\mathbf{AB}=0$이면 $|\mathbf{A}|=0$ 또는 $\mathbf{A}\perp\mathbf{B}$

$$A^2 = A_x^2 + A_y^2 + A_z^2$$

5) vector적 : $\mathbf{A}\times\mathbf{B}=[\mathbf{AB}]$의 크기는 $\mathbf{A}$, $\mathbf{B}$에 의하여 결정되는 평행사변형의 면적 $|\mathbf{A}||\mathbf{B}|\sin\theta$ $\sin\theta$ 방향은 이 면에 수직으로 우수계를 따른다. θ는 $\mathbf{A}$, $\mathbf{B}$의 교각이다.

$$\begin{aligned}\mathbf{A}\times\mathbf{B} &= \boldsymbol{i}(A_yB_z - A_zB_y) + \boldsymbol{j}(A_zB_x - A_xB_z) + \boldsymbol{k}(A_xB_y - A_yB_x) \\ &= \begin{vmatrix} \boldsymbol{i} & \boldsymbol{j} & \boldsymbol{k} \\ A_x & A_y & A_z \\ B_x & B_y & B_z \end{vmatrix}\end{aligned}$$

따라서 $\mathbf{A}\times\mathbf{B}=0$이면 $|\mathbf{A}|=0$ 또는 $|\mathbf{B}|=0$ 혹은 $\mathbf{A}//\mathbf{B}$이어야 한다.

6) $a(\mathbf{AB}) = a\mathbf{AB} = \mathbf{A}\,a\mathbf{B}$ (a ; scalar), $\mathbf{AB} = \mathbf{BA}$,
$\mathbf{A}(\mathbf{B} + \mathbf{C}) = \mathbf{AB} + \mathbf{AC}$

7) $a(\mathbf{AB}) = a\mathbf{A}\times\mathbf{B} = \mathbf{A}\times a\mathbf{B}$, $\mathbf{A}\times\mathbf{B} = -\mathbf{B}\times\mathbf{A}$,
$\mathbf{A}\times(\mathbf{B} + \mathbf{C}) = \mathbf{A}\times\mathbf{B} + \mathbf{A}\times\mathbf{C}$

8) $(\mathbf{ABC}) = \mathbf{A}[\mathbf{CB}] = [\mathbf{AB}]\cdot\mathbf{C} = (\mathbf{BCA}) = (\mathbf{CAB}) = -(\mathbf{BAC})$

$$= \begin{vmatrix} A_x & A_y & A_z \\ B_x & B_y & B_z \\ C_x & C_y & C_z \end{vmatrix}$$

이 결과의 크기는 **A**, **B**, **C**에 의하여 결정되는 평행육면체의 체적과 같다.

9) $\mathbf{A}\times[\mathbf{BC}] = (\mathbf{AC})\mathbf{B} - (\mathbf{AB})\mathbf{C}$

$[\mathbf{AB}]\cdot[\mathbf{CD}] = \mathbf{A}\cdot\mathbf{B}[\mathbf{CD}] = \mathbf{A}(\mathbf{BD})\mathbf{C} - (\mathbf{BC})\mathbf{D} = (\mathbf{AC})(\mathbf{BD}) - (\mathbf{AD})(\mathbf{BC})$

$[\mathbf{AB}]\times[\mathbf{CD}] = ([\mathbf{AB}]\mathbf{D})\mathbf{C} - ([\mathbf{AB}]\mathbf{C})\mathbf{D}$

2. 벡터의 미분

1) $\dfrac{dA}{dt} = \boldsymbol{i}\dfrac{dA_x}{dt} + \boldsymbol{j}\dfrac{dA_y}{dt} + \boldsymbol{k}\dfrac{dA_z}{dt}$ (t : parameter)

$\dfrac{\partial A}{\partial x} = \boldsymbol{i}\dfrac{\partial A_x}{\partial x} + \boldsymbol{j}\dfrac{\partial A_y}{\partial x} + \boldsymbol{k}\dfrac{\partial A_z}{\partial x}$ (y, z에 관해서도 마찬가지이다.)

2) $\dfrac{d}{dt}(a\,\mathbf{A}) = \dfrac{da}{dt}\mathbf{A} + a\dfrac{d\mathbf{A}}{dt}$, $\quad \dfrac{d}{dt}(\mathbf{A}+\mathbf{B}+\cdots) = \dfrac{d\mathbf{A}}{dt} + \dfrac{d\mathbf{B}}{dt} + \cdots$

$\dfrac{d}{dt}(\mathbf{AB}) = \left(\dfrac{d\mathbf{A}}{dt}\mathbf{B}\right) + \left(\mathbf{A}\dfrac{d\mathbf{B}}{dt}\right)$, $\quad \dfrac{d}{dt}[\mathbf{AB}] = \left[\dfrac{d\mathbf{A}}{dt}\mathbf{B}\right] + \left(\mathbf{A}\dfrac{d\mathbf{B}}{dt}\right)$

$\dfrac{d}{dt}(\mathbf{A}, \mathbf{B}, \mathbf{C}) = \left(\dfrac{d\mathbf{A}}{dt}, \mathbf{B}, \mathbf{C}\right) + \left(\mathbf{A}, \dfrac{d\mathbf{B}}{dt}, \mathbf{C}\right) + \left(\mathbf{A}, \mathbf{B}, \dfrac{d\mathbf{C}}{dt}\right)$

3) gradient ϕ : (x, y, z)가 scalar 함수이면

$$\text{grad}\,\phi = \nabla\phi = \boldsymbol{i}\frac{\partial\phi}{\partial x} + \boldsymbol{j}\frac{\partial\phi}{\partial y} + \boldsymbol{k}\frac{\partial\phi}{\partial z}$$

를 ϕ의 gradient라 하며 기호 ∇(nabla)는 다음 식과 같다.

$$\nabla = \boldsymbol{i}\frac{\partial}{\partial x} + \boldsymbol{j}\frac{\partial}{\partial y} + \boldsymbol{k}\frac{\partial}{\partial z}$$

를 **A**의 발산(divergence)이라 한다.

5) 회전(rotation, curl)

$$\text{rot}\,\mathbf{A} = \nabla\times\mathbf{A} = \boldsymbol{i}\left(\frac{\partial A_z}{\partial y} - \frac{\partial A_y}{\partial z}\right) + \boldsymbol{j}\left(\frac{\partial A_x}{\partial z} - \frac{\partial A_z}{\partial x}\right) + \boldsymbol{k}\left(\frac{\partial A_y}{\partial x} - \frac{\partial A_z}{\partial y}\right)$$

$$= \begin{vmatrix} \boldsymbol{i} & \boldsymbol{j} & \boldsymbol{k} \\ \dfrac{\partial}{\partial x} & \dfrac{\partial}{\partial y} & \dfrac{\partial}{\partial z} \\ A_z & A_y & A_z \end{vmatrix}$$

를 **A**의 회전(rotation, curl)이라 한다.

6) Laplacian

$$\nabla \phi = \nabla^2 \phi = \nabla \cdot \nabla \phi = \frac{\partial^2 \phi}{\partial x^2} + \frac{\partial^2 \phi}{\partial y^2} + \frac{\partial^2 \phi}{\partial z^2}$$

7) 발산정리

$$\iint_S \mathbf{A} \cdot \boldsymbol{n} dS = \iiint_v \operatorname{div} \mathbf{A} \, dv$$

의 관계를 Gauss의 발산정리라 한다. 여기서 S는 폐곡면, $\boldsymbol{n}$은 이 폐곡면의 외향법선벡터, v는 폐곡면 S에 포위된 전체적이다.

8) Stokes의 정리

$$\oint_C \mathbf{A} \cdot d\boldsymbol{l} = \iint_S [\nabla \ \mathbf{A}] \cdot \mathbf{n} \, dS$$

의 관계를 Stokes의 정리라 한다. 여기서 $d\boldsymbol{l}$은 폐곡선 C의 미소선소벡터, S는 C를 주변으로 하는 면, $\boldsymbol{n}$은 면 S의 법선벡터이며 C에 대하여 우수계의 관계에 있다.

9) Green의 정리

제1등식 , $\iiint_v (\nabla \psi \cdot \nabla \phi + \psi \nabla^2 \phi) dv = \iint_S \psi \frac{\partial \phi}{\partial n} dS$

제2등식 , $\iiint_v (\psi \nabla^2 \phi - \phi \nabla^2 \psi) dv = \iint_S \left(\psi \frac{\partial \phi}{\partial n} - \phi \frac{\partial \psi}{\partial n} \right) dS$

의 관계를 Green의 정리라 한다. 여기서 ψ, ϕ는 scalar함수, S는 폐곡면, v는 S가 포위하는 체적, $\boldsymbol{n}$은 S의 외향법선벡터이다.

10)

$$\nabla(\phi + \psi) = \nabla \phi + \nabla \psi, \quad \nabla(\phi \psi) = \phi \nabla \psi + \psi \nabla \phi$$

$$\nabla \cdot (\mathbf{A} + \mathbf{B}) = \nabla \cdot \mathbf{A} + \nabla \cdot \mathbf{B}$$

$$\nabla \cdot (\phi \mathbf{A}) = \mathbf{A} \cdot \nabla \phi + \phi \nabla \cdot \mathbf{A} = \mathbf{A} \cdot \operatorname{grad} \phi + \phi \operatorname{div} \mathbf{A}$$

$$\nabla \times (\phi \mathbf{A}) = \nabla \phi \times \mathbf{A} + \phi \nabla \times \mathbf{A} = \operatorname{grad} \phi \times \mathbf{A} + \phi \cdot \operatorname{rot} \mathbf{A}$$

$$\nabla(\mathbf{AB}) = (\mathbf{A}\nabla)\mathbf{B} + (\mathbf{B}\nabla)\mathbf{A} + \mathbf{A} \times [\nabla \mathbf{B}] + \mathbf{B} \times [\nabla \mathbf{A}]$$

$$\nabla \times [\mathbf{AB}] = \mathbf{A}(\nabla \mathbf{B}) - \mathbf{B}(\nabla \mathbf{A}) + (\mathbf{B}\nabla)\mathbf{A} - (\mathbf{A}\nabla)\mathbf{B}$$

$$\nabla \times [\nabla \mathbf{A}] = \nabla[\nabla \mathbf{A}] - \nabla^2 \mathbf{A}$$

$$\nabla \times \nabla \phi = \operatorname{rot} \cdot \operatorname{grad} \phi = 0, \quad \nabla \cdot [\nabla \mathbf{A}] = \operatorname{div} \cdot \operatorname{rot} \mathbf{A} = 0$$

3. 직교곡선좌표

1) 임의의 직교곡선좌표를 (u_1, u_2, u_3)라 하면 선소 dl은 일반으로

$$dl^2 = h_1\, du_1{}^2 + h_2\, du_2{}^2 + h_3\, du_3{}^2$$

으로 주어진다. 여기서 h_1, h_2, h_3은 u_1, u_2, u_3의 함수이다.

$$\text{grad}\,\phi = \left(\frac{1}{h_1}\frac{\partial \phi_1}{du_1},\ \frac{1}{h_2}\frac{\partial \phi}{\partial u_2},\ \frac{1}{h_3}\frac{\partial \phi}{\partial u_3}\right)$$

$$\text{div}\,\mathbf{A} = \frac{1}{h_1 h_2 h_3}\left[\frac{\partial}{\partial u_1}(h_2 h_3 A_1) + \frac{\partial}{\partial u_2}(h_3 h_1 A_2) + \frac{\partial}{\partial u_3}(h_1 h_2 A_3)\right]$$

$$\text{rot}\,\mathbf{A} = \left\{\frac{1}{h_2 h_3}\left[\frac{\partial}{\partial u_2}(h_2 A_2) - \frac{\partial}{\partial u_3}(h_2 A_2)\right],\right.$$
$$\frac{1}{h_3 h_1}\left[\frac{\partial}{\partial u_3}(h_1 A_1) - \frac{\partial}{\partial u_1}(h_3 A_3)\right],$$
$$\left.\frac{1}{h_1 h_2}\left[\frac{\partial}{\partial u_1}(h_2 A_2) - \frac{\partial}{\partial u_2}(h_1 A_1)\right]\right\}$$

$$\nabla^2\phi = \frac{1}{h_1 h_2 h_3}\left[\frac{\partial}{\partial u_1}\left(\frac{h_2 h_3}{h_1}\frac{\partial\phi}{\partial u_1}\right) + \frac{\partial}{\partial u_2}\left(\frac{h_3 h_1}{h_2}\frac{\partial\phi}{\partial u_2}\right) + \frac{\partial}{\partial u_3}\left(\frac{h_1 h_2}{h_3}\frac{\partial\phi}{\partial u_3}\right)\right]$$

2) 원통좌표

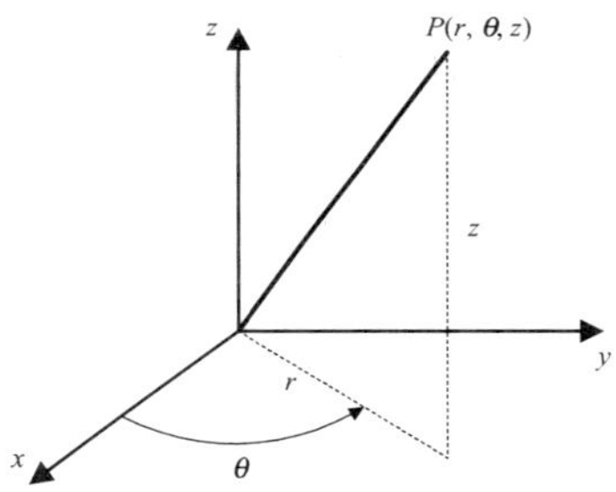

$$\text{grad}\,\phi = \begin{cases} (\text{grad}\,\phi)_r = \dfrac{\partial \phi}{\partial r} \\ (\text{grad}\,\phi)_\theta = \dfrac{1}{r}\dfrac{\partial \phi}{\partial \theta} \\ (\text{grad}\,\phi)_z = \dfrac{\partial \phi}{\partial z} \end{cases}$$

$$\text{div}\,\mathbf{A} = \frac{1}{r}\frac{\partial}{\partial r}(rA_r) + \frac{1}{r}\frac{\partial A_\theta}{\partial \theta} + \frac{\partial A_z}{\partial z}$$

$$\text{rot}\,\mathbf{A} = \begin{cases} (\text{rot}\,\mathbf{A})_r = \dfrac{1}{r}\dfrac{\partial A_z}{\partial \theta} - \dfrac{\partial A_\theta}{\partial z} \\ (\text{rot}\,\mathbf{A})_\theta = \dfrac{\partial A_r}{\partial z} - \dfrac{\partial A_z}{\partial r} \\ (\text{rot}\,\mathbf{A})_z = \dfrac{1}{r}\dfrac{\partial}{\partial r}(rA_\theta) - \dfrac{1}{r}\dfrac{\partial A_r}{\partial \theta} \end{cases}$$

$$\nabla^2\phi = \frac{1}{r}\frac{\partial}{\partial r}\left(r\frac{\partial \phi}{\partial r}\right) + \frac{1}{r^2}\frac{\partial^2 \phi}{\partial \theta^2} + \frac{\partial^2 \phi}{\partial z^2}$$

3) 구좌표

$$\text{grad}\,\varphi = \begin{cases} (\text{grad}\,\varphi)_r = \dfrac{\partial \varphi}{\partial r} \\ (\text{grad}\,\varphi)_\theta = \dfrac{1}{r}\dfrac{\partial \varphi}{\partial \theta} \\ (\text{grad}\,\varphi)_\phi = \dfrac{1}{r\sin\theta}\dfrac{\partial \varphi}{\partial \phi} \end{cases}$$

$$\text{div}\,\mathbf{A} = \frac{1}{r^2}\frac{\partial}{\partial r}(r^2 A_r) + \frac{1}{r\sin\theta}\frac{\partial}{\partial \theta}(\sin\theta\, A_\theta) + \frac{1}{r\sin\theta}\frac{\partial A_\theta}{\partial \phi}$$

$$\mathrm{rot}\,\mathbf{A} = \begin{cases} (\mathrm{rot}\,\mathbf{A})_r = \dfrac{1}{r\sin\theta}\left[\dfrac{\partial}{\partial\theta}(\sin\theta A_\phi - \dfrac{\partial A_\phi}{\partial\phi}\right] \\ (\mathrm{rot}\,\mathbf{A})_\theta = \dfrac{1}{r}\left[\dfrac{1}{\sin\theta}\dfrac{\partial A_r}{\partial\phi} - \dfrac{\partial}{\partial r}(A_\phi)\right] \\ (\mathrm{rot}\,\mathbf{A})_\phi = \dfrac{1}{r}\left[\dfrac{\partial}{\partial r}(A_\theta) - \dfrac{\partial A_r}{\partial\theta}\right] \end{cases}$$

$$\nabla^2\varphi = \frac{1}{r^2}\frac{\partial}{\partial r}\left(r^2\frac{\partial\varphi}{\partial r}\right) + \frac{1}{r^2\sin\theta}\frac{\partial}{\partial\theta}\left(\sin\theta\frac{\partial\varphi}{\partial\theta}\right) + \frac{1}{r^2\sin\theta}\frac{\partial^2\varphi}{\partial\phi^2}$$

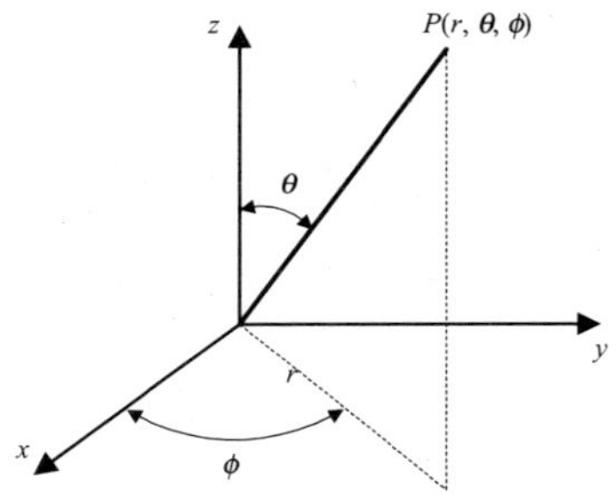

2. 삼각공식

1. 같은 각의 삼각함수 사이의 관계

1) $\begin{cases} \sin A \operatorname{cosec} A = 1 \\ \tan A \cot A = 1 \\ \cos A \sec A = 1 \end{cases}$ 2) $\tan A = \dfrac{\sin A}{\cos A}$ 3) $\begin{cases} \sin^2 A + \cos^2 A = 1 \\ \sec^2 A = 1 + \tan^2 A \\ \operatorname{cosec}^2 A = 1 + \cot^2 A \end{cases}$

2. 2각의 합과 차

1) $\sin(A \pm B) = \sin A \cos B \pm \cos A \sin B$

2) $\cos(A \pm B) = \cos A \cos B \mp \sin A \sin B$

3. 합과 승의 관계

1) $$\begin{cases} \sin A + \sin B = 2\sin\frac{1}{2}(A+B)\cdot\cos\frac{1}{2}(A-B) \\ \sin A - \sin B = 2\cos\frac{1}{2}(A+B)\cdot\sin\frac{1}{2}(A-B) \\ \cos A + \cos B = 2\cos\frac{1}{2}(A+B)\cdot\cos\frac{1}{2}(A-B) \\ \cos A - \cos B = -2\sin\frac{1}{2}(A+B)\cdot\sin\frac{1}{2}(A-B) \end{cases}$$

2) $$\begin{cases} \sin A\cos B = \frac{1}{2}\{\sin(A+B) + \sin(A-B)\} \\ \cos A\sin B = \frac{1}{2}\{\sin(A+B) - \sin(A+B)\} \\ \sin A\sin B = \frac{1}{2}\{\cos(A-B) - \cos(A+B)\} \\ \sin A\cos B = \frac{1}{2}\{\cos(A-B) + \cos(A+B)\} \end{cases}$$

4. 2배각의 관계

1) $\sin 2A = 2\sin A\cos A$

2) $\cos 2A = 2\cos^2 A - 1 = 1 - 2\sin^2 A = \cos^2 A - \sin^2 A$

5. 상수를 갖는 같은 각의 sin과 cos의 합을 단항식으로 만드는 법

$$a\cos A + b\sin A = \sqrt{a^2 + b^2}\cos(A - \theta), \qquad \theta = \tan^{-1}\frac{b}{a}$$

6. 반각 및 2배각에 관한 공식

1) $\sin A = 2\sin\frac{A}{2}\cos\frac{A}{2}$, $\cos A = \cos^2\frac{A}{2} - \sin^2\frac{A}{2}$

2) $2\sin^2 A = 1 - \cos 2A$, $2\cos^2\frac{A}{2} = 1 - \cos A$, $2\sin^2 A = 1 + \cos 2A$,

$2\cos^2\frac{A}{2} = 1 + \cos A$

7. 삼각형의 2변 a, b와 그 사이의 낀 각 θ 를 알고 맞변 c를 구하는 공식

$$c = \sqrt{a^2 + b^2 - 2ab\cos\theta}$$

8. 평행사각형의 2변 a, b와 그 사이의 낀 각 θ 를 알고 대각선 d를 구하는 공식

$$d = \sqrt{a^2 + b^2 - 2ab\cos\theta}$$

9. 호도법

$$1\,[\text{radian}] = \frac{360^\circ}{2\pi} = 57^\circ 17' 45'' = 3,447' 45'' = 206,265''$$

3. 미분 공식

u, v를 x의 함수라고 하면

1) $\frac{d}{dx}(u \pm v) = \frac{du}{dx} \pm \frac{du}{dx}$

2) $\frac{d}{dx}(uv) = v\frac{du}{dx} + u\frac{dv}{dx}$

3) $\frac{d}{dx}\left(\frac{u}{v}\right) = \frac{v\frac{du}{dx} - u\frac{dv}{dx}}{v^2}$

4) $x = f(z)$, $z = \phi(x)$ $\quad \frac{dy}{dx} = \frac{dy}{dz}\frac{dz}{dx}$

5) $x = f(t)$, $v = \phi(t)$ $\quad \dfrac{dy}{dx} = \dfrac{\frac{dy}{dt}}{\frac{dx}{dt}}$

6) $y = x^m$, $y' = mx^{m-1}$

7) $y = \sin x$, $y' = \cos x$

8) $y = \cos x$, $y' = -\sin x$

9) $y = \tan x$, $y' = \dfrac{1}{\cos^2 x}$

10) $y = \cot x$, $y' = -\dfrac{1}{\sin^2 x}$

11) $y = e^x$, $y' = e^x$

12) $y = a^x$, $y' = a^x \log_e a$

13) $y = \log_e x$, $y' = \dfrac{1}{x}$

4. 적분공식

1. 변수치환법 $x = \phi(z)$ $\quad \int f(x)dx = \int f[\phi(z)]\dfrac{dx}{dz}dz = \int f[\phi(z)]\phi'(z)dz$

2. 부분적분법 $\int u\dfrac{dv}{dx} = nv - \int v\dfrac{du}{dx}dx$

3. $\int x^n dx = \dfrac{x^{n+1}}{n+1}$ (적분상수 略)

4. $\int (a+bx)^n dx = \dfrac{(a+bx)^{n+1}}{(n+1)b}$

5. $\int \sqrt{x^2 \pm a^2}\,dx = \dfrac{x}{2}\sqrt{x^2 \pm a^2} \pm \int \dfrac{a^2}{2}\log(x + \sqrt{x^2 \pm a^2})$

6. $\int \dfrac{dx}{x \pm a} = \log(x \pm a)$

7. $\int \dfrac{dx}{a^2 + x^2} = \dfrac{1}{2a}\tan^{-1}\dfrac{x}{a}$

8. $\int \dfrac{dx}{a^2 - x^2} = \dfrac{1}{2a}\log\dfrac{a+x}{a-x} = \dfrac{1}{a}\tanh^{-1}\dfrac{x}{a}$

9. $\int \dfrac{dx}{x^2 - a^2} = \dfrac{1}{2a}\log\dfrac{x-a}{x+a}$

10. $\int \dfrac{dx}{\sqrt{a^2 - x^2}} = \sin^{-1}\dfrac{x}{a}$

11. $\int \dfrac{dx}{\sqrt{x^2 \pm a^2}} = \log(x + \sqrt{x^2 \pm a^2})$

12. $\int \sin axdx = -\cos\frac{ax}{a}$

13. $\int \cos ax\,dx = \frac{\sin ax}{a}$

14. $\int \sin^2 x\,dx = \frac{x}{2} - \frac{\sin 2x}{4}$

15. $\int \cos^2 x\,dx = \frac{x}{2} + \frac{\sin 2x}{4}$

16. $\int \sin ax \cos bx\,dx = \frac{1}{b^2 - a^2} \times (a \sin bx \sin ax + a \cos bx \cos ax)$

17. $\int x \sin ax\,dx = \frac{\sin ax}{a^2} - \frac{x \cos ax}{a}$

18. $\int x \cos ax\,dx = \frac{\cos ax}{a^2} + \frac{x \cos ax}{a}$

19. $\int \log x\,dx = x \log x - x$

20. $\int e^{ax} = \frac{e^{ax}}{a}$

21. $\int xe^x\,dx = e^x(x-1)$

22. $\int \frac{dx}{1+e^x} = \log\frac{e^x}{1+e^x}$

23. $\int e^{ax} \sin bx\,dx = \frac{e^{ax}(a \sin bx - b \cos bx)}{a^2 + b^2}$

24. $\int e^{ax} \cos bx\,dx = \frac{e^{ax}(a \cos bx + b \sin bx)}{a^2 + b^2}$

5. 대수 공식

1. 2차 방정식

$ax^2 + bx + c = 0 \qquad x = \frac{-b \pm \sqrt{b^2 - 4ac}}{2a}$

i) $b^2 - ac > 0$ 2근은 실수이고 같지 않음

ii) $b^2 - ac = 0$ 2근은 실수이고 서로 같음

iii) $b^2 - ac < 0$ 2근은 허수임

2. 대수

$\log_a y = x$는 $a^x = y$인 x, y의 관계를 표시한다.

1) $\log_a a = 1$ 2) $\log_a 1 = 0$

3) $\log_a xy = \log_a x + \log_a y$ 4) $\log_a \frac{y}{x} = \log_a y - \log_a x$

5) $\log_a x^n = n \log_a x$ 6) $\log_a \sqrt[n]{x} = \frac{1}{n} \log_a x$

7) $\log_e x$를 자연대수, $\log_{10} x$를 상용대수라 하면

8) $e = 1 + \frac{1}{1!} + \frac{1}{2!} + \frac{1}{3!} + \cdots + \frac{1}{n!} = 2.71828\cdots$

9) $\log_{10} x = M \log_e x$에서 $M = \frac{1}{\log_e 10} = 0.43429\cdots$ $\frac{1}{M} = \log_e 10 = 2.30258\cdots$

3. 2항 정리

$$(a+b)^n = a^n + na^{n-1}b + \frac{n(n-1)}{1.2} a^{n-2}b^2 + \cdots \frac{+n!}{(n-r)!\,r!} a^{n-r}b^r + \cdots + b^n$$

1) $(1+x)^{-1} = 1 - x + x^2 - \cdots + (-1)^n x^n + \cdots$
2) $(1-x)^{-1} = 1 + x + x^2 + \cdots + x^n + \cdots$
3) $(1+x)^{-2} = 1 - 2x + 3x^2 - \cdots + (-1)^n (n+1)x^n + \cdots$
4) $(1-x)^{-2} = 1 + 2x + 3x^2 + \cdots + (n+1)x^n + \cdots$
5) $(1+x)^{\frac{1}{2}} = 1 + \frac{1}{2}x - \frac{1}{8}x^2 + \frac{1}{16}x^3 + \cdots$
6) $(1-x)^{\frac{1}{2}} = 1 - \frac{1}{2}x - \frac{1}{8}x^2 - \frac{1}{16}x^3 - \cdots$

연습문제 해답

연습문제 해답

제 1 장

1.1 (1) $|\mathbf{A}| = 7.071$

(2) $|\mathbf{B}| = 5.385$

(3) $|\mathbf{A} + 3\mathbf{B}| = 18.466$

1.2 점 A와 점 B의 변위벡터 : $\boldsymbol{l} = 3\boldsymbol{i} - 2\boldsymbol{k}$

단위벡터 : $\boldsymbol{l}_o = 0.831\boldsymbol{i} - 0.544\boldsymbol{k}$

1.3 $|\mathbf{F}_3| \fallingdotseq 10$

1.4 $\theta = 45^\circ$

1.5 $a = -6$

1.6 $W = -55\,[\mathrm{J}]$

1.7 $\mathbf{A}\cdot(\mathbf{B}\times\mathbf{C}) = 1$

1.8 $\mathrm{div}(f\,\mathbf{A}) = 6$

1.9 (1) $\nabla\cdot\mathbf{D} = 166$ (2) $\nabla\times\mathbf{D} = 9\boldsymbol{i} - 24\boldsymbol{j}$

1.10 (1) $\nabla\cdot\boldsymbol{r} = 3$ (2) $\nabla\cdot\boldsymbol{r} = 0$

1.11

$$\nabla\cdot(\nabla\cdot\mathbf{A}) = \nabla\begin{vmatrix} \boldsymbol{i} & \boldsymbol{j} & \boldsymbol{k} \\ \frac{\partial}{\partial x} & \frac{\partial}{\partial y} & \frac{\partial}{\partial z} \\ Ax & Ay & Az \end{vmatrix}$$

$$= \left(\frac{\partial}{\partial x}\boldsymbol{i} + \frac{\partial}{\partial y}\boldsymbol{j} + \frac{\partial}{\partial z}\boldsymbol{k}\right)\cdot\left\{\left(\frac{\partial Az}{\partial y} - \frac{\partial Ay}{\partial z}\boldsymbol{i}\right) + \left(\frac{\partial Ax}{\partial z} - \frac{\partial Az}{\partial x}\right)\boldsymbol{j} + \left(\frac{\partial Ay}{\partial x} - \frac{\partial Az}{\partial y}\right)\boldsymbol{k}\right\} = \frac{\partial}{\partial x}\left(\frac{\partial Az}{\partial y} - \frac{\partial Ay}{\partial z}\right) + \frac{\partial}{\partial y}\left(\frac{\partial Ax}{\partial z} - \frac{\partial Az}{\partial x}\right) + \frac{\partial}{\partial z}\cdot\left(\frac{\partial Ay}{\partial x} - \frac{\partial Ax}{\partial y}\right) = 0$$

1.12 원통좌표 : $r = 5,\ \phi = 53.1^\circ,\ z = -5$

구좌표 : $r = 7.07,\ \theta = 135^\circ,\ \phi = 53.1^\circ$

1.13 (1) $x = 4.33,\ y = 5\sin 30^\circ,\ z = 2$

(2) $x = -2.5,\ y = 4.33,\ z = -2$

(3) $x = 1.25,\ y = 2.165,\ z = 4.33$

1.14 (1) $\overline{AB} = 6.79$ (2) $\overline{AB} = 8.27$

1.15 (1) $\mathbf{A} + \mathbf{B} = (3 + \sqrt{3})\,\boldsymbol{i} + 3\,\boldsymbol{j} + 3\,\boldsymbol{k}$

(2) $\mathbf{A}\cdot\mathbf{B} = 4 + 3\sqrt{3}$

(3) $\mathbf{A}\times\mathbf{B} = 3\boldsymbol{i} - 1.732\boldsymbol{j} + (3 - 2\sqrt{3})\boldsymbol{k}$

제 2 장

2.1 $r = 3\,[\mathrm{m}]$

2.2 전계의 세기 : $E = \frac{36}{25}\,[\mathrm{V/m}]$

전계의 단위 벡터는 : $\mathbf{E}_o = 0.6\boldsymbol{i} + 0.8\boldsymbol{j}$

2.3 $\sqrt{3}$배

2.4 (1) $\mathbf{E} = 49.2\boldsymbol{i} + 36.9\boldsymbol{j}\,[\mathrm{V/m}]$,

$E = 61.5\,[\mathrm{V/m}]$

(2) 전기력선 수 : 3393 [lines]

2.5 $\mathbf{E} = 43.2\boldsymbol{i} + 57.6\boldsymbol{j}\,[\mathrm{V/m}],\ E = 72\,[\mathrm{V/m}]$

2.6 $\mathbf{E} = -360\,\boldsymbol{j}\,[\mathrm{V/m}]$

2.7 $\mathrm{grad}\,V = -\frac{4}{5}(2\,\boldsymbol{i} + \boldsymbol{j})$

2.8 $\frac{x}{y} = C$이다.

2.9 $\rho = -2xz\,\varepsilon_o\,[\mathrm{C/m^3}]$

2.10 $N = 1.421\times10^8$ [lines]

2.11 $r = 1\,[\mathrm{m}]$

2.12 $\iiint_v \mathrm{div}\,\mathbf{A}\,dv = \frac{40}{3}\pi$

2.13 $\varepsilon_s = 2.86$

2.14 $\varepsilon_s = 5.52$

2.15 $E_o = 3.1\times10^6\,[\mathrm{V/m}]$

2.16 $\rho_s = 11.75\,[\mathrm{nC/m^2}]$

2.17 (1) $\theta_2 = 80.5^\circ$

(2) $E_2 = 2.15\times10^5\,[\mathrm{V/m}]$

$D_2 = 1.14\times10^{-5}\,[\mathrm{C/m^2}]$

제 3 장

3.1 $a = 9\times10^9\,[\mathrm{m}] = 9\times10^6\,[\mathrm{km}]$

3.2 $V = 133.3\,[\mathrm{V}]$

3.3 $\varepsilon_s = 3.53$

3.4 $Q = 4.8 \times 10^{-8}$ [C]

3.5 $\dfrac{C_\varepsilon}{C_o} = 1.582$배

3.6 (1) $E = 2 \times 10^5$ [V/m]

(2) $W = 53.12$ [μJ]

(3) $\rho_s' = 8.854$ [μC/m^2]

(4) $F = 10.6$ [mN]

3.7 (1) $C = 1.7C_o$

(2) $C = 2C_o$

(3) $C = C_o$

3.8 (1) $d_1 = \dfrac{1}{6}$, $d_2 = \dfrac{1}{3}$, $d_3 = \dfrac{1}{2}$ [cm]

(2) $d_1 = \dfrac{1}{6}$, $d_2 = \dfrac{1}{3}$, $d_3 = \dfrac{1}{2}$ [cm]

$C = 6\varepsilon_o \times 10^{-2}$ [F/m^2]

3.9 $P_{11} = 1.414 \times 10^3$ [1/F], $q_{11} = 907$ [μF]

3.10 $F = 9 \times 10^9$ [N]의 흡인력

3.11 $Q = 2.95 \times 10^{-8}$ [C]

3.12 흡인력 F는 (그림 참조)

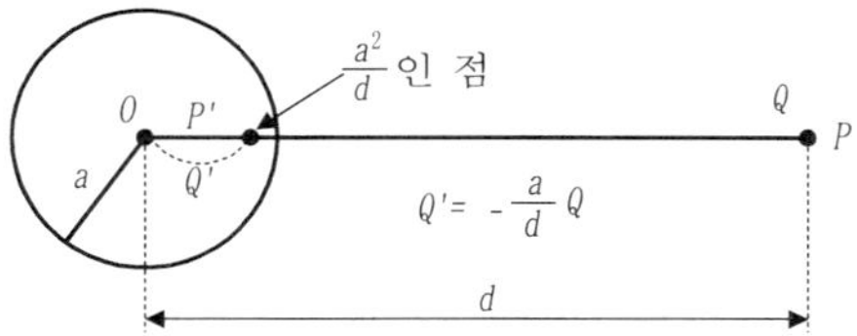

$$F = -\frac{1}{4\pi\varepsilon}\frac{adQ^2}{(d^2 - a^2)^2}$$

(- 부호는 흡인력을 의미함)

제 4 장

4.1 $r = 4$ [cm]

4.2 $H = 162$ [AT/m]

4.3 $x = \dfrac{\sqrt{m_1} \cdot r}{\sqrt{m_1} + \sqrt{m_2}}$ [m]

4.4 $N = 7.958 \times 10^5 \times m$

4.5 $T = 3\sqrt{3} \times 10^{-5}$

4.6 $H_x = \dfrac{m\delta a^2}{2\mu_o(a^2 + x^2)^{3/2}}$ [A/m]

4.7 $H = 398$ [AT/m]

4.8 $J = \dfrac{\mu_o(\mu_s - 1)}{1 + N(\mu_s - 1)} H_o$ [Wb/m^2]

4.9 $R_m \fallingdotseq 6.37 \times 10^4$

4.10 $W_m \fallingdotseq 400$ [J/m^3]

4.11 $H = 207$ [AT/m]

4.12 $\overline{W} = \dfrac{1}{2}HB = 5$[J]

제 5 장

5.1 $H = 50$ [A/m]

5.2 $H_o = 1$ [AT/m]

5.3 $H = \dfrac{9I}{2\pi} l$ [AT/m]

5.4 $H_o = \dfrac{2\sqrt{2}I}{\pi l}$ [AT/m]

5.5 $H_o = \sqrt{2}$ [AT/m]

5.6 $\phi = 6.4 \times 10^{-6}$ [Wb]

5.7 $H_o = \dfrac{I}{4a}$ [AT/m]

5.8 $B = 4 \times 10^{-3}$ [Wb/m^2]

5.9 $F \fallingdotseq 2.4$ [N/m]

5.10 $\dfrac{a}{b} = \dfrac{1}{4}$

5.11 $F = 1.74 \times 10^{-5}$ [N/m]

5.12 $F = 0.2$ [N]

제 6 장

6.1 $E_m = NwabB$

6.2 $B = 1$ [Wb/m^2]

6.3 $\dfrac{e_2}{e_1} = \dfrac{N_2}{N_1} = 5$

6.4 $L = 1.5$ [H]

6.5 $L \fallingdotseq 37.7 \times 10^{-3}$ [H]

6.6 $N = 55 \times 10^3$ [회]

6.7 $\dfrac{N_2}{N_1} = \sqrt{1 + \mu_s a / l}$

6.8 $M = 2$ [mH]

6.9 $M = 2.25$ [mH]

6.10 $L_2 \fallingdotseq 0.156$ [H]

6.11 $W = 2\pi$ [J]

6.12 $W = 0.4125$ [J]

6.13 $L = \dfrac{\mu s}{l}(N_1 \pm N_2)^2$ [H]

제 7 장

7.1 두 전류의 벡터도는 그림과 같다.

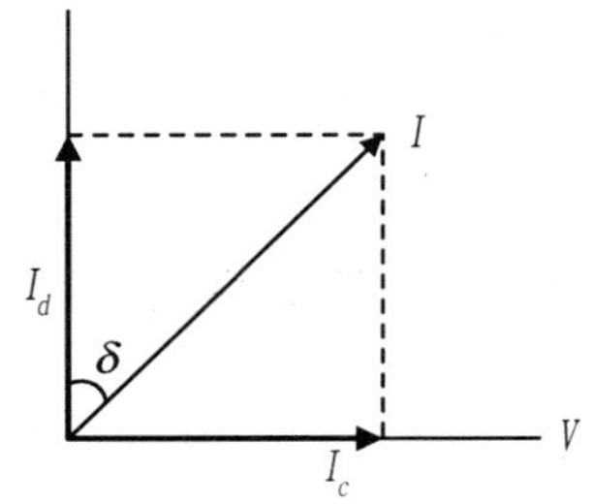

$\tan\delta = \frac{f_c}{f}$

7.2 $v = 565$ [m/s]

이 때, v의 값은 $\sigma = 0$일 때에는 $\frac{1}{\sqrt{\varepsilon\mu}}$이 된다.

7.3 $f < 8.96\times10^8$ [Hz]

7.4 $Z = 91$ [Ω], $t = 0.505$ [μs]

7.5 $H \fallingdotseq 240\times10^{-6}$ [A/m]

7.6 $A = \frac{120\pi}{377} \fallingdotseq 1$, $\gamma = 0.0419$ [rad/m]

7.7 $H_c = 0.113$ [A/m]

7.8 $W = 7.959\times10^{-4}$ [J]

7.9 $\frac{E_2H_2}{E_1H_1} = 82.4$ [%]

7.10 $\frac{P'}{P} = \frac{4\sqrt{\varepsilon_s}}{(1+\sqrt{\varepsilon_s})^2}$

7.11 $L = 0.203\times10^{-6}$ [H/m]

7.12 $i_d = \frac{w\varepsilon}{d} V_m \sin\omega t$ [A/m²]

7.13 $\varepsilon_s = 2.25$

7.14 $\lambda = 1.7\times10^5$ [m]

7.15 $E_c = \sqrt{0.03} = 1.732\times10^{-1}$ [V/m]

7.16 $\delta = 6.61\times10^{-3}$ [mm]

제 8 장

8.1 $\gamma = j\beta$, $\beta = 180$ [도/m]

8.2 $V_L = 133$ [V]

8.3 $Z_i = 12.5$[Ω]

8.4 $\beta \fallingdotseq \omega\sqrt{LC}$

8.5 154.9[Ω]

8.6 $Z_o = \sqrt{Z_{ss}\cdot Z_{so}}$

8.7 즉, 입사전압의 50%가 반사되어 손실이 발생한다.

8.8 1/3

8.9 $\frac{P_i}{P_L} = \frac{(S+1)^2}{4S}$

8.10 0.33

8.11 0.333

8.12 0.4

8.13 1.5

8.14 4

8.15 1.5

8.16 4

8.17 2.5

8.18 최소전압은 200[V]

8.19 2

8.20 300[Ω]

8.21 S=1.029

8.22 5.825

8.23 S=2.831

제 9 장

9.1 $Z_0 = 100$[Ω]

9.2 최소길이는 25[m]

9.3 급전선의 최소길이는 2.5[m]

9.4 변환기의 임피던스는 424.3[Ω]

9.5 삽입 케이블의 임피던스는 83.67[Ω]

9.6 86.8[Ω]

9.7 20[Ω]

9.8 44.72[Ω]

9.9 관내파장 λ_g=7.5[cm]

9.10 차단 주파수는 2.5[MHz]

9.11 λ_g=5.77[cm]

9.12 차단 주파수 f_c=6000[MHz]

제 10 장

10.1 송신 안테나에서 48[m] 떨어진

10.2 방사전력 $P_r = 197$[W], 방사저항 $R_r = 7.89$[Ω]

10.3 0.119 λ^2

10.4 4.19[mV/m]

10.5 전계 E는 139[mV/m]

10.6 32[m]

10.7 실효고 he=1.59[m]

10.8 3.53[A]

10.9 E=10.47[mV/m]

10.10 1.09

10.11 E=70[mV/m]

10.12 E=1[mV/m]

10.13 고유 주파수 $f_0 = 5$[MHz]

10.14 75[%]

10.15 방사효율은 80[%]

10.16 90[W]

10.17 80[W]

10.18 75[%]

10.19 전계강도 E=2[mV/m]

10.20 46.9[mV/m]

10.21 4

10.22 전계 E=4.2[mV/m]

10.23 약 14[dB]

10.24 4.775[mV]

10.25 637[mV]

10.26 60[mV]

10.27 239[μW]

10.28 수신 단자전압 V=15.92[mV]

10.29 0.19[μW]

10.30 복사전력 $P_r = 78.9$[kW]

10.31 방사저항 $R_r = 12$[Ω]

저자와의
협의에 의해
인지 생략

전자기학

2판 8쇄 2020년 2월 25일

저 자 서강수 / 조종덕 / 송윤원
발행인 송광헌
발행처 복두출판사
주 소 서울특별시 영등포구 경인로82길 3-4
센터플러스 807호
(우) 07371
전 화 02-2164-2580
FAX 02-2164-2584
등 록 1993. 11. 22. 제 10-902 호

정가 : 22,000원
ISBN : 978-89-8000-710-3 93560

한국과학기술출판협회 회원사